民初水事考録

宋 堅 著

ZHEJIANG UNIVERSITY PRESS
浙江大学出版社

圖書在版編目(CIP)數據

民初水事考録 / 宋堅著. —杭州：浙江大學出版社,2020.12
ISBN 978-7-308-20734-8

Ⅰ.①民… Ⅱ.①宋… Ⅲ.①水利史—研究—中國—民國 Ⅳ.①TV—092

中國版本圖書館 CIP 數據核字(2020)第 213030 號

民初水事考録
宋　堅　著

責任編輯　王　晴
責任校對　虞雪芬
封面設計　雷建軍
出版發行　浙江大學出版社
(杭州市天目山路 148 號　郵政編碼 310007)
(網址:http://www.zjupress.com)
排　　版　浙江時代出版服務有限公司
印　　刷　浙江新華數碼印務有限公司
開　　本　710mm×1000mm　1/16
印　　張　22.5
字　　數　420 千
版 印 次　2020 年 12 月第 1 版　2020 年 12 月第 1 次印刷
書　　號　ISBN 978-7-308-20734-8
定　　價　98.00 元

浙江大學出版社市場運營中心聯繫方式　(0571)88925591;http://zjdxcbs.tmall.com

序

民國初年，百業待興，水利亦然。其時以農立國，水爲農本，有識之士莫不熱心于此。于是專設機關、建立學校、引入西學、開辦測量，開現代水利之風氣，留下了大量的水利文書檔案。奈何國家帑項空虛、地方金融困頓，加之軍閥割據、財政紊亂、灾害頻仍、各自爲政，謀事者雖有宏圖大志，不免流于空談。

明史知今。文書檔案是後人延續水利記憶的重要綫索，中國水利博物館近年來有計劃、分步驟地對重要、稀缺的水利古籍和近現代重要水利人物手稿、檔案等開展保護研究，結合當代治水實踐，轉化爲傳承歷史、普及水情、服務水利的優秀文化資源。

宋堅同志在參與中國水利博物館史料征集工作時，利用業餘時間完成了這本《民初水事考録》，以民初十年間水利文牘資料爲據，居今稽古，講究水事，以數量多寡、内容關係，輯成太湖、長江、運淮、灾祲、文論、其他六部，其中運河和淮河，因所涉内容關聯度高，合成一輯。

本書對民初手稿、油印稿等一手資料進行了整理研究，對歷史背景、脉絡關係做了細緻考證和解讀，可作爲民國水利史研究的資料書。如果本書的出版，能夠對廣大讀者瞭解近代水利發展歷程有所裨益，對當代治水活動起到一定的文化關照作用，則是我們和作者樂見的。

陳永明

2020 年 9 月

凡　例

一、本書定名爲《民初水事考録》，主要考録了 1912—1926 年各地的水利文牘資料，因所據原文内容繁雜，故按其數量多寡、内容關係，分别輯成太湖、長江、運淮、灾祲、文論、其他六個部分。其中運河和淮河，因所涉内容關聯度高，且數量不多，故合成一輯。其他流域囿于資料所限，暫未考證。

二、考録材料以筆者所見手稿、油印稿爲主，考證時若發現原稿有其他渠道留存的版本，亦以前者爲底本，文内差别在脚注中標出。其餘報刊、文論或依鉛印稿考證者，不再贅述。

三、在體例上，每篇文稿在正文標題下均包含【簡介】【正文】【原文圖影】三個部分。其中【簡介】主要考證了文稿所涉事件的來龍去脉、介紹了必要的背景知識，并提供了内容的白話提要；【正文】部分是對原稿的句讀和注釋；【原文圖影】附上了原稿照片，以供讀者對照。

四、原文或無標點，或雖有斷句符號，但與今日符號用法不同，故統一以今日通用格式標注。原文中的異體字、俗體字等，除個别予以保留外，一般改爲規範繁體字。其中有不當之處，敬請方家指正。

五、爲盡可能保留文獻原貌，對其中雙行小字標注等原格式均未做修改，如有特殊情况，已在脚注中説明。

六、所據原件因年代久遠、字迹漫漶等原因，難以辨認處，以“○”代替。此外，民初“書姓闕名”制度依舊盛行，原稿時見此類情景，亦以“○”代之，類似情况，也在脚注中注出。

七、爲便于讀者使用，文中人物、地名、專有名詞、背景信息等除簡介外，亦隨文注出。

目　録

輯三 運淮

輯四 灾祲

輯五 文論

輯一　太湖

内農兩部核覆太湖水利請願文[1]

【簡介】

全國水利局：民國初年，没有專設的水利主管機關，相關事務由内務部農林司兼管[2]。1913 年 12 月 21 日，北洋政府正式成立全國水利局，張謇任該局總裁。據 1914 年 1 月 12 日《新聞報》載《全國水利局官制》，該局隸屬國務院，"掌理全國水利并沿岸墾闢事務"。該局設總裁、副總裁、視察、僉事、主事、技正、技士等職，"各地方分設水利局，得設局長分理之"。

清末民初太湖流域水利機構沿革：清同治十年(1871)，蘇州設蘇垣水利局(又稱江蘇水利局)興修太湖水利；光緒五年(1879)在揚州設堤工總局負責運河揚州段河堤修護；光緒二十七年(1901)，上海設立黄浦河道局，後更爲浚浦局；民國三年(1914)在江都縣、吴縣設立籌浚江北運河工程局、江南水利局負責興修運河淮陽段，管理江南水利；民國九年(1920)，籌浚江北運河工程局改組成督辦江蘇運河工程局，張謇任督辦；民國十六年(1927)，撤銷江南水利局，與督辦蘇浙太湖水利局合并爲太湖流域水利工程處，隸屬國民政府，同年六月江蘇運河工程局改爲江北運河工程處，隸屬江蘇省建設廳。[3]

錢能訓督辦太湖水利工程：錢能訓是浙江嘉善人，曾任北洋政府國務總理，

---

❶ 文後附兩份電報。

❷ 何非：《華洋衝突下的制度演進——略論民初全國水利局的建立》，《自然辯證法通訊》2019 年 4 月第 4 期，第 79 頁。

❸ 綜合輯自戴玉凱、陳茂滿、徐灤初、許蔭桐、方文舉、王韜、張經文：《江蘇省志・水利志》，江蘇古籍出版社，2001，第 669 頁。

五四運動後引咎辭國務總理職。1919 年 8 月,“江蘇、浙江兩省省長共同致電大總統、國務院暨全國水利局,轉呈江浙士紳要求,任命錢能訓爲督辦,督修太湖水利”❶,11 月 13 日大總統令錢能訓任督辦蘇浙太湖水利工程事宜,王清穆、陶葆廉任會辦❷。1920 年 10 月,在蘇州成立蘇浙太湖水利工程局,王清穆任督辦。

【正文】

察核所陳各節洵係切要之圖,擬請准予簡派督辦一員、會辦二員,會商籌畫,至一切進行事項即由所派之督會辦擬具計畫,送部核定,仍隨時會商全國水利局暨蘇浙兩省長妥籌辦理。其設立機關及應辦工程所需經費爲數甚鉅,中央帑項奇絀,無可撥助,應由蘇浙兩省籌集開支,并仍分報備核。

蘇浙太湖水利工程督辦致江浙水利會電❸

江浙水利會諸公鑒:

太湖水利爲兩省公同利害所關,頃政府徇兩省士紳及地方長官之請,命能訓督理其事。桑梓義務誼不容辭,惟茲事體大,能訓愚昧,負此責任,深懼弗勝。諸公研求有素,諒早具有規畫。所有從前已辦之事,或因款項支絀未能積極進行,自應設法賡續辦理。但兩省原有水利機關,範圍權限各有不同,今既合力通籌,事雖相因無異,創始不必有官治、民治之分,而一切計畫終須始終貫澈,以立初基而竟全功。能訓勉擔鉅任,要當盡其能力,爲鄉邦謀幸福。尚祈隨時指示,毋任盼企。

能訓銑❹院代

❶ 陳嶺:《民國前期江南水利紛爭與地方政治運作:以蘇浙太湖水利工程局爲中心》,《中國農史》2017 年第 6 期。

❷ 據 1919 年《政府公報》第 1354 期。

❸ 本文與上文録在一頁紙上,且兩文緊隨,故現也并録一處。

❹ 銑,郵電日期代號。近代拍發電報時,爲節約用字,使用韻母代日法,用地支代替月份,用韻母代替日期。如 1 日稱“東日”,2 日稱“冬日”,3 日稱“江日”等。銑,當爲 16 日。

致王丹揆先生電

醋庫巷❶金松丞轉王丹揆❷先生鑒：

皓電敬悉，具征熱心毅力曷勝佩慰。昨哲存來電，以多病囑代稟總統懇辭，業經復勸留。哲存才望輿情翕然極峰。尤所夙知維持全局端賴賢碩。務乞就近敦促勉力擔任，勿再固辭，幸甚。

能訓號❸院代

---

❶ 醋庫巷，蘇州城中南部一街巷。

❷ 王清穆(1860—1941)：字希林，號丹揆、農隱老人，江蘇崇明(今上海市崇明縣)人。清咸豐十一年(1861)生，清光緒十四年(1883)舉人，兩年後得進士。歷任湖北按察使、南洋宣慰使、蘇路公司經理、上海南洋公學監督、浙江省財政清理官，1912 年 4 月任江蘇省財政司司長，同年任太湖水利局督辦，導淮委員會委員等職；1919 年督辦太湖水利，寫成《大湖流域治水防灾策》《視察瀏河、七浦、白茆水利説略》，提出疏浚、築堤、置閘三管齊下的防治方針，後未實現。1941 年農曆 5 月病逝。綜合輯自徐友春主編：《民國人物大辭典》，河北人民出版社，1991，第 83 頁；上海交通大學校史博物館網頁歷任校長“王清穆”頁面。

❸ 號，韻目代日，當爲 20 日。

【原文圖影】

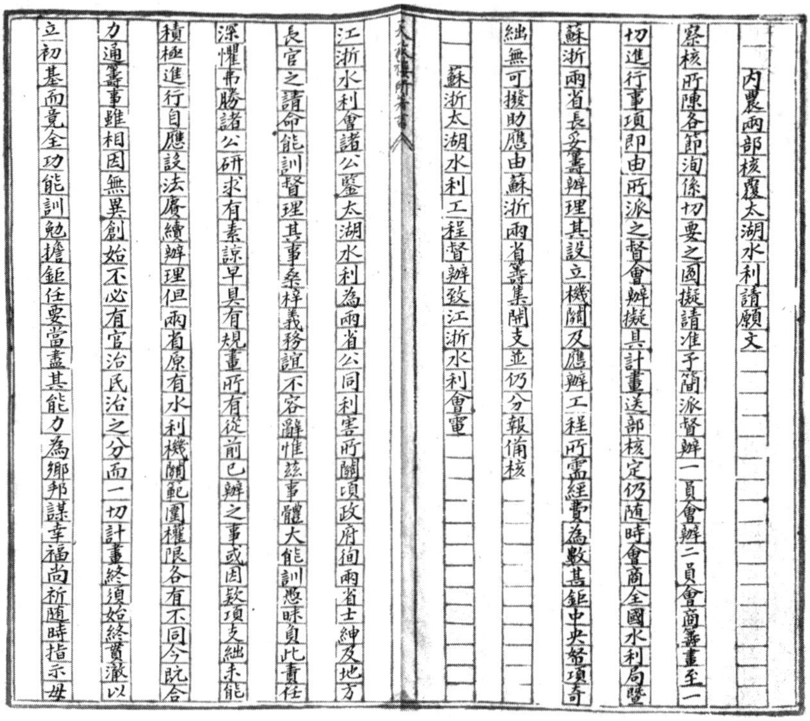

內農兩部核覆太湖水利請願文

察核所陳各節洵係切要之圖擬請准予簡派督辦一員會辦二員會商籌畫至一切進行事項即由所派之督會辦擬具計畫送部核定仍隨時會商全國水利局暨蘇浙兩省長妥籌辦理其設立機關及應辦工程所需經費為數甚鉅中央欵項奇絀無可撥助應由蘇浙兩省籌集開支並仍分報備核

蘇浙太湖水利工程督辦致江浙水利會電

江浙水利會諸公鑒太湖水利為兩省公同利害所關頃政府徇兩省士紳及地方長官之請命能訓督理其事桑梓義務誼不容辭惟茲事體大能訓愚昧負此責任深懼弗勝諸公研求有素諒早具有規畫所有從前已辦之事或因欵項支絀未能積極進行自應設法賡續辦理但兩省原有水利機關範圍權限各有不同今既合力通籌事雖相因無異創始不必有官治民治之分而一切計畫終須始終貫澈以立初基而竟全功能訓勉擔鉅任要當盡其能力為鄉邦謀幸福尚祈隨時指示毋

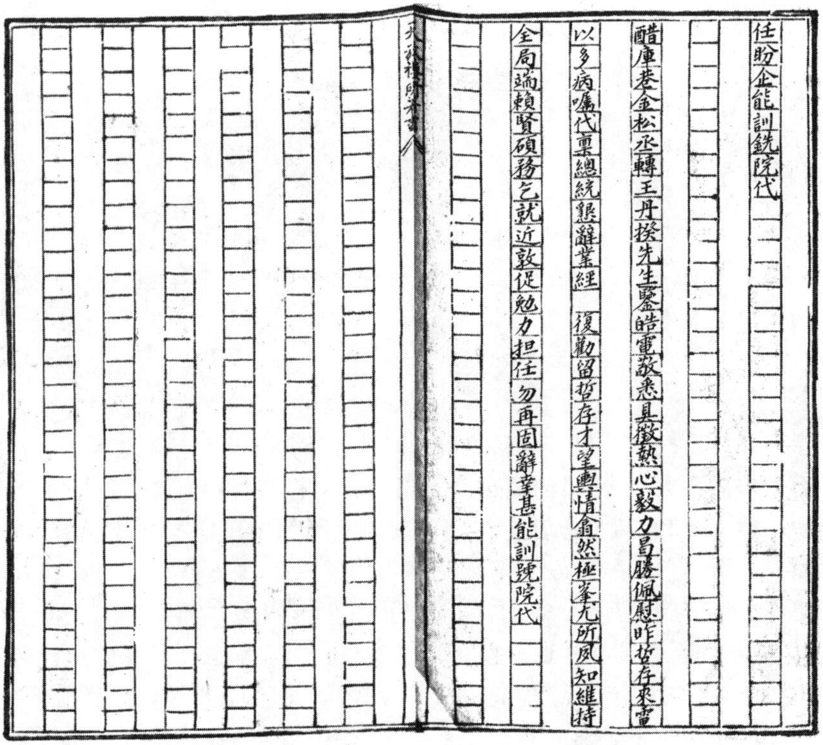

任盼企能訓銑院代

醋庫巷金松丞轉王丹揆先生鑒皓電敬悉具徵熱心毅力曷勝佩慰昨哲存來電以多病囑代稟總統懇辭業經　復勸留哲存才望輿情翕然極峯尤所夙知維持全局端賴賢碩務乞就近敦促勉力担任勿再固辭幸甚能訓號院代

呈爲贛防及同濟騰出月款移撥浚泖工費一案遵議復請鑒核事文

【簡介】

太湖水利工程開辦面臨經費問題，此時遇贛防軍費停支、同濟校費改列預算，于是錢能訓提出將這部分費用移撥給太湖工程使用而未果，本文即時任江蘇財政廳廳長的回復。

【正文】

呈爲贛防及同濟騰出月款移撥浚泖工費一案遵議復請鑒核事。

竊廳署兩奉鈞署會令，内開："准太湖水利工程錢督辦有電，并陶、王兩會辦函開：'以浚泖需款，請將蘇省前在解部款内坐撥贛防軍需及同濟校費，現可月節四萬元就數移撥'一案，令廳通盤籌畫，并議復奪"等因；奉此，查贛防及同濟兩款本在抵解部款之列，今贛餉從五月份起停支，同濟改列預算。表面上似已騰有餘款，不知應解部款就近劃撥，祇應如額相抵，庶期適合。蘇省前撥各款半因援軍拔隊，省旅填防均係刻不容緩之需，不得已而借款籌墊。以致解專兩款，截至八年底止已溢出定額一百八十餘萬元之多，九年分尚不在内。前，奉令知已電部籌還，并請嗣後勿再指撥。旋准部復，未蒙允可，是廳署溢撥鉅款，正苦虚懸前墊。贛防及同濟等項本係解部額外之負擔，即使此後月省四萬元，綜計溢額仍鉅，并非真有餘裕。况贛防軍需一項，從本年一月至四月止，均積欠未解，則窘迫情形尤可想見。若從根本上通盤計畫，必希望將來撥款核與中央解額不相懸殊，從此騰出餘款即可移撥他項用途，藉免剜肉補瘡之患。否則，長此挪移，誃臺百級愈積愈高，究其歸宿，無非仍取償于蘇省，救一時之急，而益貽他日無窮之累，似亦非計。然浚湖浚泖，工急利溥，廳署苟可設籌，極願勉襄盛舉。應否由鈞署轉咨暫先由部直發以應目前急需，俟後再由廳另籌續撥之處，伏候鈞裁。所有遵議并復緣由，理合具文呈請鑒核。謹呈江蘇省督軍李省長齊

江蘇財政廳廳長胡○○[1]

五月十五日發行

---

[1] 此處畫圈是因循"書姓闕名"制度。該制度由"闕名自押"制度演變而來，起源是文書人員爲了避諱，在長官官銜後空出書名位置，留待長官審核後親自填寫。到了民國，雖然避諱制度已經廢除，但因爲習慣使然，文牘草稿中在長官姓後面仍會畫圈。輯自裴偉：《難解的"書姓闕名"》，《尋根》2015 年第 2 期。

【原文圖影】

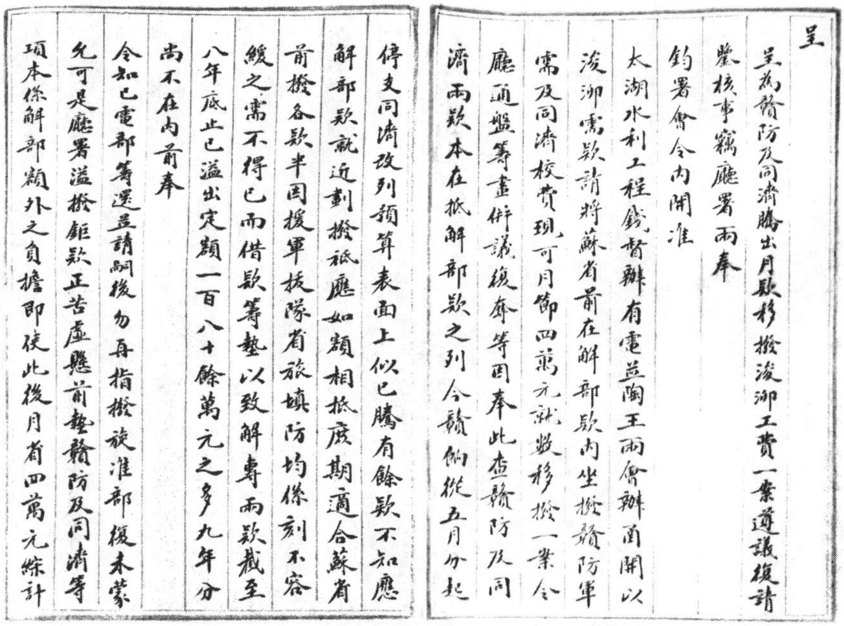

呈

呈為贛防及同濟騰出月款移撥浚泖工費一案遵議復請
鑒核事竊廳署兩奉
鈞署會令內開准
太湖水利工程錢督辦有電並陶王兩會辦函開以
浚泖需款請將蘇省前在解部款內坐撥贛防軍
需及同濟校費現可月節四萬元就數移撥一案令
廳通盤籌畫併議復等因奉此查贛防及同
濟兩款本在抵解部款之列今贛餉從五月分起
停支同濟改列預算表面上似已騰有餘款不知應
解部款就近劃撥祇應如額相抵庶期適合蘇省
前撥各款半因援軍接隊省旅填防均係刻不容
緩之需不得已而借款籌墊以致解專兩款截至
八年底止已溢出定額一百八十餘萬元之多九年分
尚不在內前奉
令知已電部籌還並請嗣後勿再指撥旋准部復未蒙
允可是廳署溢撥鉅款正苦虛懸前墊贛防及同濟等
項本係解部額外之負擔即使此後月省四萬元綜計

溢額仍鉅並非真有餘裕況贛防軍需一項從本年一月至四月止均積欠未解則窘迫情形尤可想見若從根本上通盤計畫必希望將來撥款核與中央解額不相懸殊從此騰出餘款即可移撥他項用途藉免剜肉補瘡之患否則長此挪移彌臺百級愈積愈高究其歸宿無非仍取償於蘇省挹一時之急而益貽他日無窮之累似亦非計航浚湖浚測工急利溥廳署苟可設籌極願勉襄盛舉應否由

鈞署轉咨暫先由部直發以應目前急需俟後再由廳另籌續撥之處伏候

鈞裁所有遵議併復緣由理合具文呈請

鑒核謹呈

江蘇督軍李

江蘇省長齊

江蘇財政廳廳長胡〇〇

五月十五日發行

内務部致錢能訓[1]關于將江蘇漕糧特税浙江抵補金專充太湖水利工程經費等事宜回復咨文

【簡介】

爲解決太湖工程經費問題，錢能訓等提出截留部分税款（江蘇名曰漕糧特税、浙江名曰抵補金）充用。時内務部回復這些費用仍是國家經費，于地方而言，如果用于太湖則其他地方必無款可用，所以仍由江浙兩省自行酌定。

【正文】

内務部爲咨行事。

前據唐文治[2]等呈稱："太湖工程重要，迄今款項未籌，國家固帑項空虚，地方復金融困滯，惟是蘇浙漕糧初非正賦可比，若以此項之收入即充水利之用途，事理相當，名義至順，擬請自民國九年冬漕起，將蘇之漕糧特税、浙之抵補金兩項各支十分之四五專充太湖水利工程分年進行之繼續費，一面由財政部先行借撥開辦費五六十萬元，一俟籌有的款即行歸還"等情前來。正核辦間，復承准國務院函。目前因本部查太湖水利關係蘇浙兩省國計民生，至爲重要，現在太湖督辦業經派定，所有應行籌備之測量、疏浚等事自非從速著手，實不足以慰民生而澹沈灾。該紳等所呈各節自係爲振興水利，兼顧財力起見。

經咨商財政部酌核迅復去後，兹准咨稱："修浚太湖經費，前經貴部會同農商部提議，以爲數甚鉅，中央帑項奇絀，無可撥助，應由蘇浙兩省籌集開支，經國務會議議決在案。兹據呈稱前情，本部復加查核，農田與水利，本屬痛癢相關，原呈所請，以浙漕之款爲修浚太湖水利工程之用，係取之于民者仍用之人民，理由固屬正當，惟查江浙兩省漕糧一項，民國二年本部條復蘇漕劃分辦法，經前國務院會議議決，劃分兩税議案尚未經議決通過，當然照舊辦理，作爲國家税等因。

歷年以來，江浙兩省漕糧特税及抵補金均已列作國家收入，抵支國家經費。

---

[1] 錢能訓（1869—1924），字幹臣、傒丞。浙江嘉善人。曾任北洋政府國務總理，五四運動後引咎辭國務總理職，此後曾任督辦蘇浙太湖水利工程事宜，和汪大燮、孫寶琦稱浙江三老。

[2] 唐文治（1865—1954），字穎侯，號蔚之，晚號茹經，江蘇太倉人，著名教育家、文學家，曾任上海高等實業學堂（交通大學）監督、郵傳部高等商船學堂（大連海事大學、上海海事大學）監督，創辦私立無錫中學、無錫國專（蘇州大學）。

八年度預算并經國會議決公布在案，若劃爲水利工程經費，則江浙兩省驟短數十萬之收入，不免發生困難。但太湖水利關係江浙兩省人民生命財産，至爲重要，徒以年久失修遂致灾祲迭見，現既奉令簡派督會辦督飭進行，若因款項無著，失今不治，將來工程愈大，需費愈多，籌款更屬爲難。究竟應否自九年冬漕起，于蘇之漕糧特税、浙江抵補金項下各劃出十分之四五作爲修浚太湖水利工程經費，抑由江浙兩省另籌的款以資應用，應由江浙兩省省長酌量情形要籌辦理。至原呈所請借撥開辦費五六十萬元，應由本部另案核辦，請查照”等因。

查此案既准財政部咨稱，應由江浙兩省酌量辦理，自應由部轉咨妥速籌辦、以重要工。除分行外，相應咨行貴督辦查照。此咨督辦蘇浙太湖水利工程事宜。錢。

【原文圖影】

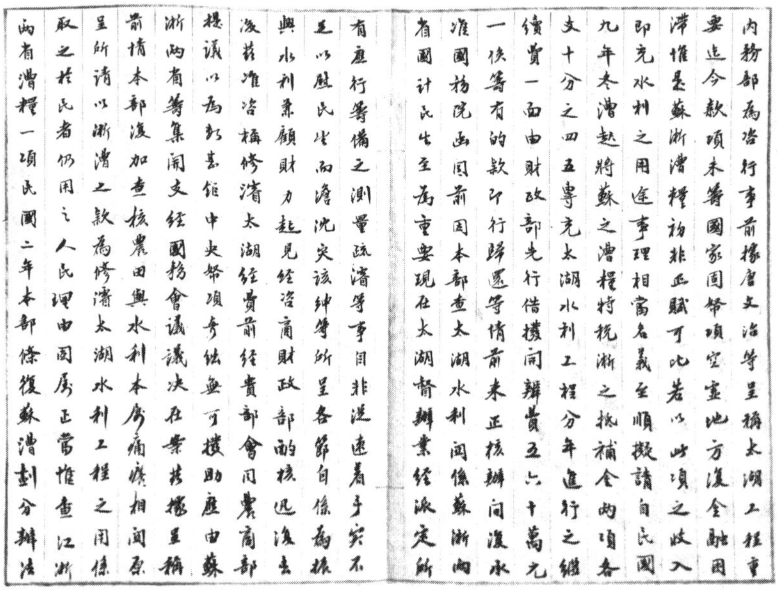
内務部為咨行事前據唐文治等呈稱太湖工程重
要近今款項未籌國困帑項空虛地方復金融困
滞惟是蘇浙漕糧初非正賦可比若以此項之收入
即充水利之用逢事理相當名義至順擬請自民國
九年冬漕起將蘇之漕糧特税浙之抵補金內項各
支十分之四五專充太湖水利工程分年進行之經
續費一面由財政部先行借撥開辦費五六十萬元
一俟籌有的款即行歸還等情前來正核辦間復承
准國務院函開前因本部查太湖水利關係蘇浙兩
省國計民生至為重要現在太湖督辦業經派定所
有應行籌備之測量疏濬等事自非從速着手實不
足以慰民望而防沈灾該紳等所呈各節自係為振
興水利兼顧財力起見經咨商財政部酌核迅復去
後兹准咨稱修濬太湖經費前經貴部會同農商部
提議以為款甚鉅中央帑項有絀無可撥助應由蘇
浙兩省籌集開支經國務會議議決在案茲據呈稱
前情本部復加查核農田興水利本屬痛癢相關原
呈所請以浙漕之款為修濬太湖水利工程之用係
取之於民者仍用之人民理由固屬正當惟查江浙
兩省漕糧一項民國二年本部條復蘇漕劃分辦法

天夢厂鈔本

經前國務院會議議決劃分兩稅議案尚未經議決
通過當然照舊辦理作為國家稅等因歷年以來江
浙兩省漕糧特稅及抵補金均已列作國家收入抵
支國家經費八年度預算並經國會議決公布在案
若劃為水利工程經費則江浙兩省驟短數十萬之
收入不免發生困難但太湖水利關係江浙兩省人
民生命財產至為重要徒以年久失修遂致災祲迭
見現既奉
令簡派督會辦督飭進行甚應國款項無着失今不治
將來工程愈大需費愈多籌款更屬為難究竟應否
自九年冬漕起於蘇之漕糧特稅浙江抵補金項下
各劃出十分之四五作為修濬太湖水利工程經費
抑由江浙兩省另籌的款以資應用應由江浙兩省
省長酌量情形妥籌辦理至原呈所請借撥開辦費
五六十萬元應由本部另案核辦請查照等因查此
案既准財政部咨稱應由江浙兩省酌量辦理自應
由部轉咨妥速籌辦以重要工除分行外相應咨行
貴督辦查照此咨
督辦蘇浙太湖水利工程事宜錢

无夢厂鈔本

上錢督辦[1]

【簡介】

此文是希望財政部墊撥疏浚太湖費用，然後用漁税償還，主要目的是整頓太湖漁税。

【正文】

督辦鈞座敬書者：

交來説帖一件，擬請財政部整頓太湖漁税。當民國五、六年間，陳瀾生[2]總長任内，亦曾籌議及此，委查考論，粗具端倪，會以政潮事，遂擱置及今。賡續辦理，當有轍迹可循。因思浚湖巨工，需費孔亟，財政當局果能顧念民生，指撥的款，將來以漁税所入作抵補之資，就地取償，事理至當。玆敬將原件附呈，炯察倘荷，甄采擬已，便發贊侯[3]總長酌核籌辦，或于國帑、湖工不無攘流之助也。臨款企禱，無任馳依。敬請崇安，伏惟荃鑒。

金○○[4]謹書

---

[1] 原稿爲手寫本，用印有"山西巡按使署稿"字樣紅色信箋。

[2] 陳錦濤(1862—1939)，字瀾生，廣東南海人，曾任中華民國首任財政總長，抗戰爆發後，出任僞維新政府財政總長，淪爲漢奸，1939 年病死于上海。綜合輯自悟生：《記陳潤生先生》，《新東亞》1939 年第 1 卷第 3 期。

[3] 李思浩(1882—1968)，字贊侯，浙江餘姚人。早年肄業于京師大學堂。曾在清政府鹽政、税務機構任職。1919 年任財政總長兼鹽務署督辦。

[4] 原文如此。

【原文圖影】

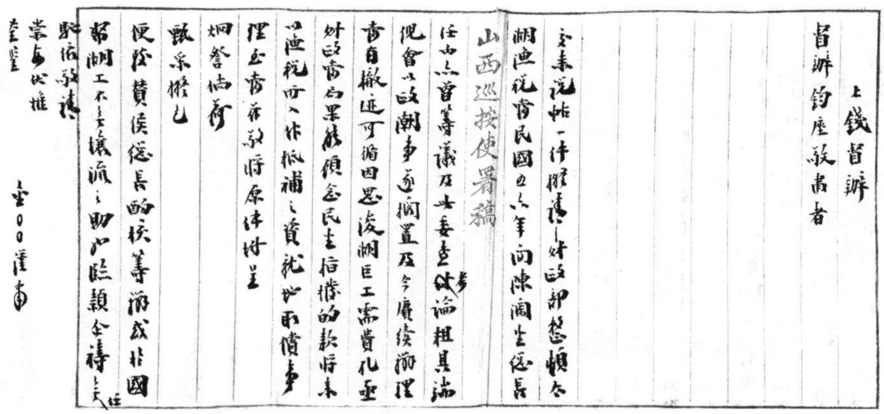
上錢省辦
省辦鈞座敬啟者
奉來說帖一件擬請財政部撥頒太
湖漁稅查民國五六年向陳瀾生總長
山西巡按使署稿
任內亦曾籌議及此委查勘論粗具端
倪會以政潮未遂擱置及今賡續辦理
當自徹底可循因思浚湖巨工需費孔亟
財政當局果能俯念民生指撥的款將來
以漁稅所入作撥補之資洵屬兩便事
理正當亦殊願將原件附呈
炯鑒伏希
甄采擇也
便於贊候總長酌核籌撥成於國
帑湖工不至壞流之助是臨穎企禱
驊循敬請
崇安伏惟
垂鑒
金〇〇謹上

爲擬請整頓太湖漁税敬具説帖事❶

【簡介】

此文爲上文所説之説貼。揭露了清代太湖漁税列入雜税，但“稽征無定則，保護無專司”，給貪污腐敗留下空間的弊端。希望財政部整頓漁税，“設立專局劃一征收”。

【正文】

爲擬請整頓太湖漁税敬具説帖事。

竊維國家財政，税收爲重。推行新税，莫若整理舊税，而舊税之整理，尤以漁税爲要。圖太湖一帶漁船棋布，網罟之利，舉國所歆。𩰫人司征入于玉府，自古已然，于今益亟。惟是有清，漁課列入雜税，稽征無定則，保護無專司。吏胥既緣以爲奸，豪猾復擇肥而噬，名爲漁課，實同陋規，積弊相沿，變本加厲，國庫無毫末之益，而漁人受邱山之累，民國成莫大之裨助也。

查民國五年冬，太湖漁户以各縣漁課輕重不均、積弊難返，推舉代表入都請願，由部設立專局劃一征收，復經晋省士紳喬義生❷條議辦法，呈奉鈞部核准，由司草定《試辦太湖漁税簡章》，并撥銀一千二百元，于六年二月，派委劉淇珊等分赴太湖一帶實地調查，回部報告。各在案。會以政潮事遂中止，今若賡續辦理，不啻事半功倍。

至于漁船、漁户各有若干，沿湖各縣歷來漁課之輕重，征收方法之異同，既經劉委等調查報告，檔卷具在，自可覆按所有擬請整頓太湖漁税緣由，理合繕具説帖，仰祈鈞部鑒核，查案施行。

謹呈財政部。

---

❶ 與《上錢督辦》文爲同一人書寫手稿，用箋亦同，疑爲前文所説之附件。

❷ 喬義生(1883—1956)，字宜齋，山西臨汾人。早年赴英國愛丁堡醫科大學學習，後任黎元洪的醫官，辛亥革命爆發後，回山西積極策動起義，後任國民政府委員及國大代表等，1956 年病逝于臺北。輯自李盛平主編:《中國近現代人名大辭典》，中國國際廣播出版社，1989，第 139 頁。

【原文圖影】

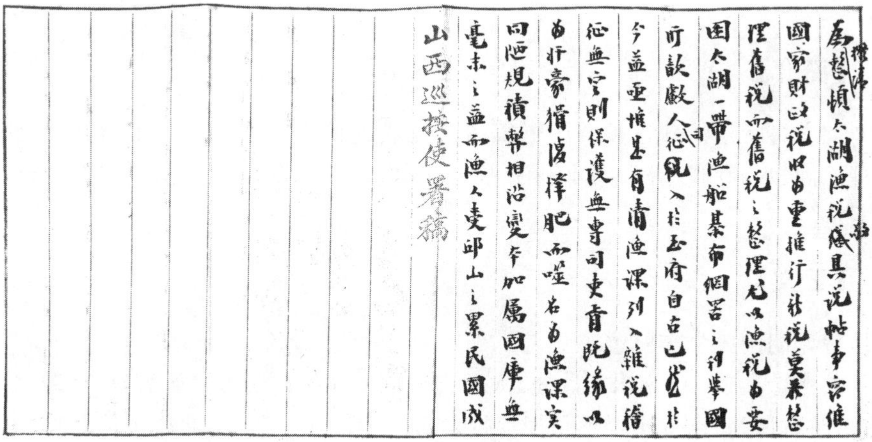
為整頓太湖漁稅擬具說帖事竊維
國家財政稅收為重推行新稅莫若整
理舊稅而舊稅之整理尤以漁稅為要
因太湖一帶漁船甚布網罟之利舉國
所誇繳入之稅則入於政府自古已然於
今益亟惟其有清漁課列入雜稅稽
征無定則保護無專司吏胥既緣以
為奸豪猾復擇肥而噬名為漁課實
同陋規積弊相沿變本加厲國庫無
毫末之益而漁人受卵山之累民國成
山西巡按使署稿

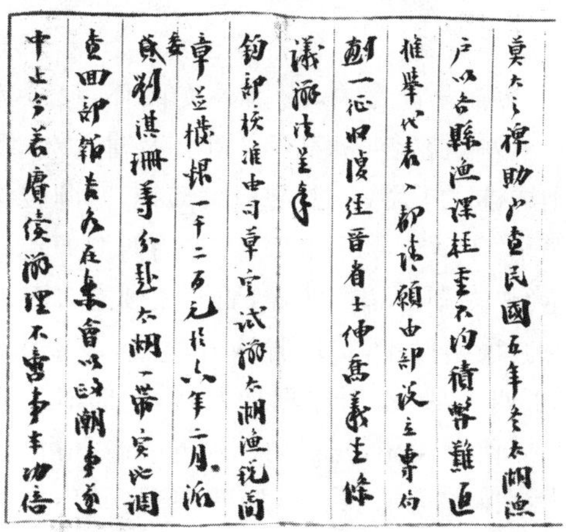
莫大之裨助查民國五年冬太湖漁
戶以各縣漁課枉重不均積弊難返
推舉代表入都陳願由部派主專局
辦一征收復任晉省士紳為義主條
議派往呈准
鈞部核准由司章定試辦太湖漁稅局
章程據一千二百元於六年二月派
委劉湛珊等分赴太湖一帶實地調
查田部鈞長為在本會以政潮事遂
中止今若賡續辦理不唯事半功倍

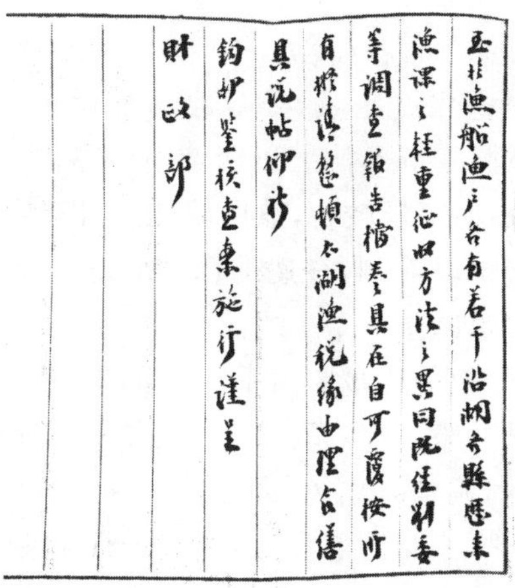
且於漁船漁戶各有若干沿湖各縣歷來
漁課之枉重征收方法之黑白既往劉委
等調查錄有檔卷具在自可覆按所
有擬請整頓太湖漁稅緣由理合繕
具說帖仰祈
鈞部鑒核查案施行謹呈
財政部

齊耀琳[1]致錢能訓信

【簡介】

此文爲時任江蘇省長齊耀琳寫給錢能訓的信件。主要談論了當時江蘇省治理淞泖、水利測量等太湖水利工作的基本情况,以及關于選用疏浚挖泥機械的看法等。

【正文】

北京豐盛胡同錢督辦[2]鑒:

銑[3]電敬悉。江南水利問題,太湖實綰樞要。年來學者之所討論,士紳之所請求,時會所趨,已有不得不積極進行之勢。顧以兹事體大,非得萬流鏡仰如我公者,實不足以綜兹撝畫。自見特令,群慶得人。

承詢籌備各端,姑就蘇言蘇。其關于江南方面者,現方淞泖并治。淞係吴淞江,實測早已完竣,復因外交關係,已于南匯之紀王鎮,委員設局專司浚治。泖則澱泖,據實測報告,澱湖承太湖之水、歷攔路港入泖。以西泖與攔路港較,泖則居港之下游;以西泖與東泖較,西泖較深,而工反較省,兼以蘇紳潘祖謙[4]等之請求,謂鑒于本年水勢,宜先治西泖。現即本以計劃,從速進行。惟是以上各端,尚係太湖之聯帶關係,而非太湖之自身問題也。

查民國五年,曾准省議會建議,江南水利應先從測量入手。測量分甲、乙、丙、丁四大部,乙部即專指太湖,丙部即上列之澱、泖各湖。該主管機關爲謀行政上之便利起見,先從丙部辦起。自江蘇水利協會設立後,即迭據呈催,應將乙部太湖歸并丙部澱、泖,同時辦理。復據請,將乙部提前實行,亦經令行該主管機關統籌酌辦。各在案。

嗣據呈復,辦理此項測量至少非五萬元不可,經費無著,擬將吴縣等邑水利經費繼續帶征,以便分撥趕辦。復經本署提交省議會公議,刻尚未准議決咨復。此則蘇省現辦太湖水利之詳細情形也。

---

[1] 齊耀琳(1863—?),字震岩,吉林伊通人,曾任安徽按察使、直隸提法使、江蘇布政使、河南布政使、河南巡撫兼管安徽、吉林民政長、江蘇巡按使、江蘇省長兼代督辦等職。

[2] 錢能訓曾居于此。

[3] 韻目代日,銑日即16日。

[4] 潘祖謙(1842—1924),江蘇地方名紳。輯自徐茂明:《士紳的堅守與權變:清代蘇州潘氏家族的家風與心態研究》,《史學月刊》2003年第10期。

至蘇省奚君九如[1]論挖泥工程云：三十四馬力連珠兜機船一只，每日可以出土百方；半噸蟹蝘一只，每天祇出一二十方，係上下往返，處處費時，兩比相差實有三分之二。刻下水利局所定半噸蟹蝘機二只，每只價約一萬四千元；二噸蟹蝘機一只，價約二萬二千元；將來實地施行，三機每日出土不到百方，而煤費一天須三十元左右，現下江北運河工程即如此。若去此機而不用，未免可惜；若用之，則財時兩費也。如用連珠兜一只，每日可以出土百方，用煤油只要四元，而且存本一萬三千元足矣，再添駁船十只，恰夠一機之運駁。如造駁船，有三種：一預備運送至海洋，須造抽底法；一現在荷蘭諸國皆用磅布抽泥，造時船底下預留一洞，將來裝一木桶，備以安置磅布，將土糊成泥漿，即將泥漿從鐵管中抽吸送至坼上；一尋常駁船，須堅平，取其穩固，價每只綜在四百餘元。刻下又有一新法運泥，在靠近坼邊住一駁船，須隨機船行船，上置輪槳兩個，用軟鐵練圈其上，如皮帶，然一面通至機輪上，機器一開，旋轉取勢，在兩鐵練上裝以運泥桶若干，須預爲算定與連珠兜一轉出土若干，旋轉一回，必須一面無餘土，一面無空桶，是以又省運費，且省駁船，將來開太湖時即用此法可也。包挖土方每方八角；送至坼上，如五十丈外，須酌加；若遇鐵皮沙，每方加二角；若石子，每方加四角云。

現承辦此項水利機關，則有設在蘇州江南之水利局。該局職掌範圍係舊甯、鎮、蘇、松、常、太及崇明、揚中各屬湖河、海塘及地方水利事宜，歸其處理。考核太湖以地域關係，不過其辦理之一部分，比因此主蓄禁，彼主開放而又以事關兩省，管轄進行倍覺困難。今既有貴督辦總挈綱維，復得鄉望素著之王、陶[2]兩會辦聯絡輔助，不難日起有功，至仍有須官廳協助之處，敝處無不竭誠奉報也。浙省現辦情形，當另有詳電奉復。知關廑系，先貢所懷，乞賜良箴，藉以韋佩。

耀琳個印

---

[1] 奚九如(1877—1953)，江蘇常州人，實業家，曾任武進縣農會會長、水利局長、省農會會長等職。

[2] 王清穆、陶葆廉。陶葆廉(1862—1938)，字拙存，別署淡庵居士。浙江嘉興人。1919年曾奉命會辦蘇浙太湖水利工程。輯自《嘉興市志》編纂委員會編：《嘉興市志(下)》，中國書籍出版社，1997，第2092頁。

【原文圖影】

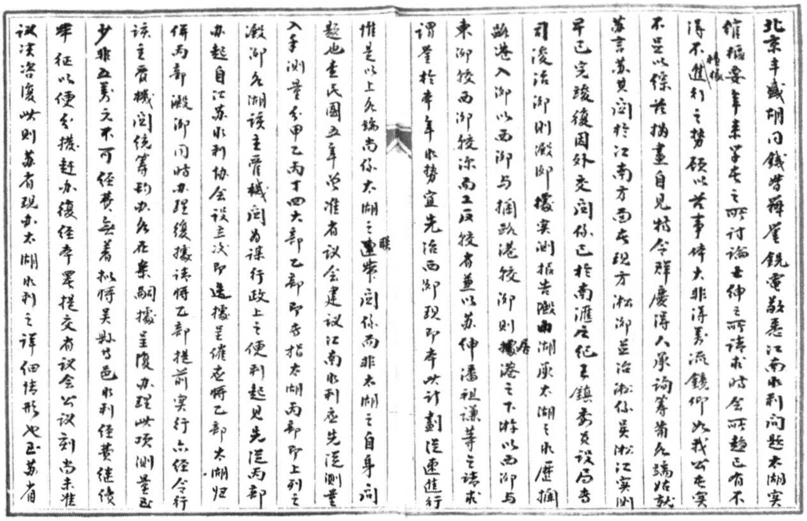

北京半畝胡同錢皆稱星銑電敬悉江南水利問題太湖實
關係重要年来學者之所討論士紳之所請求時会所趨已有不
得不進行之勢頃以茲事体大非得專家錢卿如我公者實
不足以綜其擘畫自見於今謀慶得八承詢籌備各端姑就
芻言芻見陳於江南方面今現方淞浦並治淞係吳淞江實則
早已完竣後因外交關係已於南滙之紀王鎮秀頁設局查
司後治浦則澱浦據實測報告澱山湖承太湖之水歷經
澱港入浦以西浦與澱泖港較浦則據港之下游以西浦與
東浦較西浦較深而工程較省並以蘇紳潘祖謙等之請求
謂當於本年水勢宜先治西浦現即本此計劃從速進行
惟是以上各端尚係太湖之連帶問題而非太湖之自身問
題也查民國五年曾准有議会建議江南水利應先從測量
入手測量分甲乙丙丁四大部乙部即專指太湖丙部即上列之
澱浦各湖該主管機關為謀行政上之便利起見先從丙部
辦起自江蘇水利協会設立後即逕據呈准各將乙部太湖歸
併丙部澱浦同時辦理復據請將乙部提前實行亦經令行
該主管機關統籌酌辦各在案嗣據呈復辦理此項測量至
少非五萬元不可經費無着擬將吳縣等邑水利經費徒候
年征收以便分撥趕辦復經本署提交省議会公議刻尚未准
議决咨復此則蘇省現辦太湖水利之詳細情形也至蘇省

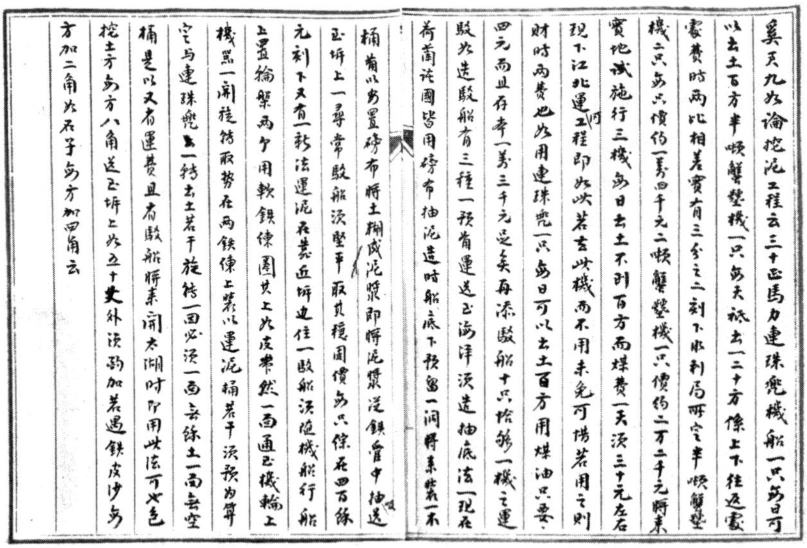

吳天九所論挖泥工程云三十匹馬力連珠兜機船一只每日可
以出土百方半嘰蟹墊機一只每天祇出一二十方係上下往返虛
處費時兩比相差實有三分之二刻下水利局所定半嘰蟹墊
機二只每只價約一萬四千元二嘰蟹墊機一只價約二万二千元將來
實地試施行三機每日出土不到百方而煤費一天須三十元左右
現下江北運河工程即如此若去此機而不用未免可惜若用之則
財時兩費也如用連珠兜一只每日可以出土百方用煤油只要
四元而且存本一萬三千元足矣再添駁船十只恰够一機之運
駁如造駁船有三種一預備運送至海洋須造抽底法一現在
荷蘭諸國皆用磅布抽泥造時船底下預留一洞將來装一不
桶備以安置磅布將土糊成泥漿即將泥漿從鉄管中抽送
至圩上一尋常駁船須堅牢取其穩固價每只僅在四百餘
元刻下又有一新法運泥在岸近圩邊作一駁船須隨機船行船
上置輪架兩个用軟鉄練圈其上如皮帶然一面通至機輪上
機器一開旋轉取勢在兩鉄練上装以運泥桶若干須預為算
定与連珠兜之一轉出土若干旋轉一回必須一面去餘土一面去空
桶是以又省運費且省駁船將來開太湖時即用此法可也至
挖土方每方八角送至圩上如五十丈外須酌加若遇鉄皮沙每
方加二角如石子每方加四角云

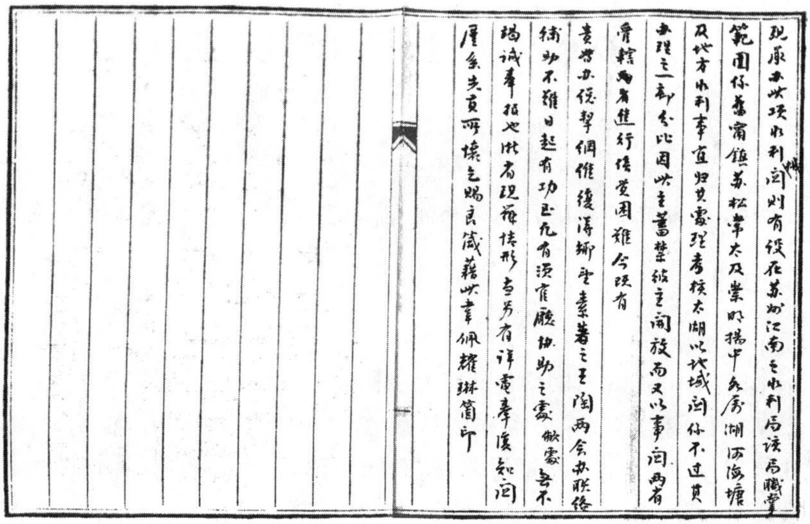
现承垂此次水利问题则有设在苏州江南之水利局该局职掌
范围係苏甯镇苏松常太及崇明扬中各属湖河海塘
及地方水利事宜归其处理考核太湖以北域问係不过其
办理之一部分此因此之蓄禁放之闸放而又以事同两省
管辖两省进行侭觉困难今既有
贵省办从挈纲维復溥乡望素著之王陶两会办联络
维助不难日起有功已无有须应协助之处敝处无不
竭诚奉报也此后现在情形当另有详电奉复知问
屡承先贡所怀之瞩良箴藉此奉佩耀琳简印

齊耀琳、齊耀珊❶致錢能訓信

【簡介】

齊耀琳、齊耀珊兩兄弟其時分掌江、浙兩省，此信是給錢能訓的復函。

【正文】

幹老同年大鑒：

頃奉賜函，并派沈君國均見臨，敬悉種種。

太湖經費，事關要政，弟等亦極爲繫念。現既有部咨到省，俟不日南旋，自當從速核辦，用副謁屬。刻擬燈節，左右先後南旋，霽采遥睽，瑑忱靡極。惟冀良箴時錫，俾式韋弦，斯所至幸。專復。敬頌春綏。

年愚弟齊耀琳珊敬啓

【原文圖影】

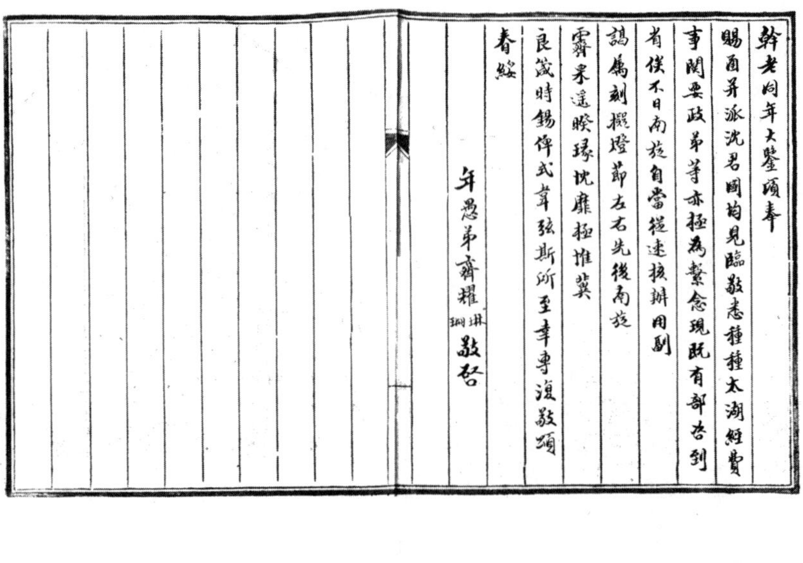

幹老同年大鑒頃奉
賜函并派沈君國均見臨敬悉種種太湖經費
事關要政弟等亦極爲繫念現既有部咨到
省俟不日南旋自當從速核辦用副
謁屬刻擬燈節左右先後南旋
霽采遥睽瑑忱靡極惟冀
良箴時錫俾式韋弦斯所至幸專復敬頌
春綏
年愚弟齊耀琳珊敬啓

---

❶ 齊耀珊(1865—1954)，字照岩，吉林伊通人。曾任武昌保甲總局總辦、宜昌府知府、江漢關道兼洋務政院參政。1918 年 1 月任浙江省長。1920 年 6 月任山東省長。1921 年 5 月任内務部總長。1921 年 12 月任農商部總長兼教育部總長。第二次直奉戰争後去職。齊耀琳、齊耀珊爲兩兄弟。

太湖督辦致兩會辦暨蘇浙紳耆辭職電

【簡介】

錢能訓因太湖水利工程經費無著，希望中央財政墊撥努力失敗，起意辭職，發給王清穆和陶葆廉的電報。

【正文】

王、陶兩會辦❶鑒：

太湖水利事宜，辱承鄉邦推舉，惟因經費無著，以致不能進行。客歲丹兄在京同與贊侯總長所商由部墊撥一節，亦復懸宕未決。時届夏令，要工礙難再延。不得已，呈請飭部提交國務會議，期速解決。此項墊撥辦法本爲地方款項，籌集需時，但蘄中央先予挹注，俾濟急需起見。頃，國務院函開："兹經國務會議議決：'現在中央財政支絀，無可籌墊，應查照原案，由兩省設法速籌。'"等因。是政府方面已無磋商餘地。

竊謂此項工程關係蘇浙農田利害。數月以來，經費一節，迄無辦法，深用焦灼。能訓❷責任所在，斷難坐視。故于請款呈内業經表示引退之決心，以期稍免愆尤于萬一。頃已具呈辭職，即希諸公矜諒下情，另舉賢能，早爲接辦。特此電聞，并希轉達水利聯合會暨各屬紳耆鑒察爲幸。

能訓梗❸

---

❶ 見後文，應爲王清穆、陶葆廉二人。

❷ 錢能訓自稱。

❸ 此處亦韻目代日法，梗日即23日。

【原文圖影】

太湖督辦致兩會辦暨蘇浙紳耆辭職電

王陶兩會辦鑒太湖水利事宜辱承鄉邦推舉惟因經費無著以致不能進行客歲冉兄在京周與贊侯總長所商由部墊撥一節亦復懸宕未決時屆夏令要工礙難再延不得已呈請飭部提交國務會議期速解決此項墊撥辦法本為地方款項籌集需時但蘄中央先予挹注俾濟急需起見頃國務院函開茲經國務會議議決現在中央財政支絀無可籌墊應查照原案由兩省設法速籌等因是政府方面已無磋商餘地竊謂此項工程關係蘇浙農田利害數月以來經費一節迄無辦法深用焦灼能訓責任所在斷難坐視故於請款呈內業經表示引

退之決心以期稍免愆尤於萬一頃已具呈辭職即希請
公務諒下情另舉賢能早為接辦特此電聞並希轉
達水利聯合會暨各屬紳耆鑒察為幸能訓梗

太湖水利會辦致大總統辭職電

【簡介】

錢能訓因無法籌措太湖水利工程經費，起意辭職，王清穆和陶葆廉聯名發給總統和國務院，以一并辭職的名義，同時列舉國家“厚此薄彼”等事，向上施壓。

【正文】

大總統、國務院鈞鑒：

太湖水利工長費鉅，國務會議責蘇浙自籌，督辦錢能訓不得已而辭職。清穆等勗助無方，應請一并准予辭職。惟水利關係兩省要政，謹以公民資格貢其愚忱。

國家視蘇浙爲財賦之區，所賴者太湖水利耳。向使國家歲分蘇浙入款百之一二以治水利，何至淤塞廢壞竟如今日之甚？今灾祲之後欲舉大工，而國家置諸不顧。以視直隸、山東、河南之水利向由國家動措經費者，何其厚于彼而薄于此耶？上年兩省紳耆公推代表請求截漕浚湖，部省互推，迄未解決。以蘇浙財政言，近增烟酒、印花、屠宰、登録、契税等項，早已超過漕糧額數。論培養税源之義，即應免除蘇浙漕糧以紓民力，方得事理之平。因念國家度支奇絀，僅譲酌撥數成，而部省皆故靳之。今聞潘祖謙等已電請九年度起停征漕糧，以備實行自籌浚湖經費，倘國務會議再加否決，是直棄我蘇浙也。用敢不揣冒昧，籲求大總統面諭國務總理暨各部總長准請酌理，慨念民艱，力持大體，以維繫蘇浙士民之心。幸甚，幸甚。

王清穆、陶葆廉[1]叩儉

---

[1] 二人簡介見本書前注。

【原文圖影】

太湖水利會辦致大總統辭職電

大總統國務院鈞鑒太湖水利工長責能國務會議責蘇浙自籌督辦錢能訓不得已而辭職清穆等勵勸無方應請一併准予辭職惟水利關係兩省要政謹以公民資格貢其愚忱國家視蘇浙為財賦之區所賴者太湖水利耳何使國家歲分蘇浙入款百之一二以治水利何至淤塞廢棄竟如今日之甚今災祲之後欲舉大工而國家置諸不顧以視直隸山東河南之水利向由國家動撥經費者何其厚於彼而薄於此耶上年兩省紳耆公推代表請求裁漕減湖部者至推延未解決以蘇浙財政言近增菸酒印花屠宰登錄契稅等項早已超過漕糧額數論培養稅源之義即應免除蘇浙漕糧以紓民力方得事理之平國念國家度支奇絀僅請酌撥數成而部省皆故靳之今關

潘祖廕等已電請九年度起停征漕糧以備實行自籌
浚湖經費倘國務會議再加否決是直棄我蘇浙也用敢不
揣冒昧籲求大總統面諭國務總理暨各部總長準請酌
理慨念民艱力持大體以維繫蘇浙士民之心幸甚幸甚王
清穆陶葆廉叩儉

錢能訓致江浙水利聯合會辭職電

【簡介】

錢能訓起意辭職，發給江浙水利聯合會的電報。

江浙水利聯合會：該會成立于 1919 年 3 月，據《申報》該年 3 月 17 日報道《江浙水利聯合會成立》，該會是由江蘇水利協會、浙西水利議事會發起成立的聯合組織，會址設在上海，同時在南京的江蘇水利協會、蘇州的江南測量事務所、杭州的浙西水利議事會各設一個通訊處。該會的主要職責是"議決蘇浙兩省互有聯繫之水利計畫，決定籌集水利經費之方法，勘察行水之路綫，議定施工之次第等"，然後"呈請行政官廳核定或刊行圖籍雜志及布告書類"。

【正文】

上海愛多亞路一千〇〇四號江浙水利聯合會并轉諸鄉先生鑒：

能訓❶本無水利工程學識，辱承推舉，桑梓義務，未敢固辭。半載以來，迭與內外籌商經費一節，迄無解決。能訓才力薄弱，謬肩重任，長此延宕推諉，開辦無期，有負委託，實難辭咎。已于本日呈明辭職，即希鑒諒區區，迅速會商，另舉賢能接辦。能訓仍可以個人資格，遇事盡力。除分電外，特此布聞。

能訓豔❷院代❸

---

❶ 即錢能訓。

❷ 此處當也是韻目代日，"豔日"，應爲 29 日。

❸ 暫不明此二字何意，查 1920 年 5 月 9 日《申報》"地方通信"有關于錢能訓致電江蘇督軍和省長，希望移撥贛防軍費用于太湖水利的報道，文末落款"能訓"後有"院代印"三字，疑此二字是其鈐印，確切與否，尚待考證。

【原文圖影】

上海虞洽卿路一千〇〇四號江浙水利聯合會送轉請鄉先生鑒：能

訓奉悉水利工程學識尊承推舉桑梓義務未敢固辭半載

以來迭與內外籌商經費一節迄無解決能訓才力薄弱謬

膺重任負此延宕推諉，開辦無期，有負委託，實難辭咎，已於

本日呈明辭職，即希鑒諒。區區遲速，會商另舉賢能接力。能訓

仍可以個人身分（資格）遇事盡力。除分電外，特此布聞。能訓謹啓代

江浙水利聯合會用箋

江浙水利聯合會致北京大總統國務院電

【簡介】

本文是江浙水利聯合會收到錢能訓辭職電後，發給大總統、國務院希望挽留錢能訓，并希望盡快籌措經費的電文。

【正文】

大總統、國務院鈞鑒：

頃接錢督辦❶梗❷電，以太湖水利經費中央未允籌墊，工程無法進行，業已具呈辭職。

查太湖年久失治，致沿湖各縣迭受漫溢之患，屢告荒祲，國庫税收影響滋鉅。轉瞬已交夏令，淫雨堪虞，長此遷延，湖流無宣泄之期，即農田尠豐登之望。中央縱不念及地方命脉，僅顧目前支出之困難，甯不慮將來收入之減少，若復准其辭職，何以慰江浙士民之望？伏墾大總統、總理俯憐民隱，賜予挽留。一面仍令飭財部會同江浙兩省長從速籌措經費，俾湖工早一日開始，即國課收入得早一日保障完全。利國利民，實深頌禱。

江浙水利聯合會勘❸

---

❶ 即錢能訓。

❷ 梗日，23日。

❸ 勘日，28日。

【原文圖影】

江浙水利聯合會致北京大總統國務院電

大總統國務院鈞鑒：頃接錢督辦梗電，以太湖水利經費中央未允籌墊，工程無法進行，業已具呈辭職。查太湖年久失修（治），致沿湖各縣迭受漫溢之患，屢告荒歉，國庫歲收影響滋鉅。轉瞬已交夏令，淫雨堪虞，長此遷延，湖流無宣洩之期，即農田尠豐登之望。中央縱不念及地方命脈，僅顧目前支出之困難，寧不慮將來收入之減少？若復准其辭職，何以慰江浙士民之望？伏懇大總統、總理俯憐民隱，賜予挽留，一面仍令飭財部會同江浙兩省長從速籌措經費，俾湖工早一日開始，即國課收入得早一日保障完全。利國利民，實深頌禱。江浙水利聯合會勘

江浙水利聯合會致太湖水利錢督辦電

【簡介】

江浙水利聯合會挽留錢能訓的電文。

【正文】

北京豐盛胡同錢督辦鑒：

梗電誦悉，公以請款否決迫而辭職，本會亦何忍重違公意？惟念太湖工程不容稍緩，今春淫雨已〇灾祲，設遇夏秋水發，爲害滋烈。乞公以桑梓爲重，取消辭意。臨電悚惶，毋任盼禱。

江浙水利聯合會艷

【原文圖影】

江浙水利聯合會致太湖水利錢督辦電
北京豐盛胡同錢督辦鑒枚電誦悉公以請款否決建而辭
職本會亦何忍重違公意惟念太湖工程不容稍緩今春淫
雨已甚災祲設遇夏秋水發為害滋烈乞公以桑梓為
重取消辭意臨電悚惶毋任盼禱江浙水利聯合會艷

浙江省長挽留太湖水利兩會辦電

【簡介】

時任浙江省長齊耀珊挽留王清穆、陶葆廉的電文。

【正文】

上海愛多亞路江浙水利聯合會轉王、陶兩會辦鑒：

太湖工程關係兩省水利，正賴諸公藎籌。錢督辦處已專電懇留，現聞兩公又萌退志，群情惶惑，務乞勉任艱鉅，協力維持。是所企禱。

齊耀珊江❶

---

❶ 江日，即3日。

【原文圖影】

浙江省長挽留太湖水利兩會辦電
上海處多亟盼江浙水利聯合會轉王陶兩會辦鑒太湖工程
關係兩省水利正賴諸公盡籌錢督辦處已專電懇留現
聞兩公又萌退志羣情惶惑務乞勉任艱鉅協力維持
是所企禱齊耀珊江

致汪伯唐[1]先生密函

【簡介】

錢能訓辭職，金松岑等密推汪大燮繼任。

【正文】

伯老先生：

閣下于役京華，疊親光霽，展輪南返，棖觸時勞。

伏承藎畫勤宣，柱躬增勝，詹言聞望，無任欽遲。

太湖水利，工鉅款艱，往復籌商，于兹半載。蘇浙既遽難措集，中央復未允借支。幹老[2]偉抱熱忱，遂亦漸趨消極，迭電來南，宣言辭職，另密函推公繼任。

我公當代斗杓、萬流仰鏡，關懷桑梓、度越尋常。當兹篳路之艱，正感扶輪之雅，如來督治，獲效必宏。丹老[3]聞之，竭誠歡迎，天翮[4]尤爲之軒然起舞，固不獨鄉邦父老望切雲霓也。

惟幹老碩望裒然，己飢己溺，受任數月，力策進行；迺以籌款維艱，激而出于辭職，愛鄉之念昭若日星。自當極力懇留，藉伸感戴。萬一不能挽駕，惟有籲請我公俯順衆情，出膺斯任。故鄉義務，度不固辭，且事關兩省農田，端賴高明領袖。

天翮無似，願偕七郡士庶，作萬家生佛之歌。所冀垂念民生，迅俞就任，德輝翹企，日夕禱祈。謹肅密陳，仰乞藹察，祇請崇安，敬候惠教。

晚生金天翮頓首

三十日

---

[1] 汪大燮（1859—1929），原名堯俞，號伯唐，一字伯棠，浙江錢塘（今杭州）人。清光緒己丑舉人，晚清至民國時期外交官、政治家，曾任北洋政府外交總長、國務總理、平政院長。輯自《藝林旬刊》1929 年第 39 期。

[2] 錢能訓，字幹臣。

[3] 王清穆，號丹揆。

[4] 金天翮自稱。金松岑（1873—1947），初名懋基，改名天翮，又名天羽，字松岑，號鶴望、鶴舫。早年曾用筆名麒麟、壯游、愛自由者、金一、K. A.（或 P. Y.）；中年自署金城、天放樓主人、鶴望（或鶴望生）等，江蘇吴江同里鎮人，國學大師，曾任江南水利局局長。

【原文圖影】

致江伯唐先生函

伯老先生閣下于役京華叠親光霽屐輪南返悵觸時勞伏承藎畫勤宣柱躬增勝
為言閩望無任欽遲太湖水利工鉅欵艱往復籌商於茲半載蘇浙既遽難措集中
央復未允借支幹老偉抱熱忱遂亦漸趨消極迭電來南宣言辭職另客函推公繼
任我公當代斗杓萬流仰鏡關懷桑梓度越尋常當茲築路之艱正感扶輪之難如
來督治獲效必宏丹老關之竭誠懽迎天翮尤為之軒然起舞固不獨鄉邦父老望
切雲霓也惟幹老碩望褎然已飢已溺受任數月力策進行迺以籌欵維艱激而出
於辭職愛鄉之念昭若日星自當極力懇留藉伸感戴萬一不能挽駕惟有籲請我
公俯順眾情出膺斯任故鄉義務度不固辭且事關兩省農田端賴高明領袖天翮
無似願偕七郡士庶作萬家生佛之歌所冀垂念民生迅命就任德輝翹企日夕禱
祈謹肅函陳仰乞鑒察祗請崇安敬候惠教晚生金天翮頓首三十日

江浙水利聯合會第一届常會會場記録(第一號)

【簡介】

江浙水利聯合會成立後召開第一届常會的會議記録,主要討論挽留欲辭職的會長王清穆,以及通過發行水利公債解決太湖水利經費等問題。

【正文】

江浙水利聯合會第一届常會會場記録(第一號)

四月十日下午二時開會

出席會員三十三人

沈副會長主席

主席報告本日未足法定人數,改開談話會,討論本會王會長辭職問題。除本會收到各地會員挽留函件十二起外,應請列席會員表示意見。主張挽留者有二大理由:

甲　江浙水利聯合會之範圍當然不僅太湖一部分,現在會長雖任太湖會辦❶,決不能以太湖一部分之問題致表示本會範圍之縮小;

乙　江浙水利聯合會是否爲太湖工程局之諮詢機關或監督機關,此時尚不能確定,本會會長與太湖工程局會辦當無抵觸的問題。

"狄會員":本會乃係研究機關,且目前會辦衹有名義,尚不及于事實,王會長辭職問題當然緩議,一致挽留。

(主席付表決)決議一致挽留。

"潘副會長":今日因人數未足法定,以致不能開大會。今晚、明晨會員陸續蒞止。但明日係星期日,應否開大會?

決議明日開大會。

次復討論太湖水利經費問題。

"陸會員":主張發行水利公債。

本日以非大會不能決議,故討論并無結果。

四時主席宣告散會。

---

❶ 據1919年3月17日《時報》載《江浙水利聯合會成立》,王會長爲王清穆,此處亦所證實。

【原文圖影】

江浙水利聯合會第一屆常會會場記錄　第一號

四月十日下午二時開會

出席會員三十三人

沈副會長主席

主席報告本日未足法定人數改開談話會討論本會

王會長辭職問題除本會收到各地會員挽留函件十二

起外應請到席會員表示意見

主張挽留者有二大理由

甲　江浙水利聯合會之範圍當然不僅太湖一部分現在會長

雖任太湖會辦決不能以太湖一部分之問題致表示本會

範圍之縮小

乙　江浙水利聯合會是否為太湖工程局之諮詢機關或監督機關

此時尚不能確定本會會長與太湖工程局會辦当無抵觸的問題

「狄會員」本會乃係研究機關且目前會辦祇有名義尚不及於事實王會長辭職問題當然緩議一致挽留

主席付表決

決議一致挽留

「潘副會長」今日因人數未足法定以致不能開大會今晚明晨會員陸續蒞止但明日係星期日應否開大會

決議明日開大會

次復討論太湖水利經費問題

「陸會員」主張發行水利公債

本日以非大會不能決議故討論並無結果

四時主席宣告散會

江浙水利聯合會第一届常會第一次大會會場記録(第二號)

【簡介】

江浙水利聯合會常會上,王清穆同意暫時留任江浙水利聯合會會長。會議同時討論了截留漕糧、募集公債解決經費,加快設立太湖水利工程局等議題。

【正文】

江浙水利聯合會第一届常會第一次大會會場記録(第二號)

四月十一日下午二時開會

出席會員:浙屬基本十八人,蘇屬基本十六人,特别六人

王會長主席

主席宣布:清穆❶已受太湖水利工程會辦之命,似不宜兼職本會會長。日昨謬承同會諸公一再挽留,情難固却。好在太湖工程局尚未設立機關,工程尚未籌有的款,姑且權任。惟是太湖水利關係兩省命脉,同會諸公深悉底蘊而籌款問題殊爲困難。揆厥原因,一由于官廳之漠視,一由于國家財政之支絀,兩相交迫,遂成擱淺。然我民決不可以一時之頓挫即致束手,則將來水患必有甚于今日。清穆非不肯任艱難,辭職會長,惟以局務奔走,深恐力難兼顧耳。

主席宣議:宋會員、陸會員提議由本會建議募集公債案。

陸會員宣布案意。

"潘會員澄鑑":本席對于此案絶端反對。請願截漕,中央并不反對,現在咨商兩省省長通盤籌畫,當局正在猶豫。若由本會建議發行水利公債,則是使官廳有所推諉,將截漕問題根本推翻,匪特于事無補,抑且危險萬分。況公債之發行須由省議會議決,勢必將工程擱置,所以本席意見尚以堅持截漕請願,催促核准乃爲正辦。

"陸會員啓":本席是案并非將截漕請願完全放棄。不過截漕于頃刻,官廳方面容或確有爲難之處,不如循序漸進,則于官廳方面不致十分爲難,而于工程方面得以進行,實爲折衷之計耳。

"陸會員惟鋆":以所截之漕而擔保公債是仍須求全于漕。盍不直接從截漕上辦去?一則于前案相符,再則使官廳無可推諉。

---

❶ 即王清穆。

“董會員永成”:太湖水利工程宜先將機關設定。

“朱會員紹文”:贊成、反對二端均有至理。一截現在之漕,一截將來之漕。本席以爲待截漕之成數撥定,如嫌不足再募公債。

“鄭會員立三”:應先將先覺問題從進行上着想。本會已開江浙紳耆會兩次,總統、總理對于截漕已當面允許。蓋以民國成立以來八九年中,政府對于江浙民生從未顧問。此次代表入京請願,于良心上、政治上均不能不允。所以現在一方面當催促部允之開辦費,一方面當催促督會辦設立機關。

“主席”:錢督辦意謂先籌定工程款,然後立機關,庶不致空耗經費,于事業無成。至于機關經費,應照江北運河工程局例,列入九年度國家預算。然工程費之根本當仍在截漕。

“沈會員惟賢”:本席查此案有以公債券代納税之語,使公債票而能代納税,是已表示已准截漕。何不自截漕直接想法?使公債票而不能納税則推銷亦不易矣。

討論結果以此案乃補充方法,當從緩議。

主席宣布第二案。

潘會員宣布案意。

“陸會員惟鋆”:此案本席更形反對。與前案同旨而異行,然其進行尤爲困難。公債之行止,當局尚可權衡,至于裁兵一層,有權者恐尚做不到。

主席:太湖工程經費應否國家經費或人民經費,如直隸之永定河、山東之運河,均由國家支出。太湖工長款鉅,自非地方所能籌措,然以農田水利息息相關,賦出于農田,故以截漕請爲工程經費理由最正。近年國家支出大半耗于軍餉,所以裁兵之議非不可提,于省長、督軍、中央均可提出。

“潘會員澄鑑”:裁兵之議中央已經提出實行,本會不妨爲之催促,庶可截長補短。

衆議此案亦從緩議。此時惟有催促中央撥開辦費,督會辦設局,一面再催截漕案迅予核准。

主席:催促之方法如何?

“鄭會員立三”:打電、公事,兩種并用。

“沈會員惟賢”:紳耆會之主張在免漕,姑留截漕之名。

“黄會員以霖”:催贊成截漕議決案。

“鄭會員立三”:依去年財長面允借三十萬電催。

決議:一催促督會辦,一催促中央設局案,一催促中央截漕案,一催促省長核准案。并推沈會員、朱會員起稿。

【原文圖影】

江浙水利聯合會第一屆常會第一次大會會場記錄第二號

四月十一日下午二時開會

出席會員 浙屬基本十八人 蘇屬基本十八人 特別六人

王會長主席

主席宣布 清穆已受太湖水利工程會辦之命似不宜兼職本會會長日昨謬承同會諸公一再挽留情難固卻好在太湖工程局尚未設立機關工程尚未籌有的款姑且權任惟吳太湖水利關係兩省命脈同會諸公深悉底蘊而籌款問題殊為困難揆厥原因一由於官廳之漠視一由於國家財政之支絀兩相交迫遂成擱淺然我民決不可以一時之頓挫即致束手則將來水患必有甚於今日清穆非不肯任艱難辭職會長惟以局務奔走深恐力難兼顧耳

主席宣議宋會員陸會員提議由本會建議募集公債案

陸會員宣布案意

「潘會員澄鑑」本席對於此案絕端反對請願裁漕中央並不反對現在咨商兩省省長通盤籌畫當局正在猶豫若由本會建議發行水利公債則是使官廳有所推諉將裁漕問題根本推翻歷特於事無補抑且危險萬分況公債之發行須由省議會議決勢必將工程擱置所以本席意見尚以堅持裁漕請願催促核准乃為正辦

「陸會員啟」本席是案並非將裁漕請願完全放棄不過裁漕於頃刻官廳方面容或確有為難之處不如循序漸進則於官廳方面不致十分為難而於工程方面得以進行實為折衷之計耳

「陸會員惟鏊」以所裁之漕而雖保公債是仍須求全於漕盡不直接從裁漕上辦去一則於前案相牴再則使官廳無可推諉

「董會員永[illegible]」太湖水利工程宜先將機關設定

「朱會員紹文」贊成反對二端均有至理一裁現在之漕一裁將來之漕本席以為待裁漕之成數擬定如嫌不足再募公債

「鄭會員立三」應先將先覺問題從進行上著想本會已聞江浙紳耆會兩次繼統總理對于裁漕已當面允許盡以民國成立以來八九年中政府對于江浙民生從來顧問此次代表入京請願於良心上政治上均不能不允所以現在一方面當催促部允之間辦費一方面當催促督會辦設立機關

「主席」錢督辦意謂先籌定工程欵然後立機關庶不致空耗經費於事業無成至於機關經費應照江北運河工程兩例列入九年度國家預算然工程費之根本當仍在裁漕

「沈會員惟賢」本席查此案有以公債券代納稅之語使公債票而能代納稅是已表示已准裁漕何不自裁漕直接想法使公債票而不能納稅則推銷亦不見矣

討論結果以此案乃補充方法當從緩議

主席宣布第二案

潘會員宣布案意

「陸會員惟鏊」此案本席更形反對與前案同旨而異行然其進行尤為困難公債之行止當局尚可權衡至於裁兵一層有權者恐尚做不到

主席太湖工程經費應否國家經費或人民經費如直隸之永定河山東之運河均由國家支出太湖工長欵雖自非地方所能籌措然以農田水利息息相關賦出於農田故以裁漕請為工程經費理由最正近年國家支出大半耗於軍餉所以裁兵之議非不可提於省長督軍中央均可提出

「潘會員澄鑑」裁兵之議中央已經提出實行本會不妨為之催促庶可截長補短

眾議此案亦從緩議此時惟有催促中央撥開辦費督會辦設局一面再催裁漕案迅予核准

主席催促之方法如何

「鄭會員立三」打電公事兩種並用

「沈會員惟賢」紳耆會之主張在免漕姑留裁漕之名

「黃會員以霖」條贊成截漕議決案
「鄭會員立三」依去年財長面允借三十萬電催
決議一條促督會辦一條促中央設局案
一條促中央截漕案一條促省長核准案
並推沈會員 朱會員起稿

江浙水利聯合會第一屆常會第二次大會會場記録(第三號)

【簡介】

江浙水利聯合會會議記録,介紹了王清穆見浙江省長討論撥漕浚湖、聯合會經費來源等事的大致經過,同時討論了聯合會事務所遷址問題。

【正文】

江浙水利聯合會第一屆常會第二次大會會場記録(第三號)

出席:基本會員三十一人,特别會員四人

王會長❶主席,報告見齊省長情形

清穆今辰九時入署見省長并聲明來意。省長對于撥漕浚湖亦甚贊成,并云當然由國家支出。清穆云政府既知浚漕之不可緩,而省長代表政府,自應代爲籌撥,以慰民意。省長云民國之省長非比前清之督撫,財政自設爲廳,省長衹有監督之職,而無支配之權。況現在浙江財政入不敷出,此時實無辦法云云。後談及本會常年經費,據云省款慎重,當咨交省議會議決後再行核發云。

第一稿、第二稿、第三稿均爲文字上之修正,故無他録。

"鄭會員立三":提議由本會同鄉名義公函在京四代表,促其向政府催迫,一面再請陳會員其采協同四代表同行。

衆贊成。

宣議本會事務所應移設吴縣❷案

沈會員宣布旨趣。

鄭會員非常贊成,應議遷移之日。

決議:應改爲督會辦所在地,并于太湖工程局成立時遷移。

鄭會員:本會議案差已圓滿,但本會經費江蘇省署已經照撥,而浙省尚未核准,應請會長、幹事報告一回。

推定見省長代表:潘澄鑑、狄乃建、鄭立三、李開福。

---

❶ 王清穆。

❷ 轄境在今江蘇省蘇州市。

【原文圖影】

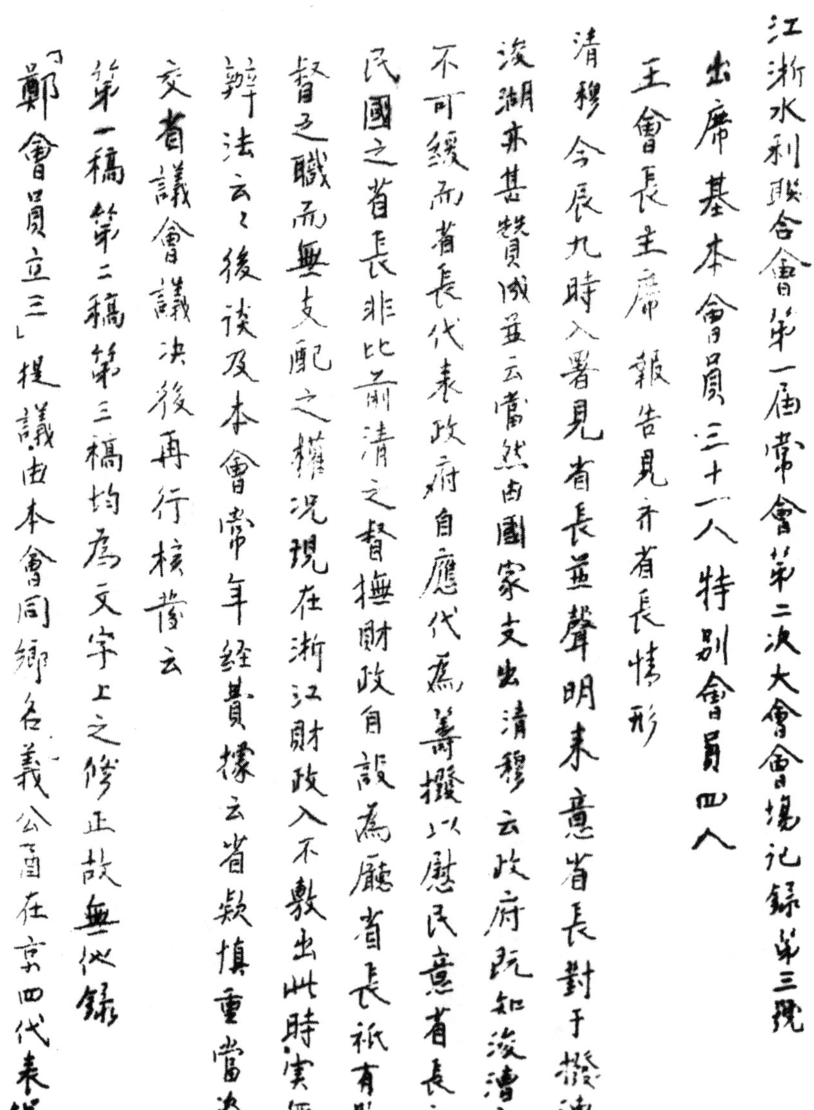
江浙水利聯合會第一屆常會第二次大會會場記錄第三號
出席基本會員三十一人特別會員四人
王會長主席 報告見齊省長情形
清穆今辰九時入署見省長並聲明來意省長對于撥漕
浚湖亦甚贊成並云當然由國家支出清穆云政府既知浚漕之
不可緩而省長代表政府自應代為籌撥以慰民意省長云
民國之省長非比前清之督撫財政自設為廳省長祇有監
督之職而無支配之權況現在浙江財政入不敷出此時實無
辦法云云後談及本會常年經費據云省款慎重當咨
交省議會議決後再行核發云
第一稿第二稿第三稿均為文字上之修正故無從錄
「鄭會員立三」提議由本會同鄉名義公函在京四代表從

其向政府催迫一面再請陳會員其釆協同四代表同行
眾贊成
宣議本會事務所應移設吳縣案。
沈會員宣布旨趣
鄭會員非常贊成並議遷移之日
決議　應改為督會辦所在地並於太湖工程局成立時遷移
鄭會員　本會議案差已圓滿但本會經費江蘇省署已經
照撥而浙省尚未核准應請會長幹事報告一回
推定見省長代表潘澄鑑　狀乃建　鄭立三　李南福

會員徐瀛提議打銷江南水利局訂購舊式挖河機器辦法案

【簡介】

據文意,當時江南水利局打算訂購英産罩頭式挖機,通過對比價格、性能,作者認爲英産設備物次價高,不如國産連珠式挖河機,遂提出廢約、换購連珠式或改購其他設備三種解决方案。

【正文】

查江南水利局開辦有年,成績絶少,坐縻鉅款,虚度光陰,江南人士莫不痛恨。兹先就其設施工程之一部分言之,該局成立之始,原購有中國製連珠式挖河機器一架,最近十年之新式也。如今之浚浦局所用者皆係此式,約值萬八千元,重量爲二十匹馬力,每日可挖起泥沙約萬餘石,當時僉稱利便。現國内鐵廠對于此種機器皆能自造,江南北各水利局均已用有成效,價亦較廉,且廠在國内,保用亦較可恃。乘此提倡國貨之際,自應本愛國之熱誠,悉用國貨以資提倡。矧此次江南大水,被灾各縣之呼籲,行政長官之督促,該局對于工程之設施尤應如何進行以慰江南喁喁之望。乃聞該局不此之圖,即以購買挖機論,純從分肥上着想。本年三月該局因欲開浚淞泖兩河,原有挖機不敷所用,又添購二架。其添購者爲一小罩頭式,每架八千元。此係最初舊式,外國久已不用,構造複雜,司機加倍,且用力偏要千斤,練及機件較易損壞,又駁船因躉數過重,泥沙擲下往往亦易受損,此種挖機雖名廢鐵亦不爲過。稍具水利知識者,决不問津。乃該局前此竟不惜以八千金購得之,數月以來兩式比較,當有覺悟。而七月間又與上海茂盛洋行訂購英産罩頭式挖機一架,價銀至三萬餘元之多,計定六個月交貨。就其功用上言,固僅及連珠式三分之一,而就其挖土消費上言,反較連珠式增加三分之二。照此兩機計算,每年虚縻及少出土方之損失必在萬元以上,倘至十年、二十年所損何可同日而語?嗟,我江南當此司農仰屋,水灾頻仍之際,該局專以各地方農商分任之鉅款,購此外人棄而不用之廢鐵以爲敷衍之計,此中黑幕猶可言耶?應由本會擬定辦法并比較表,咨請省長飭令該局查照行施行。

第一,飭令該局逕向聲明廢約。

第二,若因合同訂定不能廢棄,應飭令該局向换連珠新式。

第三,以上兩項均不能履行時,即以此項三萬元改購關于他項適用之機器以資抵算。

謹具辦法三則并比較表一紙❶，提出大會，敬候公決。

【原文圖影】

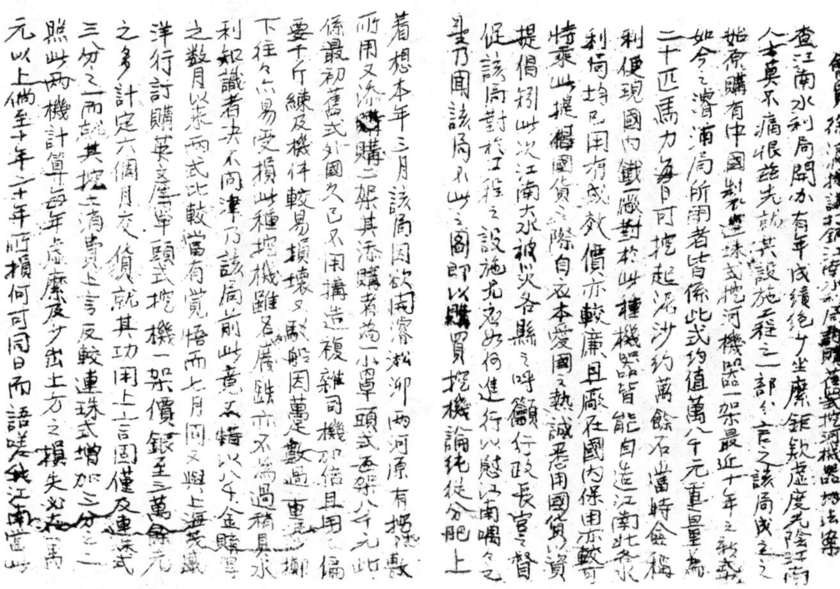

會員徐源提議打銷江南水利局前購舊式挖河機器辦法案

查江南水利局開辦有年成績絕少坐糜鉅款虛度光陰江南人士莫不痛恨茲先就其設施之程之一部分言之該局成立之始原購有中國製造連珠式挖河機器一架最近十年之新式如今之濬浦局所用者皆係此式均值萬八千元直量為二十匹馬力每日可挖起泥沙約萬餘石當時僉稱利便現國內鐵廠對於此種機器皆能自造江南北各水利局均已用有成效價亦較廉且廠在國內保用亦較可恃乘此提倡國貨之際自應本愛國之熱誠采用國貨以資提倡矧此次江南大水被災各縣之呼籲行政長官督促該局對於工程之設施尤應如何進行以慰江南喁喁之望乃聞該局不此之圖卽以購買挖機論純從分肥上着想本年三月該局因欲開濬淞泖兩河原有挖泥機數所用又添購二架其添購者為一小型鬭頭式每架八千元此係最初舊式外國久已不用構造複雜司機加倍且用之偏要千斤練及機件較易損壞又駛船因重量較過重泥沙擲下往往易受損此種挖機雖名廉賤亦不為過稍具水利知識者決不肯津乃該局前此竟不惜以八千金購買之數月以來兩式比較當有覺悟而七月間又與上海英商洋行訂購英式鬭頭式挖機一架價銀至三萬餘元之多訂定六個月交貨就其功用上言固僅及連珠式三分之一而就其挖土消費上言反較連珠式增加三分之二照此兩機計算每年虛糜及少出土方之損失必在萬元以上倘至十年二十年所損何可同日而語嗟我江南區此

---

❶　原有附表《挖泥機船鬭頭式與連珠斗式之比較表》，因解讀意義不大，僅作爲附圖供參考。

同農仰屋水災頻仍之際該局專以各地方農商分任之鉅欵購此外人棄而不用之廢鐵以為敷衍之計此中黑幕猶可言耶應由本會擬定办法並比較表咨請省長飭令該局查照施行

第一飭令該局逕向声明廢約

第二若因合同訂定不能廢棄應飭令該局向换連珠新式

第三以上兩項均不能履行時即以此項三萬元改購関於此他項適用之機器以資抵算

謹具办法三則並比較表一紙提出大會敬候

公决

挖泥機船罱頭式與連珠斗式之比較表

類別	馬力	燃料	出土	價格	管理人数	修理	效用
罱頭式（此為江北水利局購置十五年前舊式[illegible]）	十三匹	煤十二担 價九元至十元	每日四千担 說明 [illegible]	[illegible]	[illegible]	鉅而用力不均損壞易而修費較多	[illegible]
連珠斗式（此為江南水利局[illegible]）	二十匹	火油四元至五元 [illegible]	每日一万二千担 說明 [illegible]	[illegible]	[illegible] 一人 [illegible] 學徒一人	用力均而不易損壞修費較少	河底整齊 [illegible]

呈爲修浚太湖長江間相距最近之大運河以濟江湖而禦旱潦事[1]

【簡介】

原件右側有小字“笠山起草,雨人略修”,推斷此文爲鄭立三(又名笠山)、胡雨人[2]所作,文内涉及日期和經費者有數處空缺,印證“兩縣人尚未會議”之説,是爲擬上會討論、嗣後向省長遞交呈文之草稿。全文分析了太湖因“曠久失治”,致下游“旋治旋淤”、上游“紆遠不濟”、中游“聽其屈曲淤積”,主張修浚太湖與長江間之運河,提出了“下達爲標治、上通爲本治。通中游之近江以調節湖之源流尤爲本治中之本治”的治水思想。文内對施工流程,經費來源等也提出了具體方案。

【正文】

呈爲修浚太湖長江間相距最近之大運河以濟江湖而禦旱潦事。

竊江浙兩省得稱東亞富庶之區者,太湖爲之也。太湖有三萬六千頃之容量,傍山達海,上下皆溝通,江流出納灌溉以爲民利,但曠久失治,太湖容量三減其一。通江之道,下游自劉河、白茅河枝節爲理,旋治旋淤;上游丹徒運口,紆遠不濟;而中游最近之黄田港、夏港在江陰者,亦聽其屈曲淤積。時或勺水不能通湖,于是使我震蕩、活潑之太湖巨浸,至如死隅。溪谷底日積滯,面日泛濫,十年九灾,居民憂慮,分道謀浚。因是上游旁山之地,如浙江之吴興、長興,有東、西苕溪之浚;江蘇之宜興、溧陽有荆溪、百瀆之浚;下游江海通途,亦方着手吴淞江、泖湖工程。復恐中游湖身不理,胃腸壅滯,臂指無功。

今年夏秋水灾,證明湖患。兩省紳耆因是又有督辦浚湖之請。中央派員專設機關,我江錫兩縣傍湖,與江最近。最審審太湖之所以泛濫者,在昔東壩未築之先,上流過强,震蕩不定,其泛也近于狂;至東壩已築之後,上流過弱,天目、陽羨諸山,泉雨來源時大時小;小時斷絶下流,大時助湖爲虐,其泛也病于滯。設今太湖深槽,四浚泖、浦、淞、劉,下游俱達,泛勢減輕而上游仍弱,下游倒灌,積滯終存,漸通漸塞。潦則山洪、天雨仍可爲灾;旱則湖流多去路,而少來源;病泛之下加以病枯,此非浚湖之説所能救濟矣。事關蘇浙全體,而江錫兩邑獨在中

---

[1] 此文原件爲油印稿,首頁右側有毛筆字標注:“笠山起草,雨人略修,兩縣人尚未會議。”

[2] 鄭立三、胡雨人生平見後注。

游，首當其衝，非于浚湖之際，急謀通江之道不可。蓋太湖下達爲標治、上通爲本治。通中游之近江以調節湖之源流尤爲本治中之本治。標治則能救一時之泛，至本治貫徹無遺，乃能救永遠泛濫之灾，并可濟來日枯竭之患也。

查通江濟湖之源，有丹徒、丹陽、武進各口，皆爲上通之路，然其道較遠，其力較微。欲求接濟最近，流勢最平，且可以人力操縱之者莫如大浚江陰江口之黄田港、夏港與無錫湖口之梁溪、大溪，俾之聯貫運河，一律深廣，修浚尚不甚難。黄、夏兩港與各有水閘可以啓閉。兩港裁彎取直僅各十里至南閘合流。南尋江錫漕河經皋橋接運河至無錫城北，共六十里。其西南爲梁溪，至獨山門十五里，東南仍循運河至曹王涇，南行爲大溪，共三十里。綜計工程約一百三十里。固有之河廣狹、深淺相差甚多，必規定其廣深之度，配平河底，規直河深，修造新閘，經費須數十萬元。宜先就河道辦理水利工程測量，方有詳細規劃、詳細預算，而測量與工程之籌備又須先有指定之的款○[1]等因。

集兩邑士紳于今十二月○日會議結果，僉以此項工程爲兩邑之要，大經營關係蘇浙全體之利益，當然省縣分擔。因先援照泖湖之例，請就江錫兩邑自九年度起一律由田畝帶征水利經費○角，俟工程告竣之日爲止。一面請江南水利測量局推援内部測量辦法，委員設所提前測量此河水利工程儘○年○月，編成工程預算，即行籌措公債各款，著手開浚，免得淞泖通浚，灾及中游江錫。利害所迫，逕乞省長飭令江南水利局，提前委員測量此項江湖間最近之大運河水利工程，編訂預算。一面應請省長准照泖湖先例，通令江錫兩縣于九年度起帶征畝捐○角以爲籌備。事關江湖利益，永除旱潦之灾，不勝迫切待命之至。敬呈江蘇省長齊。

---

[1] 此處○原爲空白，下同。

【原文圖影】

笠山起草兩人署僧兩俗人尚未会議

呈為修濬太湖長江間相距最近之大運河以濟江湖
而禦旱潦事竊江浙兩省得稱東亞富庶之區者
太湖為之也太湖有三萬六千頃之容量傍山達海
上下皆溝通江流出納灌溉以為民利但曠久失治
太湖容量三減其一通江之道下游自劉河白茆河
枝節為理旋治旋淤上游丹徒運口紆遠不濟而中游
最近之黃田港夏港在江陰者亦昕其屈曲淤積
時或勺水不能通湖於是使我震蕩活潑之太湖
巨浸至如死陽溪谷底日積滯面日泛濫十年九
災居民憂慮分道謀濬因是上游傍山之地如浙江
之吳興長興有東西苕溪之濬江蘇之宜興溧陽有
荊溪百瀆之濬下游江海通道亦方着手吳淞江泖
湖工程復恐中游湖身不理胃腸壅滯臂指無
功今年夏秋水災證明湖患兩省紳耆因是又有
督辦濬湖之請中央派員專設機關我江錫兩縣
傍湖與江最近最當々太湖之所以泛濫者在昔東
壩未築之先上流過強震蕩不定其泛也近於狂至
東壩已築之後上流過弱天目陽羨諸山泉雨來
源時大時小小時斷絕下流大時助湖為虐其泛
也病於滯設今太湖深槽四濬泖浦淞劉下游俱

達泛勢減輕而上游仍弱下游倒灌積滯終存漸遠
漸塞潦則山洪天雨仍可為災旱則湖流多去路而
少來源病泛之下加以病枯此非浚湖之說所能救
濟矣事關蘇浙全體而江錫兩邑獨在中游首當
其衝非於浚湖之際急謀通江之道不可蓋太湖
下達為標治上通為本治通中游之近江以調節湖
之源流尤為本治中之本治標治則能救一時之泛
至本治貫徹無遺乃能救永遠泛濫之災并可濟來
日枯竭之患也查通江濟湖之源有丹徒丹陽武進各
口皆為上通之路然其道較遠其力較微欲求接濟

二

最近流勢最平且可以人力操縱之者莫如於書江
陰江口之黃田港夏港與無錫湖口之梁溪大溪併
之聯貫運河一律深廣脩浚尚不甚難黃夏兩港
興各有水閘可以啟閉兩港截灣取直僅各十里至
南閘合流南尋江錫漕河經皋橋接運河至無錫
城北共六十里其西南為梁溪至獨山門十五里東
南仍循運河至曹王涇南行為大溪共三十里綜計
工程約一百三十里固有之河廣狹深淺相差甚多
必規定其廣深之度酌平河底規直河身脩造新
閘經費須數十萬元宜先就河道辦理水利工程測

量方有詳細規劃詳細預算而測量與工程之籌備
又須先有指定之的欵　　等因集兩邑士紳於
今十二月　　日會議結果僉以此項工程為兩邑
之要大經營關係蘇浙全體之利益當然省縣
分擔因先援照泖湖之例請就江錫兩邑自九年
度起一律由田畝帶征水利經費　　爾俟工程告竣
之日為止一面請江南水利測量局推援兩部測
量辦法委員設所提前測量此河水利工程儘
年　　月編成工程預算即行籌措公債各欵
着手開浚免得淞泖通浚災及中游江錫利害所

三

迫逕乞
省長飭令江南水利局提前委員測量此項江湖
間最近之大運河水利工程編訂預算一面應請
省長准照泖湖先例通令江錫兩縣於九年度起
帶征畝捐　　爾以為籌備事關江湖利益永除
旱潦之災不勝迫切待命之至敬呈
江蘇省長齊

無錫江陰合濟太湖長江間大運河圖

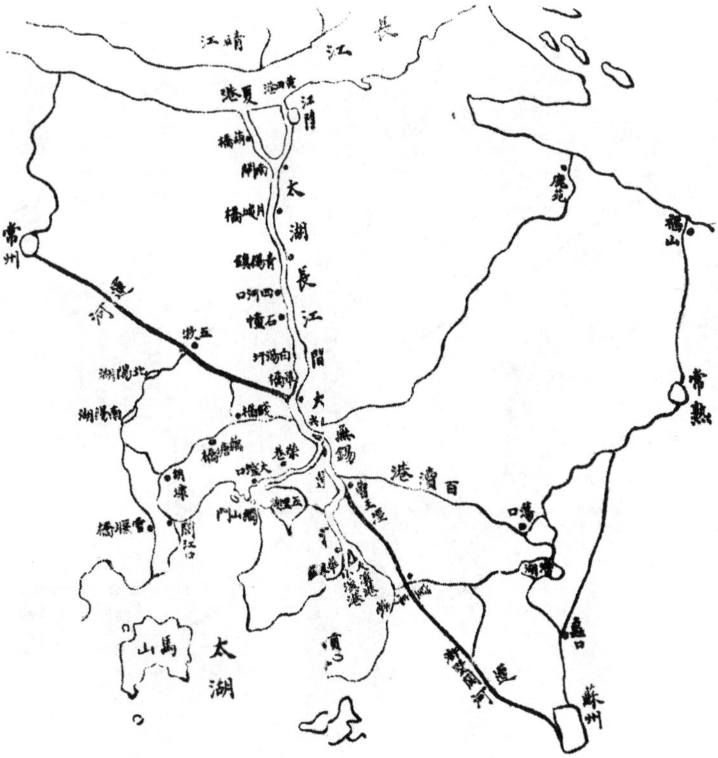

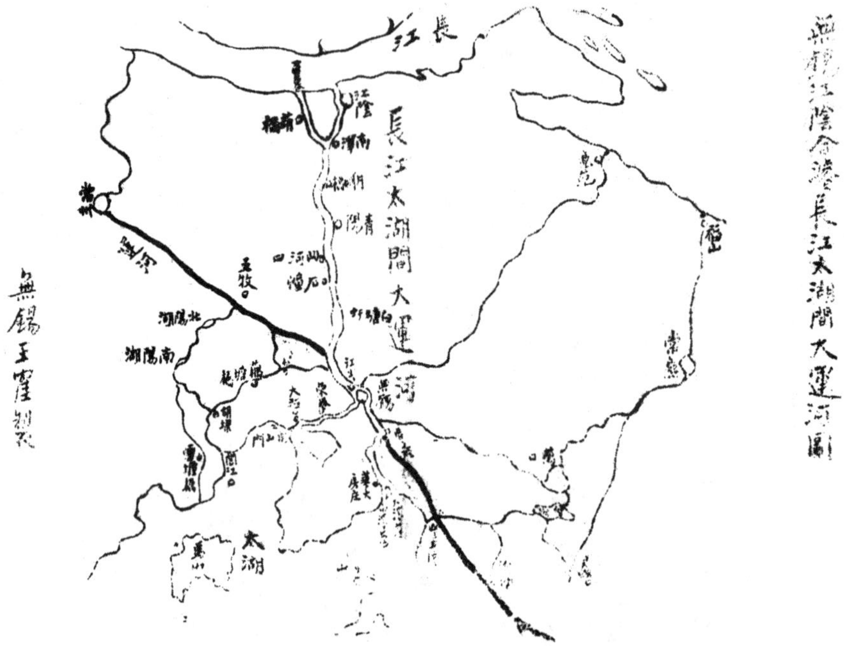
長江
長江太湖間大運河
無錫
太湖

太湖水利工程區域劃分、機關設置等事宜函

【簡介】

太湖水利工程局設立前夕，王清穆赴京，結合各地士紳意見，提出太湖水利工程首先要劃定區域，按照甲、乙、丙、丁、戊五部開展測量工作，另外明確提出擬在江蘇吴縣設立太湖水利工程局，在浙江嘉興設立分局，此文記載了相關經過。

【正文】

敬啓者，前經奉詢蘇浙水利現辦情形，當承指示一切，至爲紉佩。頃丹揆會辦來京後，就七屬士紳意見詳加參酌，僉謂太湖水利工程首○劃定區域，始爲着手計畫，可○而上下游聯帶關係，各流域尤與太湖本區同一重要。蓋在昔太湖巨浸，西北受宜歙常潤諸流，南受杭湖苕霅諸水，容量本大，後由東江、婁江、吴淞分達于海。自五堰既築，宜歙之流不東，漊港漸淤，杭來之水不北，清水力弱，江流緩阻，歷久變遷，浚治期亟。民國三年，蘇省呈明中央派員專辦。東江久湮，先從婁江入手，次及吴淞、太湖。江南水利局即本此計畫而設。誠以江南水利，太湖實綰樞要，太湖不治，蘇浙七屬之水不得而治也。蘇浙七屬水利與太湖實相爲標本。曩者蘇省議會提議區分測量爲甲、乙、丙、丁四部。甲運河區域，乙太湖區域，丙太湖以東吴淞、黄浦、澱山湖、泖湖區域，丁劉河、白茆、陽城湖區域，兼籌并顧，規畫宏遠。今後兩省統治，應并于浙省苕溪流域與乙部爲密切關係者，劃定一區列爲戊部者。杭嘉湖舊三府地域廣袤，從前尚無平面測量，而南苕、西苕、北苕三溪爲太湖來水之路，亟宜從事分測，以爲規畫工綫之基礎。以上五部除乙部外，甲部之運河杭鎮間一段關係亦屬密切，以及丙丁戊三部均在太湖上下游範圍以内，并極重要，擬即就此劃定以爲太湖水利工程之區域。至兩省原設水利機關，以江南水利局關涉太湖上下游各部分者爲最廣，亦應分析權限，俾無窒礙。其浙江水利委員會、浙西水利議事會皆爲籌議機關，且具民治性質，他如蘇省之水利協會，以及江浙水利聯合會均可藉爲集思廣益之助。至蘇省○寧鎮蘇松常太及崇明揚中各屬湖河海塘，暨地方水利事宜，浙省錢江上下游暨鹽平兩縣沿海各塘工，當然不在太湖水利範圍之内。以上劃定區域問題，亟待解決，事關兩省管轄，除函達照岩、震岩❶省長外，務祈迅賜酌核。諒賢

---

❶　即齊耀珊、齊耀琳兩兄弟，時分任浙江、江蘇省長。

去官倡議〇〇于前,必能合力經助于後。俟得覆示,即由敝處呈明立案。現并擬于江蘇吴縣設立太湖水利工程局,并得于浙江嘉禾❶設立分局,惟造端宏大、工款浩繁,中央帑項奇絀,如何撥助?或須設法就地籌集,尚待從長計議。至于測湖浚泖、湖泖并治各問題,以及區域權限未盡事宜,應俟機關組定、實地查測再行。隨時商榷損益,以期完善。縷陳奉商,即希亮察。專此,敬叩公綏。

【原文圖影】

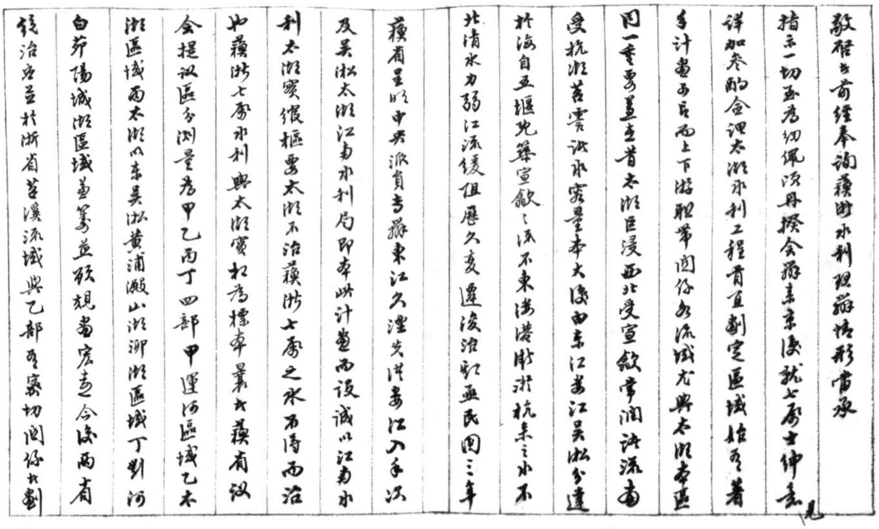
敬啓者:前經奉詢蘇省水利現辦情形,當承
指示一切,并爲切佩。頃丹揆會辦來京,復就七屬士紳意見
詳加參酌,合理太湖水利工程,首在劃定區域,始可着
手計畫。而兩省上下游脈絡常關係於流域,尤與太湖本區
同一重要。蓋查昔太湖區域,西北受宣歙、常潤諸流,南
受杭湖苕霅諸水,容量本大,洩由東江、婁江、吳淞分達
於海。自五堰既築,宣歙之流不東,溇港[illegible]淤,杭嘉之水不
北,清水力弱,江流緩阻,歷久變遷,浚治維亟。民國三年
蘇省呈明中央,派員查勘東江久湮,先從吳江入手治
及吳淞、太湖,江南水利局即本此計畫而設,誠以江南水
利,太湖實綰樞要,太湖不治,蘇浙七屬之水不得而治
也。蘇浙七屬水利與太湖實相爲標本,蘇省擬
會提擬區分測量爲甲乙丙丁四部:甲運河區域;乙太
湖區域;丙太湖以東吳淞、黃浦、澱山湖、泖湖區域;丁劉河
白茆、陽城湖區域。並籌並擬規畫,宏意今擬兩省
統治者,並於浙省苕溪流域與乙部互察,切關係劃

---

❶ 嘉禾:嘉興别稱。

定一区列为戊部先就嘉湖旧三府地域广袤代为
为之平面测量西南自西苕北苕三溪为太湖来水之
路亟宜从事分测以为规画工程之基础以上五部面积
除乙部外甲部之运河杭镇间一段关系亦最密切以及
丙丁戊三部均在太湖上下游范围以内至极重要拟
即就此划定以为太湖水利工程之区域至两省原设
水利机关以江南水利局关涉太湖上下游各部分最
为最广亦应分析权限俾无窒碍其浙江水利委员
会浙西水利议事会皆为筹议机关且具民治性质他
如苏省之水利协会以及江浙水利联合会均不能为
集思广益之助至苏省有濬浦镇苏松常太及业明揭
中合属湖河海塘坚地方水利不宜涉有镇江上下游
堡垒平两知沿海各塘工常由不在太湖水利范围之
内以上划定区域问题亟待解决者关两省管辖权亟
达 业岩 宸岩 省长外务部
迅赐酌核请

贤者夏倡议发因于苏浙合力任助于此使得
发示即由翰卿星昭主稿犹兼将于江苏吴县设立不期
水利工程局并同于浙江嘉兴设立分局惟达德宏大工
款浩繁中央政府殊难独任援助或经设法就地筹集
尚待从长计议至于测湖浚湖并治各问题以及区域
权限未来不宜预定俟机关组定实地查测再行随时
商榷核议以臻完善统候速商即希
亮察专此敬颂
公绥

讀太湖水利局征求意見書之質疑❶

【簡介】

太湖局成立後，就籌治太湖水利，提出“泖湖不治，太湖不得而治，漊港不治，浙省之水不得而治”的思路，認爲“惟有浚泖浚漊測湖，標本并治……惟東苕西苕二溪，爲太湖來水之路，應先組織浙省平面測量事務所，分測二溪水面……”，此後浚湖并續行浚漊，再次并行平面測量及浚漊。爲此製訂了《太湖上下游水利工程預擬計劃大綱》，于治湖提出開拓東太湖雙洪兩道與規復東江計畫，同時致函江浙水利聯合會征求意見。江浙水利聯合會召集民間熱心水利人士和地方士紳對太湖局計畫開展了實地勘察，得出了“浚泖不可行”“浚漊宜擇要即行”“測湖宜緩行”“測苕宜即行”“浚湖大計決不可行”的結論，并提出了相應實施計畫❷，由此雙方展開了論争。下文是吴江人費承禄針對太湖水利局的方案提出的質疑内容。文内對太湖水利局開東太湖雙洪兩道規復東江計畫所依據的“單郟陶林之往事”“挽路成而東垻閉，歇浦通而三泖淤”“錢塘、揚子近同一轍，是以牐堰之制急宜規復，激清漱濁、其道不渝”等觀點一一加以辯駁。

【正文】

太湖水利局以原定開拓東太湖雙洪兩道與規復東江計畫，經江浙水利聯合會切實調查，歷指其失，太湖局不肯引咎，援古證今，通函兩省水利機關，征求意見。其兩方之是非虛實，將來自有公論，無待鄙人之評判，惟就該局通函中所引各節而觀，其比儗不倫，語多附會，苟不知者徒震其稱引之博，而不察其事理之誤，其關係于桑梓利害，殊非淺鮮，爰爲逐條指出，以備高明之研究。

該局謂視察江流趨勢、湖水現狀，證之單郟❸之論議，參以陶林❹之規則，變

---

❶ 此文見諸《民國日報》1921 年 8 月 20 日《專件二・太湖水利局征求意見之質疑》和 8 月 21 日《專件・太湖水利局征求意見之質疑(續)》，與本文所據鉛印版在標題處即有一“書”字之差，文内不同處不再另行注出，特此説明，以供甄别。

❷ 胡雨人:《太湖問題之聯合會:江浙水利聯合會審查員對于太湖局水利工程計畫大綱實地調查報告》，《江蘇水利協會雜志》1921 年第 10 期。

❸ 結合下文應指單鍔、郟亶，二人生平見下注。

❹ 此處應指陶澍和林則徐，文毅、文忠均爲謚號。南京原有陶林二公祠，原址位于長江東路 4 號，爲清代兩江總督左宗棠爲紀念陶澍和林則徐而建。

遷遞嬗，厥故可思等情。查宋元祐間，宜興人單鍔❶著《吴中水利書》，其大要欲鑿吴江塘岸爲木橋千所，并開江尾（指淞江）茭蘆之地，遷沙村之民運其所漲之泥，蘇文忠❷上其議于朝，事不果行。又崑山人郟亶❸于宋熙寧間，上書兩府，其大要主築圩岸、浚塘浦，嗣以亶辦事操切不洽輿情而罷。此二人者，一係持論過高而未能行，一係措置不當而事不成；至陶文毅❹、林文忠❺兩公之水利政績，均亟亟于湖水分流之計畫，故浚治吴淞、劉河、白茆不遺餘力。蓋太湖下游宣泄問題，自夏忠靖❻創掣淞入劉引水北流之議，數百年來，從未稍變其政策，今該局所定計畫，證諸單郟陶林之往事，絶然不同，何得以此爲證，此其不可解者一也。

該局謂挽路成而東壩閉，歇浦❼通而三泖淤，淞婁諸港視爲消息等語。查挽路即吴江塘岸，爲江浙運道，始于宋慶歷年間，證以《太湖備考》，謂今日太湖水小，吴江岸亦不爲害，而岸東各縣受賜實多。至東壩成于明洪武時，因太祖欲截住鐘山龍脉，使秦淮之水不得東泄。相傳當時蘇松常人仕洪武朝以湖水盛滿爲患，謀去上游一部分之水，遂獻此議，以免太湖泛濫，故東壩與挽路相距二百餘年，截然兩事，毫不聯屬，并非因挽路成而始築東壩也。又歇浦自春申君浚治以

---

❶ 單鍔（1031—1110），字季隱，北宋兩浙路常州宜興（今江蘇省宜興市）人，水利專家，致力于太湖流域地理和水利研究 30 餘年，著成《吴中水利書》，指出太湖水患癥結爲“納而不吐”，影響直至明清。輯自江蘇省炎黄文化研究會、江蘇省科學技術廳編著：《江蘇歷代名人録（科技卷）》，江蘇人民出版社，2011，第 124 頁。

❷ 蘇東坡，宋高宗時追贈太師，謚號“文忠”。

❸ 郟亶（1038—1103），字正夫，江蘇蘇州太倉人，水利專家，仁宗嘉祐二年（1057）進士，曾上書《蘇州水利六失六得》，受到宰相王安石贊賞，又上書《治田利害七事》，任司農寺丞負責興修兩浙水利，著有《吴門水利書》4 卷。輯自江蘇省炎黄文化研究會、江蘇省科學技術廳編著：《江蘇歷代名人録（科技卷）》，江蘇人民出版社，2011，第 124 頁。

❹ 陶澍（1779—1839），字子霖，號雲汀，湖南安化人，嘉慶進士，道光五年（1825）任江蘇巡撫，道光十年（1830）任兩江總督。其爲官期間，興修水利，整頓財政，革新鹽政，整治治安，興辦教育，培養人才，做出了較大貢獻。輯自楊新華、吴闐：《山水城林話金陵》，南京師範大學出版社，2009，第 163 頁。

❺ 林則徐（1785—1850），字少穆，晚號竣村老人，福建侯官（今福建省福州市）人，嘉慶進士，從政期間治理過長江、黄河、吴淞江、黄浦江、婁河、白茆河和海塘等，在新疆留下“林公渠”等傳説。輯自楊新華、吴闐：《山水城林話金陵》，南京師範大學出版社，2009，第 163 頁。

❻ 夏原吉（1366—1430），字維喆，祖籍江西德興（今江西上饒），幼年隨父定居湘陰，明成祖時受命治理江南浙西水患，疏壅滯，修堤浦，浚溝洫，治橋樑，疏導吴淞江，又疏浚白茆塘、劉家河、大黄浦諸河道。宣德五年（1430）卒，贈太師，謚“忠靖”，著有《夏忠靖集》。輯自江蘇省炎黄文化研究會、江蘇省科學技術廳編著：《江蘇歷代名人録（政治卷）》，江蘇人民出版社，2016，第 123 頁。

❼ 上海境内黄浦江別稱。

來,二千餘年暢流不息,歷朝治水者,從未問津。自上海開埠以來,加以辛丑條約之束縛,設立浚浦局,鑄成大錯,治理之權授諸西人,歲糜數十萬兩,而兩岸浦灘日占不已。近且擬在吴淞口建築大閘,保留漲潮之限度,以便吃水三十尺之商船可以進口,實爲江浙兩省水利農田生死關係。吾人正痛心疾首,以謀抵制之不暇。至泖湖踞黄浦上游,現在水深自六七尺至一丈不等,其寬度自六七十丈至百丈,以現在之寬深丈尺而論,在内地清水河已不憂其淤塞,故千餘年來從未有人議及浚治。泖湖者蓋東江古道,早經湮没無考。在浙西一小部分之水,由圓泄涇分泄,經泖湖入黄浦,皆通暢無阻。凡遇水年,泖湖流域恒較他處爲輕,以有深寬之河流直接宣泄也,故泖湖之并不淤塞,儘可暫緩開浚,爲盡人所皆知。該局所謂歇浦通而三泖淤,不知何所依據?夫水利係一種專門科學,須躬親閲歷,脉絡分明,而後可以定計畫,非可如從前做八股中之搭題,搬砌類典,牽合附會,以爲驚世駭俗之地,此不可解者一也。

該局謂江沙之富、江位之高,錢塘、揚子近同一轍,是以牐堰之制急宜規復,激清漱濁、其道不渝等語。查太湖之水與長江之水爲消息,幸有江潮之一漲一落以保留一部分之清水。凡下流各幹流,河形直而寬者,反能借江潮以刷沙(如黄浦二千年未淤)。若將太湖各幹流如吴淞、劉河、白茆均浚治之,使暢泄無阻,何慮江沙之壅滯?至錢塘江直受海潮,杭州以下概屬鹹水潮汛,最大時漲落有二三丈之差,且一經漫堤,濱江各縣立成斥鹵,故牐堰之制刻不容緩。若揚子江以萬里之源力足以拒海潮,每日江水行至三夾水❶,遇潮上時即反流而衝入。濱江各河純屬淡水,絶無鹵汁,且江潮漲落僅有六七尺之差,與錢塘形勢迥然不同。從前籌議水政,往往主在出海各口設立閘垻,惟須啓閉有時、保管得法,則可利用閘垻以蓄清敵渾,否則閘門以外易積淤沙,一遇水年,清水反不得出,其害較無閘爲尤甚。值此商戰時代,更不能泥守舊法、創閉關之制。故陶文毅治吴淞,立主毁閘,迄今亦未見其害。劉河有閘不閉,留此口門亦未見其益。該局以迥然不同之錢塘、揚子并爲一談,江水鹹淡與潮流高低似皆莫辨,此不可解者又一也。

該局謂江浙水利聯合會會員胡君所創之議爲引江灌湖之策,此最足動兩省父老之耳目者也。查胡君雨人所撰調查報告主張續浚白茆,使太湖北部之水由沙墩港經陽城白茆江而出海。因前數年間曾浚白茆,逢灣取直頗收效果,而徐家洪以西尚留若干里未浚,常熟紳士亦力主續浚之有利無害。推其根源,已浚之段既有大效,續浚之區未必有害,且江潮漲落情形已如上所述矣。以浩瀚之

---

❶ 三夾水:吴淞口爲黄浦江、長江和東海匯合處,由于三股水比重不同,呈三種水色,黑濁色是黄浦江水、暗黄色是長江水、淺藍色是東海潮水,故名"三夾水"。輯自上海市寶山區史志編纂委員會編:《寶山年鑒》,中國統計出版社,1999,第 89 頁。

黄浦，且接近海口未受倒灌之害。白茆偏在西方，離海較遠，豈因數尺江潮之漲落即可灌湖，使成泛濫？然則從前之治吴淞、劉河者，無一非引江灌湖之策，即該局亟亟于可已而不已之浉湖工程，設如其計畫而能浚深一二丈，則將來黄浦之潮不將通過澱湖而分達吴江、嘉興縣境，成其引江灌湖之策乎？其自相矛盾尤不可解也。

以上各端，僅就通函中不可解之處，質諸兩省明達君子加以注意，以釋群疑。地方幸甚。

吴江費承禄[1]稿

【原文圖影】

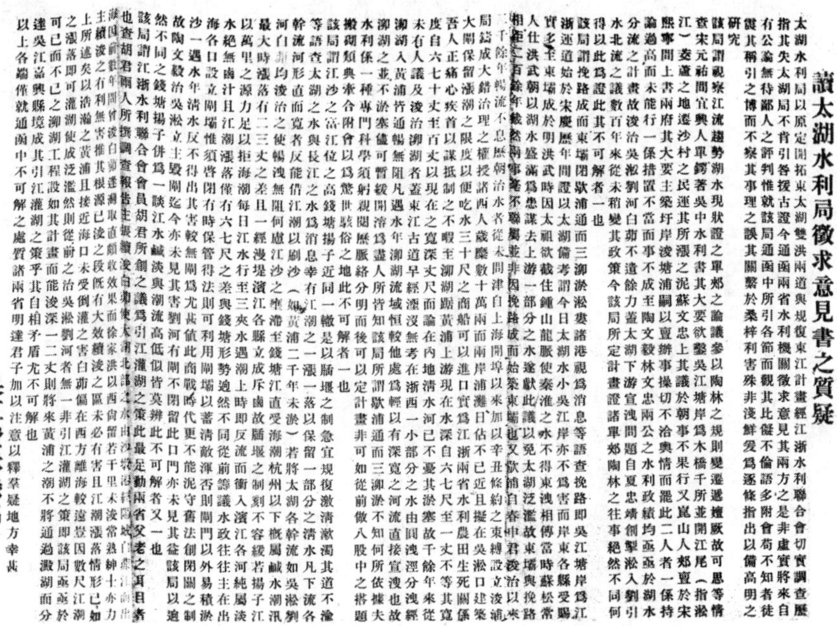
讀太湖水利局徵求意見書之質疑

吴江費承祿稿

[1] 費承禄(1884—1951)，號仲篪，亦作仲笹，抗戰前以費承禄名，抗戰後以費仲笹名，江蘇吴江松陵鎮人，費攬澄之弟，浙江農業學校畢業，歷任吴江縣公署第四科科長、太湖水利局吴江水利工程局局長等職。輯自吴江區檔案局、吴江區方志辦編:《吴江名門望族》，光明日報出版社，2015，第338頁。

會員胡樹鍼[1]答覆太湖水利局征求水利工程計畫大綱意見書

【簡介】

胡樹鍼曾任江蘇省水利協會會員,此文是其對太湖水利局征求水利工程計畫大綱和審查報告意見的回復。其主要觀點:一,建議太湖水利局從承辦太湖流域丙部測量的江南水利局録存圖形,以資規劃;二,認爲浚泖是浚湖的初步工作,太湖流域水害之癥結在行水之漫無軌道,是否浚泖應該建立在改良路綫,束水就槽的前提之下;三,認爲治水計畫應先從下游著手,同意胡雨人主張的"首要、次要,酌量施工",認爲浚漊應先下游最要工程;關于浚湖,其同意緩行但不同意取消。對于審查報告,在浚茆問題上,他同意胡雨人的主張,認爲繼續完成"辦法簡易、經費無多、宗旨亦屬純正";在浚顧涇港及蘊藻浜的問題上,他認爲"應俟湖水分泄辦法確定再行討論",七浦改橋、婁江折垻并行工程測量,則認爲"可從緩"。

【正文】

前讀《致江浙水利聯合會審查報告諸君書》曰:"精確之計畫必根本乎測量",又讀《答[2]江浙水利聯合會諸君子函》曰:"論學理當證諸圖籍,考事實當佐以測量"。是測量所得之圖籍爲規畫水利之基本,已在督辦洞鑒之中,兹荷垂詢意見敢不勉貢蒭蕘?惟理想可以憑空,事實斷難臆測。若不按圖研究,計畫靡所憑依,此前函所以有飭科謄寄丙部[3]總圖之請也。夫江南各縣地形圖籍如二萬分一、二萬五千分一、五萬分一、十萬分一、二十萬分一、五十萬分一,此間均備,本可無庸再求參考,而必亟亟以此爲請者,蓋耗五萬餘元帶征費測不足一萬方里之一萬分一水利圖籍,或可較爲詳細也。乃昨奉賜復謂丙部測量係江南水利局經辦,前聞擬將十萬分之一總圖先行○曬,俟其曬出,當索贈一紙云云。溯

---

[1] 胡樹鍼,曾任江蘇省水利協會研究員(《申報》1921 年 9 月 22 日"國内要聞"版),1927 年任江北運河工程局局長(《申報》1927 年 8 月 15 日"國内要聞"版)。

[2] 原文漫漶,此"答"字存疑。

[3] 據武同舉《江蘇水利全書》第五編卷三十六載:"民國六年(1917)江蘇省議會議江南水利應從測量入手,區分四部:甲部爲上起丹徒,下迄湖杭之運河;乙部爲太湖;丙部爲澱泖等湖;丁部爲陽城湖;十二月,江南水利局先測丙部應測區域,西沿運河,東接黄埔,北界吴淞,南至嘉秀各水……越二歲,圖成,擬訂工程計畫。"

貴局自開辦迄今將及一年，此項急需之圖，何尚未派員赴該局録存一份？抑測量科諸公○緒紛繁，無暇及此耶？不然東江行水路綫終不能略舉經過地方一二名詞，所可計畫者，俟圖如無差誤，正可出以示人公開研究，何必再行組隊由澱上泖實測爲哉？此樹鍼之所不能不無疑者也。兹復不推固陋，將對于貴局水利工程計畫大綱及審查報告之意見分别録之。

（甲）對于水利工程計畫大綱意見書

——浚泖　爲浚湖計畫之初步。胡君雨人所竭力反對者也。鄙意太湖流域水害之癥結不在澱泖之淤淺，而在行水之漫無軌道，故泖之宜浚與否，當以改良路綫，束水就槽爲先決問題。查貫徹東江首尾計畫，有從泖湖、攔路港、澱山湖南部汾湖、平望、唐家湖、大夫港、練聚橋而達湖口、逐段整理之議。此綫既逾汾湖，又穿澱泖，斷難達束水之目的，似宜由平望經黎里、蘆墟、章練塘以達泖口，或由平望經陶莊鎮、祥符蕩、大征塘[1]，以達圓泄涇。惟地經浙省，圖籍未備，實地上有無阻礙殊未敢必耳。設或可行，則路綫較直，河床較狹，工程較小，經費較省，而湖水亦較易宣泄，否則于東西二泖、閉塞其一，一邊力事浚深，一邊任其淤淺，使湖水合出一方，而潮流分行二口，分則力弱、合則力强，清勝于渾，可操左券。兹按計畫大綱，衹開西泖而不浚東泖，或亦有見于此乎。惟大綱所列西泖、總泖、攔路港三段工程計三十六萬土方，每方浚費匀計一元，需三十六萬元，而按諸預算册第一年已需五十八萬一千○八十六元。若照原計畫，至遲必須二年告竣，則第二年所需之費，從除去購置項下二十六萬六千五百元外，亦需三十一萬四千五百八十六元。兩年合計則爲八十九萬五千六百七十二元，較之大綱所列殆溢二倍。如此不符，甯不可駭？倘不克如期告竣，則需費更巨，無俟再計。要之，辦理河工者，當具救灾之觀念、義務之良心，庶幾實事求是，款不虚靡，而農田交通俱獲其益。若以爲優差美缺，視靡四五十萬元尚不及一師團之餉，則挖土比諸挖金不其然歟？

——浚漊　治水計畫必先自下游着手。若下游未治而先治上游，則上游之水溜之而來，下游阻滯不克、源源而去，勢成中滿之患，難免泛濫之灾。况七十二漊港不分枝幹、大小，盡由貴局年浚十二，而無錫、吴縣、吴江等縣諸大泄口○

---

[1] 大征塘，清劉啓端撰《大清會典圖》（清光緒石印本）卷一百七十輿地三十二中有語："諸水注吴淞江，東爲俞塘、注正渠，正渠又南大征塘、楓逕塘……"民國早期秦綬章、姚文楠、秦錫田撰《江南水利志》卷三《江南水利局總辦沈佺呈江蘇省長爲丙部測量定期出發附送簡章圖表文》附件《測量事務所簡章》中有"大征塘、圓泄涇等處"語。上海市青浦縣縣志編纂委員會編《青浦縣志》不載"大征塘"條目，其第三篇《自然地理》第一百一十三頁有"大蒸塘"一條，語："大蒸塘，又名大蒸港"，其據清光緒刊《青浦縣志》載"塘在濮陽塘南，其地有有古濮陽王墓，蒸土爲之，故名。"查今日地圖，圓泄涇在大蒸港内，故推測大征塘即今大蒸港也。

不一爲計及，殊不可解。胡君雨人主張分别首要、次要，酌量施工，實屬扼要，而審查會主張俟下游最要工程將次完竣，再行擇要開浚，尤爲確當。

——測湖　胡君雨人初主緩行，繼主取消者也。鄙意緩行則可，取消則斷乎不可。蓋凡流域之廣狹、地形之高下、湖盂之形狀，以及容量大小、水流方向、來源去路之多寡，靡不依精確之測量、詳細之描繪以考察者也。如嫌辦法不妥，不妨從長計議，預算太濫，不妨酌量改正，因噎廢食庸有濟耶？竊查湖域地勢號稱平衍，水准測量尤宜注意。惟水准測量有一等、二等、三等之别，丙部所用似屬三等，縱施精密之觀測，難得真正之成果。此後施測自應改良一等、二等兼行并進，其詳細辦法另行具書説明，兹不多贅。

（乙）對于審查報告之意見

——浚茆　此方君惟一未竟之業也。胡君雨人主張繼續完成之，辦法簡易、經費無多、宗旨亦屬純正。特以調查説明欠于斟酌，致與科學理論稍有不符，邇來彼此辯難之原實基于此。兹考諸圖籍，常鎮之水由運河來者，太湖之水由獨山門、沙墩港來者均逾滬甯鐵路而北，因黄山、横山一帶，江邊地勢較高、扼不得出，乃轉向趨東會聚于吴、崑、常、錫之間，留存于湖、蕩、河、港之内，每遇霪潦，輒患中滿，若不疏治入江尾閭，俾其暢宣速泄，則泛濫横溢之灾何以能免？更證諸邵君松年等詳陳水利之函，劉君傳福等解決争執之意見，則白茆之應即疏浚已無疑義。至于引江灌湖之説、虞山成島之憂是不克貫徹其封塘之主張（見《水利雜志》第一期《江南水道述》），故爲此危詞以聳聽也，可信乎哉？

——浚顧涇港及蘊藻浜　此爲分泄吴淞之計，建議者已有多人，然自東太湖淤墊〇涇口淤淺，水源已屬無多，加之河床灣曲過甚，節節阻滯，水流益形微弱，現紀王廟以下施工開浚業經年餘，似乎足資宣泄，此議應俟湖水分泄辦法確定再行討論。

——七浦改橋、婁江折壩并行工程測量　現陽城之水已分流入茆，而七浦水流亦南流暢，若將沿河各市窄橋一律折改，事實上恐多阻力，應俟現定湖水分泄後再議。婁江折壩，省公署及崑山士紳均已通過，自當從速實行。至工程測量，目下亦可從緩，俟東江、白茆最要工程將次完竣再行施測，則標點損失勢必較少，而河身狀況尤爲真確。

以上所陳，係就第一期事業而言。總而計之則有六項，要而言之僅浚泖與浚茆而已。然系統之水利計畫必根本乎系統之精確測繪，故測量一端殊爲重要。事前固當詳訂辦法，而事後尤應嚴爲稽察，庶幾觀測真確、計算精良，而成果可期完善。否則，枝枝節節以爲之、敷衍塞責以成之，何必多此一舉爲哉？

素仰督辦實事求是、注重測繪，用敢以經驗之言進，是否有當，尚稀有以賜教也。

【原文圖影】

會員胡樹鐵簽覆太湖水利局徵求水利工程計畫大綱意見書

前讀致江浙水利聯合會審查報告諸君書四條確之計畫必根本乎測量又謂浙
水利聯合會諸君子亟以論學理者證諸圖籍考事實者佐以測量是測量所得
之圖籍為規畫水利之基本已在 督辦洞鑒之中茲復 垂詢意見敢不勉貢
芻蕘惟理想可以憑空而實斷難臆測若不按圖研究計畫靡所適從此前函所以
有飭科勝寄兩部總圖之請也大江南各縣地形圖籍如二萬分一二萬五千分一五
萬分一十萬分一二十萬分一五十萬分一此間均備本可無庸再求參考而必亟亟以此為請
者蓋耗五萬餘元業微貲測不足一萬方里之一萬分一水利圖籍式可稱為詳細之
乃昨事既真謂兩部測量係江南水利局經辦前聞樹鐵將十萬分一總圖先行見
曬俟其曬出當索贈一份云云湖 貴局自開辦迄今將及一年此項意當之圖
何尚未派員赴該局錄存一份抑測量科諸公於紛繁無暇及此耶不禁莫名其
行水路綫終不能畧舉經過地方一二名詞所可計並有該圖如無具該不可以示
人公開研究何必再行組隊由澱山湖實測為哉此樹鐵之所不能不無疑者也其見
不揣固陋將對於 貴局水利工程計畫大綱及審查報告之意見分別陳之
（甲）對於水利工程計畫大綱之意見書
一浚泖　為浚湖計畫之初步胡君雨人所謂力反對者也鄙 意太湖淤墊水實之
癥結不在澱泖之淤淺而在行水之漫無軌道故泖之宜浚與否當以改良路
綫來水就槽為先決問題查貫徹東江首尾計畫有從泖湖擱路滯澱山湖南部
沿湖與唐家湖大矣湯練聚橋而達湖口逐段整理之說此綫既通湖大可啟
泖斷難達來水之目的似宜由平望經黎里蘆墟章練塘以達泖口或由平望
經陶庄鎮祥符蕩大徵塘以達圓泄涇淮地經浙者圖籍未備實地上有無阻
碍殊未敢必耳設或可行則路線較直河床較狹工程較小經費較省而湖水亦
較易宣洩否則於東西二泖間塞其一邊力事浚深一邊任其淤成以使湖水合
出一方兩潮流可行之口分則力弱合則力強續勝於浚河操存券在計畫大綱
祇聞西泖而不及東泖或亦有見於此乎惟大綱所列西泖總泖擱路澱三段工程
計三十六萬土方每方浚費自計一元需三十六萬元而按諸預算冊第一年已需五於
八萬一千八八十六元若照原計畫至速必須二年告竣則第二年所需之費縱除去購買
項下二十六萬六千五百元外亦需五十一萬四千五百八十六元兩年合計則為八十九萬五
千六百七十二元較之大綱所列踰溢二倍如此不顧需不可縣偏不免如朋當該則出
蹤史巨無倚再計畫之辦浚河工者當具救災之觀念義務之良心庶我實事求
是歎不虛靡而農田交通俱獲其益若以為優差美缺視虞四五十萬元尚不及
一師團之餉則挨土比諸徒金不其然歟
一浚港　治水計畫必先自下游著手若下游未治而先治上游則上游之水無可
而來下游阻滯不克源源而去勢成中滿之患難免泛濫之虞況七十二溇溇不分較
幹大小盡由 貴局每浚十二而無錫吳縣吳江等縣諸大港口能不一為計及殊不
可解胡君雨人主張分則甘要次要斟量施工實屬扼要而爲查會主張係以湖
最要工程將次完竣再行律要開浚尤為確當
一測湖　胡君雨人初主緩行繼主取消者也鄙 意緩行則可取消則斷乎不可蓋太
流域之廣狹地形之高下湖盆之形狀以及容量大小水流方向來源去路之多寡康不
依精確之測量詳細之描繪以資參考也如嫌簡陋法不妥不妨從長計議酌量變更
不妨酌量改正因噎廢食庸有濟耶竊意湖試地勢狀況求詳水準測量尤宜
注意惟水準測量有一等二等三等之別兩部所用似屬三等欲達精密之觀測
難得真正之成果此後施測自應改良一等二等兼行並進其詳細辦法另行具書貢献
明茲不多贅
（乙）對於審查報告之意見
一浚節　此方君惟一木竟之素也胡君雨人主張雖有究成之辦法簡易節費無乎字
旨亦屬純正特以調查說明欠於詳酌致與科學理論稍有不符達奉行此關難
之原實基於此茲考諸圖籍常鎮之水由運河來者太湖之水由獨山門沙墩港來

者均避滬甯鐵路而北因黃山横山一帶江邊地勢較高故不得出乃轉向錫東會聚於吳崑常錫之間留存於湖蕩河港之內易遇霪潦輒患中滿甚不流泊入江[illegible]俾其暢流迅速洩則泛濫横溢之災何以能免曩議諸耶君松年等擇陳水利之函劉君傳福等解決爭執之意見則白茆之應即疏浚已無疑義至於引江灌湖之說實以城鳥之憂是不免貫徹其封塘之主張夏水利雜誌第一期江南水道述故爲此危詞以聳聽也可信乎哉

一浚顧涇港及瀛藻浜　此爲分洩吳淞之計建議者已有多人然自東太湖[illegible]涇口淤淺水源已屬無多加之河床灣曲過甚節節阻滯水流益形微弱現既主[illegible]下施工開浚業經年餘似乎足資宣洩此議應俟湖水分洩新法確定再行[illegible]討論

一[illegible]浦改橋婁江拆壩并行工程測量　現陽城之水已分流入[illegible][illegible]若將沿河各市崇橋一律拆改事實上恐多阻力應俟將來湖水分洩後再議婁江拆壩省公署及崑山士紳均已通過自當從速實行至工程測量目下亦可提後俟東江白茆最要工程將次完竣再行施測則橫縣損失勢必較少而河身狀況尤爲真確

以上所陳係就第一期事業而言總而計之則有六項要而言之僅浚浦與浚茆而已然系統之水利計畫必根本于系統之精確測繪故測量一端爲重要事前圖當詳訂辦法而事後尤應嚴爲稽察庶我觀測真確計算精密而成果可期完善否則枝枝節節以爲之數經費以供之何止多此一舉爲我素仰　督辦實事求是注重測繪用敢以經驗之言進是否有當尚希有以賜教也

玆將太湖局擬向財內兩部接洽各項文據分別開具用備籌商

【簡介】

本文是太湖水利局向財政部、内務部兩部提交的公文，主要内容一是催促財政部盡快將太湖水利局編制的十年度預算列入總預算；二是報告浙江省没有支付每年應攤派的太湖局經費，建議用該省征收的水鄉課銀抵補；三是建議從平面測量着手整理太湖湖田；四是建議發售獎券彌補資金不足等。

【正文】

（一）本局編製十年度預算，業經咨送財部，現在未奉部復，應請告之會計司長迅予核准編入總預算。

（二）本局局用經常費，浙省每年應攤銀二萬元。自開局後，局用經常費雖經沈省長分行財廳印花税處，迭催籌解，迄今尚未解到分文，長此遷延，其何能支？查浙省征收水鄉課銀一項，年約銀二萬餘兩，係屬地税而非鹽税，向歸浙運史主管，直接解部。若以之抵補本局經費，數目亦正相當。擬請迅予主持可否將此項課銀免予解部，即由運史劃撥本局。一轉移間部中所損無多，而浙江既免籌款之難，于本局亦得維持之益。

（三）太湖流域所有湖田漲灘大都爲民間占墾，洵屬妨害水利。此次浚湖，計畫擬從平面測量將應浚、應墾之綫分劃界限，凡屬浚綫以外之私墾田地，應由財部准予繳價承領，則民間對于土地保障自必踴躍争先，約計此項地價總在千萬以上，實爲國家收入大宗。但清理湖田須從平面測量着手，庶足以正其經界，而免侵占浚綫之弊。應請執事迅予籌撥太湖平面測量經費，以利進行。

（四）本局九年度經臨各費，僅由蘇省解到銀四萬元及六個月局用經費，浙省銀一萬五千元局用并未解過分文。坐是工程停滯、進行無期，徒擁督治之虚名，一籌莫展、至深焦灼。明知財政困難已達極點，然水利爲間接生産事業，影響税收關係綦鉅，不得已擬請大部援照浙江塘工辦法發行獎券，如得内部同意，自當另將章程咨請核准備案。但此舉純係曲體中央籌款爲難起見，在本局未經咨准以前請暫行嚴守秘密、免生阻力，于大部亦有利也。

此項秘密文蘊蓄已久，探聞財部并未允行，然外間偷心不死，仍在進行。見宗受于❶致金松岑密函，允許三七分肥與江蘇官産處運動，可見人格至今日良心喪失殆盡，且太湖局督、會辦係由江浙兩省紳耆公選，呈請總統委任，主體全在紳耆。觀歷次刊單駁辯之文，皆與紳耆處反對地位，則其喪失原有公選價值、不堪承受此事已有證明，况又發現此等籌款剥民之約文，尤失人格。兹將原文刊布大衆以揭其奸，仍望集思廣益以善其後。至浚泖主義亦利在奪田，尚非今日必要計畫，俟解决局務，信託主任之人，再行從實覈議，不厭求詳。其籌款不得在漕項外增取絲毫，蓋水利爲農田而設，自須從浮收漕項下指撥，以符紳耆呈文原議。蓉鏡係原推代表之一，不能置身事外，用敢刊布，免得遺誤生民。

嘉興金蓉鏡❷啓

【原文圖影】

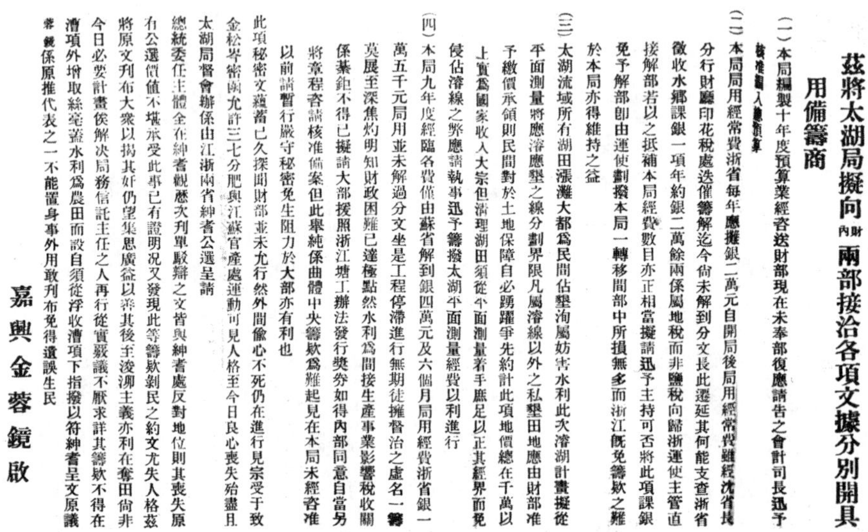
茲將太湖局擬向財內兩部接洽各項文據分別開具用備籌商
(一)本局編製十年度預算業經咨送財部現在未奉部復應請告之會計司長迅予核准編入總預算
(二)本局局用經常費浙省每年應攤銀二萬元自開局後局用經常費雖經沈省長分行財廳印花稅處迭催籌解迄今尚未解到分文長此遷延其何能支查浙省徵收水鄉課銀一項年約銀二萬餘兩係屬地稅而非鹽稅向歸浙運使主管直接解部若以之抵補本局經費數目亦正相當擬請迅予主持可否將此項課銀免予解部即由運使劃撥本局一轉移間部中所損無多而浙江既免籌款之難於本局亦得維持之益
(三)太湖流域所有湖田漲灘大都爲民間佔墾洵屬妨害水利此次濬湖計畫擬從平面測量將應濬應墾之線分劃界限凡屬濬線以外之私墾田地應由財部准予繳價承領則民間對於土地保障自必踴躍爭先約計此項地價總在千萬以上實爲國家收入大宗但淸理湖田須從平面測量着手庶足以正其經界而免侵佔濬線之弊應請執事迅予籌撥太湖平面測量經費以利進行
(四)本局九年度經臨各費僅由蘇省解到銀四萬元及六個月局用經費浙省銀一萬五千元局用並未解過分文坐是工程停滯進行無期徒擁督治之虛名一籌莫展至深焦灼明知財政困難已達極點然水利爲間接生產事業影響稅收關係綦鉅不得已擬請大部援照浙江塘工辦法發行奬劵如得內部同意自當另將章程咨請核准備案但此舉純係曲體中央籌欵爲難起見在本局未經咨准以前請暫行嚴守秘密免生阻力於大部亦有利也
此項秘密文蘊蓄已久探聞財部並未允行然外間僉心不死仍在進行見宗受于致金松岑密函允許三七分肥與江蘇官產處運動可見人格至今日良心喪失殆盡且太湖局督會辦係由江浙兩省紳耆公選呈請
總統委任主體全在紳耆觀歷次刊單駁辯之文皆與紳耆處反對地位則其喪失原有公選價值不堪承受此事已有證明況又發現此等籌欵剝民之約文尤失人格茲將原文刊布大衆以揭其奸仍望集思廣益以善其後至浚泖主義亦利在奪田尙非今日必要計畫俟解決局務信託主任之人再行從實覈議不厭求詳其籌欵不得在漕項外增取絲毫蓋水利爲農田而設自須從浮收漕項下指撥以符紳耆呈文原議蓉鏡係原推代表之一不能置身事外用敢刊布免得遺誤生民
嘉興金蓉鏡啟

❶ 宗受于：生卒不詳，曾任江浙水利聯合會會員，編寫《淮河流域地理與導淮問題》一書。

❷ 金蓉鏡(1856—1929)，又名金殿丞、金伯子，字甸丞，一字潛父，號香岩居士，浙江嘉興人，師從沈曾植，究心輿地之學。輯自陳左高：《金氏昆仲兩宗師：記金蓉鏡與金兆蕃》，《上海文博論叢》2005 年第 2 期。

蘇浙太湖水利工程籌備及工費概算❶

【簡介】

本文是蘇浙太湖水利工程籌備及工費概算，分爲四期，第一期計畫時長兩年，概算 62.4 萬元；第二期計畫時長兩年，概算 486.4 萬元；第三期計畫時長兩年，概算 76.4 萬元；第四期計畫時長十年，概算 2330.0 萬元；四期總共概算 2955.2 萬元（不含太湖水利工程局經費）。

【正文】

謹將蘇浙太湖水利工程籌備及工費概算呈鑒。

第一時期（兩年計❷）

(1)❸乙部測量（即太湖），約十萬元（另有預算）；

(2)苕溪流域測量（即戊部），約十萬元（苕溪有三，即南、北、西是也。另有預算）；

(3)浚泖（即攔路港、西泖、總泖），約四十萬元（已算土方三十七萬，另每方須洋一元零❹）；

(4)調查費，約二萬四千元（另有預算）；

以上共需洋六十二萬四千元。

第二時期（兩年計）

(1)蘇省第二部測量（金、奉、崑、太、川、南等區域），約六萬元；

(2)浙省第二部測量（嘉興、嘉善、海鹽、平湖、石門等區域），約六萬元；

(3)工程測量隊，約九萬六千元；

此在第二時期内，即應于大部測量隊外特設此項，爲實測各漊港及已定工綫之用。江浙各設一組，每組每月開支約二千元；

(4)流速測量隊，約二萬四千元；

此測量隊之性質，應常川設置，至少須歷三時期再撤，故第三時期中亦有此項；

---

❶ 本文所據原件爲手稿，無題，今輯原文首句爲題，特此説明。

❷ 原文豎排、無標點，其標注處均以小一號字貼右側書寫，爲適宜今日讀者閱讀，本次整理改爲加括號的形式，特此説明。

❸ 原件序號均採取阿拉伯數字加括號的樣式，本次整理未做改動，下同。

❹ 原件此處有塗改。

(5)調查費,約二萬四千元;

(6)修浚斜塘(即泖湖,下游土方已算十萬餘),約十萬元;

(7)開闢湖洪,修浚淺淤,約二百萬元;

(8)修浚蘇浙沿湖漊港,約二百萬元;

浙省各漊港已估土方一百二十餘萬,約須洋一百萬元;蘇省略計亦相等;

(9)整理白茆工程及開浚攔門沙,約十五萬元;

(10)整理瀏河工程及開浚攔門沙,約十五萬元(蘇省現辦吴淞江工程,不過紀王廟至擺渡橋一段尾閭不在内);

(11)整理吴淞江尾閭工程,約二十萬元;

自第六項至十一項工程,皆屬治標性質,必應提前辦理,故列于此時期中;

以上共需洋四百八十六萬四千元。

第三時期(二年計)

(1)蘇省第三部測量(江甯、常鎮交界之山溪),約六萬元;

(2)蘇省第四部測量(陽城湖流域),約六萬元;

(3)工程測量隊,約九萬六千元;

(4)流速測量隊,約二萬四千元;

(5)調查費,約二萬四千元;

(6)前期未了之工程預備費,約五十萬元;

前期内之工程範圍已廣,大致在第二時期之第二年着手,至第三時期之第二年或能浚事;

以上共需洋七十六萬四千元。

第四時期(十年計)

(1)整理太湖澱泖間上流軌道工程,約三百萬元;

此項工程最大、最緊要;

(2)修浚吴淞江(吴淞綿亘三百里,爲太湖工程治本之策),約一百六十萬元;

此項截角工程最多,亦最緊要;

(3)修浚胥江及致和塘,約八十萬元;

(4)修浚兩省運河(及吴興、平望間之震澤塘),約二百八十萬元;

(5)修浚東、西二苕及長興間之各幹河,約一百二十萬元;

(6)修浚臨安、餘杭間之南北湖及南、北、中三苕,約一百二十萬元;

(7)修浚嘉興、嘉善、平湖、海鹽、金山間之各幹河,約一百六十萬元;

(8)修浚杭縣、吴興、德清、石門間之各幹河,約八十萬元;

(9)修浚無錫、江陰間之黄田港,約五十萬元;

(10)修浚徒、陽、溧、金、宜、錫間之各幹河,約一百萬元;
(11)修浚常、鎮間之洮、滆等湖,約一百六十萬元;
(12)修浚江、常、崑、太間之陽城湖及各幹河,約一百六十萬元;
(13)規畫太湖上游高淳水利,約一百萬元;
(14)規畫乍浦及浦東水利,約一百萬元;
(15)橋梁閘壩建築,約一百萬元;
(16)工程測量隊,約四十萬元;
(17)調查費,約二十萬元;
(18)各項工程預備費,約二百萬元;
以上共需洋二千三百三十萬元;
總共需洋二千九百五十五萬二千元。
附注:太湖水利工程局經費不在內。

【原文圖影】

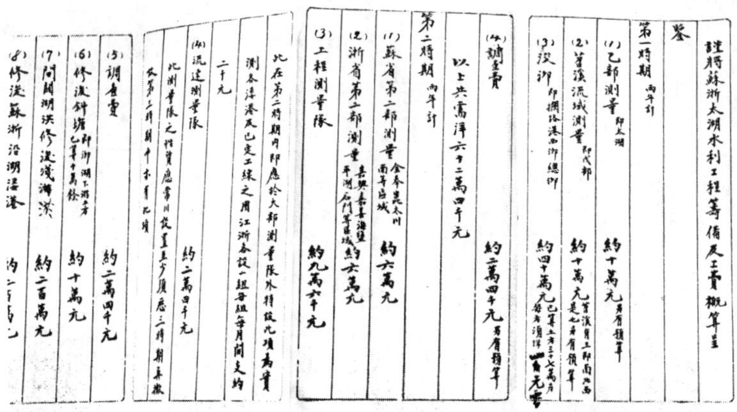
謹將蘇浙太湖水利工程籌備及工費概算呈
鑒
第一時期 兩年計
(1)乙部測量 即太湖 約十萬元 另有預算
(2)苕溪流域測量 約十萬元
(3)疏浚 約四十萬元
(4)調查費 約二萬四千元 另有預算
以上共需洋六十二萬四千元
第二時期 兩年計
(1)蘇省第二部測量 約六萬元
(2)浙省第二部測量 約六萬元
(3)工程測量隊 約九萬六千元
(4)流速測量隊 約二萬四千元
(5)調查費 約二萬四千元
(6)修浚 約十萬元
(7)開闢湖洪修浚淺灘淤 約二百萬元
(8)修浚蘇浙沿湖港港

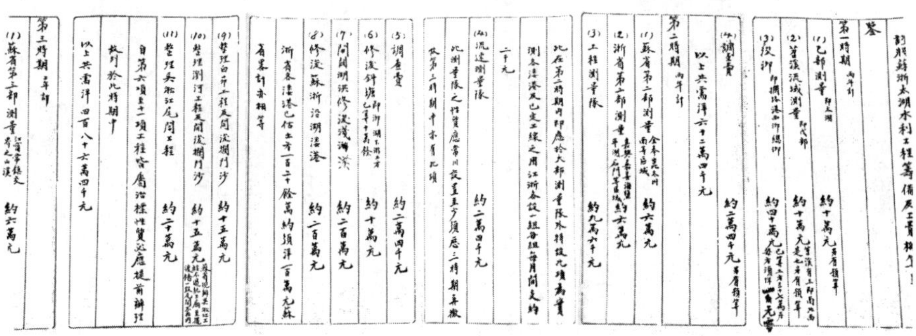

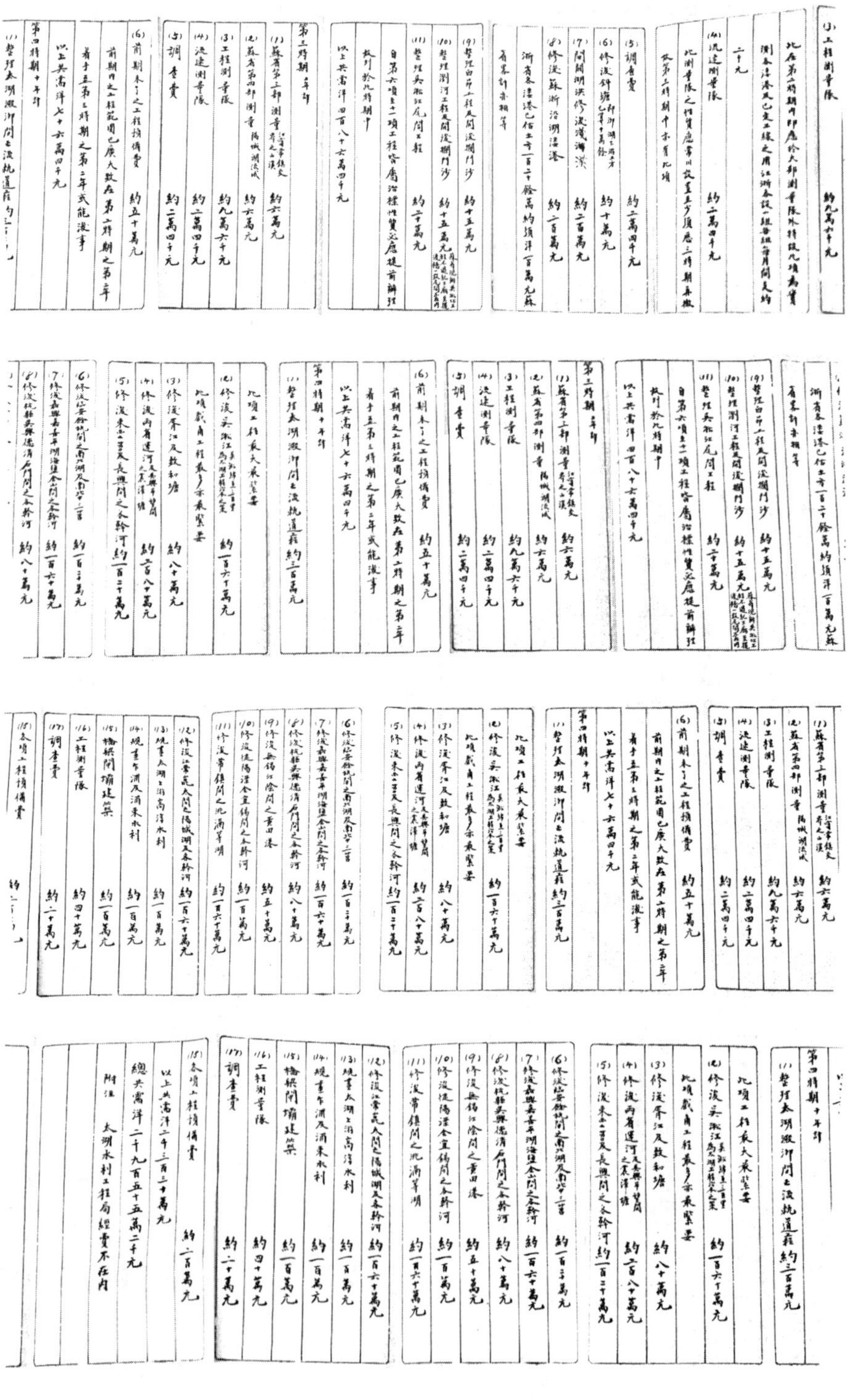

(3) 工程測量隊 約九萬六千元
此在第二時期內即應於大部測量隊外特設之項為實測各港灣及已定工線之用江浙各設一組每組每月開支約二千元
(4) 流速測量隊 約二萬四千元
此測量隊之性質應常川設置至少須歷三時期再撤故第三時期中亦有此項
(5) 調查費 約二萬四千元
(6) 修浚錢塘[illegible] 約十萬元
(7) 開闢湖洪修浚淺灘 約二百萬元
(8) 修浚蘇浙沿湖溇港 約一百萬元
浙省各溇港已估土方一百二十餘萬約須洋一百萬元蘇省案計亦相等
(9) 整理白茆工程及閘浚攔門沙 約十五萬元
(10) 整理瀏河工程及閘浚攔門沙 約十五萬元 [illegible]
(11) 整理吳淞江尾閭工程 約二十萬元
自第六項至十一項工程皆屬治標性質必應提前辦理故列於此時期中
以上共需洋四百八十六萬四千元
第三時期 二年計
(1) 蘇省第三部測量 [illegible] 約六萬元
(2) 蘇省第四部測量 [illegible] 約六萬元
(3) 工程測量隊 約九萬六千元
(4) 流速測量隊 約二萬四千元
(5) 調查費 約二萬四千元
(6) 前期未了之工程預備費 約五十萬元
前期內之工程範圍已廣大致在第二時期之第二年着手至第三時期之第二年或能竣事
以上共需洋七十六萬四千元
第四時期 十年計
(1) 整理太湖瀲浬閘之浚航道 約三百萬元
此項工程最大最緊要
(2) 修浚吳淞江 [illegible] 約一百六十萬元
此項載有工程最多亦最緊要
(3) 修浚香江及數和塘 約八十萬元
(4) 修浚兩省運河 [illegible] 約一百八十萬元
(5) 修浚東西苕溪及長興閘之各幹河 約一百二十萬元
(6) 修浚[illegible]閘之南北湖及南北[illegible] 約一百二十萬元
(7) 修浚嘉興嘉善平湖海鹽金山閘之各幹河 約一百六十萬元
(8) 修浚杭縣吳興德清石門閘之各幹河 約八十萬元
(9) 修浚無錫江陰閘之黄田港 約五十萬元
(10) 修浚溧陽溧水宜錫閘之各幹河 約一百萬元
(11) 修浚常鎮閘之洮滆等湖 約一百六十萬元
(12) 修浚江常[illegible]閘之陽城湖及各幹河 約一百六十萬元
(13) 規畫太湖上游高淳水利 約一百萬元
(14) 規畫分浦及浦東水利 約一百萬元
(15) 擴築閘壩建築 約一百萬元
(16) 工程測量隊 約四十萬元
(17) 調查費 約二十萬元
(18) 各項工程預備費 約二百萬元
以上共需洋二千三百三十萬元
總共需洋二千九百五十五萬二千元
附注 太湖水利工程局經費不在內

三復王督辦[1]

【簡介】

王清穆督辦太湖水利工程,太湖局提出“浚泖計劃”,王清穆與胡雨人之間圍繞浚“泖”還是浚“茆”展開論争,胡雨人主張“分途蓄泄”,在工程上優先大浚白茆,王清穆主張“蓄清敵渾”,在工程上優先大浚泖淀。在論争背後,涉及吴縣和常熟地方之間的利益之争,吴縣希望疏浚泖澱,消除大水之患,而常熟“白茆自民國三年裁灣去閘後,河身日益寬大”[2],希望浚茆。論争始于王清穆發出《致審查報告諸君書》,胡雨人針對王清穆的意見,直接寫了《復王督辦》,此後王復函《答無錫胡君雨人書》,胡擬《再復王督辦》,王回以《再答胡雨人書》,以致有此《三復王督辦》。上述往來書牘,大部分在陸陽、胡杰主編的《胡雨人水利文集》中有收録,本書不再贅述。

【正文】

丹揆先生[3]鈞鑒:

旬日前賜書,雨人[4]在外,未能即讀,遲復爲歉。築閘與保存稻田,宗旨與公大同,所小異者,在事實上之觀察,今更分别簡要言之:

(一)全湖流域通江各港有閘者,必使可行合法之啓閉,不須閘者,必并其閘址去之。有閘不用,則有百害而無一利,所當懸爲厲禁者也。

(二)下游之閘,黄浦當作别論。[前示中,海工程師稱增高水位七尺,指兩閘中間或船塢以内而言,與浦江水流全無關係,當時以鉛筆畫一草圖表明之,衆皆釋然一節,此言至不可解(前信因須付印,不宜有爽雅之言,故未叩問)。所謂兩閘中間者,當然即在浦江之中,安得與浦江水流全無關係?豈在浦江之外另

---

[1] 筆者整理此文最初所據文稿爲手寫信函,無標題,使用箋紙有“督辦太湖水利工程局稿”字樣。後在整理鉛印稿《言治水利害致潘尤二紳暨吴縣諸父老》文時,發現附有胡雨人致王清穆的《三復王督辦》,兩相對照,係同一文,現仍據手寫稿整理,并與鉛印稿核對,特此説明。

[2] 見後文《言治水利害致潘尤二紳暨吴縣諸父老》。

[3] 王清穆。

[4] 胡雨人自稱。胡雨人(1867—1928):原名爾霖,以字行,江蘇無錫人,教育家、水利專家,早年畢業于南洋公學,留學日本,入同盟會,參加辛亥革命,後致力于教育和水利事業。曾受聘于江淮水利測量局,著有《江淮水利調查筆記》《沂、泗實測藍圖》《太湖水利手稿》等,倡導成立無錫縣水利研究會。

闢一河而閘其兩頭耶？則自吴淞口至上海闢一四十呎深之河，此不可能之事也。若在近上海之浦江中闢一新河，内作船塢，則自吴淞口至上海數十里中不能使同深至四十呎，即巨艦無從入塢，何以如此疑難問題一經草圖衆皆釋然？今此問題日逼日近，見報公已行文國務院邀求列席會議，與浦江水流全無關係之説，想必早知其誤矣。]

此外，惟白茆絶不可閘（其事實有常熟人見之，其理論則前書已詳）。其餘劉河、七浦，太倉人主張均須修閘，實行啓閉。七浦不須裁彎，劉河則保留閘外之灣，而盡裁閘内之灣。開浚藴藻[1]，嘉定人主張必須築閘，將來想必與劉河、七浦一體有閘也。凡此閘不閘之理論，則善乎太倉人之言。今姑大浚劉河而規復閘座啓閉之法，續浚白茆中段而任潮汐之往來，期之十年以睹成效而較得失，在今日無大害，在他日得定法，此言可認爲今日之定論，其全書不日出版或公處早有信到也。

（三）中游以上之閘今皆蓄渾濟清，欲使反其道而實行蓄清拒渾，必大浚港底使深，浚深一條即嚴行啓閉一條，其未浚深者無從説起也。公能實行以上三者，則保存稻田之目的必可達到。若聽信夢幻計畫，必大築湖堤，務使東江首尾貫澈，而盡擲黄金于虚牝，則澤國即成。我公求治雖勤，將安所用之？

賜書中種種規畫，藹然仁者之言也。惜佐公者實非其人，不見其《與常熟諸君商榷書》乎？無賴流氓之聲口，益甚于前。然謂爲無一隙之明不可也。彼言若抽西太湖之水，大部分下向第二黄浦，水流既順，則三五年中，東太湖之湖淤必盡出。彼亦知沙墩、白茆水流急下，效力之大，如此乎湖域苦潦，不得暢泄久矣。雨人確見此港爲最良之泄口，故主張首先開之，去其攔垻。又恐泄水過多，湖中有淺涸之患，故更議築閘以節制之。此與開去白茆之中膈皆爲費最省、用最弘之工程。如此，最關生命財産之要工，不急求進行之方，而必盡擲黄金于虚牝，生耗有用之光陰。不仁者可與言哉？安其危利其灾，樂其所以亡也。如此，尚以引江灌湖妖言惑衆，試問放水涸湖與引江灌湖是否可以同一水道行之？彼于同一之地忽高一丈、忽低一四尺、忽低六寸、忽高五尺，忽引江灌湖、忽放水涸湖。地之高低，事實也，非空論也。而任意顛倒、肆無忌憚，一至于此，尚有絲毫治水之意味乎？彼果甘心妖孽，我太湖流域、我太湖流域之民必與之相見于法庭。我公盛德終爲所累，不敢不重以告也。肅複附聞，祗頌鈞安。

胡雨人謹啓

九月四日

---

[1] 藴藻浜是上海市北部的一條重要河流，它西起嘉定區安亭鎮以東的吴淞江，向東經寶山區，于吴淞口處注入黄浦江，全長 38 公里。

【原文圖影】

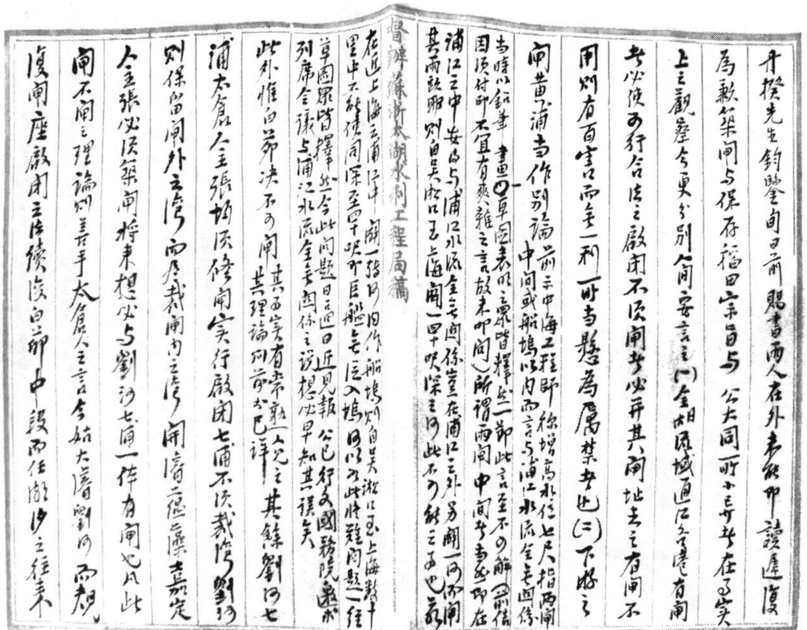

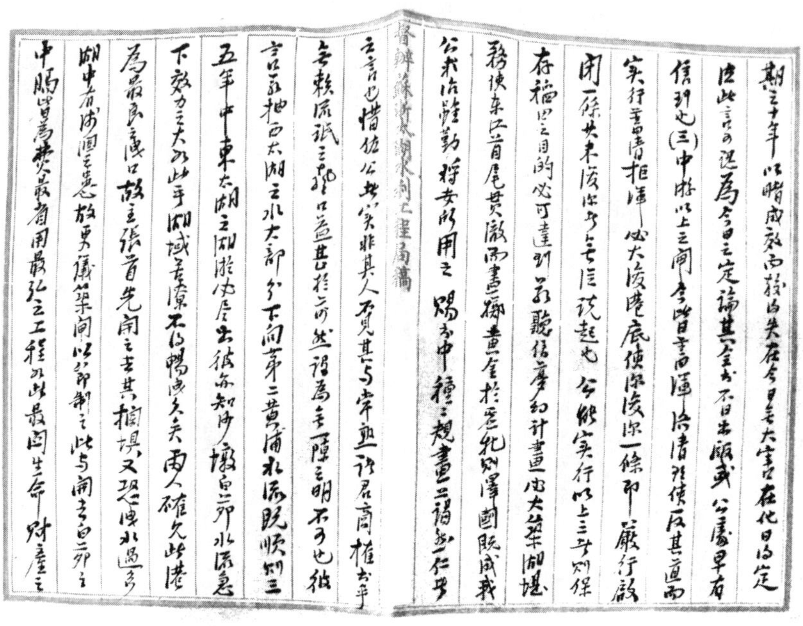

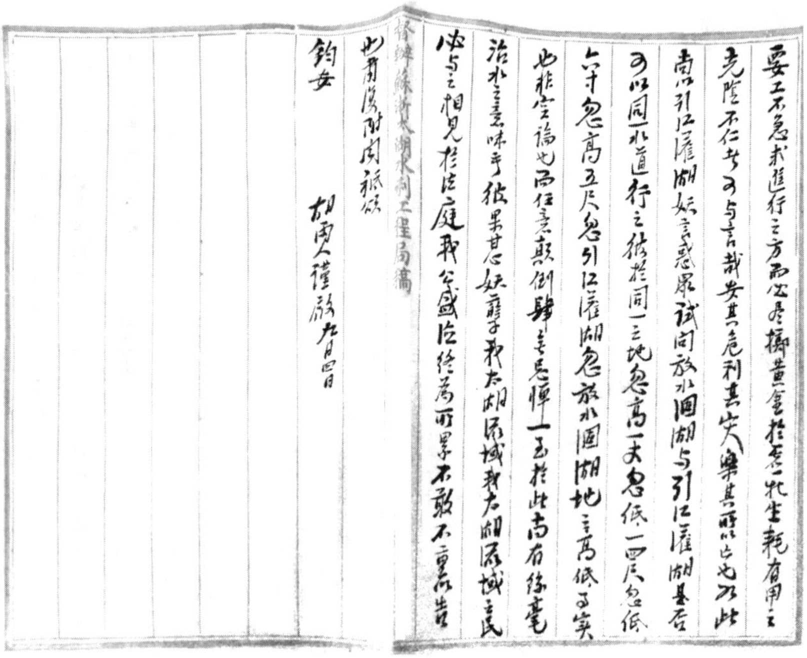
要工不急求進行之方而必先擲黄金於無一利生耗有用之
先陰不仁者可與言哉安其危利其災樂其所以亡也乃此
尚以引江灌湖妖言惑衆試問放水回湖與引江灌湖異否
可以同一水道行之術於同一之地忽高一丈忽低一四尺忽低
六寸忽高五尺忽引江灌湖忽放水回湖地之高低可實
也非空論也而任意顛倒肆無忌憚一至於此尚有絲毫
治水之意味乎彼果甘心妖孽乎我太湖流域我太湖流域之民
必與之相見於法庭我公盛治終為所畏不敢不重爲告
督辦蘇浙太湖水利工程局稿
此肅復附閱祗頌
鈞安　胡雨人謹啟　九月四日

言治水利害致潘尤二紳暨吴縣諸父老[1]

【簡介】

參考前文,常熟與吴縣兩地在浚"沵"還是浚"茆"問題上立場不同,本文爲胡雨人所作,主張"五大幹流并浚,使全湖流域之水,各就近處分泄以入江也",除"黄浦一流,不論上、中、下游,現均通暢","當然不須急浚",其餘"四幹并浚,利莫大焉;四幹并塞,害莫大焉"。

【正文】

濟之鼎孚先生暨吴縣諸父老均鑒:

近日見田業會《致水利聯合會書》,并潘少先生利穀[2]、尤少先生志逵[3]等《與常熟諸君商榷書》,不意金松岑君自惑惑人之流毒一至此也。全湖流域之利害,頭緒紛繁,請以全吴一縣之利害爲諸先生言之。

太湖局所主張者,大開澱沵,上至東太湖,使全湖流域水歸一途以入江也。聯合會審查報告所主張者,五大幹流并浚,使全湖流域之水,各就近處分泄以入江也。五大幹流,惟黄浦一流,不論上、中、下游,現均通暢,當然不須急浚。其餘四幹,處處皆有阻塞。查四大幹流所在地,吴縣界中實有其三,吴淞、婁江、七浦是也。白茆雖非吴縣所自有,然入江道近,甚于自有之三幹,而河身之大,則尤過之。如此四幹并浚,使與黄浦分道暢行,吴縣水流,從此泄瀉至速,除際滔天洪潦,決不復患水灾。此江南、浙西共同之福。而吴縣同人實首享其利者也。

貴田業會函稱:近年致和塘(即婁江[4])之水多南入吴淞江,吴淞江之水又多南入澱山湖,此正爲全湖流域最大之患,尤爲吴縣全縣最大之患。蓋東北諸幹

---

[1] 該文亦收録于陸陽、胡杰主編《胡雨人水利文集》中,查陸、胡所輯稿有缺字等。本文所據爲鉛印散頁稿,共三張六面(筒子稿),除本文外,還并印有《三復王督辦》文,稿子清晰完整,因《三復王督辦》文本書前已有整理,在此不再收録,特此説明。

[2] 潘利穀:字子義,號穀齋,江蘇蘇州人,畫家吴湖帆妻潘静淑之兄。其人物生平資料缺,本内容據北京保利國際拍賣有限公司拍賣吴湖帆作品説明所輯,https://auction.artron.net/paimai-art5138392225/。

[3] 尤志逵:字眉孫,號賓秋,江蘇蘇州人,蘇州名士,出身名門望族,擅長詩賦書畫。孔夫子舊書網有其手稿本《籜龍簃詩存》拍賣,其生平亦據拍品説明而輯,http://m.kongfz.cn/30377027/。

[4] 原注如此。

河日即淤塞，漸趨澱泖一途，使致和塘徑直下行東北歸江之水，遠轉而南、而東南、又轉而東、又折而北，經澱、泖、黄浦，至吴淞口，始得入江。此歷年來所以雨量纔足，旋即苦潦，并非大水，歉荒已屢見也。該局浚泖合流之計果行，盡塞下行歸江之四大幹流，從此吴縣之水，非多轉二百餘里，點滴不得入江。往昔膏腴，盡爲澤國。誰爲厲階，釀此大禍，雖欲悔之，尚可及乎？

白茆自民國三年裁灣去閘後，河身日益寬大，常熟公函稱爲小潦小效、大潦大效。其所以未能多泄他縣之水者，因中膈未除，裁灣未盡故也。今年湖水甚平，江水甚大，宜有江潮倒灌之患矣。然而清水下駛甚急，江潮竟因以不來。若湖水大于江水，則順流而下，其快利更不待言。從可知白茆泄潦甚速甚多。若復建閘，使不能速泄、多泄，是本可得生而反求自殺也。近年白茆潮水所到，彼太湖局自言高潮至白茆新市，距陽城湖甚遠甚遠。究若干里，一問可知。貴田業會反言潮水已南及陽城，湘太各鎮已受影響，何不派人下鄉一往各鎮查問：曾見何年何月有一點渾潮侵入者乎？青天白日，現象如此，彼太湖局當事，尚以引江灌湖無賴之説煽惑人心，真可謂全無心肝者矣。君子可欺以其方，難罔以非其道。彼于沙墩、白茆同一水道，忽曰引江灌湖，忽曰放水涸湖，自相矛盾如此，肺肝皆可見矣。諸君子果何爲而甘受其罔耶？

今茆濱人士固一致抗之，不復爲所惑矣。三幹下游，太倉、崑山、嘉定、寶山等縣，人心亦復如是。僉謂非大開劉河、七浦及吴淞下游分流之蕴藻浜，決無他法可澹沈灾。而澱、泖、黄浦流域之稍明利害者，均言若非諸幹并開，而獨以澱、泖爲壑，我舊松屬人決不許之。吴縣一縣獨居四幹上游，四幹并浚，利莫大焉；四幹并塞，害莫大焉。潘、尤少先生皆吴縣紳家子弟，田業會又吴縣紳家所組織也。五幹分泄，與浚泖合流，利害所關，如此顯著，安有反助害我者以自害之理？聞公等將開會協議，敢獻芻蕘，至祈公鑒。肅頌台安。

八月二十五日胡雨人謹啓

并録《三復王督辦》❶

---

❶ 見本書前文。

【原文圖影】

言治水利害致潘尤二紳暨吳縣諸父老

濟之鼎孚先生暨吳縣諸父老均鑒。近日見田業會致水利聯合會書。並潘少先生利穀尤少先生志
遠等與常熟諸君商榷書。不意金松岑君自惑惑人之流毒一至此也。全湖流域之利害。頭緒紛
繁。請以全吳一縣之利害爲諸先生言之。太湖局所主張者。大開澱泖、上至東太湖。使全湖流域
水歸一途以入江也。聯合會審查報告所主張者。五大幹流並浚。使全湖流域之水各就近處分
洩以入江也。五大幹流惟黃浦一流、不論上中下游、現均通暢。當然不須急浚。其餘四幹。處處皆
有阻塞。查四大幹流所在地。吳縣界中實有其三。吳淞婁江七浦是也。白茆雖非吳縣所自有。然
入江道近。甚於自有之三幹。而河身之大、則尤過之。如此四幹並浚。使與黃浦分道暢行。吳縣水
流。從此洩瀉至速。除滔天洪潦。決不復患水災。此江南浙西共同之福。而吳縣同人實首享其
利者也。貴田業會函稱、近年致和塘（即婁江）之水多南入吳淞江。吳淞江之水又多南入澱山湖。此
正爲全湖流域最大之患。尤爲吳縣全縣最大之患。蓋東北諸幹河日即淤塞。漸趨澱泖一途。使
致和塘徑直下行東北歸江之水、遠轉而南、而東南、又轉而東、又折而北。經澱泖黃浦、至吳淞口、
始得入江。此歷年來所以雨量纔足、旋即苦潦、並非大水、歉荒已屢見也。該局浚泖合流之計果
行。盡塞下行歸江之四大幹流。從此吳縣之水、非多轉二百餘里、點滴不得入江。往昔膏腴。盡爲
澤國。誰爲厲階。釀此大禍。雖欲悔之。尚可及乎。白茆自民國三年裁灣去閘後。河身日益寬大。常
熟公函稱爲小潦小效。大潦大效。其所以未能多洩他縣之水者。因中膈未除。裁灣未盡故也。今
年湖水甚平。江水甚大。宜有江潮倒灌之患矣。然而清水下駛甚急。江潮竟因以不來。若湖水大
於江水。則順流而下。其快利更不待言。從可知白茆洩潦甚速甚多。若復建閘。使不能速洩多洩。
是本可得生而反求自殺也。近年白茆潮水所到。彼太湖局自言高潮至白茆新市。距陽城湖甚
遠甚遠。究若干里。一問可知。貴田業會反言潮水已南及陽城湘太各鎮。已受影響。何不派人下
鄉一往各鎮查問。曾見何年何月有一點渾潮侵入者乎。青天白日、現象如此。彼太湖局當事。尚
以引江灌湖無賴之說煽惑人心。眞可謂全無心肝者矣。君子可欺以其方。難罔以非其道。彼於
沙墩白茆同一水道。忽曰引江灌湖。忽曰放水涸湖。自相矛盾如此。肺肝皆可見矣。諸君子果何
爲而甘受其罔耶。今茆濱人士、固一致抗之。不復爲所惑矣。三幹下游太倉崑山嘉定寶山等縣、
人心亦復如是。僉謂非大開劉河七浦及吳淞下游分流之蘊藻浜。決無他法可濟沉災。而澱泖
黃浦流域之稍明利害者。均言若非諸幹並開。而獨以澱泖爲壑。我舊松屬人決不許之。吳縣一

縣獨居四幹上游四幹並浚利莫大焉四幹並塞害莫大焉潘尤少先生皆吳縣紳家子弟田業會又吳縣紳家所組織也五幹分洩、與浚泖合流利害所關如此顯著安有反助害我者以自害之理聞公等將開會協議敢獻芻蕘至祈公鑒肅頌台安八月二十五日胡雨人謹啟

三復王督辦

丹揆先生鈞鑒旬日前賜書雨人在外未能即讀遲復爲歉築閘與保存稻田宗旨與公大同所小異者在事實上之觀察今更分別簡要言之(一)全湖流域通江各港有閘者、必使可行合法之啟閉不須閘者、必并其閘址去之有閘不用則有百害而無一利所當懸爲厲禁者也(二)下游之閘黃浦當作別論此外惟白茆決不可閘（其事實有常熟人見之其理論則前書已詳）劉河七浦、太倉人主張均須脩閘實行啟閉七浦不須裁灣劉河則保留閘外之灣、而盡裁閘內之灣開濬蘊藻、嘉定人主張必須築閘將來想必與劉河七浦一體有閘也凡此閘不閘之理論則善乎太倉人之言今姑大濬劉河、而規復閘座啟閉之法、續浚白茆中段、而任潮汐之往來期之十年以睹成效而較得失在今日無大害在他日得定法此言可認爲今日之定論其全書不日出版或公處早有信到也(三)中游以上之閘、今皆蓄渾濟清欲使反其道而實行蓄清拒渾必大浚港底使深浚深一條即嚴行啟閉一條其未浚深者、無從議及也公能實行以上三者則保存稻田之目的必可達到若聽信夢幻計畫必大築湖堤務使東江首尾貫徹而盡擲黃金於虛牝則澤國既成我公求治雖勤將安所用之賜書中種種規畫藹然仁者之言也惜佐公者實非其人不見其與常熟諸君商榷書乎無賴流氓之聲口、益甚于前然謂爲無一隙之明不可也彼言若抽西太湖之水大部分出沙墩港以向第二黃浦水流既順則三五年中、東太湖之湖淤必盡出、彼亦知沙墩白茆水流急下、效力之大如此乎湖域苦潦不得暢洩久矣雨人確見此港爲最良之洩口故主張首先開之去其攔壩又恐洩水過多湖中有淺涸之患故更議築閘以節制之此與開去白茆之中膈、皆爲費最省用最弘之工程如此最關生命財產之要工不急求進行之方而必盡擲黃金於虛牝坐耗有用之光陰不仁者可與言哉安其危利其災樂其所以亡也如此尚以引江灌湖妖言惑衆試問放水涸湖、與引江灌湖、是否可以同一水道行之彼於同一之地忽高一丈忽低四尺忽低六寸忽高五尺忽引江灌湖忽放水涸湖地之高低事實也非空論也而任意顛倒、肆無忌憚、一至於此尚有絲毫之治水意味乎是直以數千萬人之生命財產爲兒戲也彼果甘心妖孽我太湖流域我太湖流域之民必與之相見於法庭我公盛德終爲所累不敢不重以告也肅復附聞祇頌鈞安民國十年九月四日雨人謹啟

再啟者局中妖言又見解費君承祿之疑今謹爲公并舉其原文(一)茆湖所至大者陽城、小者昆城尚湖巴城傀儡鱗鯉諸湖、嘉菱鵝眞諸蕩、必受倒灌之害再拆沙墩江湖立入（入太湖也）(二)若抽西太湖之水大部出沙墩港、以向第二黃浦（即白茆）水流既順則三五年中東太湖之湖淤必盡出(三)沙墩石壩、果可拆乎此壩一拆常熟吳縣崑山太倉之民一遇淫潦皆有其魚之恐以上三條一言引江灌湖一言放水涸湖其矛盾罪狀前已言之至第三條之妖妄則直使太湖局根本動搖我江浙兩省設局治湖最急者治淫潦也最患者、一遇淫潦而不得暢洩也雨人規畫此港橋閘並用上下兼顧言之綦詳彼既知大開此港可以暢洩潦水即以其魚之恐恐嚇下游人民然則彼浚泖浚湖幸不能洩潦水耳果使上游高屋建瓴之水得敵下游奔騰萬馬之潮則下游之魚可勝數耶如此動輒得咎太湖局尚得一日存在耶彼專事煽惑、不顧民害、不恤局崩、一至於此務望我公熟思而審處之

王督辦答客問釋誤[1]

胡雨人

【簡介】

此文延續王清穆與胡雨人的論争，王清穆以客問自答的形式撰寫了《答客問》，重申了自己的主張"'……是非姑不具論，而其斷斷力争者，扼要在合流分流之説。先生主持局務，究竟主合流乎？主分流乎？'余曰：'分流'"[2]，其主張"重用清流、嚴拒濁流"，在出水各口節設閘垻，同時認爲胡雨人的主張是"輕棄清流、喜引濁流"，胡雨人爲此撰寫此文"釋誤"，一一批駁之，認爲設閘的舉動"直欲魚鱉我兩省人民而後已"。

【正文】

周易有之，在明夷之豐，曰入于左腹，獲明夷之心，于出門庭，其王督辦受誤于金秘書[3]之謂乎？曩見金秘書主張水歸一途，一意孤行，不顧民生利害。面告王公，至再至三，力闢其謬。王公答我："君報告書言黄浦之水進二退三，尚信爲退水較多也。以吾所見，參以海德生[4]之言，恐有時將退二進三，如此見象，安有水歸一途可以救灾之理？"我言："然則公爲督辦，何以聽其專向一途進行？"王公長歎一聲，不復言也。其前後所言，惟丁寧反復于築閘一事，與兩答我書筆意聲口皆同。而《致審查會》及《答水利聯合會同人》兩書，乃完全與金秘書主張無異。素知金君目無督辦，又見書言歧異如此，則安得不視爲秘書弄筆？豈王公告我與告大衆，截然爲兩人，而"設心之巧、真有不可思議者"（十一字王公原

---

[1] 本文亦收録于陸陽、胡杰主編：《胡雨人水利文集》，綫裝書局，2014。對照陸、胡版與筆者所持鉛印版文字，前者文内缺字甚多，個別字詞亦有不同，在不影響原意的情况下，不再一一注出，敬請甄別。

[2] 王清穆：《答客問》，陸陽、胡杰主編：《胡雨人水利文集》，綫裝書局，2014。

[3] 結合上下文，此處應指金松岑。

[4] 海德生（Von Heidenstam，生卒不詳），瑞典人，1912 年民國政府成立開浚黄埔河道局（即浚浦局），海德生任總工程師，制訂了從 1912 至 1921 年，1922 至 1931 年兩個《黄浦江繼續整治計畫》。對黄浦江疏浚、浙東地區防洪和廣東水利事業做出過貢獻。綜合輯自《申報》1930 年 6 月 8 日本埠新聞《瑞典將在華製火柴》；單麗、温志紅、任志宏：《黄浦江航道的疏浚與上海近代化——以技術人才和疏浚方案爲中心》，《國家航海》2014 年第 3 期；中國疏浚協會網站文章《百年航道始于清末》，http://www.chida.org/bnbd/704.html）。

文[1])耶？如此迷陣，安得不令人致誤？雖然，我以過信王公之故指爲金作，誠誤矣。至對于兩書中事實上之駁論，仍無絲毫誤也。即王公心理之變遷，亦可略識其端倪而不誤也。彼金君主張水歸一途，遠在未設局以前。設局以來，并無一人明揭其計畫之謬。王公于水道，初實茫然。故雖今春大舉巡閲，亦聽其專視東江一途。若明知關係長江如此其大，而早有九江分疏之主張，何以下游任何通江水道不值秘書一顧，而督辦竟不問耶？蓋王公唯一本意，祇在"蓄清拒渾、保存稻田"八字。而太湖流域大潦、大旱，非多道通江決不可救之真相，實未瞭徹。彼金君知高屋建瓴一瀉千里之聲口，不復足以詘人也，乃即以築閘拒渾之假説迎合王公，而事實上仍向東江首尾貫徹一路進行。于是明夷之心竟出門庭，而大誤成矣。《答客問》結言："余之意，重用清流、嚴拒濁流。胡君之意，輕棄清流、喜引濁流，根本不同在此。"此蓋王公"善用其誤"（四字亦王公原文[2]）之極點也。我與金君根本不同，全在分流、合流一端。今王公既與金君同意，則我與王公根本不同，亦全在此分流、合流一端。謹爲分别言之。

一言王公之所謂不同者，引濁之説，全爲含沙射影。我報告書明言若慮江水之來易以致淤，惟有設閘各港，視湖水之盈枯以操縱之，則淤積之病亦可大減。至《再復王督辦》書，全篇數千言，專論築閘。王公僅言其理，我并其用法亦一一言之，安有所謂"輕棄清流、喜引濁流"者？豈白茆不閘，真爲引江灌湖，黄浦築閘，水高七呎，真可藉爲蓄清拒渾之用耶？使王公之意，果以爲雖黄浦、淞口亦須有閘。各港築閘之後，雖内無勺水，人皆渴死，亦不許放入一滴渾潮；湖水大漲，爲閘所束，雖盡爲澤國，人皆淹死，亦所不恤，如此始可謂之嚴拒濁流，則無論何人無一不與王公根本反對也。是何也？曰不利民而反害民也，果其求利民而不害民乎，則我之築閘觀審，固已無微不至。出版數萬言，人所共見，不可誣也。以爲根本不同，此王公之大誤一也。

二言我之所謂不同者，合流、分流之説。今日王公已斬釘截鐵言分流矣，然其實際，仍合流也，非分流也。是何也？曰其辦法，一俟東江首尾貫徹、以次再浚吴淞、劉河、白茆諸港故也。在王公明明自言，此不過先後之序耳。此即王公大誤之所在也。天下事不惟其名而惟其實，根本錯誤當由根本上解之。東江之首尾貫徹，爲東太湖中開闢雙洪，一引吴興之水、一引宜興之水，使全湖流域水歸黄浦一途計也。否則使數千年、數百里游衍漱刷相間暢行之水域，無端耗銀數百萬，爲築一絶不適用之堤，天下有如此無意識之舉動耶？果使東江首尾太湖深洪完全貫徹，需銀一千萬，需時二十年，則全湖流域財賦之區，時而赤地不

[1] 原文如此。
[2] 原文如此。

毛（旱無水來故❶），時而盡成澤國（潦無所去故❷）。吴淞、劉河、白茆，所存者不過歷史上之名詞，一衣帶之形體耳（試觀白茆已裁之原灣可知此言非虚）。如此分流，誠不如索我于枯魚之肆矣。根本不同如此，而不及知，此王公之大誤二也。

今欲實行分流之計畫，以福我江南、浙西人民，敬告王公：

第一、取消其東江首尾貫徹之陰謀，否則雖言分疏八十一江，距分流之事實愈遠。九江之浚，仍以下游五幹爲先，其次第，宜集各流域水利團體代表協商定之。浚泖工程之限度，以各流域之工程計畫比較更定。五幹外之四條，青浦之水，南走澱泖，北走吴淞，蕰藻開後，大可暢行，應否别加修整，可從緩議。浙境上游二江，與蘇境中游一江，俟下游工竣，繼續開之。

第二、改正局制，務使兩省民脂民膏無一滴浪費，其實負責任者，必以部派周技正少如（王公原文所稱❸）視察報告書所言有學識有經驗之總工程師當之，秘書、科長悉數取消。

第三、金君松岑當然改處言論自由地位，俾得永遠展其所長，勿使火焰崑岡，以自焚者焚此督辦蘇浙太湖水利工程局。其言論機關，有實行監督之責，則以有水利學識經驗之義務員組織之。武進屠敬山❹先生（王公原文所稱❺），其首選也。如此始真爲民利而不爲民害。

至金君松岑，有所謂箴箴言者，儼如四胃獸之反芻大嚼，無一語有絲毫新鮮意味，與其使我再駁一言，不如取我前言再閲一遍之爲愈矣。君子待人，寬其既往，彼既不認封塘、不認合流、改言分疏矣，尚言引江灌湖，并不分高下、不辨清濁之爲蒙爲瞽一并認之，亦可矜矣。孟子曰："今之與楊墨辯者，如追放豚，既入其笠，又從而招之。"吾豈爲之哉？

太湖流域大潦、大旱，非多道通江決不可救之真相。王公至今已瞭徹乎？未也。其言曰："胡君反對下游各港建閘，無論有泄無蓄，平時已失操縱之權。"試問所謂蓄者，將以蓄清水乎？則潮漲時既須拒渾，潮落時又須蓄清，終日有閉無啓，何閘之爲？死壩而已，封塘而已，將以蓄渾水乎？無論與拒渾之宗旨矛盾也。既曰平時，無須蓄救急之潮水也明矣。然則所蓄者何？所操者何？直無一

---

❶ 原文如此。

❷ 原文如此。

❸ 原文如此。

❹ 屠敬山（1856—1921），名庚，後改名寄，字敬山，一作静山，又字歸甫，别號師虞。江蘇常州府武進縣（今江蘇省常州市武進區）人，研究史地之學，有賢名，晚年任北塘河工局總董。輯自董寂：《屠敬山先生年表》，《江蘇文獻》1942 年第 1 卷第 9—10 期。

❺ 原文如此。

語有着落也。又言:"一遇旱年,江水亦小,如何救濟,并未籌及。"在王公之意,蓋謂江水小時,不能入港,可賴湖水分流以爲救濟,非有閘蓄之,必一泄無餘,不可也。試問萬里合流,每日兩潮之江水,小至不能入港,大旱如此,我水源甚短,海潮不及之太湖,尚有滴水分流,而可以閘蓄者乎?我《調查報告》及《復王督辦書》中所言"湖水導源于江,資蓄于江,非大浚江湖通道,絶無他法可救旱灾",不啻丁寧錞于振鐸而已,乃言之愈深切愈著明,而金秘書藉之以造作妖言亦愈甚,而王督辦則熟視之若無睹焉。蓋心不在焉,視而不見、聽而不聞,謂我并未籌及,固無足怪。又曰:"即使能償胡君所願,江潮足補湖水之不足,而泥沙之淤積,必倍蓰❶于潦年。是輕棄清流、喜引濁流之謂也。"試問歲已旱矣,湖水已不足矣,不許江潮補入,是否可立視灾民渴死?更問輕棄清流,果于何時棄之?謂棄之已旱時乎,水已竭矣,有閘無可留,無閘無可棄也。謂棄之未旱時乎,則苟非封塘,絶無點滴不漏之法。究竟王公是否主張封塘、而大有憾于反對封塘?曷不直截爽快言之?何爲曖昧其詞、令人絶不可解若此?至謂喜引濁流,則《再復王督辦書》解此謬説,無隱不宣,當爲衆人所共諒。乃今日尚有此言,豈真其左腹中别有用意耶?

往者我會員二十餘人寄我征詢同意之宣言書,有"督辦王清穆甘居傀儡,設局半年,僅作一度招摇過市之巡閲,而于下游通塞現狀,毫無覺察,近復倒行逆施,謬襲以清刷渾之説。對于出水各口,公然主張節設閘垻,以遏洪流,是以歷年水患爲未甚,直欲魚鱉我兩省人民而後已。其治事不明,用人不當,實難諱飾"等言,我謂王公《致審查會書》决非本心,我願委曲求全,苦口告之,終有殊途同歸之一日。今忽忽已三月矣,出版申論已數萬言,人力竭矣,天灾又復疊警,詎料其漠不動心一至此哉。我水鄉圩田,因一橋之築而屢致破圩,拆去一橋而永不復破者,數見不鮮❷,何况最大之泄水幹流,以毫無所用之閘堍束之,其害可勝言哉?敬告我江浙父老昆弟,王督辦不辨利害而居心莫測如此,湖域生民,禍未已也。我爲此言,實良心上萬不得已使然,知我罪我,又何論焉。

請閲者各自訂入《治湖箴言》册内,并補書各篇目于封面上。❸

---

❶ 倍蓰:數倍。

❷ 橋樑的建設會對橋位上下游帶來影響,使橋位河段的河床演變和水沙運動變得複雜,現代橋樑設計時對堤頂高程、防滲、穩定、防沖、護坡等要素都有規定,明確各類建築物、構築物不得影響堤防的管理和防汛運用,因此,胡雨人的擔心是有一定道理的。

❸ 原文爲鉛字散頁,文末有此字樣。

【原文圖影】

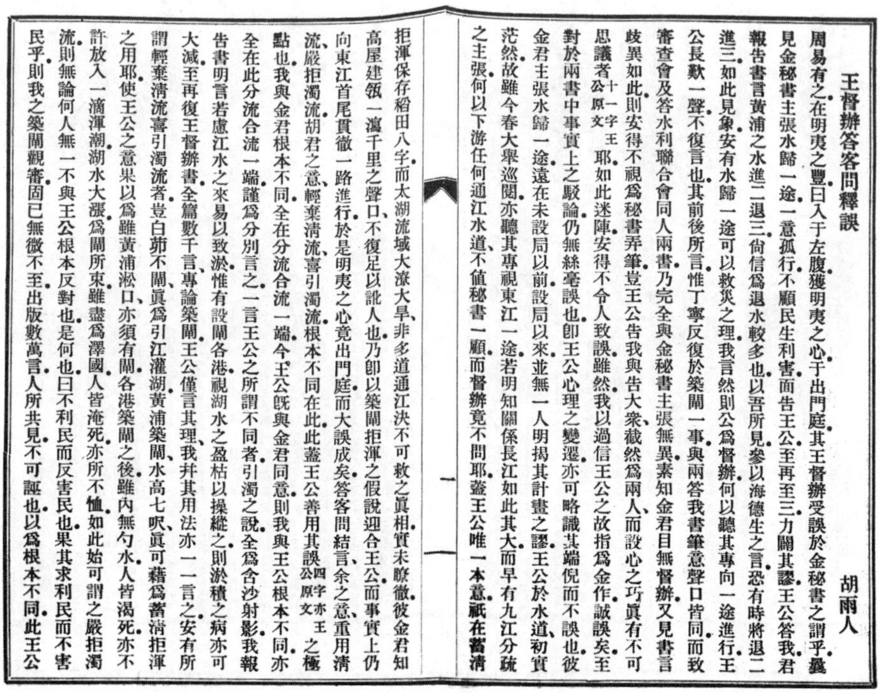

王督辦答客問釋誤　胡雨人

周易有之。在明夷之豐。曰入于左腹。獲明夷之心。于出門庭。其王督辦受誤於金秘書之謂乎。蠡見金秘書主張水歸一途。一意孤行。不顧民生利害。面告王公。至再至三。力闢其謬。王公答我。君報告書言黃浦之水進二退三。尙信爲退水較多也。以吾所見。參以海德生之言。恐有時將退二進三。如此見象安有水歸一途可以救災之理。我言然則公爲督辦。何以聽其專向一途進行。王公長歎一聲。不復言也。其前後所言。惟丁寧反復於築閘一事。與兩答我書。筆意聲口皆同。而致審查會及答水利聯合會同人兩書。乃完全與金秘書主張無異。素知金君目無督辦。又見書言歧異如此。則安得不視爲秘書弄筆。豈王公告我與告大衆、截然爲兩人、而設心之巧眞有不可思議者（十一字王公原文）耶。如此迷陣。安得不令人致誤。雖然。我以過信王公之故。指爲金作。誠誤矣。至對於兩書中事實上之駁論。仍無絲毫誤也。卽王公心理之變遷。亦可略識其端倪而不誤也。彼金君主張水歸一途。遠在未設局以前。設局以來。並無一人明揭其計畫之謬。王公於水道、初實茫然。故雖今春大舉巡閱。亦聽其專視東江一途。若明知關係長江如此其大。而早有九江分疏之主張。何以下游任何通江水道、不値秘書一顧。而督辦竟不問耶。蓋王公唯一本意。祗在嗇清拒渾保存稻田八字。而太湖流域大潦大旱、非多道通江決不可救之眞相。實未瞭徹。彼金君知高屋建瓴一瀉千里之聲口、不復足以訛人也。乃卽以築閘拒渾之假說。迎合王公。而事實上仍向東江首尾貫徹一路進行。於是明夷之心。竟出門庭。而大誤成矣。答客問結言、余之意、重用清流、嚴拒濁流。胡君之意、輕棄清流、嗇引濁流。根本不同在此。此蓋王公善用其誤（四字亦王公原文）之極點也。我與金君根本不同。全在分流合流一端。今王公旣與金君同意。則我與王公根本不同。亦全在此分流合流一端。謹爲分別言之。一言王公之所謂不同者。引濁之說。全爲含沙射影。我報告書明言若慮江水之來易以致淤。惟有設閘各港。視湖水之盈枯以操縱之。則淤積之病亦可大減。至再復王督辦書。全篇數千言、專論築閘。王公僅言其理、我幷其用法亦一一言之。安有所謂輕棄清流嗇引濁流者。豈白茆不閘、眞爲引江灌湖。黃浦築閘、水高七呎、眞可藉爲嗇清拒渾之用耶。使王公之意果以爲雖黃浦淞口、亦須有閘各港築閘之後。雖內無勺水。人皆渴死。亦不許放入一滴渾潮。湖水大漲。爲閘所束。雖盡爲澤國。人皆淹死。亦所不恤。如此始可謂之嚴拒濁流。則無論何人無一不與王公根本反對也。是何也。曰不利民而反害民也。果其求利民而不害民乎。則我之築閘觀審固已無微不至。出版數萬言。人所共見。不可誣也。以爲根本不同。此王公之大誤一也、二言我之所謂不同者合流分流之說今日王公已斬釘截鐵言分流矣然其實際仍合流也非分流也是何也曰其辦法、一俟東江首尾貫徹以次再浚吳淞劉河白茆諸港故也在王公明明自言、此不過先後之序耳此卽王公大誤之所在也天下事不惟其名而惟其實根本錯誤當由根本上解之東江之首尾貫徹爲東太湖中開闢雙洪、一引吳興之水、一引宜興之水、使全湖流域水歸黃浦一途計也否則使數千年數百里游衍漱刷相間暢行之水域、無端耗銀數百萬爲築一絕不適用之堤天下有如此無意識之舉動耶果使東江首尾太湖深洪完全貫徹需銀一千萬需時二十年則全湖流域財賦之區、時而赤地不毛（旱無水來故）時而盡成澤國（澇無所去故）吳淞劉河白茆所存者不過歷史上之名詞、一衣帶之形體耳（試觀白茆已淤之狀況可知此言非虛）如此分流誠不如索我於枯魚之肆矣根本不同如此而不及知此王公之大誤二也今欲實行分流之計畫以福我江南浙西人民敬告王公第一、取消其東江首尾貫徹之陰謀否則雖言分疏八十一江距分流之事實愈遠九江之浚仍以下游五幹爲先其次第、宜集各流域水利團體代表協商定之浚洄工程之限度以各流域之工程計畫比較更定五幹外之四條青浦之水、南走澱泖北走吳淞蘊藻開後大可暢行應否別加修整可從緩議浙境上游二江、與蘇境中游一江俟下游工竣繼續開之第二改正局制務使兩省民脂民膏無一滴浪費其實負責任者必以諳濬閘技正少如（王公原文所稱）視察報告書所言有學識有經驗之總工程師當之秘書科長悉數取消第三、金君松岑當然改處言論自由地位俾得永遠展其所長勿使火燄崑岡以自焚者焚此督辦蘇浙太湖水利工程局其言論機關有實行監督之責則以有水利學識經驗之義務員組織之武進屠敬山先生（王公原文所稱）其首選也如此始眞爲民利而不爲民害

至金君松岑有所謂箴箴言者儼如四胃獸之反芻大嚼無一語有絲毫新鮮意味與其使我再駁一言不如取我前言再閱一徧之爲愈矣君子待人寬其既往彼既不認封塘、不認合流、改言分疏矣尙言引江灌湖并不分高下不辨清濁之爲蒙爲瞽一并認之亦可矜矣孟子曰今之與楊墨辯者如追放豚既入其笠又從而招之吾豈爲之哉

太湖流域大潦大旱非多道通江決不可救之眞相王公至今已瞭徹乎未也其言曰『胡君反對下游各港建閘無論有洩無蓄平時已失操縱之權』試問所謂蓄者將以蓄清水乎則潮漲時既須拒渾潮落時又須蓄清終日有閉無啟何閘之爲死壩而已封塘而已將以蓄渾水乎、無論與拒渾之宗旨矛盾也既曰平時無須蓄救急之潮水也明矣然則所蓄者何所操者何直無一語有著落也又言『一遇旱年江水亦小如何救濟並未籌及』在王公之意蓋謂江水小時不能入港可賴湖水分流以爲救濟非有閘蓄之必一洩無餘不可也試問萬里合流每日兩潮之江水小至不能入港大旱如此我水源甚短海潮不及之太湖尙有滴水分流、而可以閘蓄者乎我調查報告及復王督辦書中所言湖水導源於江資蓄於江非大濬江湖通道絕無他法可救旱災不啻丁寧鋍于振鐸而已乃言之愈深切愈著明而金秘書藉之以造作妖言亦愈甚而王督辦則熟視之若無覩焉蓋心不在焉視而不見聽而不聞謂我並未籌及固無足怪又曰『卽使能償胡君所願江潮足補湖水之不足而泥沙之淤積必倍蓰於潦年是輕棄清流喜引濁流之謂也』試問歲已旱矣湖水已不足矣不許江潮補入是否可立視災民渴死更問輕棄清流果於何時棄之謂棄之已旱時乎水已竭矣有閘無可留無閘無可棄也謂棄之未旱時乎則苟非封塘絕無點滴不漏之法究竟王公是否主張封塘、而大有憾於反對封塘曷不直截爽快言之何爲曖昧其詞、令人絕不可解若此至謂喜引濁流則再復王督辦書解此謬說無隱不宣當爲衆人所共諒乃今日尙有此言豈眞其左腹中別有用意耶往者我會員二十餘人寄我徵詢同意之宣言書有『督辦王淸穆甘居傀儡設局半年僅作一度招搖過市之巡閱而於下游通塞現狀毫無覺察近復倒行逆施謬襲以淸刷渾之說對於出水各口公然主張節設閘壩以遏洪流是以歷年水患爲未甚直欲魚鱉我兩省人民而後已其治事不明用人不當實難諱飾』等言我謂王公致審查會書決非本心我願委曲求全苦口告之終有殊途同歸之一日今忽忽已三月矣出版申論已數萬言人力竭矣、天災又復疊警詎料其漠不動心一至此哉我水鄉圩田因一橋之築而屢致破圩拆去一橋而永不復破者數見不鮮何況最大之洩水幹流以毫無所用之閘堍束之其害可勝言哉敬告我江浙父老昆弟王督辦不辨利害而居心莫測如此湖域生民禍未已也我爲此言實良心上萬不得已使然知我罪我又何論焉

請閱者各自訂入治湖箴言册內并補書各篇目於封面上

答龐芝符❶先生

【簡介】

此文與後文《龐樹典與胡雨人之信件》，是時任江南水利局測量所主任的龐樹典（同時兼任太湖局秘書）與胡雨人，就太湖局“浚浉計畫”展開的論爭。龐樹典言主張堅持“浚浉計畫”，胡雨人則認爲“浚茆分幹，有利無害；浚浉合流，有害無利。”

【正文】

浚茆分幹，有利無害；浚浉合流，有害無利。

芝符先生執事：

昨奉示言，先上《敬告同會》一書❷，兹復逐層敬覆，幸公垂察。

（一）謂白茆裁灣一層，非常之原，黎民所懼。此在民國二年以前則然，今十灣已裁其八，僅此兩灣爲祟，一并去之，實已行所無事矣。弟半年中四查白茆，遍歷上中下游。除坍地居民當然訴苦外，均言自民國三年裁灣至今，小潦小效、大潦大效，所患膈病日增，前功盡棄耳。弟每至一處，必先質言其害，謂再裁兩灣，異常潮漲或直抵常熟城。則曰福山潮日日抵城，平地潮流進一退一尚不爲害，況白茆之水素來進三退四，來潮愈多、去水亦愈多，安得絲毫爲害也。此言可謂深切著明。上月第三次到熟，丁君芝蓀❸言：何市❹徐君，今日在此暢談甚久，詢其對于裁灣有無疑慮，則曰無之。蓋今日風尚，如公與弟對于公事有十分主張者，本無多人。公言裁灣不如撈淺，人即以撈淺較穩之説順公；又或以弟所擬裁之兩灣已不如前裁八灣灣度之甚，不必與公力辯之故。勿誤以爲非常大舉，彼熟于水道諸君，亦不敢主張也。弟所慮者，兩灣雖裁，而横貫支塘市河之鹽鐵塘河，分潮如故，未必因此一裁而即不復淤。所幸常熟城南窄橋可以放寬（運北之水過尚湖直入白茆者，阻于城南窄橋而不得暢行❺），沙墩港各壩橋可以

---

❶ 龐芝符即龐樹典。

❷ 陸陽、胡杰主編之《胡雨人水利文集》此處爲“先生警告同會一書”，與本書所據鉛印稿有異，筆者查《申報》1921 年 7 月 25 日《專件》載《胡雨人答龐芝符》文，與鉛印稿同，特此説明。

❸ 丁芝蓀即丁祖蔭也。

❹ 常熟何市鎮。

❺ 原文如此。

拆改,使渾潮、清水流力俱增,庶幾有功效耳。總之,弟與同事審查諸君所力主者,太湖下游必先具有兩大幹流,使南北兩方蓄泄并暢,然後詳審每年水量,以確定五幹分流之完全規畫。庶幾無大過乎。至兩灣之果否應裁,請局中速聘熟于工程計算、有學識、有經驗者,前往查勘確定。弟惟善是從,無絲毫固執也。

(二)謂白茆江流更高于吴淞口,所以深其魚[1]之憂,此實公知其一、未知其二也。白茆口之江水位雖較高,而潮來之勢力,遠不如吴淞口之陡急。潮過崇明大沙,江面頓寬,江潮當然弛緩。譬之浙江潮,在海寧有排山之狀,至江干則濤頭一綫已耳,此江潮緩急不同顯然可見者也。況白茆上游清水,半自常鎮運河以北較高之平地流來,視黄浦上游,半由浙西東部較低之平地流來者,其下行之勢力不同,又同自湖中來入于江者。水流所經之地,茆短浦長、不止兩倍,長則傾斜較少、短則傾斜較多,少者流緩、多者流急,則下行之勢力又不同。四月上弦小潮,弟在支塘下游,察白茆潮漲上行,不過一兩時耳,此外十時許,皆滔滔下駛之清流也。而同時之上海黄浦潮,則見其來去時間無大懸殊(吴淞口至上海,與白茆口至支塘距離略相等[2]),故白茆之江潮倒灌,決不如黄浦之烈,可斷言也。公言白茆潮水直灌陽城湖,則吴縣、常熟諸湖蕩,數十年後皆爲平地,力主以閘禦渾。弟雖贊成築閘之説,未嘗不嘆公之過慮也。白茆之潮萬不能到陽城湖。況沙墩諸口既經放大,上游清水增强,下游渾潮當然退避三舍乎。此白茆裁灣,無論築閘與否,均無庸過慮者也。

(三)公等欲使全湖之水合出黄浦一途,其始所據之理由,一則曰泖底之高過澱底一丈,泖阻一去,水即順軌下行。自公之測量告成,已知泖實甚低于澱,則浚泖之舉當然可取消矣。再則曰務使上游高屋建瓴之水,得敵下游奔騰萬馬之潮。今既確知吴淞口外海平僅低湖面二尺,雖有巧匠,不能建無屋之瓴。則浚泖、浚湖之種種規畫,當然一并取消,無待再計矣。西泖底中最高之峰巔,僅與平均之澱底相等,而入泖之水僅攔路、練塘兩道,合計其面窄處不足二十丈。即使西泖一段淤成平陸,而東泖五十餘丈之泄境寬大依然,安有絲毫阻滯,況乎其一并暢流也。故謂泖湖淤阻,明係公等往昔錯言,安得將錯就錯,以數千萬人之生命、田産殉一已無由自信之錯言乎?蓋自有人史以來,泖湖固未嘗一日淤阻,正惟水流過旺,使浙西東部無他港可出之水,爲所壅遏,不得暢歸黄浦,反致逆流倒灌,則實有之。故合流之决不可爲,人道主義當如此也。公前信明言開泖無大利,不可行;今又明言此策本甚紆,然尚冀清流之力可以略强,而未肯翻然變計者,因不信此計果行之,實有大害也。湖源甚短,公當確已信之,東垻既

---

❶ 其魚:指洪水造成的灾害。

❷ 原文如此。

不可開，舍下游各口悉數封塘之外，尚有何策（若謂整理上游水行軌道，即可使水位自高而下流之力較强，此大誤也。清水何來？除山水外皆自田中流下戽出。湖身愈大、容量愈多、水面愈淺，江南湖蕩莫大于太湖自身，使黄浦上游直築兩堤，上通太湖，不使下行之水旁溢，則雨水稍大，堤外諸小湖蕩皆滿盈不流，而太湖之水較低❶，下行之力反弱。故任用何法，不能使上游清流稍强無疑也❷）？封塘何事，公亦贊金君之夢説乎？往昔利害真相未明，故浙西東部數萬方里，瀕歲受黄浦倒灌之灾，但怨天而不尤人。今已確知澱泖奪流之爲害，即確知北湖之水自行歸江，釜底抽薪之爲利矣。常鎮運北數萬方里，光緒中葉以來，瀕歲淫霖不泄爲灾，識者知爲白茆淤塞、幾成平陸之故，而不得其征。自見民國八年大水與宣統三年退水之遲速懸殊，已確知民國三年裁灣取直功成爲莫大之利。即確知今後白茆病膈，爲莫大之害矣。人雖至愚，誰肯犧牲自己之生命、田產而噤口不言？其合力死争也必矣。然則浚泖合流之計，即有一部分之利益，亦末由率意行之，况乎其同歸于盡也。今日公所慮者，莫如分流力弱，而澱底易爲沙淤。夫澱淤豈足以爲禍哉？豬水之地過多，水流散漫，當然致淤，而湖中過水之洪仍不淤。不觀夫龐山湖乎？全湖成陸，而十字河交貫中央，其直如矢，何害于水流哉？我常府芙蓉湖一片汪洋盡變爲田之後，至今絶無一湖，而不害其爲上腴者，水流東駛，滔滔不絶故也。以全湖流域公共之害，供區區澱泖刷沙之用，其不可行也必矣。至謂澱泖清流之力苟能略强，則洪潦時退水可以較速，此與事實上適得其反。以平日清流之力，無論如何盛强，而洪潦時水歸一途，必至壅塞不流，横溢潰散，無疑義也。况乎其萬無可强之理由哉。懇望我公盡棄其無希望之希望，從此實地研求，先去下游切急之害，然後普求全湖流域之永久利益，而精密爲之。繫鈴自公，解鈴自公。敬爲數千萬生靈馨香尸祝之矣。專此肅復，即頌公安。

民國十年夏曆五月初十日
弟胡雨人謹啓

---

❶　此句本書所據鉛印稿與《胡雨人水利文集》及《申報》所載内容均有出入。《申報》載文爲："諸小湖蕩，高水流入堤中較難，而上游太湖之水較低……"《胡雨人水利文集》與《申報》同。

❷　原文如此。

【原文圖影】

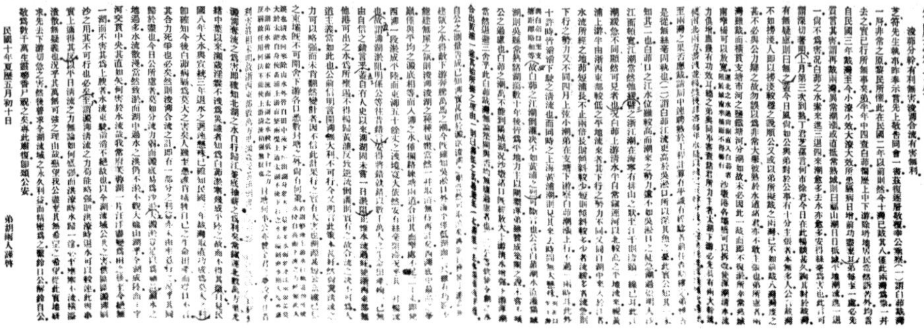

答麗芝符先生

浚莳分幹有利無害，浚濟合流有害無利。

民國十年夏歷五月初十日

龐樹典與胡雨人之信件[1]

【簡介】

本文據手稿整理，然《胡雨人水利文集》中録有《答胡雨人先生》，經比對大旨相同，但文内語句、内容詳略自有不同之處，不知孰爲先後，可資應對補充。文中龐樹典就胡雨人前信所及白茆裁灣、蓄清拒渾、水沙淤積、江潮倒灌、泖湖淤阻、涸湖成田等一一作答。

【正文】

雨人先生執事：

得賜覆，其言至辯。典[2]近患腦力衰弱，不能精思，對于公言，竟昏然不知所答，惟其中有顯然違事實者，敬先爲吾公陳之，并告同會，請調查而研究之，則浚茆、浚泖，或利、或害之真相方顯而議庶幾可没矣。

（一）半年中至[3]棄耳。查贊成公言者當有姓名且云均言。均者，非二三人之謂，是在虞山[4]必曾開會諮詢大衆。若僅聽當年私挖大垻某（省公署有案可查）[5]等之言，未可以概舊昭父屬各市鄉之公民也。

（二）上月第三次至則日無之。撈淺之説即發于徐少葵，非僕意也。公如不信可由聯合會函詢之，屬其切實答覆。儻徐君主張裁灣并可屬其切實答覆。若僕則自民國二年議浚白茆之時便主張封塘，蓄清拒渾，至今不改宗旨。前信之

---

[1] 手稿，署名處以圈代替，文中作者自稱爲“典”，推測當爲龐樹典。

[2] 龐樹典（？—1932），字芝符，自號鮦隱，江蘇常熟人，民國四年（1915）江南水利局成立測量事務所，龐樹典擔任主任兼太湖水利局秘書，其時是浚泖説的主要發起人，和金松岑倡導設立太湖水利工程局。綜合輯自陳嶺：《民國前期江南水利紛争與地方政治運作——以蘇浙太湖水利工程局爲中心》，《中國農史》2017 年第 6 期；金天羽著、周録詳校點：《天放樓詩文集》之《龐芝符傳》，上海古籍出版社，2007。

[3] 原稿八端辯題，除第七端起頭没有“至”字外，其餘七題起頭凡有“至”字者，皆是小號字，且語句晦澀，疑本信之前，作者與胡雨人之間已經有信件往來（惜未見前信），這幾處均爲引用前信語句并加以辯論之故。旋得陸陽、胡杰主編之《胡雨人水利文集》一書，收有《答胡雨人先生》一文，與本文雖有出入，于内容却大體相當，筆者所據爲毛筆手稿，且改動較多，與此文比對，應是之前草稿，本文整理以手稿爲據，特此説明。

[4] 虞山，是山位于今江蘇省常熟市，古稱烏木山，曾有以此山命名的東南詩壇重要流派虞山詩派。

[5] 此爲原作者自注。

言撈淺乃宗受于自虞❶來蘇代表丁芝孫❷、徐少葵❸兩君之言，可函宗、丁、徐三君，令其答覆也。

（三）譬之浙江潮至者也。錢塘江與揚子江情形迥異，萬難以之取證。今且一切不論，公盍令聯合會派員將揚子江水與錢塘江水各取一器，分析其沙量、成分便曉然矣，正不必談歷史與地理也。僕之最懼者，沙也。潮勢緩則沙愈滯，即錢塘江之沙亦今多于昔矣，以不在本題範圍故不論。

（四）故白茆至之烈。僕初不與公論潮勢之緩急、大小，但與公論潮沙之多少。公實地調查者也，曾分析過黄埔口門與白茆口門潮中之沙否，分量如何？自明季以來，蓄清拒渾之説言之數百年，論之者數十輩，尚無解決，尚無良策。公僅四次之實地調查乃欲破之，引江灌湖亦太草率矣。

（五）故謂泖湖淤阻明係至錯言。蓋自有人史至淤阻，錯不錯且存而不論。自有人史以來一語，公從何年何朝算起？豈永樂初年之葉宗衡、夏原吉爲第一原人耶？抑民國五年後之金、龐諸子爲第一原人耶？公若認僕等爲第一原人，則新圖重測固未嘗顯著大淤阻也，自可言也。認葉夏爲第一原人，則淤阻之月異而歲不同，可以同治中實測之圖，以新圖比較而證實也。同治年之圖（江左人家均有之）已刊而未佚，且非僞造也。五十年中淤阻情形如此，五百年葉夏時代可推，五千年上古時代更可推矣。若謂自有人史以來，泖固未嘗一日淤阻，則南宋以後黄河南徙，山東、安徽、江蘇境内之唐時面積數十萬方里諸湖泊今何在耶？豈李吉甫❹樂史預爲施耐庵造一僞梁山泊耶？

（六）自民國八年至莫大之利。民八與宣三江漲之高下如何姑不置論，若必執小小十數圩之退水爲莫大之利，而悍然實行公之新計劃，此如醫者見枳，實瓜蔞之小效，而遂進重劑之大承氣湯也。設不幸有道光廿九年之江漲漫過東垻，虞山恐在吾公造成之新湖中而成島矣。僕其魚之憂正慮此也。是故江水數十年中無大漲，則陽城等湖蕩淤淺而成棉田，澱湖斷流而成泊淀（北方之泊淀皆死

❶ 虞應指常熟。

❷ 丁祖蔭（1871—1930），原名祖德，又名蔭，字芝孫，一作之孫，號初我，初園居士，又號一行。江蘇省常熟城區人。清光緒十五年（1889）庠生，民國二年（1913）調任吴江縣知事，亦以"嚴治"著稱。對兩縣水利、教育、漕賦、司法等多有興革。近代知名官吏、學者、藏書家、文學家。

❸ 徐少葵疑爲徐少逵之誤。徐少逵即徐兆瑋（1867—1940），少逵是其字，號倚虹、棣秋生，晚年號虹隱，江蘇常熟何市鎮人，民國學者、藏書家。遺著多達百餘種，有《徐兆瑋日記》傳世。據載，其曾加入同盟會，民國後當選爲常熟縣民政副長，任國會衆議院議員，後專注于家鄉事務，擔任常熟縣水利局局長，參與修浚白茆塘等水利工程，接替丁祖蔭主持修纂《重修常昭合志》。

❹ 李吉甫（758—814），字弘憲，趙郡贊皇（今河北贊皇）人，唐代政治家、地理學家。

湖故云然），此以藥釀病中之緩症也。使天心不仁，數十年内忽有己酉之潦，或過于己酉之潦，則常熟没爲湖矣，此以藥釀病中之急症也。緩急兩症皆可慮。公，治水中之名醫也，十全爲上❶。願開有以開示吾輩不能生人、不能殺人之庸醫。且此并非危言聳聽也。蓋較洋工程師貝龍孟❷，百年之後揚子江有斷流之説，尚爲近情之卑論也。然僕言與貝言均有至理，并且同一軌道，何則？蓋貝與僕皆憂江中之沙日下日積，而未有以救之也。同會諸君有心知其意者，當深察之。尤祈雨人先生痛駁之，俾免杞人之憂。若近日雨老諸文均不足以解釋此難題也。

（七）考澱淤豈足禍哉？此段議論似贊成涸湖成田者説。龐山湖❸中之現狀，天然成一十字河乎？抑圖涸湖成田者，人力成之乎？執此而以爲治水妙用，則常熟陸沉之後，澱山湖正不難成第二芙蓉圩❹也，利過于龐山湖遠矣。沈括《夢溪筆談》記王文公❺坐上有人欲涸梁山濼成田者，介甫然之無策也。劉貢父❻謔曰：是不難。介甫問之，答曰：别浚一湖，貯其水即成。此戲言也。不料後人竟有能之者，蓋常熟没而爲湖，則澱山涸而成田矣。

（八）至謂澱泖至其反。事實上適得其反，此公獨抒之見也。試參考海德生新致王督辦書便知其故。夫海德生躊躇再四，竟無良策，不料公犧牲常熟一縣以代之策，誠奇矣。然則貝龍孟躊躇再四，憂揚子江之斷流，盍告之以大開蕪湖港，使長江改道，重復古之中江，與今北江并行雙流，則此難題解矣。實地研究之奇策莫妙于此，苟能行之，則金君封塘之夢説一掃而空。僕即欲贊成之烏從

---

❶ 語出《周禮·天官·醫師》："歲終，則稽其醫事，以制其食，十全爲上，十失一次之。"

❷ 貝龍孟，荷蘭工程師，也有譯成"貝龍猛"者。據武同舉《江蘇水利全書》相關記載，南京水利實驗處印行，1949。

❸ 該湖原在江蘇吴江松陵鎮以東，民國初年，該湖有部分湖面被私家圍墾，屢禁不止，民國二十二至二十五年（1933—1936），模範灌溉龐山實驗場墾殖 8700 畝，龐山湖遂成爲農田。

❹ 該圩位于無錫西北，舊爲芙蓉湖，晋大興四年（321），"張闓嘗泄芙蓉湖水，令入五泄，注于具區，欲以爲田，命百姓負土。值天寒凝冱，其功不成"，元末明初，芙蓉湖圍墾逐步加劇，蓄水能力逐漸降低，明宣德間（1426—1435），圍芙蓉湖西部 10.8 萬畝圩田，清康熙九年（1670）夏大水，芙蓉圩決堤，後知縣吴興祚捐米修圩；至民國六年（1917），胡壹修、胡雨人主持整修横排圩，民國十年（1921），王清穆組織太湖流域各縣整修低鄉圩岸，并修築芙蓉石閘。

❺ 王文公即王安石。王安石（1021—1086），初字介卿，更字介甫，號半山，江西撫州臨川人，北宋著名思想家、政治家、文學家、改革家。關于王安石的生平學界仍有争論，本書取大衆説法。

❻ 劉攽（1023—1089），字貢父，江西樟樹市人，北宋史學家，與司馬光同修《資治通鑒》，專職漢史，其兄爲劉敞。

而贊成之。

以上八端，謹求答覆，往返十思，不厭求詳，即僕愚不屑教，或工程局及同會諸君之明達者，定曉然于公之切實精密也。昔百詩[1]、大可[2]《古文尚書》之争辯，逮至今日百詩勝矣，而大可亦不可謂不辯，僕自居大可，而推公爲百詩，企候訓誨，切盼良深。謹請公安，伏祈明察。

弟○○○[3]謹啓

【原文圖影】

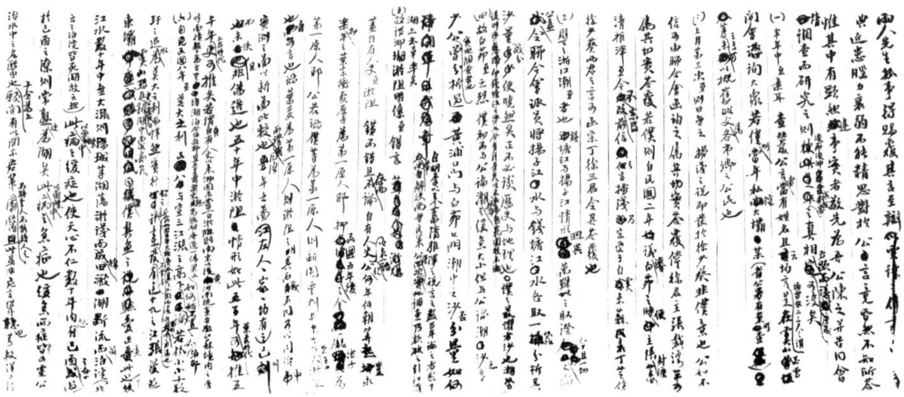

---

❶ 閻若璩，字百詩，號潛丘，生于明崇禎十一年(1638)，卒于清康熙四十三年(1704)，山西太原人，清代漢學(考據學)發軔之初重要的代表人物之一，其少時研讀《尚書》，對《古文尚書》産生懷疑，花了三十年進行考證，寫成《尚書古文疏證》八卷，得出《古文尚書》二十五篇都是魏晋間僞作的結論。

❷ 毛奇齡(1623—1716)，原名甡，又名初晴，字大可，又字于一、齊于，號秋晴，又號初晴、晚晴等，浙江蕭山(今杭州市蕭山區)人，清初經學家、文學家，以郡望西河，學者稱“西河先生”，與閻若璩等多有辯難。

❸ 原稿此處即以圈代替。

歸只龍盡百年之後揚子江有斷流之虞，說尚為近情之卑論也。至僕言與只言

均有至理，並因一執道路，則只與僕皆憂江中之沙日多，因會諸君有心知其意者，當深察之

尤新兩人先生痛駁之，惟釋杞人之憂，若近日諸文，兩君均不足以解釋此難題也。

（七）太滆淞芙蓉為湖議　此段議論似謂湖成田者，說厲山湖中之現狀天然成一十

字河，抑圍湖成田者人力成之乎？執此兩以為治水妙用，則常熟淤泥之後，澱山

湖正不難成第二芙蓉圩也，利過於厲山湖遠矣。沈括夢溪筆談記

王文公時，上有人欲涸梁山濼成田者，有甫曰置之無也。劉貢父謔曰是不難，於甫

問之，答曰別濬一湖貯其水即成[illegible]戲言也，不料後人竟有能之者。蓋

常熟淤而為湖，則澱山涸而成田矣。

（八）至謂澱泖與其反，事實上適得其反，此公獨持之見也。試參考海德生

新發[illegible]辯書，便知其故[illegible]至海德生曉曉再四，竟

無良策，不料公犧牲常熟一縣以代之策，誠奇矣。然則只龍盡

曉曉再四憂揚子江之斷流，告之以大開無湖港，使長江改道重

復古之中江，與今北江並行雙流，則[illegible]實地研究之[illegible]奇策[illegible]，則金石

封墟之夢說一掃而空矣。僕即欲禁成之烏[illegible]禁成之

在以上八端，謹求答覆，往返十[illegible]不厭求詳，即僕

愚亦不肯[illegible]工程，而及同會諸君之明達者，定曉然

於公之切實精密也。昔百詩可古文尚書之爭辯，迄至今

日百詩勝矣，而大可亦不可謂不辯。僕自居大可，而推公為

百詩，仁候訓誨，切盼良深。謹請

公安，伏祈賜明答。

弟8○謹啟

關于先塞東泖還是先開西泖的議論信之一[1]

【簡介】

此文及隨後四文，是就開泖與否、塞東泖開西泖等内容的私信。首信文後有“此紙付丙”四字，参以文内口吻和語句，實爲秘辛耳。

【正文】

此意不合勾配定例，則先[2]所以要先塞東泖，當時文章却有最疏忽處。蓋西泖上段，即擬開處以上，若塞沙積，逐漸漲過攔路南口，東泖亦將受其影響，漸致淤塞，所以先開西泖〇〇〇〇開西亦正所以護東，此意極圓滑。當時文章未加入乃疏忽也[3]。

大直綫實則先所定，然則先亦早忘却，腦中絶無影響矣。蓋當時實係滑頭塞責之文章，只以東泖深通無開浚之必要，混過交卷之後絶不負責，非如丙部平面之圖爲則先得意之作。故局中沈百先[4]、徐德稱[5]議論紛紛。可開、不可開，應開、不應開，則先絶不置意，忽被胡雨人一鬧，則先遂茫無把握一切，推之于吾，此非則先學識之淺，乃則先精神之衰，對于此等小題文章，非惟不能顯出亦并不能深入，故當日吾嘗言，開泖乃治標非本，無把握，不過理過深。邇來吾主張黄田港建閘以操縱江水，爲海德生所深佩，餘人絶無知此意者(海在黄田港設

---

[1] 此稿由兩張小紙片組成，文末有“此紙付丙”四字，文前文後均未有稱謂，大概發信人囑閲信人閲後焚毁而不得也。

[2] 本文多處出現“則先”二字，參考1921年第十期《江蘇水利協會雜志》載《太湖問題之討論:江浙水利聯合會審查員胡雨人敬告同會諸君子》，袁則先時爲江南水利局測量副主任，兼任太湖局測量科長。

[3] 此段文字在一張小紙條上，後文另起一紙。

[4] 沈百先(1896—1990)，浙江吴興(今湖州)人，民國時期著名水利工程專家、教育家和學者型官員。1919年畢業于河海工程專門學校(今河海大學)，後赴美進修，獲依阿華大學工程研究院科學碩士學位，曾任國民政府水利部政務次長，1949年去中國臺灣，晚年定居美國。

[5] 徐德稱，江蘇南通人，生卒不詳，清末就讀于盛宣懷創辦的南洋公學(上海交通大學前身)習水利，曾任東北大學教授，1949年曾向南通市人民政府供稿，草擬該市城市分區意見。其子是革命烈士、版畫家徐驚百(徐震)。綜合輯自徐咸:《身殘志堅似保爾抗日救國留丹青》，《江海晚報》2015年7月13日，B02版;《南通舊時規劃》，南通市人民政府網站，2006，http://www.nantong.gov.cn/art/2006/10/18/art_39331_1890989.html。

標，在吾問海黄田港江水入湖情形何如之後數月，此深佩吾之證也，不然白茆、瀏河以無標，豈浚浦局惜此費耶？❶）然與開泖有直接之關係，公應知之。

難于做好文章，好文章三字當活看耳。又江南水利局當時憂瑞卿非常反對開泖，吾同則先爲保護飯碗本不敢高論。

此紙付丙。

【原文圖影】

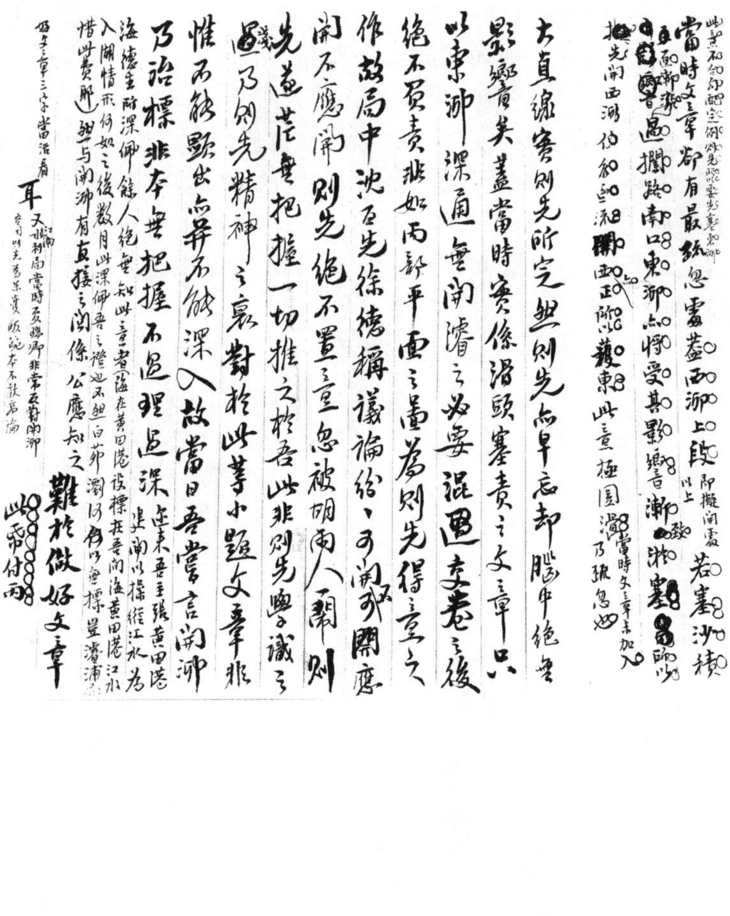

---

❶ 括號内爲原文注解。

關于先塞東泖還是先開西泖的議論信之二[1]

【正文】

海德生口頭説之攔路港,實遠不如原勾配之精。公可將三信、將要語,令人録出以示則先,惟有傷則先之語可去之,勿令見也。公文章無他長,却有一樣過人之處,能採用他人文章之精語,而不背原人之意,此實平生改學生之功夫,所以能如此。則先不能也。即如另紙一段圓滑文字,雖不合西人勾配之法,然以此欺外行,自是一段好文字,則先則恐被内行者所笑,而不敢採、不願採矣。

總而言之,統而言之,所以開泖者,欲增加清流之速率使渾潮退到泥龍港而止。大者保澱,小者保練塘。故龐、袁以前之勾配可廢,而王、金最新之勾配可興(興者其説成立也。王指丹老[2])。正不必拘泥江南水利局一篇文章,而實用龐、袁夙昔之主張何如(其實當時隨意計畫,本未能如現在三函所言之精密,但大致不錯耳[3])?

---

[1] 此稿與前信所敘内容相連貫,故題目編爲先後。

[2] 此處爲原稿特意指明,據此初判王者(丹老)應爲王清穆。

[3] 原注如此。

【原文圖影】

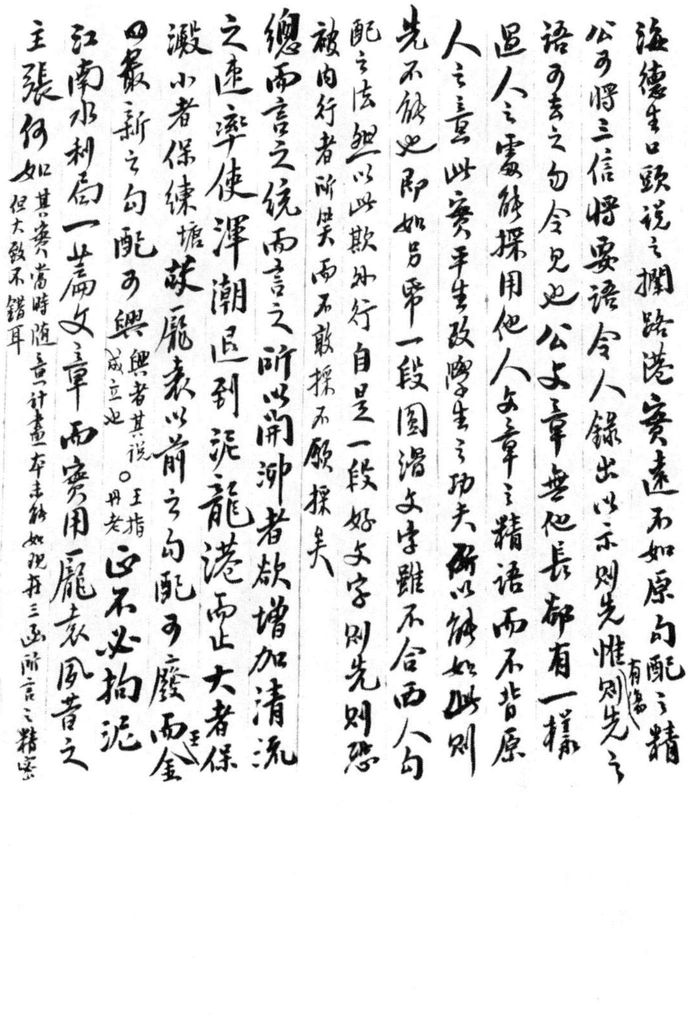
海德書口頭說之攔路港實遠不如原句配之精
公可得三信得要語令人錄出以示則先惟有處則先之
語可查之句令見也公文章無他長都有一樣
退人之處能採用他人文章之精語而不背原
人之意此實平生致學之功夫所以能如此則
先不能也即如另帶一段圓滑文字雖不合西人句
配之法然以此欺外行自是一段好文字則先則恐
被內行者所笑而不敢採不願採矣
總而言之統而言之所以開浚者欲增加清流
之速率使渾潮退到泥龍港而止大者保
瀲小者保練塘莊麗表以前之句配可廢而全王
四最新之句配可興（興者其說成立也○王指丹老）
江南水利局一篇文章而實用一麗表風昔之
主張何如（其實當時隨意一計畫本未能如現在三函所言之精密但大致不錯耳）

關于先塞東泖還是先開西泖的議論信之三[1]

【正文】

前信當已檢收着矣。公閲之以爲如何？開泖之説，局中諸人初無一定之理由，胡雨人遂乘隙以破壞之。諸人本不足責，即則先前日亦旁皇無措，不能堅持，不得已一切推之鄙人，明告胡雨人以開泖爲龐先生一人主張云云（余并未告雨人，以泖爲余之主張，則先第一揚言[2]）。此情形至可笑，又局中竟將攔路港與泖分爲兩事。聞海德生口頭云説群言，開攔路港竟不知攔路港與泖是一是二，亦至可笑（前此開泖之圖早有攔路港在内，可檢查也[3]）。

又前日，公提出東泖云云，則先亦幾無以自解。蓋大太平巷一夕之談，早忘却矣（余亦早忘之。蓋此乃一定公例，夫人而知之，初非神秘可矜也）。于是搜索舊稿得清水尚能刷泄之説，而不知清流現惟泖、淞、蘇州河[4]、瀏、七浦、茆五口尚通，而泖爲最大，所以必須首先開泖，以保此一綫，正爲五十年後之計，趕緊醫治，猶如肺病第一期之打針方有效，第二期則十不愈一，第三期則針之反速死矣。彼愚者見第一期肺病之現，外狀起居飲食無異常人而詬西醫爲多事，豈知醫乎？胡雨人乃欲白茆代之，此中醫見肺病將成，大劑茸、桂、參、地之法也（松江趙季笛醫名與陳蓮舫齊。嘗言真肺病凡服茸、桂、參、地無不死，無一能生，其能生者非真肺病也。病血失血症耳。此與西人合，西人亦不以大劑之鐵、銑、燐治肺病也）。

然世不乏踵其法，至死不悟者，蓋多矣。故吾以爲與其從胡醫，不如不治，太湖之壽命可五十年。從胡醫亦不過五十年，而五十年之痛苦多矣。

◎甲又攔港及西泖與鐵路橋之深洪是否作直綫此亦須研究。

◎乙又同治中蘇藩司圖甚准，今可將此圖與新圖（丙部圖）合紅墨兩綫繪之便知五十年來淤泖情形，底固深而難知，面則顯而共曉，執已往而測將來，亦一助也。

◎丙又泖塔所以成立之故，其中非有小山，即有鐵沙。西泖底高處恐即緣是故，亦須研究。

◎又甲説極要。蓋西泖既淤，章練塘之清水萬無衝刷渾沙之偉力，而鐵橋

---

[1] 此稿與前信所敘内容相連貫，故題目編爲先後。

[2] 此處爲原稿在正文邊小字注解。

[3] 原稿小字注。

[4] 此處爲原稿在正文邊添注。

復障之，清愈弱則沙愈停。如是則澱之停流時代必愈近，蓋澱停流時代即太湖肺病第三期之候也。

【原文圖影】

關于先塞東泖還是先開西泖的議論信之四[1]

【正文】

兩日信筆作函，并未檢圖。泖塔形勢誠如來言，僕誤記其方向也。然當時商量勾配時却取直綫，公知其理由否？（蓋從下游泥龍港口處上溯攔路北口，正作直綫。若一任西塞東流，後日泥龍港口處必成一曲矣）其時，則先堅持非塞東泖不可，其勾配之理由精深極矣（然而不巧）。然豈敢顯之公牘乎？

所以必開西泖之故，正緣維持章練塘一股清源，爲澱清之助力，使渾潮至泥龍港口處而止，則澱可保此一説也。且公亦知東泖（佘山區域）方面諸小港何以早成潮河，而西泖方面章練塘等港之成潮河乃後于東面諸港或百許年，或數十年者何也？蓋有無清源之故也。若任其塞西流東，清流之下駛者不能曲折而至諸小港（指佘山區域内各港）也，而潮之上衝，蓋無微不至。潮可得諸小港之助力而益渾，清則因此而益弱矣。故東泖之小直綫一無足取，仍須用吾之大直綫。若夫吾之誤憶，此九方皋[2]云相馬也，非漆園傲吏[3]，烏乎知之。

---

[1] 此稿與前信所敘内容相連貫，故題目編爲先後。

[2] 九方皋，春秋時相馬家，曾受伯樂引薦爲秦穆公相馬三月。

[3] 漆園傲吏，謂孤傲不仕之人。

【原文圖影】

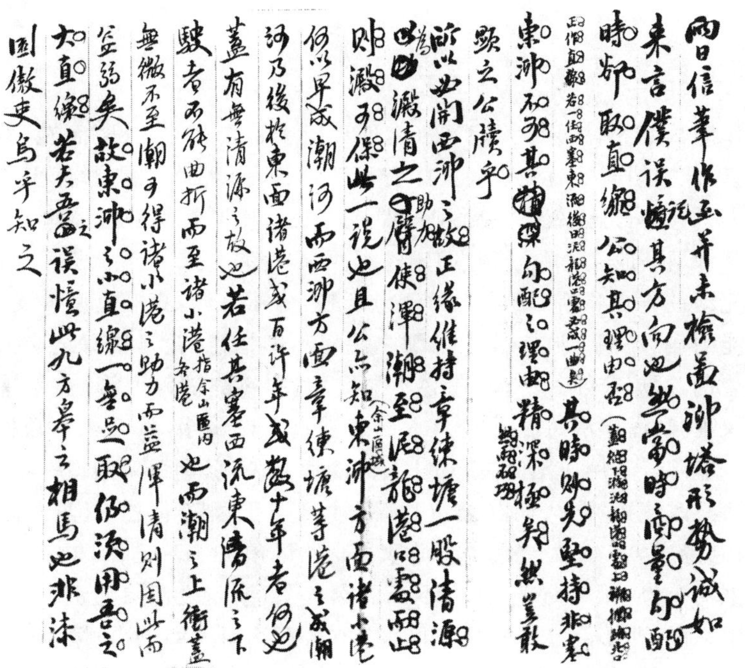
四日信華作函并未檢查泖塔形勢誠如
來言僕誤述其方向也然當時承量句酌
時欲取直線公知其理由否（○○○○○○○○○）
東泖而言其精深句酌之理精深極矣然莫敢
頌之公讀乎
所以西泖之故正緣維持章練塘一股清源
此為澱清之助力使渾潮至泖龍港以而止
則澱泖保此一說也且公亦知（佘山區域）東泖方面諸小港
何以早成潮河而西泖方面章練塘等港之成潮
河乃後於東面諸港或百許年或數十年者何也
蓋有無清源之故也若任其塞西流東清源之下
駛者西經曲折而至諸小港（指佘山區內各港）也而潮之上衝蓋
無微不至潮可得諸小港之助力而益渾清則因此而
益弱矣故東泖之不直線一無足取僅須用吾之
大直線若夫吾之誤憶此九方皋之相馬也非沫
困傲吏烏乎知之

關于先塞東泖還是先開西泖的議論信之五[1]

【正文】

大作昨日細讀，三過至爲明顯（僕近日對于時人之文，一覽而過，不復用心久矣）。以此駁胡説致有力也。公頗有疑于東、西泖之説，僕歸後床上始憶及前年在大太平巷時，則先就余商量泖湖開浚之法。檢圖細閲似攔路港正對西泖，而復有章練塘一股之清源，當時即定勾配西泖，使將來成一合法之河。

則先即欲先填東泖，僕謂西泖清力既强，歸于一綫，東泖爲潮沙所壅（清流之力不能兩强），淤塞自易，故于東泖之深廣不復措意，蓋無措意之必要也。論勾配之公例，兩流非斷其一流，速必不能增加，僕欲先開深西泖（加增平日之流速），而留東泖（備盛漲時之分泄），本屬遷就爲滑頭文字，然心思之巧極矣。何以言之？蓋泖若不用人工開浚，一任天然潮河之公例，則西泖高淤一段必先塞，其時澱清必改趨東泖，久而久之，西泖之沙日積于攔路港之下，西泖高淤處之上，而攔路港塞矣。又久之則章練塘塞矣。此可預決之于五十年内者也。

蓋潮河公例，第一時期，清水不出而潮仍入，斯時之沙停滯于限内日多（限字如門限之限，即擬開之處）；第二時期，小潮不進而大潮仍來；第三時期，則淤爲平地矣。上游則清流既曲，流速愈遲，流速遲則刷濁之力微。當此時期，澱必全湖停流，純任潮尾之漫衍（澱泖間，潮之衝擊力本極弱）。故東泖亦必塞（公試評此脉案開得有道理否?）（公試思此等奥衍晦曲之制藝，類帥周西江派者，豈胡雨人專揣摩龐慶麟、沈恩榮[2]舉吴江人以例其餘鄉會墨[3]者所能知）。前日公訾僕與則先忘却東泖爲弱點，坐未察當時規劃之甘苦也。

此泖必須開浚最强之理由，公誠代胡雨人駁之何如?

---

[1] 此稿與前信所敘内容相連貫，故題目編爲先後。

[2] 龐慶麟、沈恩榮皆震澤（今吴江）人。龐慶麟，字小雅，號屈廬；沈恩榮與龐慶麟皆清代進士。

[3] 鄉墨，明清科舉鄉試中，被主考和房官選中而刊印出來供參考者示範的八股文文集；會墨，類似鄉墨，其考卷是會試所選録的，考上就是進士。

【原文圖影】

關于疏浚東泖西泖之議論

【簡介】

該文不見署名,原文爲手稿,閲内容,是作者對《江浙水利聯合會審查員對于太湖局水利工程計畫大綱實地調查報告》的駁文,由此推測作者爲太湖水利局人員或贊同太湖局工程計畫者。作者認爲“泖之爲患,在攔路港一段”,“疏浚東泖,可以已則已,如其不能,自非浚西泖不可”,對審查報告提出的“浚泖之不可行”提出了批駁。

【正文】

兹按〇〇❶所述,係就泖身大體而言,并無分于東泖、西泖。抑攔路港一部,其改良之河床,應自攔路口起,經過泖湖,至斜塘近處,爲一極有規則之河道。此就理論言之,當作如是解,即海工師所言二十尺以上者,亦并未指實一處。蓋泖之爲患,在攔路港一段,自不必説。至泖身雖有東西通塞之别,但所謂通者,較深不過一尺(平均數),所謂塞者,已極淤墊,即〇〇❷所謂上且高于攔路港五尺,下則高于古蒲塘鐵路橋一帶二十呎矣。

浚東泖、抑浚西泖,爲事實問題,不必混爲一談。苟其疏浚東泖,可以已則已,如其不能,自非浚西泖不可。試就形勢上言,泖之來源,除澱湖之水,由攔路港入外,其西自章練塘、東自走馬塘來者,不知凡幾。此説胡君亦已言之“曰泖湖中亦多直自西南方諸湖蕩來者,其大部分不必從攔路港入”。今兹〇〇❸所言之流量,攔路港之流量也,亦即澱湖一部分之流量也。所言改良河床,即就此一部分來量而言,已須十八呎以上之深度,二百呎以上之底寬,其他自東西來者,并未計及,其所以未計及者,亦正以其有東泖故耳。是開浚西泖,并未廢棄東泖。若以爲利用東泖,工費較省,抑知東泖狹窄,實無展寬餘地乎?且東泖愈深,則西泖愈淺。西泖爲浙西一部,水之所由入,如何能任其淤塞?此不得不取用西泖者此也。或又曰:西泖浚深,則東泖不亦淤廢乎?此亦理勢所應有,大概兩流平行,此通則彼塞,將來實施工程之時,或就西泖,索性展寬、展深,爲適當合流之勾配。好在西泖寬度,儘有伸縮餘地,于學理、事實上,均無所不可也。

---

❶ 此手稿原文即以〇代字。

❷ 原文如此。

❸ 原文如此。

又查得東泖面寬平均爲九十餘米達❶，西泖面寬平均爲一百九十餘米達，兩較已二倍有餘。至以深度言之，東泖較深，不足一尺，胡君所謂深通者，不過彼善于此，實無通㟝之可言，以二百餘尺之河面，而欲爲改良二百呎河底之用，其不適用可知，且其實地情形亦實有未能舍西就東者，約言之：

東泖并不通㟝，無利用之可言，其一也；

寬不適用，其二也；

形勢不便，其三也；

浚東泖仿淤西泖，其四也；

西泖來源暢旺，不能任淤，其五也。

又閱胡君報告第三章第（九）節之不可解。胡君之言曰："湖面高于海平二尺，假令潮之干滿高低八尺，則滿時灌進二尺，干時退出六尺"，按此以潮之行，如竹竿之豎立，平步直趨，毋論其無此事理，即有之，亦必湖面低于海平，○能合灌進二尺之説，而胡君既反言之，試問何以如斯？且其餘之六尺，又何以一至泖湖即向後轉。此一不可解也。

又曰："假如湖潦，高出平時四尺，江漲亦高四尺，則潮干時，所泄之六尺中，固有之水僅去二尺，其餘四尺任使如何浚深，仍爲江流所遏"。按江口高出平時四尺，僅約十二尺，湖面高出平時四尺，僅得六尺，并算理，兩數同加同減，其值不變，何以應之六尺中，僅去二尺？吾知胡之算法，即江面自八尺加起，湖面亦自八尺加起，固其八尺之潮，已横加湖口矣。其退去之水，仍并六尺算，則此六尺者，即新添之四尺，以及前所指定六尺中之二尺也。故曰：其餘四尺，爲江流所遏云云。然并此同等相加，而即以八尺之潮，爲兩頭之基本，不知"平時"二字，何所取義？且其潮之漲落，明明假定八尺，而前例退出六尺者，因爲灌進二尺，是猶可説；何以後例，又取用六尺？豈潮水漲至任何高度，而退出之數，皆不出六尺耶？吾更設數類推之，假如湖潦高出平時八尺，江漲亦高八尺，則潮干時，所泄之六尺中，固有之水，不但一尺不能退出，并且又加二尺，共爲八尺，爲江流所遏矣。推而上之，至十尺、二十尺，均無不可。不知潮水流行之理，能否如斯設比？能否如斯算法？此二不解也。

再退一步言，以上不解之處，均作可解，但灌進二尺之説，一潮已定，不知第二潮、第三潮，以至千百潮，又將成如何現象？作如何算法？是終不可解也。

---

❶ 米達：meter 音譯，即米。

【原文圖影】

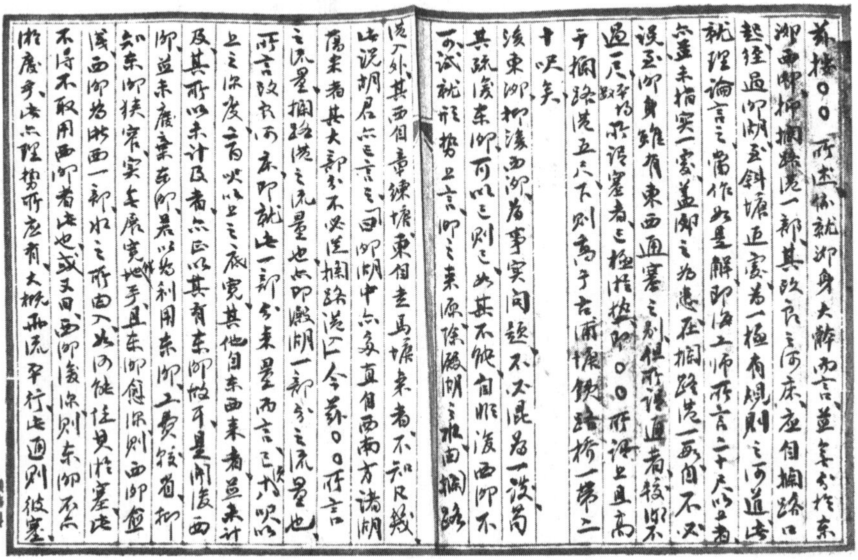
前接〇〇所述係就河身大勢而言，並無分於東河西河抑胭脂港一部。其改良之方法，應自胭脂口起經過河湖至斜塘迤處為一極有規則之河道。此就理論言之，當作如是解。即海工師所言二十尺以上者，亦並未指實一處。蓋河之為患在胭脂港一段，自不必說。至河身雖有東西通塞之別，但所謂通者較深，不過一尺或數尺，所謂塞者已極淤墊。即〇〇所謂上溢高于胭脂港五六尺，下則高于古浦塘鐵路橋一第二十呎矣。

後東河抑後西河為事實問題，不必混為一談。苟其疏浚東河可以已則已，如其不能，自非浚西河不可。試就形勢上言，河之來源除澱湖之水由胭脂港入外，其西自章練塘，東自走馬塘來者，不知凡幾。此說胡君亦已言之，曰河湖中亦多直自西南方諸湖來者，其大部分不必從胭脂港匯。今蘇〇〇所言之流量，胭脂港之流量也，亦即澱湖一部分之流量也。所言改良河床，就此一部分來量而言，已［決］八呎以上之深度，二百呎以上之底寬，其他自東西來者並未計及。其所以未計及者，亦正以其有東河故耳。是則浚西河並未廢棄東河。果以為利用東河工費較省，抑知東河狹窄，實無展寬地步，且東河愈深則西河愈淺，西河為此西一部水之所由入，如何能任其淤塞，此不得不取用西河者此也。或又曰西河後深，則東河不亦淤廢乎，此亦理勢所應有，大概兩流平行，此通則彼塞，

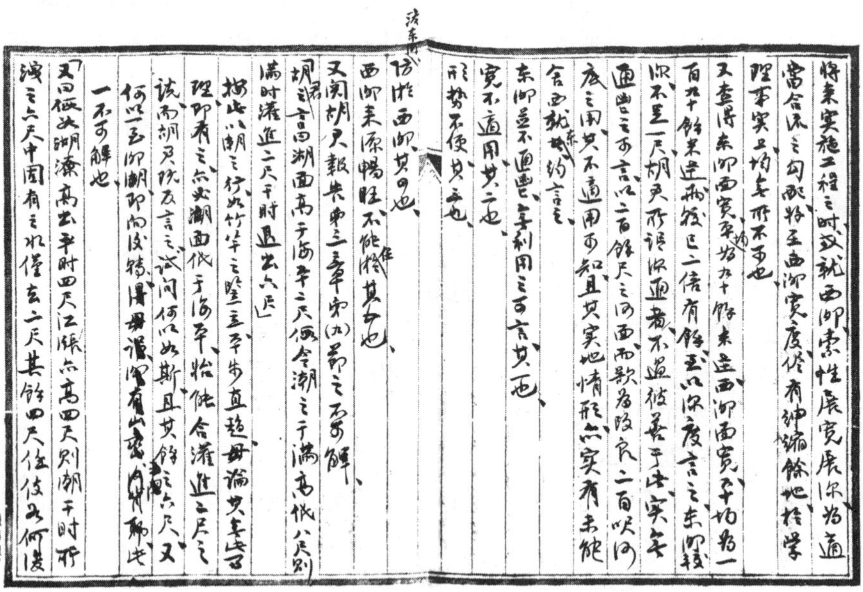
將來實施工程之時，或就西河索性展寬展深為通常合流之河，酌將至西河寬度，修有伸縮餘地，於學理事實上均無所不可也。

又查得東河面寬平均九十餘米，西河面寬平均為一百九十餘米，逆而較之二倍有餘。至以深度言之，東河較深不至一尺，胡君所謂深通者，不過彼善于此，實無通塞之可言。以二百餘尺之河面而欲為改良二百呎河底之用，其不適用可知，且其實地情形亦實有未能合西就東，約言之：東河並不通暢，無利用之可言其一也；寬不適用其二也；形勢不便其三也；［浚］於西河其四也；西河來源暢旺不能捨其五也。

又閱胡君報告第三章第（九）節之不可解。胡君謂言湖面高于海平二尺，假令潮之于滿高低八尺，則滿時灌進二尺，平時退出六尺。據此則湖之行如竹竿之墜，至平步直趨，毋論其無此理，即有之，亦必湖面低于海平，始能合灌進二尺之說，而胡君既反言之，試問何以如斯？且其餘［］六尺，又何以一至河湖即向後轉，而毋復河有山容納耶？此一不可解也。

又曰假如湖漲高出平時四尺，江漲亦高四尺，則湖于時［所］淺之六尺中固有之水僅去二尺，其餘四尺仍停，又何淺

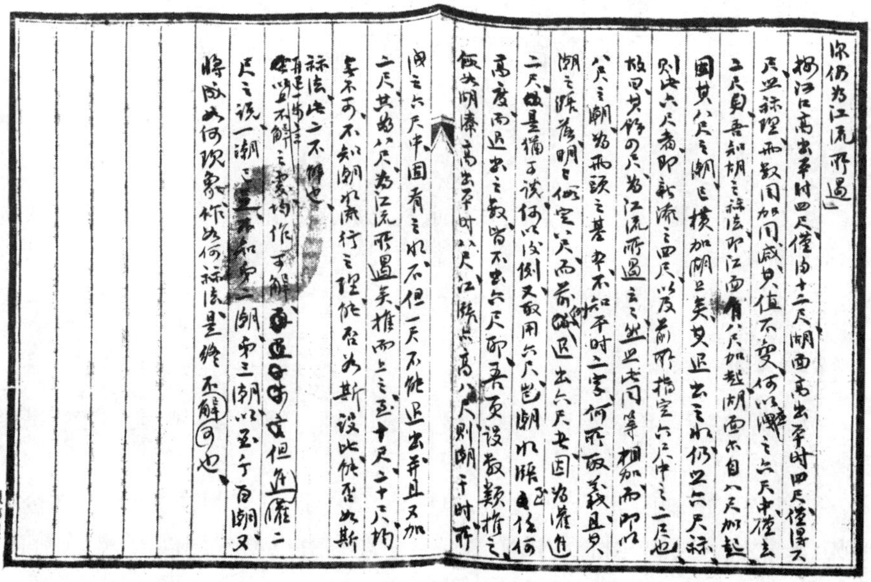

你仍为江流所遏」

按江口高出平时四尺，仅为十二尺，湖面高出平时四尺，仅得六

尺，照理两数同加同减，其值不变，何以谓之六尺中仅去

二尺耶？吾知胡之算法，即江面有八尺加起，湖面亦自八尺加起，

因其八尺之湖已横加湖上矣，其退出之水仍只六尺，算

则此六尺者，即新添之四尺以及前所指定六尺中之二尺也，

故因其仅四尺为江流所遏云云，然此说同等相加，而所以

八尺之湖为两头之基本，不知平时二字何所取义，且其

湖之涨落明白何定？八尺而前[illegible]退出六尺者，因为灌进

二尺，然若备可说何以被倒，又敢用六尺，岂湖水涨后任何

高度而退出之数皆不出六尺耶？若更设数类推之，

假如湖涨高出平时八尺，江涨亦高八尺，则湖于时所

涨之六尺中，固有之水不但一尺不能退出，并且又加

二尺，共为八尺为江流所遏矣，推而上之至十尺、二十尺均

无不可，不知湖水流行之理能否如斯，设比能否如斯

算法，此二不解也。

若湖水不解之处均作可解，[illegible]但须灌进灌二

尺之说，一湖之上不知有二湖、有三湖以至于百湖，又

将成如何现象，作如何算法，是终不解可也。

振華製

呈請截留蘇浙漕糧疏浚太湖文

【簡介】

原文亦爲手稿。全文大意是太湖水利工程經費短缺，作者等人給財政部上文，希望能夠截留一部分蘇浙漕糧（税款）爲擔保，借錢開辦水利工程，同時對償還方案、蘇浙兩省分攤比例等也做了設想。

【正文】

敬略者，竊❶等前請截留蘇浙漕糧，疏浚太湖，呈奉財政部，大部咨行蘇浙兩省省長酌核辦理。

仰見政府上維國計，下念民生，東南賦重之區，固未視同秦越，乃迄今時逾半載，未蒙核示辦法，兩省紳民頗滋惶惑。在省吏以爲截漕以後，無款補苴，預算所關，遲回莫決。詎知灾祲之來，漕額亦隨之鋭減。歲受損失何至百萬？縱欲維持預算，恐亦難能。至比歲以來，軍用浩繁，司農仰屋舍借款外，幾無他法。國家財政之困難，微特大吏所關心，抑亦人民所共喻，故非生利事業，孰肯虛擲貲財。祇以太湖水利關係兩省農田，立待興工，非款莫濟。而截留漕糧一項，急切既難解決，圖欲另籌其他的款，非緩不濟急，即供不敷求。轉晌伏秋，泛濫堪虞，群情驚疑，難保不激成意外。無已則惟有暫先借款，從速開工爲權宜一時之計。惟借款之爲，累恒爲世人詬病，然亦視用途爲何，條件爲何耳。用途正，則利溥；條件當，則害除。事在人爲，奚必過慮？

查直隸、河南、山東河工，歷來經費皆出于國庫，圖借款則國家爲之保息、代之簽字。太湖水利事同一律，況蘇浙兩省田賦偏重，人民既任特別負擔，政府尤應特別軫恤。早一日興工，即爲地方早除一日水害，亦即爲國家早增一日賦源。其成果之良，甚未可以他項借款相提并論也。今擬向❷洽商借款，假定❸萬元爲額，即以蘇浙漕糧由國家擔保償還，妥訂條件，期無流弊。疏浚期内，逐年付息；工竣以後，分年還本。均按蘇二、浙一分别攤撥，以昭平允。水利既興，豐收可望。以蘇、松、常、太、杭、嘉、湖七郡産穀之多，賦額之重，每年國課增收無慮。數十百萬付息還本，綽有餘裕。此誠益上利下、一勞永逸之舉也。以視曩昔水潦爲患，田賦短征，得失利害又何待贅陳哉。謹略。

---

❶ 原文此處空開數格，故猜測此文爲代擬稿，此處留空待署。

❷ 原文此處空開數格，當是向何處借款尚待定奪之故。

❸ 原文此處亦空開數格。

【原文圖影】

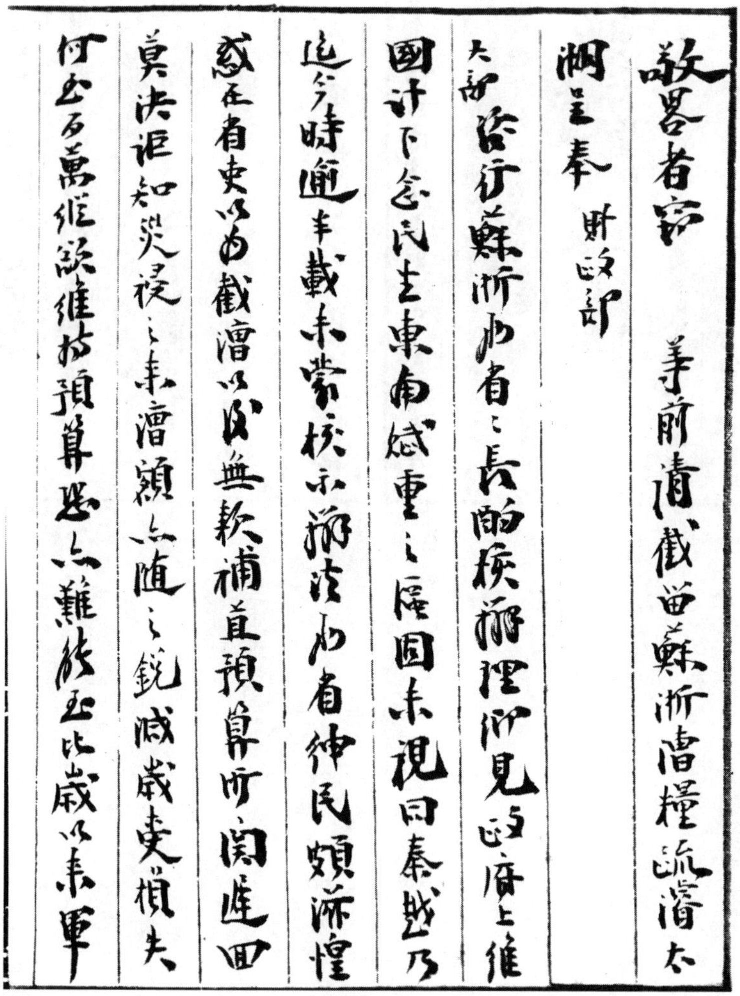

敬啓者竊　等前清截留蘇浙漕糧疏濬太
湖呈奉　財政部
大部洽行蘇浙兩省省長酌核辦理仰見政府上維
國計下念民生東南賦重之區固未視同秦越乃
迨今時逾半載未嘗核示辦法兩省紳民頗深惶
惑在省吏以為截漕以後無款補苴預算所關匪細
莫決詎知災祲之來漕額亦隨之銳減歲吏損失
何止千萬縱欲維持預算恐亦難能至比歲以來單

甲詰擊司農仰屋今借款外數多也法國家財政之
困難徵特大吏所關心即亦人民所共喻此水利事
業孰肯虛擲貲財祇以太湖水利關係兩省農田之
待興工非款莫濟而截留漕糧一項急切既難解決
而欲另籌其他的款非緩不濟急即洪災不數歲的
伏秋泛濫堪虞羣情驚疑難保不激成意外此
已則惟有暫先借款從速開工為權宜一時之計惟
借款之為累恒為世人詬病然亦視用途之何如借入
河工用途正所以利溥除害實所以除害在人由異也
過憲查直隸河南山東河工歷來經費皆出於國庫
而借款則國家為之保息以之從事太湖水利事同一律
況蘇浙兩省田賦偏重人民既任特別負擔政府似應
特別矜恤早一日興工即早為地方早除一日水害亦即
為國家早增一日賦源其成果之良甚未可以此項借
款相提並論也合行擬函
洽商借款假定
萬元為額即以蘇浙漕糧由國家擔保償還安

河係休戚之流弊疏濬期內逐年付息工竣以後分年
還本均按蘇二浙一分別攤撥以昭平允水利既興豐
收可必以蘇松常太杭嘉湖七郡產穀之多賦額之重
每年國課增收之多當數十百萬付息還本儘有餘裕
此誠益上利下一勞永逸之舉也以視昔歲苦於潦由
患田賦短絀得失利害又何待贅陳[illegible]

呈請停征漕糧俾民力稍紓由地方自籌太湖工程經費文

【簡介】

原文爲手稿。文章呼籲大總統從民國九年(1920)起停征太湖流域田賦較重的吴縣、吴江等地漕糧(税),同時建議太湖工程經費改由地方自籌。此文亦可見當時爲籌措水利經費,想盡了各種辦法。

【正文】

太湖流域水利失修,受病至深。上年十一月間,經❶等請截漕藉充浚湖經費,迄今半載,部省互推,迄無辦法○❷,尚未提出國務會議,殊失我大總統軫念民瘼、注重太湖水利工程,特簡督辦○盛意。

今春雨澤較多,湖水大漲,群情惴惴,有發爲憤激之言者,甚至主張不納賦税。❸ 等爲思患預防、消弭民怨起見,○(援直、魯、晋、豫、川、陝、鄂、贛、皖九省邀准停征附加税成案)❹,籲悉大總統○將蘇浙田賦最重之吴縣、吴江、常熟、崑山、松江、金山、青浦、上海、○賢、南匯、川沙、武進、無錫、宜興、江陰、靖江、丹徒、丹陽、金壇、溧陽、揚中、太倉、○❺定、寶山、杭縣、海寧、餘杭、海鹽、嘉興、嘉善、崇德、桐鄉、平湖、吴興、德清、長興、武康、安吉、孝豐等縣漕糧,自九年度起一律停征,俾民力稍紓,則太湖工程所需經費不妨改爲地方自籌,以免延誤。臨電迫切,伏候鈞裁。

---

❶ 原文此處空開數格。

❷ 原文手稿,没有署名,紙張折損、字迹漫漶,此處卷折,疑缺一字,但不影響全文閱讀,下同。

❸ 原文此處空開數格,估計此稿亦爲代擬稿,此處仍待審定者署名。

❹ 括號爲原文已有。

❺ 此處缺數字。

【原文圖影】

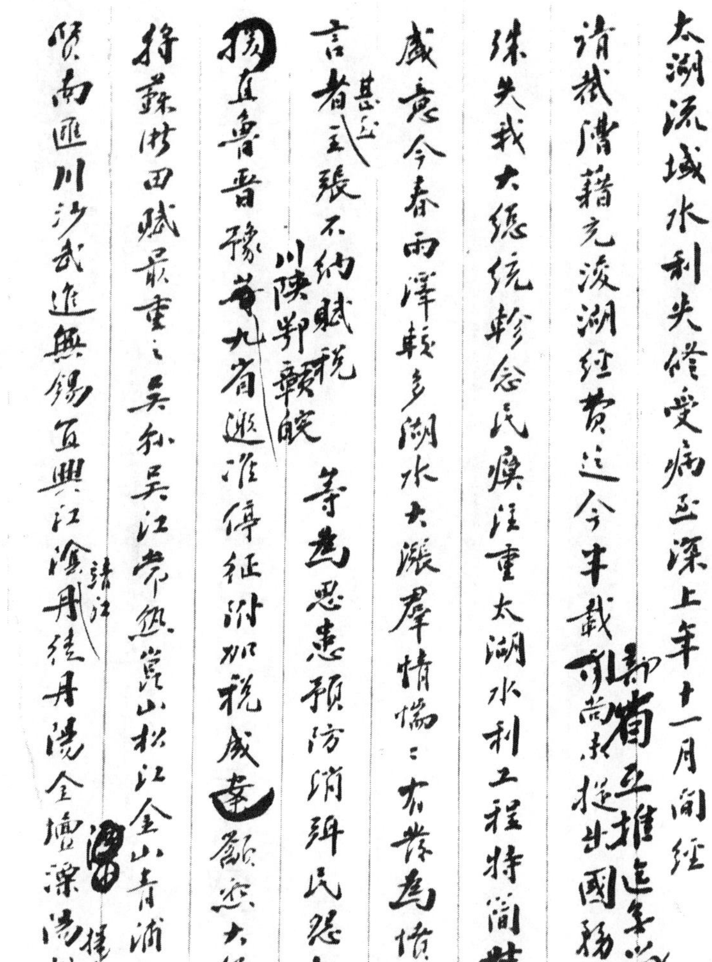
太湖流域水利失修受病至深上年十一月間經
請裁漕籍充浚湖經費迄今半載
殊失我大總統軫念民瘼注重太湖水利工程特簡督辦
感意今春雨澤較多湖水大漲羣情惴惴有業為憤激之
言者甚至主張不納賦稅
川陝鄂贛皖
等為恐患預防消弭民怨起見
獨直魯晉豫等九省邀准停征附加稅成案額恋大總統
將蘇浙田賦最重之吳縣吳江常熟崑山松江金山青浦上海
暨南匯川沙武進無錫宜興江陰丹徒丹陽金壇溧陽太

定寶山杭縣海寧餘杭海塩嘉興嘉善崇德桐鄉平湖吳興
德清長興武康安吉孝豐等縣漕糧自九年度起一律停征俾民力稍
紓則太湖工程所需經費不妨另為地方自籌以免延誤臨
電迫切伏候鈞裁

呈爲太湖工程重要擬請咨商推行奬券各省區于每期盈餘項下酌提二成以濟要工事

【簡介】

原文爲手稿。清末民初,我國已經開始發行奬券,藉以集資。民國初年,臨時政府雖然明令禁止,但因爲各種利益,各省軍閥常以"慈善"、"工賑"等名義發行之。由于"因賑請發者越來越多"❶,政府控制失範,購買對象多爲社會底層,加重了民衆負擔,奬券泛濫損害工商界利益,導致民風頹喪等問題,不斷遭到有識之士的反對,遂致 1920—1922 年在上海掀起了聲勢浩蕩的禁彩票運動。本文是因爲太湖水利工程經費奇絀,用事者議及發行奬券充抵的方案,文内還就提成比例等提出了建議。

【正文】

呈爲太湖工程重要擬請咨商推行奬券各省區于每期盈餘項下酌提二成以濟要工事。

竊祖○❷等,前以疏浚太湖,工款浩繁,擬自民國八年冬漕起,將蘇之漕糧特税補助國家經費項下、浙之抵補金○○❸項下各支十分之四五,專辦太湖工程呈奉。蒙財政部咨行貴署暨浙江省長核辦在案。惟核議結果,此項漕糧須自九年冬起方可截撥,是以原呈省請部撥開辦費五六十萬元之語,而部以商議通過爲詞。今商議未知何日始提案,亦恐難通過。直此大工新興,需款萬速,浚泖湖、二苕并測及機關經費在急,預計開辦需款六十萬元以上,自非另籌的款先行抵支,何足以策進行。查比年各省創行奬券,有十二種之多(每期開奬各提銀六萬元,作爲工賑之用)❹,如湖南水灾籌賑奬券,河南❺奬券,安徽❻奬券,浙江紹蕭塘工奬券,綏遠工賑奬券均在上海華界按月開奬。除奬金外,每期各提盈餘銀,自四萬至六萬元,作爲工賑之用。此次疏浚太湖,適奬券業經部議限制,未便再

---

❶ 資料參考自周迎春、王占華:《民國北京政府義賑奬券述論》,《人文雜志》2006 年第 4 期。

❷ 祖○:原文爲手稿,此處即如此,或因"書姓闕名"之故。

❸ 此處紙張褶皺,有二字無法辨認。

❹ 原文即用括號標出。

❺ 原文此處空開數格。

❻ 原文此處空開數格。

請仿行，但上海爲蘇省轄境，各該省區既在上海開獎，若在盈餘項下，每期各提二成作爲本年冬漕以前太湖水利工程經費，于彼當無大損，而于此實有大益，揆之情理，亦極允當。至本年冬漕實行截撥，以後此項提款移作何處水利工程之用，屆時應由貴署酌核辦理。合亟具文呈請省長鑒核，迅飭淞滬警察廳長、上海縣知事，查明各省所發行彩票種類，分别電咨，自四月份起，轉提二成，以充太湖水利經費，實爲公便。謹呈江蘇省長齊。

【原文圖影】

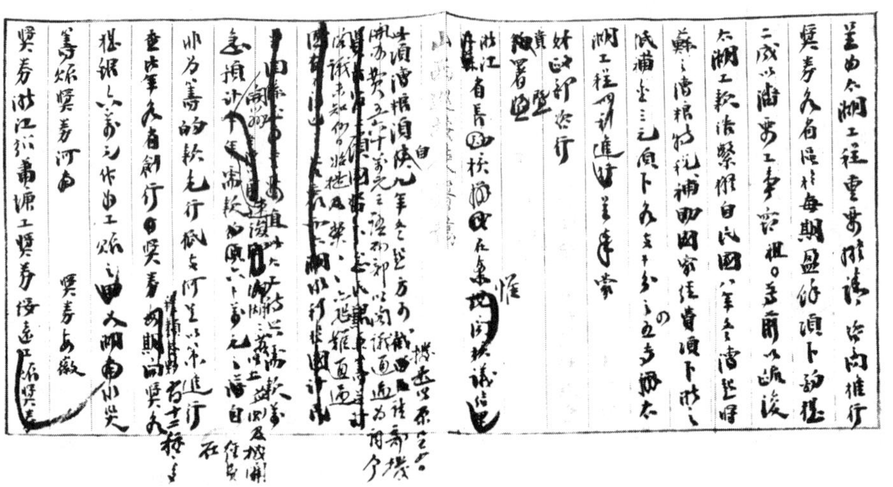

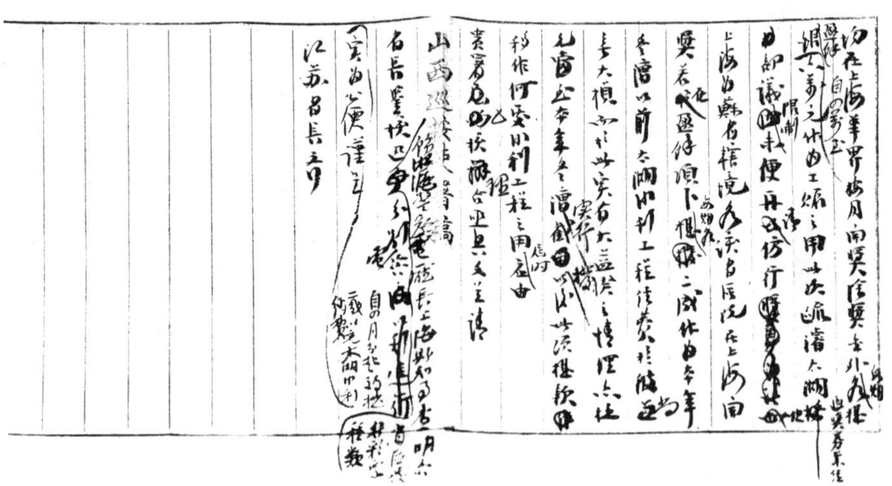

致吴江縣知事爲蕩户于管業界外私種茭蘆應認真查禁事

【簡介】

原文爲手稿。侵占水域、濫墾濫圩古已有之,作者有感于湖畔蕩田,遍處種茭,妨害水利,莫以爲甚,致書吴江縣知事,籲其保護蕩户應享權利的同時,認真查禁蕩户于管業界外私種茭蘆等事。今取其文輯録于此,爲民初太湖水事之增廣見聞。

【正文】

琴軒先生政閣:

仰企㮚輝,時勞軫結,辰維猷爲丕展,動定罄宜,式符抃頌。

弟○○[1]知能揣弱靡所樹建,而于太湖水利,常拳拳于褱。苟有關乎水流通塞、田禾興衰,雖至一事之微,未忍知而不言。

查江邑蕩田,遍處種茭,妨害水利,莫以爲甚。比歲以來,東湖數千頃水面,占種殆盡,湖水無容泄之路,舟楫失交通之利,一遇水潦,圩堤沖刷,勢固然也。顧一般蕩户,每以湖灘種茭可蔽風浪、可保禾苗爲詞,而不知灾祲之來,居民蕩析生命財産,損失無算。前車不遠,可爲寒心。曩者,江邑人士曾請水利局行縣《停給保護種茭告示》,用意至爲深切。蓋欲言治湖,莫亟于保全水面,欲保水面,莫亟于制限種茭事,固有造端極微,而影響甚巨者。乃近聞貴署布告,嚴禁外來人民私砟茭蘆、聚衆强𥗽,并會行水陸兩警查禁。等因。

在賢長官,仁民愛物,對于部民財産,自當爲職權上之保護。在各蕩户,管業田畝,既盡納税義務,自可亦享保護之權利。惟種茭者,未必盡屬蕩户;各蕩户亦未必盡行種茭。今乃極目湖瀕,無地無茭,私種侵占在所難免,似宜切實查明,分别辦理。如種茭者確係蕩户,亦應限于管業界限以内,不得占種無主灘蕩,希圖贏利。設非蕩户而私種,則妨害水利、侵占物權,刑律具有專條,亟應從嚴懲治。凡遇茭蕩訴訟,須憑兩造所有權之證據,爲判斷曲直之定衡。如此,則于蕩户應享權利毫無損害,且更鞏固。于貴署前發布告,決不抵觸,且資補救,而數十里蕩灘從此種茭漸少,湖流暢宣,水道農田實多利賴。檮昧之見,倘荷采納。

即祈迅再布告,嚴禁私種,并明白宣示,嗣後各蕩户在管業界限以外種茭

---

[1] 原文爲手稿,且多處修改,此處原以圈代替。

者，亦以私種論。一面令行水警，隨時認真查禁，俾治湖十數萬人民得免其魚之嘆。

我公曲體物情之盛意，與保全湖面之昔衷，其功不在禹下也。耑此布臆，祇頌公安，并賀節釐，諸希荃旦不具。

【原文圖影】

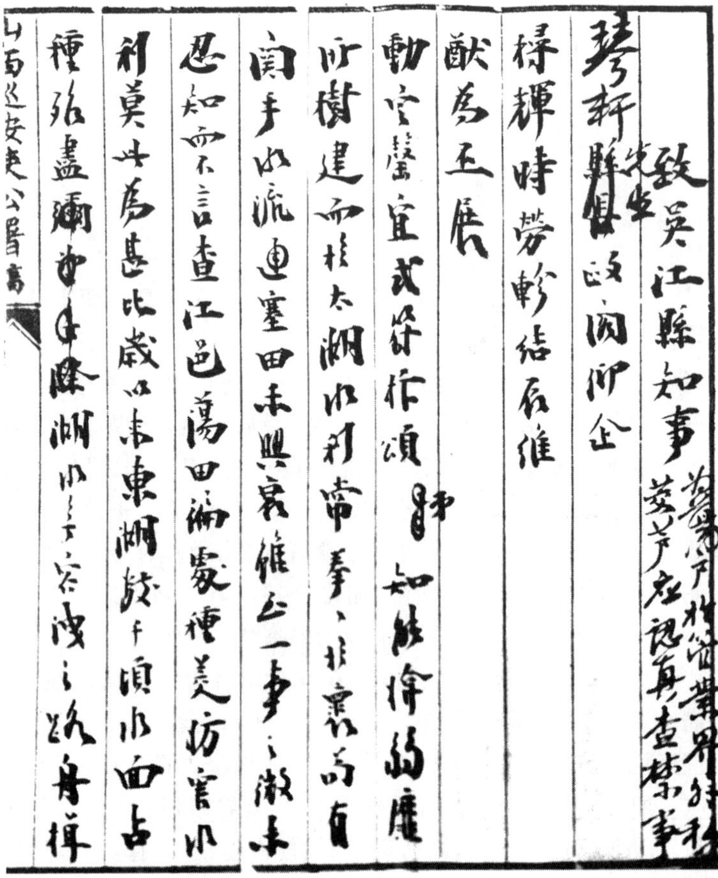

失業，迫之使湖面日益淤淺，勢固然也。須一般蕩戶以湖灘種茭可蔽風浪、可保禾苗爲詞，而不知茭根之未去，民蕩折去命財，產損失之多算，前車不遠，可爲寒心。更甚者，江邑人士曾請水利局行縣停給保護種茭示諭，田墓亦有深切，蓋欲言治湖莫亟於保全水面，欲保水面莫亟於制限種茭。事固有遠端極微而影響甚巨者，乃近聞貴署布告嚴禁外來人民私砍茭蘆聚衆強奪，並令行水陸兩警查禁等因，在

賢長官仁民愛物，對於鄉民財產自當爲職權上之保護，在各蕩戶管業田畝既盡納稅義務，自可享受應保護之權利，惟種茭者未必盡爲蕩戶，各蕩戶亦未必盡願種茭，今乃極目湖灘無地無茭，盡屬私種，侵占在所難免，似宜切實查明分別辦理。凡種茭者確係蕩戶，應準在其業內，亦應限於管業界線以內，由不得占種之無主湖蕩，則命國藏利設。非蕩戶而私種，則妨害水利，又侵占物權，揆律具有專條，亟應從嚴懲治。凡遇茭蕩訴訟，須憑而遠所有權之證據，而判斷曲直之實衡人，此外於蕩戶應享權利毫無損害，且更鞏固，甲於貴署前發布告絕不抵觸，且資補救，而瀕湖數十里間蕩灘種茭，此茭草減少，湖流暢，宜水道農田實多利賴，特昧之見，備行採納施行，迅再布告嚴禁私種，並須自宣示湖灘各蕩戶在管業界線以外種茭者亦以私種論，一面令行水陸警隨時認真查禁，俾湖水潟暢，農民得免其魚之嘆哉。

公曲體物情之盛意，與保全湖面之苦衷，其功不在禹下也。尚此布臆，祇頌
公安，並賀
節釐，諸希
垂鑒不具

太湖水利工程局之公文❶

【簡介】

原文僅存一手録清單，其所列文件，除部分收録于本書之外，餘不見其文。

【正文】

一件　呈府院特派大員督辦修太湖水利（公民潘祖謙等）

一件　江南清理湖田處辦法大綱六條

　　　督辦京畿一帶水灾河工善後事宜處咨同財部咨覆　附下

一件　太湖水利工程籌備及工費表

　　　財政部指令代表唐文治等

　　　内務部咨督辦太湖水利工程局事宜錢

　　　致財政部公函

　　　太湖水利施工計畫書

　　　澱泖工程計畫書　吴淞江最要工程各項經費預算書

　　　公文抄録一本

　　　呈請辦運河海塘工程券　附上海調查各種奬券表一本

　　　金邦平❷致仲仁總長函

　　　潘祖謙呈請開辦太湖水利工程及内務部咨錢督辦文

　　　致吴江縣知事爲蕩户于管業界外私種茭蘆應認真查禁事

　　　請借款從速開局函稿

　　　擬請整頓太湖漁税説貼稿

　　　江蘇水利協會議決江南水利籌款方法案

　　　督辦致丹拙快代電：爲就近與政府陳説厲害商辦一切速北上

　　　内農兩部覆太湖水利請願文

　　　金秋密致汪伯唐❸密函稿

---

❶ 僅存手寫清單一頁，整理于斯，其所列文件除部分收于本書外，餘尚不可見，待有緣人後查。

❷ 金邦平（1881—1946），字伯平、亞粹，安徽黟縣人，1915年任農商次長兼全國水利局總裁及農商部林務處督辦。輯自張紹祖：《著名政治家、實業家、教育家金邦平》，《天津政協公報》2008年第11期。

❸ 即“汪大燮”也。

財政部咨覆爲先撥十萬元俟籌有款再行撥發事　九年七月十七日
同　　　爲撥款由蘇浙兩省于報解中央款内就近發給事　九年七月十七日
江浙兩省長兩電　九年八月二日
兩省長致錢督辦電　六月一日
又　　　致大總統國務院電　六月一日
致兩省長電稿
蘇省長致督辦函　——奚九如論挖泥工程
又　又　——滬聯合會致(康侯、乾孫)函一稿
附　水利文牘一本及油印三件

【原文圖影】

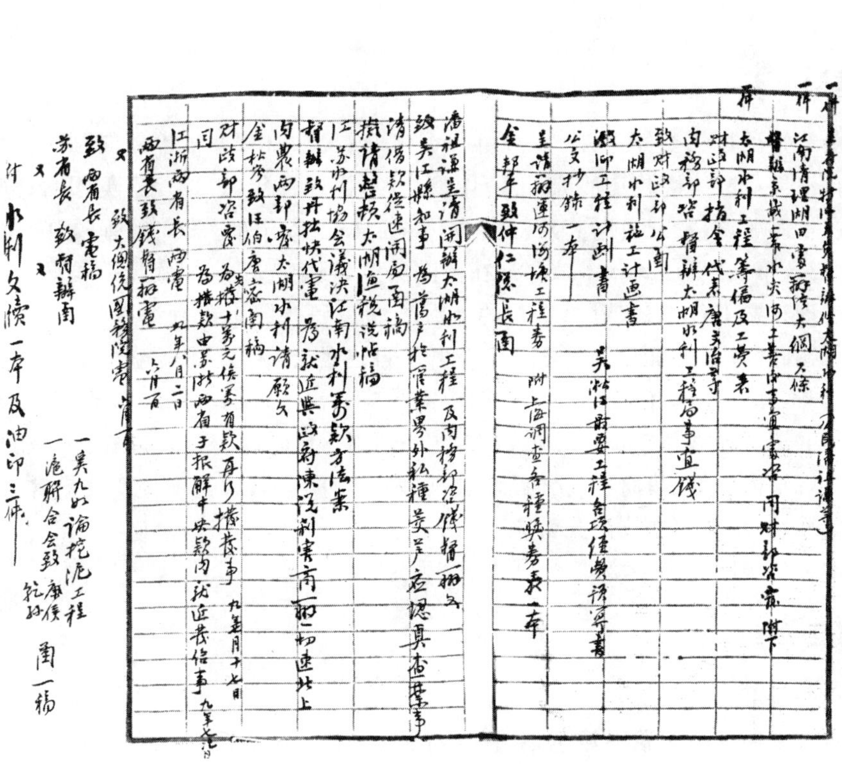

輯二　長江

督辦蘇浙太湖水利工程局發起整理長江委員會咨文

【簡介】

籌設整理長江委員會：據 1921 年 9 月 1 日《民國日報》"本埠新聞"載《籌設整理長江委員會》，因長江沙洲日漲，影響航路，民國八年(1919)冬，英國商會聯合會在上海開會，一致通過其鎮江商會代表滿斯德提出的《設立整理長江委員會議案》。第二年(1920)冬，該會又在上海開會，議定先組成一個技術委員會來計畫辦理相關工程方案，對此當時的上海浚浦工程局總工程師海德生、交通部航政司顧問(海軍部顧問)戴樂爾都提出了自己的建議，戴爾樂還寫了相關論文。同時，外交團也有彙集意見，并向中國政府提出要求的傳聞。爲此，蘇浙太湖水利局認爲治理長江是中國的内政，應該由中國自行舉辦，所以在函商江蘇省長并咨行内務部、農商部、交通部、財政部之後，派員籌設整理長江委員會，同時籌集經費，酌聘中外技術人員。

本文所據原文爲手稿。

【正文】

爲咨行事。

案查本局督治太湖區域至廣，襟帶江流，濱湖之民恒恐江水之侵入。本年梅雨、秋潮、颶風疊至，濱江各縣決堤破圩，江水内灌，所至成灾。查長江近數十年水位增高，沙洲日漲，江路迂窄。江蘇地居下游，尾閭閼阻，崇明北沙已與海門相連成陸，江口南移。崇寶沙又歷年增長，寶山塘工頻繁出險，吴淞口爲江海交會，江流之力突遇川沙包圍，太湖下游致礙泄水之道，故長江之不治實于江南北水利大有影響。且長江綰轂南北,爲全國商務中樞,中外商輪上下如織,而紗綫隱現,航路艱澀。值此歐陸和平,商戰開始,太平洋面尤爲世界寶庫。外洋極大船舶尚不能駛入浦江,致上海浚浦工程局有改良商港之議。江浦開聯自當及于揚子,僑商客鄉紛來越俎。查八年之冬,英國商會聯合會在上海開會,鎮江商會代表滿斯德提出設立整理長江委員會,議案一致通過。九年冬,該會復在上海會議,議決先組一技術委員會,計畫辦理各項工程之方針及辦法。上海浚浦工程局總工程師海德生先有建議,并及委員會之組織。又交通部航政司顧問、海軍部顧問戴樂爾亦爲長篇論文發表。并聞外交團中已將此事研究有年,擬即彙集意見提交政府,要求舉辦。吾國朝野上下,蜩螗沸羹,不暇高瞻遠視。查整理長江,爲内政中至要問題,本局一年來考慮已久。今者川、黔、湘、鄂、贛、皖、蘇同時告灾,天時、人事實逼處此。若待外人提出整理工程,要求設立委員會,侵權越俎,未免國體攸關。除咨江蘇省長,請其發起整理長江委員會外,并由本局與貴局會同籌備,合詞呈報大總統咨行内、農、交、財各部派員會議,組織籌撥經費,酌聘中外技術人員,徐議推及沿江各省實行整理。凡事預則立,雖有智慧,不如乘勢。今者事機迫切,未容遲回。除分咨江蘇省公署、江蘇運河工程局、吴淞商埠局外,合行咨達貴督辦,請煩迅賜核覆爲荷。此咨督辦江蘇運河工程事宜張❶、督辦吴淞商埠事宜張❷。

督辦王〇〇

---

❶ 應爲時任江蘇運河督辦張謇。

❷ 原稿此處,兩位督辦并列書寫。

【原文圖影】

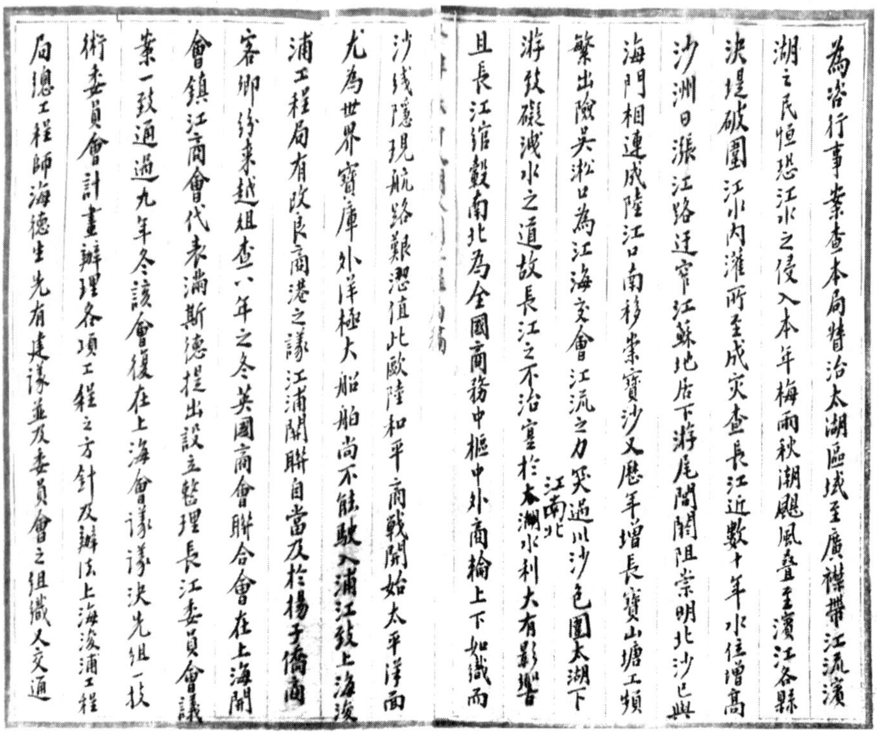

為咨行事案查本局督治太湖區域至廣襟帶江流濱
湖之民恒恐江水之侵入本年梅雨秋潮颶風疊至濱江各縣
決堤破圍江水內灌所至成災查長江近數十年水位增高
沙洲日漲江路迂窄江蘇地居下游尾閭閼阻崇明北沙已與
海門相連成陸江口南移案寶沙又歷年增長寶山塘工頻
繁出險吳淞口為江海交會江流之力奚過川沙色圍太湖下
游致礙洩水之道故長江之不治宣於江南北太湖水利大有影響
且長江綰轂南北為全國商務中樞中外商輪上下如織而
沙綫隱現航路艱澀值此歐陸和平商戰開始太平洋面
尤為世界寶庫外洋極大船舶尚不能駛入浦江致上海浚
浦工程局有改良商港之議江浦關聯自當及於揚子僑商
客卿紛来越俎查八年之冬英國商會聯合會在上海開
會鎮江商會代表滿斯德提出設立整理長江委員會議
案一致通過九年冬該會復在上海會議議決先組一技
術委員會計畫辦理各項工程之方針及辦法上海浚浦工程
局總工程師海德生先有建議並及委員會之組織人交通

部航政司顧問海軍部顧問戴樂爾亦為長篇論文發表
並聞外交團中已將此事研究有年擬即彙集意見提交政
府要求舉辦吾國朝野上下蜩螗沸羹不暇高瞻遠矚查
整理長江為內政中至要問題本局一年來考慮已久今者川
黔湘鄂贛皖蘇同時告災天時人事實逼處此若待外人
提出整理工程要求設立委員會侵權越俎未免國體攸關
除咨江蘇省長請其發起整理長江委員會外並由本局與
貴局會同籌備合詞呈報
督辦蘇浙太湖水利工程局稿
大總統咨行內農交財各部派員會議組織籌撥經費酌
聘中外技術人員條議推及沿江各省實行整理凡事務則
主雖有智慧不如乘勢今者事機迫切未容遲回除分咨江
蘇省公署 江蘇運河工程局 吳淞商埠局 外合行咨達
貴督辦請煩迅賜核覆為荷此咨
督辦江蘇運河工程事宜張 會辦
督辦吳淞商埠事宜張
督辦王〇〇

王督辦催辦整理長江委員會書正謬❶

胡雨人

【簡介】

胡雨人聞知太湖水利局催辦整理長江委員會，雖然認同“設會討論，誠爲急務”，但對其治江理念則逐條加以批駁。胡雨人認爲湖域人民從不擔心江水侵入，江水“更無内灌可言”，“欲治江湖相通之道，必先浚河港甚深，然後可言以閘制濁”，他認爲江流包圍太湖，非但不是害，正是“其大利所在”。

【正文】

前日報載，太湖督辦王公致王省長暨運河督會辦張、韓❷二公，《催辦整理長江委員會書》，翌日即見蘇社開會議决成立，而金君松岑于致書既爲面陳，于開會又爲代表，余懼其毒流無極也。爰正其謬，以告江湖流域同人。

一言“太湖襟帶江流，濱湖之民，恒恐江水之侵入”。正之曰：太湖上游得澄清之江水徐徐注入，下游得澄清之江水往復瀠洄，而終歲湖流賴以不盈不竭。我湖域人民千萬年同食江水之賜，除今日太湖局諸君别有用意外，從無一人恐江水之侵入者。彼以此言爲大前提，實種種妖言所由生也。

二言“本年江水内灌，所至成灾”。正之曰：本年鎮江以上，是否江流灌入爲患，吾不知。至太湖流域，則各港内之江潮，進退自由如故。五月中，江水獨高，湖水頗淺，故中游以上，有一、二日江潮稍進數里，而退時則泄出内漲亦復甚急，其成灾，皆由本地陰雨過多，山洪傾瀉使然，絶無一處因江水内灌所致者。若七、八兩月，則湖水亦漲，江潮反縮。湖漲全賴長江瀉出，更無内灌可言，是絶非

❶ 原文爲鉛字稿散頁，1921 年 9 月 21 日《申報》“本埠新聞”載有《王清穆催辦整理長江委員會》一文，爲便于讀者瞭解事情經過，特附録于後。文章來源：瀚堂近代報刊數據庫。另，本書整理有《督辦蘇浙太湖水利工程局發起整理長江委員會咨文》于前，兩文内容大體一致，可資比對。

❷ 參見附文，可知張、韓二公即張謇、韓國鈞。韓國鈞(1857—1942)，字紫石，又作止石，晚年自號止叟，江蘇海安人。清季先後任職行政、農、工、商、礦務、軍事、外交、吉林省民政司，民國時任江蘇民政長、安徽省巡按使、江蘇省長并一度兼督軍。其熱心水利事業，曾任蘇北入海水道委員會主任委員、黄灾救濟委員會主任委員等職，曾手繪歷代黄河變遷圖 16 幅，在黄河、運河治理方面頗有貢獻。日軍入侵後，有氣節，在病情危篤時仍囑咐家人：“抗日勝利之日，移家海安，始爲予開吊，違者不孝。”

太湖流域之江水内灌,實該局員腹中之江水内灌也。

三言“議于疏浚之前,規復閘制”。正之曰:此屠伯之言也。欲治江湖相通之道,必先浚河港甚深,然後可言以閘制濁,否則今有之閘,皆以蓄渾,而不以拒渾,豈人人好濁而惡清哉?救死扶傷,不得已也。彼欲于疏浚之前規復閘制,譬之飢者思食,渴者思飲,不以飲食給之,而反鯁骨于其人之喉,苟非屠伯,誰忍出此?

四言“江流之力,突過川沙,包圍太湖下游,致礙泄水之道,故長江之不治,實于太湖大有影響”。正之曰:江流包圍太湖,其大利所在。一使全流域無一滴咸水;二使旱年藉以給水不乏;兩者缺一,即不得成爲上腴。乃彼見江水偶高,即以爲致礙泄水之道。今年江水,可謂異常巨漲矣。然下游各大幹流,無一不滔滔下駛。惟上游雨水過多,河道太狹,泄水殊少,故退甚緩耳。彼不從大浚下游數多幹河着想,而徒怪江流之高。豈知江流低下,足以致旱,其爲患將更甚于今日哉。彼始夢湖水甚高、江水甚低,故以爲一去泖湖及東太湖底之兩丈高淤阻礙,即有高屋建瓴之水傾瀉入江,而建此全湖流域水歸黄浦一途之奇策,僅得喚醒一夢,即轉夢江水反高。竟謂上下游渾潮皆可灌湖,專肆封塘閉閘之説。湖不能浚,又復侈口浚江。試問包湖之江,終歲可駛二丈四尺之輪船(《全國水利局設立長江水利討論會呈文》,據技正楊豹靈[1]、王季緒等調查報告,近歲長江水道,除七、八月間吃水二丈六尺之輪船可直達漢口外,常年則漢口以下,止能通吃水八尺之輪船。蕪湖以下,止能通吃水一丈六尺之輪船。惟吴淞至江陰間,水道較深,吃水二丈四尺之輪船可以終年行駛。此較深之一段,即所謂包圍太湖下游處也[2]),是否尚須浚治?彼夢想中蓋未及也。徒欲借江高之説,肆行其種種害湖行爲,豈知江流水位增高,有待于浚治者,并不在包圍太湖下游之處。全國水利局早有調查報告披露,已爲衆人所共見哉。整理長江,至大事也。設會討論,誠爲急務。乃竟敢以如此夢囈爲謀江之嚆矢,浸假即以害湖之術轉而害江,其禍可勝言哉?我江湖流域搢紳、先生、父老、昆弟,尚其鑒諸。

---

[1] 楊豹靈(1886—1966),江蘇蘇州金山人。1896年入上海中西書院,1901年入東吴大學,1907年兩江總督端方挑選出國留學生,經過考試,楊豹靈被選中,10月赴美入康奈爾大學,1909年入普渡大學,1911年回國,1914年任水利局技正,1918年在順直水利委員會任流量測驗處處長,1921年爲揚子江水道討論委員會委員。1928年後定居天津意租界,經營大昌實業公司,曾任意租界董事會華人咨議。1936年任天津市工務局局長,抗戰勝利後任天津市政府外事處處長。

[2] 原文爲豎排,括號内内容在原文中是雙列小字,關于該呈文,本書整理于後。

附:王清穆催辦整理長江委員會[1]

浚浦局擬開商港會議。前由太湖督辦王清穆君呈國務院,請于會議時派員列席。國務院轉行後,久無辦法。王督辦以事關主權,續電外交部催辦。兹又因外商疊有浚治長江之議,特先後函請江蘇王省長及張季直、韓紫石會同發起長江水利委員會。聞王省長及張季直君均已贊成,將于下月在南通會議,積極進行。王君原函云:

敝局督治太湖,區域至廣,襟帶江流,濱湖之民,恒恐江水之侵入。本年梅雨、秋潮、颶風疊至。濱江各縣,決堤破圩,江水内灌,所至成灾。疊經親往視察,并派員測勘,議于疏浚之前,規復閘制。容將製定規畫,另案咨商。查長江近數十年,水位增高,沙洲日漲,江路迂窄。江蘇地居下游,尾閭閼阻。崇明北沙,已與海門相連成陸,江口南移。崇寶沙又歷年增長,寶山塘工頻繁出險,江水囓刷,去城根不過三里。吴淞口爲江海交會,江流之力,突過川沙,包圍太湖下游,致礙泄水之道。故長江之不治,實于太湖水利大有影響。且長江綰轂南北,爲全國商務中樞。中外商輪,上下如織,而沙綫隱現,航路艱澀。值此歐陸和平,商戰開始,太平洋岸尤爲世界寶庫。今外洋極大船舶,尚不能駛入浦江,致上海浚浦工程局有改良商港之議。江浦關聯,自當及于揚子,僑商客卿紛來越俎。查八年之冬,英國商會聯合會在上海開會,鎮江商會代表滿斯德提出設立整理長江委員會,議案一致通過。九年冬,該會復在上海會議,議決先組一技術委員會,計畫辦理各項工程之方針及辦法。上海浚浦工程局總工程師海德生先有建議,并及委員會之組織。又交通部航政司顧問、海軍部顧問戴樂爾,亦有長篇論文發表。并聞外交團中已將此事研究有年,擬即彙集意見提交政府,要求舉辦。查整理長江,爲内政中至要問題,本局一年來考慮已久。今者川、黔、鄂、皖、蘇同時告灾,天時人事,實逼處此。若待外人提出整理工程,要求設立委員會,侵權越俎,未免國體攸關,爲此函商執事,請發起整理長江委員會,并咨敝局與江蘇運河工程局、吴淞商埠局會同籌備。合詞呈報大總統,咨行内、農、交、財各部派員會議,籌撥經費,酌聘中外技術人員,徐議推及沿江各省實行整理。凡事豫能立,雖有智慧,不如乘勢。今者事機迫切,未容遲回,當派總務科長金天翮面陳一切云。

---

[1] 原文只有簡單的斷句,并未標點,爲便于讀者閲讀,本文亦添加了標點符號,其中原文未斷而應斷之處,亦做了相應的標點處理,以下不再另行説明。

【原文圖影】

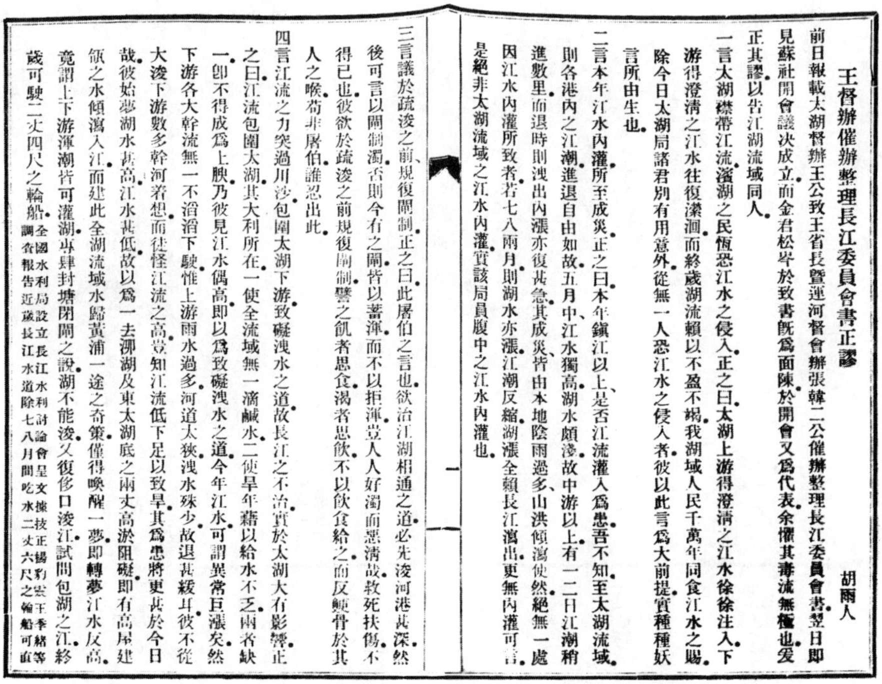

王督辦催辦整理長江委員會書正謬

胡雨人

前日報載太湖督辦王公致王省長暨運河督會辦張韓二公催辦整理長江委員會書翌日即見蘇社開會議决成立而金君松岑於致書既爲面陳於開會又爲代表余懼其毒流無極也爰正其謬以告江湖流域同人

一言太湖襟帶江流濱湖之民恆恐江水之侵入正之曰太湖上游得澄清之江水徐徐注入下游得澄清之江水往復瀠洄而終歲湖流賴以不盈不竭我湖域人民千萬年同食江水之賜除今日太湖局諸君別有用意外從無一人恐江水之侵入者彼以此言爲大前提實種種妖言所由生也

二言本年江水内灌所至成災正之曰本年鎭江以上、是否江流灌入爲患吾不知至太湖流域則各港内之江潮進退自由如故五月中、江水獨高湖水頗淺故中游以上有一二日江潮稍進數里而退時則洩出内漲亦復甚急其成災、皆由本地陰雨過多、山洪傾瀉使然絶無一處因江水内灌所致者若七八兩月則湖水亦漲江湖反縮湖漲全賴長江瀉出更無内灌可言是絶非太湖流域之江水内灌實該局員腹中之江水内灌也

三言議於疏浚之前、規復閘制正之曰此屠伯之言也欲治江湖相通之道必先浚河港甚深然後可言以閘制濁否則今有之閘皆以蓄渾而不以拒渾豈人人好濁而惡清哉救死扶傷不得已也彼欲於疏浚之前規復閘制譬之飢者思食渴者思飲不以飲食給之而反鯁骨於其人之喉苟非屠伯誰忍出此

四言江流之力突過川沙包圍太湖下游致礙洩水之道故長江之不治實於太湖大有影響正之曰江流包圍太湖其大利所在一使全流域無一滴鹹水二使旱年藉以給水不乏兩者缺一卽不得成爲上腴乃彼見江水偶高即以爲致礙洩水之道今年江水可謂異常巨漲矣然下游各大幹流無一不滔滔下駛惟上游雨水過多河道太狹洩水殊少故退甚緩耳彼不從大浚下游數多幹河着想而徒怪江流之高豈知江流低下足以致旱其爲患將更甚於今日哉彼始夢湖水甚高江水甚低故以爲一去泖湖及東太湖底之兩丈高淤阻礙即有高屋建瓴之水傾瀉入江而建此全湖流域水歸黃浦一途之奇策僅得喚醒一夢即轉夢江水反高竟謂上下游渾潮皆可灌湖亟肆封塘閉閘之說湖不能浚又復侈口浚江試問包湖之江終歲可駛二丈四尺之輪船（全國水利局設立長江水利討論會呈文據技正楊豹裳王季緒等調査報告近歲長江水道除七八月間吃水二丈六尺之輪船可直

達漢口外常年則漢口以下止能通吃水八尺之輪船蕪湖以下止能通吃水一丈六尺之輪船惟吳淞至江陰間水道較深吃水二丈四尺之輪船可以終年行駛此較深之一段卽所謂包圍太湖下游處也是否尙須浚治。彼夢想中蓋未及也。徒欲借江高之說。肆行其種種害湖行爲。豈知江流水位增高有待於浚治者。並不在包圍太湖下游之處、全國水利局早有調查報告披露、已爲衆人所共見哉。整理長江。至大事也。設會討論。誠爲急務。乃竟敢以如此夢囈爲謀江之囈矣。浸假卽以害湖之術轉而害江。其禍可勝言哉。我江湖流域搢紳先生父老昆弟尙其鑒諸。

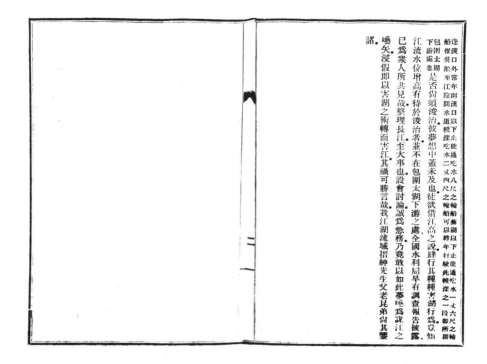

王清穆張謇發起組織整理長江委員會研究下游治水問題通函[1]

【簡介】

發起組織整理長江委員會的原委見前文,整理揚子江水道討論會成立前,王清穆、張謇主張"集合鄂、贛、皖、蘇四省人士,設一浚治長江討論會",并認爲"治水法應先治下游",于是擬約江、常、太、寶、崇、靖、如、通、海九縣"明達水利、熱心公益之父老昆季"選派代表,赴南通參加會議,此文爲邀請函。

【正文】

逕啓者,長江流域綿亘數千里,關係各省農田、水利、航業、交通,至爲重要。近以年久淤墊、沙洲日漲、江流迂折、水位增高,平時則航行阻滯,如九江湖口、南通常陰沙,爲外人所藉口。水大則漲溢爲灾,如今年夏秋重人民之痛苦,外人注視垂二十年矣。

---

[1] 關于此事,《申報》1921 年 10 月 29 日"地方通信・南通"有題爲《研究下游治水問題》的相關報道,内容大體相當。本文題目爲筆者根據上下文内容補注。張謇(1852—1926),字季直,號嗇庵,江蘇南通人。近代實業家、立憲派領袖。幼讀私塾,十六歲中秀才。旋入慶軍統領吳長慶幕,"壬午兵變",隨慶軍駐仁川。代吳草《條陳朝鮮事宜疏》等紀事和策論,受到翁同龢的賞識。1894 年中狀元,授翰林院編修。甲午戰起,上書彈劾李鴻章。列名强學會,主張以戰求和。《馬關條約》簽訂後棄官興辦實業和辦學。1896 年經張之洞奏派設通州商務局,籌建大生紗廠。1901 年,著《變法平議》,主張君主立憲。此後陸續創辦了十餘家企業;在教育方面,開辦了通州師範、女子師範和若干中小學校、職業學校及盲啞學校。并開文化風氣之先,創建更俗劇場、伶工學社、圖書館和博物館,又協助外地創辦復旦學院等大專科學校。1904 年代張之洞草《擬請立憲奏稿》,并譯刊《日本議會史》等書。賞三品銜,任商部頭等顧問、預備立憲公會會長。1907 年在啓東縣創辦大生二廠,資本達百萬兩,繼又創辦墾牧、鹽業、漁業、輪船公司及榨油、麵粉、煉鐵廠。1909 年任江蘇咨議局議長,發起十六省咨議局代表赴京請願,要求速開國會成立責任内閣。1911 年任中央教育會長。對武昌起義,最初主張鎮壓;繼而表示贊成共和;旋又支持袁世凱篡權。南京臨時政府成立後委以實業總長,不就。後在熊希齡内閣("人才内閣")任農林工商部總長兼全國水利局總裁。及袁世凱推行帝制,辭職南歸,專心經營實業教育,提倡尊孔讀經,反對白話文。五四運動時,抵制新文化運動,同時又反對巴黎和會及華盛頓會議,要求廢止不平等條約,收回租界,反對軍閥混戰。1922 年任江蘇運河督辦、交通銀行總理。歐戰後外國資本主義經濟勢力東漸,所辦企業多有虧損,大生兩廠亦因負債被銀行接管。1926 年在南通病逝。著有《張季子九録》《張謇日記》《嗇翁自訂年譜》等。

八年冬,英國商會聯合會在滬開會時,鎮江英商會代表滿斯德提出設立整理長江委員會,議案一致通過。九年冬,該會又議決先設一技術委員會討論各項工程之方針。可知外人計在必行,迫不及待。中國以長江爲天然之寶庫,若地權認爲已有,而治理讓之他人,其恥辱非特喪失利權而已,如國體何爲?

治全江計,義當集合鄂、贛、皖、蘇四省人士,設一浚治長江討論會,通力合作,斯爲上策。而時事紛擾、意見不一,即使要求贊同,不知延宕若何月日。而治水法應先治下游,則江蘇于名實均無可諉,况今年水灾,江蘇下游尤被剥膚之痛。江蘇下游則我江、常、太、寶、崇、靖、如、通、海❶是,外人整治亦有先始江陰、南通間之計畫也。

兹擬先就我利害相關之九縣設一研究會,凡若何設計、若何集合、若何籌款、若何施工,群策群力、公同擔任,作一鼓之氣,成衆志之城。大可以保主權,小可以維公益,由是而推及全省,推及鄂、贛、皖,喤引先之,響應較易。

頃以省長咨會江南太湖、江北運河兩局商榷此事,先由(清穆、謇)以私人名義屬鄭君立三❷、張君地山❸詣謁省座接洽一切。省座以爲事以地方爲本位,而官廳遇事必爲協助。

因是擬約九縣明達水利、熱心公益之父老昆季共同研究,特請貴處諸君子公推代表二、三人,准于十一月九日(即夏曆十月初十日)惠臨南通,(清穆、謇)敬謹拱候竚聆大教,并祈于得訊後推定何人,先賜答復,以便設備,是爲至禱。此致

大鑒。

王清穆、張謇仝啓

---

❶ 此爲江陰、常熟、太倉、寶山、崇明、靖江、如皋、海門等江蘇省隸長江下游九縣。

❷ 鄭立三:生卒不詳,又名笠山,江蘇江陰人,音樂家鄭覲文堂弟,曾赴日本早稻田大學學習法學,與孫中山過從甚密,辛亥革命後受孫中山委派返滬創辦《丙辰雜志》,1919 年負責《江蘇水利雜志》編務,其寓所曾爲琴瑟學社社址、大同樂會會所,曾任江蘇省議會議員,著有《音樂通古》。民國存世之期刊、報紙多見其撰寫之政論,或涉及其參與水利、築路等活動的消息。輯自陳正生:《鄭覲文年譜》,《南京藝術學院學報》(音樂與表演版)2005 年第 1 期,并民國期刊《丙辰雜志》《申報》等。

❸ 張地山:生平不詳,查民國《申報》有其身爲科長受派作爲實業廳代表執紼張謇喪禮、參與調解張孝若與蘇州人余覺糾紛、參與水灾賑灾等事的報道,其可能爲崇明人,另有同時期南通認商(清末民初認税制中,由同業共同推舉一人或數人經理該業認税事宜者)張地山移交屠宰税等事宜的報道,不知是否爲一人。綜合輯自 1922—1932 年《申報》相關報道。

【原文圖影】

逕啓者長江流域綿亘數千里關係各省農田水利航業交通至爲重要
近以年久淤墊沙洲日漲江流迂折水位增高平時則航行阻滯如九江
湖口南通常陰沙爲外人所藉口水大則漲溢爲災如今年夏秋重人民
之痛苦外人注視垂二十年矣八年冬英國商會聯合會在滬開會時鎭
江英商會代表滿斯德提出設立整理長江委員會議案一致通過九年
冬該會又議決先設一技術委員會討論各項工程之方針可知外人計
在必行迫不及待中國以長江爲天然之寶庫若地權認爲已有而治理
讓之他人其恥辱非特喪失利權而已如國體何爲治全江計義當集合
鄂贛皖蘇四省人士設一濬治長江討論會通力合作斯爲上策而時事
紛擾意見不一即使要求贊同不知延宕若何月日而治水法應先治下
游則江蘇於名實均無可諉况今年水災江蘇下游尤被剝膚之痛江蘇
下游則我江常太寶崇靖如通海是外人整治亦有先始江陰南通間之
計畫也茲擬先就我利害相關之九縣設一研究會凡若何設計若何集
合若何籌欵若何施工羣策羣力公同擔任作一鼓之氣成衆志之城大
可以保主權小可以維公益由是而推及全省推及鄂贛皖望引先之嚮
應較易頃以
省長咨會江南太湖江北運河兩局商推此事先由清穆謇以私人名義屬
鄭君立三張君地山詣謁
省座接洽一切　省座以爲事以地方爲本位而官廳遇事必爲協助因
是擬約九縣明達水利熱心公益之父老昆季共同研究特請
貴處諸君子公推代表二三人準於十一月九日即夏歷十月初十日
惠臨南通清穆謇敬謹拱候竚聆
大教並祈於得訊後推定何人先賜答復以便設備是爲至禱此致
大鑒
王清穆
張謇仝啓

呈爲長江水利急須整理懇請明令特設長江水利討論會文❶

【簡介】

特設長江水利討論會：本文是全國水利局以官方名義給大總統上的呈文，文章的前因與蘇浙太湖水利局催設整理長江委員會同，亦認爲長江河道"日形淤淺"，整理"自不容緩"，但長江"爲内地河流，純屬國家内政"，應該"先發自人"，同時提議"先設一長江水利討論會"，會員由内務、財政等部，并税務處和沿江各省等單位"遴派專門技術或熟習長江水利人員一人"充任，文内對逐漸實行辦法也提出了相關建議。

【正文】

呈爲長江水利急須整理懇請明令特設長江水利討論會以策進行恭呈仰祈鈞鑒事。

竊維吾國河流豐富，物産殷繁，爲世界所艷稱，而以長江流域爲尤著。查長江發源青海，經川、滇、湘、鄂、贛、皖、蘇等省而入海。除上游灘高水急，不適通航者外，有五千里長之航綫，所經之處均内地富沃行省。論者咸認爲，吾國中部農工商之命脉，全國惟一之利源，國計民生所關匪細❷。海通而後，沿江上下，商埠如林。各國之商務較多者，均設立輪船公司，在長江各口岸往來行駛。每年進出口之貨物約占全國貿易總額十分之五，是長江不獨關于内政，并爲國際貿易之中心。近年河道日淤，航行每多阻滯，一遇江流盛漲，輒復漫溢成灾。若不迅籌整理之方，則非惟菑害頻仍，并足貽人口實，關係大局，尤非淺鮮。上年一月間，承准國務院函交《英國商會大會議決案》文一件。原議決案内有關于揚子江一案，略謂：揚子江爲中國第一貿易水路，關係重要，現在亟應將該江全身及

---

❶ 民國十一年(1922)，揚子江水道討論委員會成立。1月23日，北京政府決定設立揚子江水道討論委員會，隸屬内務部。會長由内務總長高淩蔚兼任，孫寶琦(税務處督辦)、張謇(運河局督辦)、李國珍(水利局總裁)爲副會長，楊豹靈(水利局技正)、翁文灝、海得生(浚浦局總工程師，瑞典人)等爲會員，并聘英國人柏滿爲咨詢工程師。下設揚子江技術委員會，陳時利(内務部土木司司長)任委員長，楊豹靈、周象賢(内務部技正)、額得志(海關巡港司，英國人)、海得生、方維因(内務部咨詢工程師，英國人)、沈豹君(水利局僉事)等爲委員。另設立駐滬測量處，聘美國人史篤培爲總工程師，處下設漢口和九江兩個流量測量隊、一個精確水准測量隊及地形測量隊。水道討論委員會常設辦事人員共42人。

❷ 匪細：亦作"非細"，不尋常，重要之意。

匯入該江或分瀉其水之各大河道,概行切實測量,并請求中國政府從早設一水利局以辦理此事,且迫令即刻取適當之法以利揚子江及其大支流之航行,等語。本局當以事關水利,經派令本局技正❶楊豹靈、王季緒等一再前往調查,并以上海浚浦工程局及海關巡港司常年派艦測量,于江流變遷情形較稔,函請外交部税務處分别行知接洽。兹據調查報告,近歲長江水道除七、八、九月間,吃水二丈六尺之輪船可直達漢口外,常年則漢口以下止能通吃水八尺之輪船,蕪湖以下止能通吃水一丈六尺之輪船。惟吴淞至江陰間水道較深,吃水二丈四尺之輪船可以終年行駛。外人于整理長江一事,業經研究有年。有主張設立整理長江委員會者,有主張委員會未設以前設一技術委員會先行籌備者。案經議決已非一次,其機已迫,志有必行。本局一再籌維,長江爲内地河流,純屬國家内政。近既日形淤淺,則整理自不容緩,與其先發自人,或至喧賓奪主曷? 若自行舉辦,猶爲權自我操。且本年鄂、贛一帶漫溢成灾,本局爲全國水利行政中樞,職責所在,詎容膜視。兹爲内外兼籌,并詳求利病起見,擬在本局先設一長江水利討論會,函請内務、財政、農商、交通各部,税務處并沿江各省省行政公署、省議會,各商埠中西總商會、各遴派專門技術或熟習長江水利人員一人爲會員。此外,并擬約請著名河海工程師數人實地調查,將整理長江各問題悉心討論,酌定辦法,以備逐漸實行。再,兹事既于國際商業、地方主權關係均極重大,時機又復迫切,尤當積極進行,并擬請特頒明令,飭設長江水利討論會,責成本局迅即妥籌辦理,以昭鄭重。除俟奉准後再行擬具章程呈核外,理合呈請大總統鈞鑒,訓示施行。謹呈。

全國水利局總裁李國珍❷

❶ 技正:官名。民國技術人員的官職,當時的交通、鐵道、實業、内政等部(會)及省(市)政府的相應廳(局)大多置此官,以辦理技術事務。此官在部(會)中,職位次于“技監”,在廳(局)中爲最高官職。其下屬有“技士”“技佐”等。輯自趙德義、汪興明:《中國歷代官稱辭典》,團結出版社,1999,第 182 頁。

❷ 李國珍,生卒年不詳,字碩遠,江西省武甯縣羅溪鄉人,清朝舉人,畢業于日本早稻田大學政治經濟科。民國元年(1912)任北京臨時參議院議員。民國二年(1913)當選第一屆國會衆議院議員,并任憲法起草委員。此後,他歷任政事堂參議,國務院參議,後署教育次長,不久調任農商次長并兼任專科學校成績審查會會長。民國六年(1917)轉任全國水利局總裁。

【原文圖影】

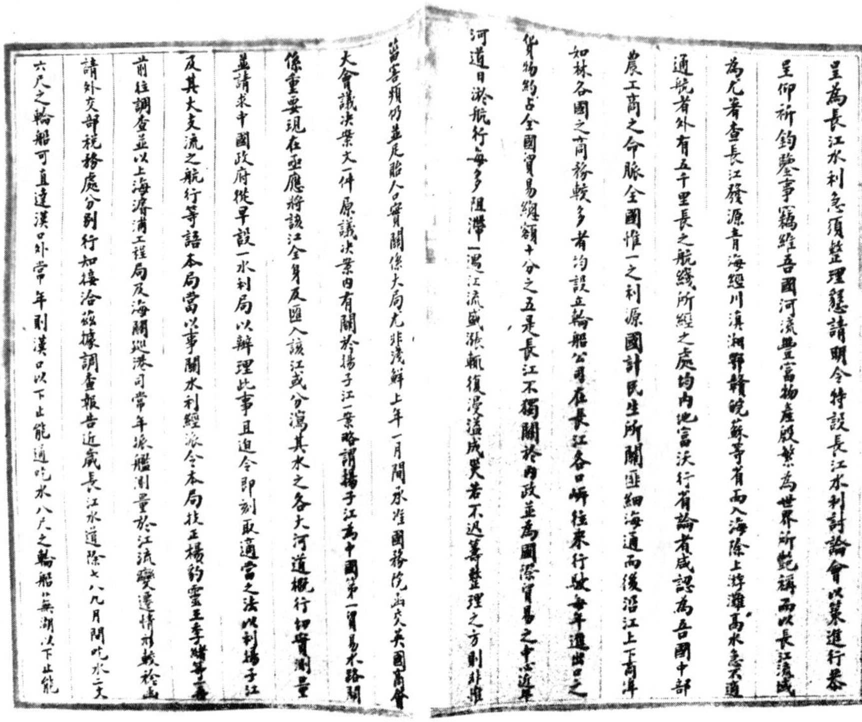

呈為長江水利急須整理懇請明令特設長江水利討論會以策進行恭
呈仰祈鈞鑒事竊維吾國河流豐富物產殷繁為世界所艷稱而以長江流域
為尤著查長江發源青海經川滇湘鄂贛皖蘇等省而入海除上游灘高水急不適
通航者外有五千里長之航綫所經之處均內地富沃行省論者咸認為吾國中部
農工商之命脈全國惟一之利源國計民生所關匪細海通而後沿江上下商埠
如林各國之商務較多者均設立輪船公司在長江各口岸往來行駛每年進出口之
貨物約占全國貿易總額十分之五是長江不獨關於內政並為國際貿易之中心近年
河道日淤航行每多阻滯一遇江流盛漲輒復漫溢成災若不迅籌整理之方則非惟
商害頻仍並足貽人口實關係大局尤非淺鮮上年一月間承准國務院函以英國商會
大會議決案文一件原議決案內有關於揚子江一案略謂揚子江為中國第一貿易水路關
係重要現在亟應將該江全身及匯入該江或分瀉其水之各大河道概行切實測量
並請求中國政府從早設一水利局以辦理此事且迫令即刻取適當之法以利揚子江
及其大支流之航行等語本局當以事關水利經派令本局技正楊豹靈王季緒等二員
前往調查並以上海濬浦工程局及海關巡港司常年派艦測量於江流變遷情形較稔函
請外交部稅務處分別行知接洽茲據調查報告近歲長江水道除七八九月間吃水二丈
六尺之輪船可直達漢口外常年則漢口以下止能通吃水八尺之輪船蕪湖以下止能

通吃水一丈六尺之輪船惟吳淞至江陰間水道較深吃水二丈四尺之輪船可以終年行駛外人於整理長江一事業經研究有年有主張設立整理長江委員會者有主張委員會未設以前設一技術委員會先行籌備者雖議決已非一次其機已迫急有必行本局一再籌維長江為內地河流純屬國家內政近既日形淤淺則整理自不容緩與其先發自外人致主喧賓奪主曷若自行舉辦稍為權自我操且本年鄂贛一帶淺灘成災本局為全國水利行政中樞職責所在詎容膜視茲為內外兼籌並計利病起見擬在本局先設一長江水利討論會函請內務財政農商交通各部稅務處並沿江各有省行政公署省議會各商埠中西總商會各遴派專門技術或熟習長江水利人員二人為會員此外並擬約請著名河海工程師數人實地調查將整理長江各問題妥為討論酌定辦法以備逐漸實行再茲事既於國際商業地方主權關係均極重大時機又復迫切尤當積極進行並擬請特頒明令飭設長江水利討論會責成本局迅即妥籌辦理以昭鄭重除俟奉准後再行擬具章程呈核外理合呈請大總統鑒核訓示祗遵謹呈

全國水利局總裁李國珍

江蘇省長公署爲咨行事

【簡介】

本文與前《呈爲長江水利急須整理懇請明令特設長江水利討論會文》爲接續關係。全國水利局向大總統呈文特設長江水利討論會後，該文被轉到國務院，國務院召開國務會議，交内務、財政、農商、交通四部會商，内務部咨商各部署後，議定并經國務會議同意後，會同設立"揚子江水道討論委員會"，内政部還擬具了討論委員會章程。該案被大總統鑒核同意後，傳抄各處，此文是江蘇省長公署轉給太湖水利局的咨文。

【正文】

江蘇省長公署爲咨行事。

案准内務部咨開："前准國務院函開：'公府交大總統發下全國水利局總裁李國珍呈一件，内稱：'長江水利急需整理，請特設長江水利討論會，以策進行'等語到院。當經國務會議核閲，應由内務、財政、農商、交通四部會商辦法，送院核定'，等因。當經本部咨商各主管部署，議定會同設立揚子江水道討論委員會，并經國務會議議決照辦。旋由本部擬具揚子江水道討論委員會章程十五條，會同外交、財政、農商、交通等部暨税務處，呈請大總統鑒核公布。各在案。本年十二月三日奉指令：'呈悉，准如所擬辦理，此令'，等因；奉此，相應函鈔原呈暨章程各一件，咨行查照可也"，等因，并附抄件到署。

查此案，前准國務院東日❶復電，當經轉函在案，准咨前因，相應照録，抄件備文咨達，請煩查函爲存。此咨督辦蘇浙太湖水利工程局。

附録原抄件❷。

---

❶ 東日：韻目代日，即1日。

❷ 本次整理未見原抄件。

【原文圖影】

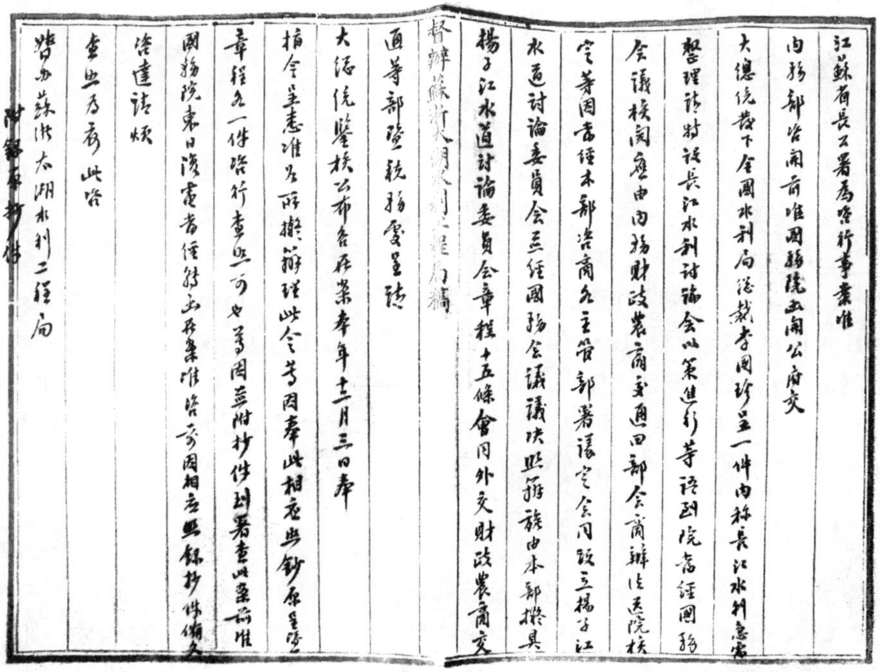

江蘇省長公署為咨行事案准
內務部咨開前准國務院函開公府交
大總統發下全國水利局總裁李國珍呈一件內稱長江水利急宜
整理請特設長江水利討論會以策進行等語到院當經國務
會議核閱應由內務財政農商交通四部會商辦法送院核
定等因當經本部咨商各主管部署議定會同設立揚子江
水道討論委員會並經國務會議議決照辦旋由本部擬具
揚子江水道討論委員會章程十五條會同外交財政農商交
通等部暨稅務處呈請
大總統鑒核公布各在案本年十二月三日奉
指令呈悉准如所擬辦理此令等因奉此相應鈔錄原呈暨
章程各一件咨行查照可也等因並附抄件到署查此案前准
國務院東日複電當經轉飭存案准咨前因相應照錄抄件備文
咨達請煩
查照為荷此咨
督辦蘇浙太湖水利工程局
附錄原抄件

呈爲會同籌設揚子江水道討論委員會擬具章程仰祈鑒核文

【簡介】

揚子江水道討論委員會：該會成立始末見本書前文，1921 年 12 月 3 日，大總統指令第二千七百十一號，同意了外交總長顔惠慶、内務總長齊耀珊、財政總長高凌霨、農商總長王迺斌、交通總長張志潭、税務處督辦孫寶琦呈具的籌設揚子江水道討論委員會文和擬具的章程，時高凌霨任會長，李國珍、孫寶琦、張謇等任副會長，旋令陳時利❶任主任❷。嗣後，1928 年改組揚子江水道討論會爲揚子江水道整理委員會，1935 年 4 月合并改組揚子江水道整理委員會、太湖流域水利委員會、湘鄂湖江水文站爲揚子江水利委員會，1947 年 6 月揚子江水利委員會改名爲長江水利工程總局，1949 年 12 月開始組建長江水利委員會，1950 年 2 月，長江水利委員會成立❸。

【正文】

呈爲會同籌設揚子江水道討論委員會擬具章程仰祈鑒核公布事。

竊承准國務院函開："公府交大總統發下全國水利局總裁李國珍呈一件，内稱'長江水利急需整理，請特設長江水利討論會，以策進行'，等語到院；當經國務會議核閲，以玆事關係至重，應有内務、財政、農商、交通四部會商辦法，送院核定"，等因。

内務部查揚子江流域爲我國中部交通要區，比以年久失修遂致危機環伏，盛漲則宣泄無從，漫溢千里。秋冬則淤灘密布，淺或膠舟。近年以來，沿江人民廬舍就墟，沉灾迭告，情形尤爲迫切。原呈所稱設會討論，函請各主管官署遴派技術專門及熟悉長江水利人員爲會員，并請著名海河工程師實地調查，將整理長江各問題悉心討論，酌定辦法，以備逐漸實行各節。自係爲消弭水患、注重交通起見，洵屬目前切要之圖，自應亟籌進行，俾濟沉灾而維航政。

當經内務部咨商各主管部署，議定會同設立揚子江水道討論委員會，并咨呈國務院察核辦理在案。旋准税務處咨，據總税務司呈擬《長江下游設施辦

---

❶ 陳時利：字劍秋，四川合江縣人，北洋政府技術官員，曾任内務部司長，後任内務部禮俗司司長、内務部土木司司長，揚子江水道討論委員會成立後，其充任主任一職。

❷ 據 1921 年《政府公報》整理。

❸ 據水利部長江水利委員會網站"機構沿革"欄目，http://www.cjw.gov.cn/jgjs/cjwjj/jgyg/。

法》,擬由政府延聘此次來滬參與上海口岸改良會議之英國著名工程師柏滿,會同浚浦總局海工程師先行備具關于揚子江之報告。此項報告費用准總税務司由税收項下特提,等語。復經主管部處往返咨商,僉以長江致病情形,不僅危害航行,即議從事改善,亦須兼顧防灾二事,以期周洽,似難枝節籌謀,致增糜費。矧甯一段江流雖屬航行要區,但係内地範圍,與浚浦局轄境劃然兩事,亦難混而爲一。現在本部及各部既經擬定設立揚子江水道討論會,實行籌議施治辦法。該總税務司擬請聘用之工程師柏滿,自應俟討論會正式成立後,由會酌量,如須延聘,以資借箸,則由會延聘。至應需報告經費,亦可由税收項下酌撥到會,藉應要需。現准國務院函開:“此案業經國務會議議決照辦”,等因。霜請已届所有關于長江整理計劃,自非從速組織,專會詳確討論,不足以資迅捷而利推行。兹經主管部署往返咨商,擬具揚子江水道討論委員會章程十五條,如蒙照准,擬請明令公布,俾便施行。至該會應需經費,擬由内務部先就所轄全國河務研究會年支經常費暫待挪用,不另請款,藉資撙節。其關于計畫報告需用款項,現經税務處指定由税收項下酌撥,將來實行施治,會務發展再由財政部設法籌撥,以重要工。所有呈請籌擬揚子江水道討論委員會章程、緣由,是否有當,理合呈請鑒核、訓示施行。再,此呈係由内務部主稿,會同外交、財政、農商、交通各部暨税務處辦理,合并陳明。謹呈大總統。

【原文圖影】

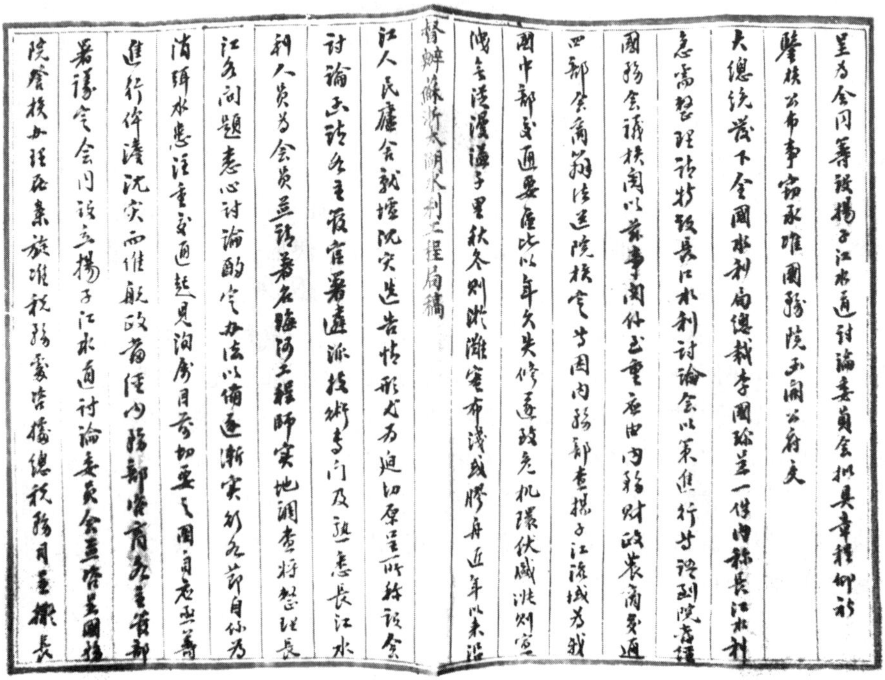

呈爲會同籌議揚子江水道討論委員會擬具章程仰祈
鑒核公布事竊承准國務院函開公府交
大總統發下全國水利局總裁李國珍呈一件內稱長江水利
急需整理請特設長江水利討論會以策進行等語到院查核
國務會議核閱以茲事關係至重應由內務財政農商交通
四部會商籌議送院核定等因內務部查揚子江流域爲我
國中部交通要區比以年久失修遂致危機隱伏夏秋汛漲則宣
洩無從漫溢千里秋冬則洲灘密布淺或膠舟近年以來沿
督辦蘇浙太湖水利工程局稿
江人民屢合就據沉災迭告情形尤爲迫切原呈所稱設會
討論並請各省長官遴派技術專門及熟悉長江水
利人員爲會員並請著名治河工程師實地調查將整理長
江各問題悉心討論酌定辦法以備逐漸實行各節自係爲
消弭水患注重交通起見洵屬目前切要之圖自應亟籌
進行俾拯沉災而維航政當經內務部咨商各主管部
署議定會同設立揚子江水道討論委員會並將呈國務
院會核飭據擬定條款准稅務處咨據總稅務司呈擬長

江下游設施辦法擬由政府延聘此次來滬參與上海口岸
改良會議之英國著名工程師柏滿會同濬浦總局海務
師先行備具關於揚子江之報告此項報告費用唯請稅務
司由稅收項下特提若干請俟經主管部會往返咨商會
以長江致病情形不僅危害航行即議濬事改善亦
須兼顧防災二事以期周治似難枝節籌謀致增糜
費鉅竊察一面江流雖屬航行要道但係內地水利範圍與濬
浦局轄境劃然兩事亦難混而為一現在本部及各部
督辦蘇浙太湖水利工程局
既經擬定設立揚子江水道討論會實行籌議施治辦
法該總稅務司擬請聘用之工程師柏滿自應俟討論會
正式成立後由會酌量如須延聘以資借箸則由會延聘或
應需報告經費亦可由稅收項下酌撥副會藉應要需現
准國務院函開以案業經國務會議議決照此等因霖請
已屆所有關於長江整理計劃自非從速組織專會詳
確討論不足以資迅捷而利推行亦經主管部著儘速
咨商擬具揚子江水道討論委員會章程十五條及書

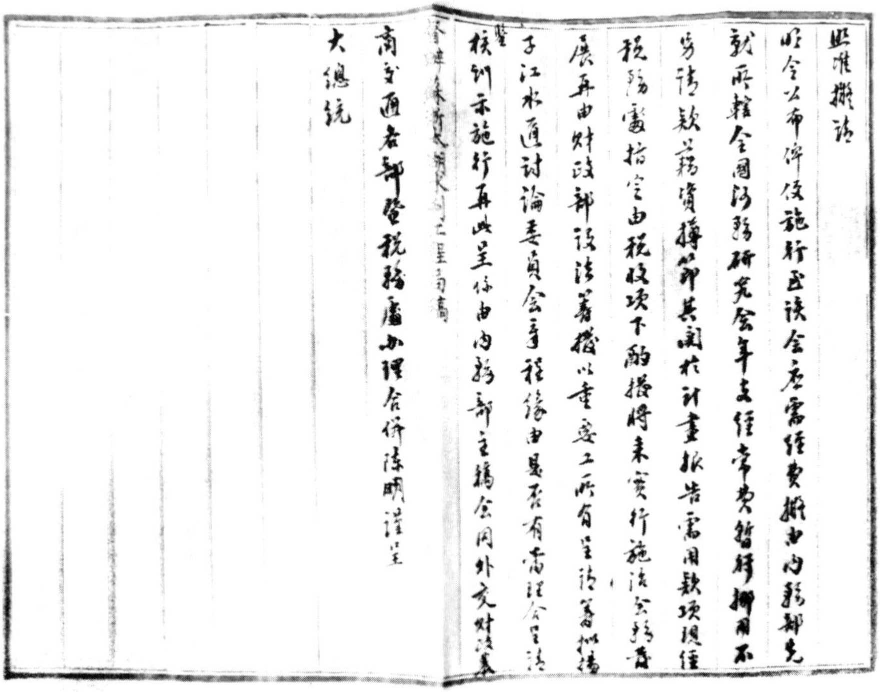

照准撥請
明令公布俾便施行至該會應需經費擬由内務部先
就所轄全國河務研究會年支經常費暫行挪用不
另請款兹籌資撙節其關於計畫報告需用款項現經
税務處指定由税收項下酌撥將來實行施該會務擴
展再由財政部設法籌撥以重要工所有呈請籌撥揚
子江水道討論委員會章程緣由是否有當理合呈請
鑒核訓示施行再此呈係由内務部主稿會同外交財政農
商交通各部暨税務處辦理合併陳明謹呈
大總統

揚子江水道討論委員會章程

【簡介】

本文爲手稿，抄録的是揚子江水道討論委員會章程，對該會宗旨、職員配置、機構組成、部門職責、辦事流程等做了規定。

【正文】

第一條　本會籌議揚子江水道整理計畫，期達消弭水患、發展航業爲宗旨。

第二條　本會設置職員如左❶：

一　會長；

二　副會長；

三　主任；

四　課長；

五　會員；

六　技術員；

七　顧問。

第三條　會長一人，由大總統就主管官署最高長官特派，綜理會務。副會長二人，由大總統就各主管官署長官或次官簡派，襄助會長處理會務。

第四條　主任一人，由會長就主管官署主管司員呈請大總統派充，秉承會長處理會務。

第五條　課長三人，由會長就各主管官署中富有學識、經驗人員派充。會員由會長就有關係京外各官署人員派充。

第六條　技術員由會長就中外熟悉工程、水利人員派充。

第七條　顧問由會長就中外富有工程學識、經驗人員聘充。

第八條　本會分左列三課：

一　總務課；

二　工程課；

三　調查課。

第九條　總務課掌事務如左：

一　關于會議事項；

---

❶　原稿爲手寫，繁體豎排，故有此説法。

二　關于撰擬文牘、典守印信事項；

三　關于會計、庶務事項；

四　其他不屬于各課事項。

第十條　工程課掌事務如左：

一　關于工程計畫事項；

二　關于測勘事項。

第十一條　調查課掌事如左：

一　關于調查事項；

二　關于編輯報告事項。

第十二條　本會因繕寫文件、辦理庶務得設事務員。

第十三條　本會議決事件由會長商同各主管官署執行。

第十四條　本會會議規則另定之。

第十五條　本章程自公布日施行。

【原文圖影】

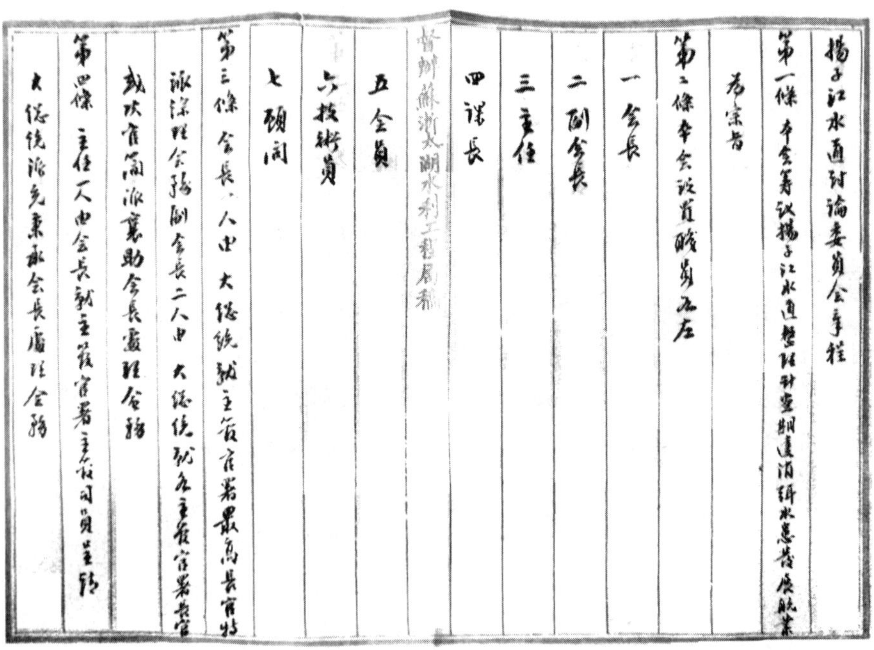

揚子江水道討論委員會章程

第一條　本會籌議揚子江水道整理計畫期遠消弭水患發展航業

為宗旨

第二條　本會設置職員如左

一　會長

二　副會長

三　主任

四　課長

督辦蘇浙太湖水利工程局稿

五　會員

六　技術員

七　顧問

第三條　會長一人由　大總統就主管官署最高長官特

派，綜理會務；副會長二人由　大總統就各主管官署長官

兼派，襄助會長處理會務

第四條　主任一人由會長就主管官署主管司員呈請

大總統派充，秉承會長處理會務

第五條 課長三人由會長就各主管官署中富有學識經驗人員派充會員由會長就有關係各外各官署人員派充

第六條 技術員由會長就中外熟悉工程水利人員派充

第七條 顧問由會長就中外富有工程學識經驗人員聘充

第八條 本會分左列三課

一 總務課

二 工程課

三 調查課

督辦蘇浙太湖水利工程局稿

第九條 總務課掌事務如左

一 關於會議事項

二 關於撰擬文牘典守印信事項

三 關於會計庶務事項

四 其他不屬於各課事項

第十條 工程課掌事務如左

一 關於工程計畫事項

二 關於測勘事項

第十一條 調查課掌事務如左

一 關於調查事項

二 關於編輯報告事項

第十二條 本會因繕寫文件辦理庶務得設事務員

第十三條 本會議決事件由會長商同各主管官署執行

第十四條 本會會議規則另定之

第十五條 本章程自公布日施行

督辦蘇浙太湖水利工程局稿

中華民國　年　月　日

揚子江水道討論委員會第五次常會速記録

【簡介】

原文爲油印稿,是 1922 年 10 月 16 日,揚子江水道討論委員會召開第五次常會的會議記録。該會先是討論了陳時利匯報籌辦測量經過的大概情形(惜原文未録);其二討論疏浚揚子江就地籌款方法(其中關于獎券問題的背景,可見本書前文);其三是討論同意江蘇省設立揚子江下游治江會之後,安徽省希望設立中游治江會的提案,認爲應先審查有無必要;其四、五是討論設立荆江水道疏導籌備處事宜,其六仍是討論荆江治理問題,其七是討論湖北治理長江是否聯合湖南共同治理洞庭湖的事項。

荆江水道疏導籌備處:"萬里長江,險在荆江",長江在荆州以上多山,荆州以下多平地,全賴江堤阻水爲保障,長江泥沙淤積,河床高出兩岸平原,且該地河道彎曲,一遇大水,宣泄不暢,極易成灾。其時,江陵人楊祖謙留學奥地利,學習水利工程,學成歸國後,召集當地紳商在沙市成立了湖北荆江疏防保安會,并向揚子江水道討論委員會提議設立荆江水道疏導籌備處。

民初湖南省憲自治:民國初年,軍閥混戰,湖南地處南北要衝,兵燹之害尤重。斯時,湖南率先制定省憲、宣布自治,進而帶動其他省區自治,影響了國内政局,後因本省軍閥割據及外部勢力影響,省憲法被廢,省議會被解散,湖南聯省自治宣告失敗❶。

【正文】

民國十一年十月十六日下午三時開會

到會委員十五人

會長:今日到會人員已超過半數,照章開會。第一案係報告本會籌辦測量經過大概情形,請陳主任❷報告。

陳主任:報告經過情形畢。

會長:揚子江水道討論委員會事務重要,本席學識、經驗均甚缺乏,本不敢

❶ 輯自劉大勝:《民國初年湖南地方自治運動的興衰》,《文史天地》2019 年第 2 期。

❷ 估計爲陳時利。

擔任,第以主管關係,不得不勉爲其難。好在孫慕老❶經驗宏富,江總裁學有專長,足匡不逮。鄙見現在組織臨時機關多有敷衍從事者,其原因:(一)因政局不統一,暨財政困難;(二)因爲人設事,不爲事擇人,所以徒擁虛名,毫無實效。惟本會原係由中央、地方各主管機關人員組織而成,專研究整理長江事務,既與政局無關,財政又可特別籌措,或由各地方分别擔任。想各省地方感于水患,有切膚之痛,自無不樂于贊成。至于與會諸君,均屬各機關主管,富有學識、經驗之員,并非爲人設事,故無濫冗之弊。就此觀察,本會不受其他影響,儘可積極做事。嗣後尚希望孫慕老與江總裁共同提挈,諸君遇事贊助,群策群力,積極進行揚子〇〇〇❷國最大水道,將來成績定有可觀。今日第一案已經陳主任報告大家,如無異議,應即繼續研究第二案,審查《疏浚揚子江流域應先就地籌款于地方税設一專條案》,請原審查員報告。

馬振理:《疏浚揚子江流域應先就地籌款設一專條案》一案,前奉交審查,于四月十七日由審查員審核,徐委員所擬就地籌款方法可分爲四項:(一)加抽土費;(二)加收税契;(三)百貨附捐;(四)兩岸洲灘捐。雖湖北業已見諸實行,惟各省情形不同,此四項是否可行,將來應商由各該省行政長官提請省議會議決,方可施行。至揚子江工程,目前尚未測量,則用款亦不能預計,應俟技術委員測量竣事,再按照原擬籌款方法,商由地方長官分别加征。此案似應暫爲保留,是否有當,敬希公決。

陳主任:此案審查報告尚屬妥當,不過獎券已奉令停止,應當删去。

會長:獎券已奉總統明令停止,當然删去。

孫副會長:將來一定由地方籌款,再不足時,舟輪附捐亦可加征,俟測量具體計畫定後,再酌量情形辦理。

會長:此案俟工程測量具體計畫完竣,再行酌量辦理。贊成者請舉手。

多數通過。

會長:開議第三案《安徽省長咨送中游治江會簡章案》,請陳主任報告。

陳主任:此案係安徽省長咨據水利局呈請設立中游治江會,檢具簡章咨部備案。會長爲慎重起見,是以交會,請大家討論。

會長:江蘇已准設立揚子江下游治江會,安徽請設中游治江會,事同一律,不便批駁。至于是否有設立之必要,會章是否妥協,應先付審查。

---

❶ 孫寶琦(1867—1931),字慕韓,晚年署名孟晋老人,浙江杭州人。清季歷任直隸道臺、駐法公使、順天府尹、駐德公使、津浦鐵路會辦、山東巡撫等職,民國後先後任外交總長,并一度兼任國務總理,後歷任税務處督辦、審計院院長、財政總長兼鹽務署督辦、經濟調查局總裁、全國賑灾處處長等職,在水利方面曾任整理揚子江水利委員會副會長。

❷ 原稿此處缺三字。

陳主任:贊成此案先付審查者請舉手。

多數通過。

會長:今指定楊君祖謙、徐君國彬、惲君棨森、高君文炳爲審查員。

會長:請議第四案《楊祖謙[1]提議設立荆江水道疏導籌備處并擬具章程暨實施細則請轉咨湖北督省兩長依議照辦案》,請提案人報告。

楊祖謙:揚子江自湖北荆州以上多山,荆州以下多平地,均以堤爲阻水之保障,江流由山而下,所以多沙。水漲時,沙浮于宜昌;水平時,沙滿于沙市;水落時,沙滯于漢口。江濱堤高一二丈處,水下一旦潰流,均成澤國。本席生長該處,覺有切膚之痛。游學歐洲時,曾考察萊茵河治河方法,于奥國一程大學校[2]學習水利工程。畢業回國,即以研究所得供獻于桑梓,招集荆南紳商公議設立疏防保安會于沙市。蒙前湖北督軍王占元、省長何佩瑢批准在案。現在沙民擬從根本,計畫設立疏江籌備處,就地籌款開工,促本席到省呈請湖北省長批令,由中央揚子江水道討論委員會定有辦法,再行核辦,在案。是以提案,請大會主持表決。

孫副會長:前設立疏防保安會,籌集款項,共有若干?

楊祖謙:從前設立疏防保安會,已籌有沙市川鹽疏防公益捐款項,俟籌備成立,再行就處另法籌募。

會長:楊委員報告甚爲詳細。揚子江疏江,上下游均須注意。此案是否成立,先付審查,請諸君表決。如贊成付審查者,請舉手。

多數通過。

陳主任:請指定審查員。

會長:今指定程君學鑾、劉君駒賢、廖君炎、王君季緒、徐君國彬爲審查員。

會長:開議第五案《湖北荆江疏防保安會擬請設立疏江籌備處案》,請提案人報告。

徐國彬:此案與楊君祖謙所提之案,意旨相同,楊君祖謙業經詳細報告,擬請交付并案審查。

---

[1] 楊祖謙,字池山,湖北江陵人。1903 年,受鄂督端方選派,與錦全等 8 人一起赴德留學。據其在《揚子江水道討論委員會第五次常會速記録》中所述,留學期間曾考察萊茵河治河方法,并于奥國一程(原文如此,待考)大學校學習水利工程。畢業歸國後,召集荆南紳商公議在沙市設立疏防保安會,後又籌劃設立荆江水道疏導籌備處。綜合輯自敷文社(1920)編:《最近官紳履歷彙編》,文海出版社,1970,"楊祖謙"條目;李珠、皮明庥:《武漢教育史(古近代)》第三節"西洋留學",武漢出版社,1999;本書整理稿:1922 年 10 月《揚子江水道討論委員會第五次常會速記録》。

[2] 原稿"國"與"一"字間有些模糊,大體可辨,至于是否確切,留待後考。

會長：贊成并案審查者，請舉手。

多數通過。

會長：開議第六案《湖北整理揚子江急應維持荆江現狀案》，請提案人報告。

徐國彬：揚子江發源于蜀岷，綿亘數千里，工程浩大，施行測量，非短期所能竣事，不能不謀治標之法，以維現狀。治標之法，即加高堤身、禁止私垸、疏通舊港三種，可否？請諸君討論。

陳主任：徐君報告計有三種辦法，一加堤身，二禁私垸，三疏舊港，均係維持現狀、治標良法。

會長：此案甚爲緊要，應咨行湖北省長酌辦。如贊成者，請舉手。

多數通過。

會長：開議第七案《湖北導江宜注重荆襄兩流域尤宜聯合湖南以浚洞庭案》，請提案人報告。

徐國彬：揚子江在荆襄流域綿延數千里，將來疏導荆江、不注重襄河，仍不免有泛濫之虞。荆襄兩流域實施疏導，冀水流之通暢，必須聯合湖南，以浚洞庭。本會亟應通盤籌畫，不必遍棄湖南。

陳主任：湖南相當水利機關，似亦可請其派人來京與會。

會長：湖南洞庭，不但揚子江受影響，與各處水利均有關係。由會或私人名義函知趙炎午❶派員與會。湖南雖爲獨立省分，關係本省交通、水利，未有不贊成者，如湘鄂鐵路，仍屬照常通行，此其例也。

孫副會長：用本會名義函知湖南趙總司令派員來京與會。

會長：贊成用本會名義函請湖南趙總司令派員來京與會者，請舉手。

多數通過。

會長：今日議案業經議畢，另否有人臨時提議案件？

王季緒：本席提議四川事同一律，并請函知四川當局派員來京與會。

會長：贊成由本會函四川當局派員來京與會者，請舉手。

多數通過。

會長：諸君如無討論，應即宣告散會。

時至下午五時三十五分散會

---

❶ 趙恒惕(1880—1971)，字夷午、彝午，號炎午，湖南衡陽人。畢業于日本士官學校炮科，同盟會會員，參加過辛亥革命和二次革命，湖南軍政首領，首任民選省長，主持了第一個省憲運動。

【原文圖影】

揚子江水道討論委員會第五次常會速記錄
民國十一年十月十六日下午三時開會
到會委員十五人
會長　今日到會人員已超過半數照章開會，第一
案係報告本會籌辦測量經過大概情形請陳主
任報告
陳主任　報告經過情形畢
會長　揚子江水道討論委員會事務重要本席學
識經驗均甚缺乏本不敢担任第以主管關係不
得不勉為其難好在孫慕老經驗豐富又總裁學
有專長足匡不逮鄙見現在組織臨時機關多有
敷衍從事者其原因(一)因政局不統一暨財政困
難(二)因為人設事不為事擇人所以徒擁虛名竟
無實效惟本會原係由中央地方各主管機關人
員組織而成專研究整理長江事務既與政局無
關財政又可特別籌措或由各地方分別担任總
各省地方感於水患有切膚之痛自無不樂於贊
成至於與會諸君均屬各機關主管富有學識經
驗之員並非為人設事故無濫冗之弊就此觀察
本會不受其他影響儘可積極做事嗣後尚希望
孫慕老與江總裁共同提挈諸君遇事贊助群策
群力積極進行揚子　國最大水道將來成
績定有可觀今日第一案已經陳主任報告大家
如無異議應即繼續研究第二案審查揚子江流
域應先就地籌款於地方稅設一專條案請原審
查員報告
馬振理　疏濬揚子江流域應先就地籌款設一專
條案一案前本支審查於四月十七日由審查員
審核係委員所擬就地籌款方法可分為四項(一)
加抽土貨(二)加收税契(三)百貨附捐(四)兩岸洲灘
捐雖湖北業已見諸實行惟各省情形不同此四
項是否可行將來應商由各該省行政長官提請
省議會議決方可施行至揚子江工程目前尚未
測量則用款亦不能預計應俟技術委員測量竣
事再按照原擬籌款方法商由地方長官分別加
徵此案似應暫為保留是否有當敬希公決
陳主任　此案審查報告尚屬妥當不過樊春已奉
令停止應當刪去
會長　樊春已奉　總統明令停止當然刪去
孫副會長　將來一定由地方籌款再不足時舟輪

附備亦可加以測量具體計畫定後再酌量情形解釋

會長　此案係工程測量具體計畫完竣再行酌量辦理贊成者請舉手

多數通過

會長　開議第三案安徽省長咨送中游治江會簡章茲請陳主任報告

陳主任　此案係安徽省長咨據水利局呈請設立中游治江會檢具簡章咨部備案會長為慎重起見是以交會請大家討論

會長　江蘇已准設立揚子江下游治江會安徽請設中游治江會事同一律不便批駁至於是否有設立之必要會章是否妥協應先付審查

陳主任　贊成此案先付審查者請舉手

多數通過

會長　今指定楊君祖謀徐君國彬惲君榮森高君文炳為審查員

會長　請議第四案楊祖謀提議設立荊江水道疏導籌備處並擬具章程暨實施細則請轉咨湖北督省兩長依議照辦業請提案人報告

楊祖謀　揚子江自湖北荊州以上多山荊州以下多平地均以堤為阻水之保障江流由山而下所以多沙水漲時沙浮於宜昌水平時沙滿於沙市水落時沙滯於漢口江濱堤高一二丈處水下一旦潰流均成澤國本席生長該處覺有切膚之痛游學歐洲時嘗考察萊茵河治河方法於奧國工程大學校學習水利工程畢業回國即以研究所得供獻於桑梓搢集荊南紳商公議設立疏防保安會於沙市蒙前湖北督軍王占元省長何佩瑢批准在案現在沙民擬從根本計畫設立荊江籌備處就地籌款開工促本席到省呈請湖北省長批令由中央揚子江水道討論委員會定有辦法再行核辦在案是以提案請大會主持表決

孫副會長　前設立疏防保安會籌集款項共有若干

楊祖謀　從前設立疏防保安會已籌有沙市川鹽疏防公益捐款項俟籌備處成立再行就處另法籌募

會長　楊委員報告甚為詳細揚子江疏江上下游均須注意此案是否成立先付審查請諸君表決如贊成付審查者請舉手

多數通過

陳主任　請指定審查員
會長　今指定程君學鑾劉君駒賢廖君夷王君季緒徐君國彬為審查員
會長　開議第五案湖北荆江疏防保安會擬請設立疏江籌備處案請提案人報告
18 徐國彬　此案與楊君祖謀所提之案意旨相同楊君祖謀業經詳細報告擬請交付併案審查
會長　贊成併案審查者請舉手
多數通過
會長　開議第六案湖北整理揚子江急應維持荆江現狀案請提案人報告
徐國彬　揚子江發源於蜀岷綿亘數千里工程浩大施行測量非短期所能竣事不能不謀治標之法以維現狀治標之法即加高堤身禁止私垸疏通舊港三種可否請諸君討論
陳主任　徐君報告計有三種辦法一加堤身二禁私垸三疏舊港均係維持現狀治標良法
會長　此案甚為緊要應咨行湖北省長酌辦如贊成者請舉手
多數通過

會長　開議第七案湖北導江宜注重荆襄兩流域尤宜聯合湖南以濬洞庭案請提案人報告
徐國彬　揚子江在荆襄流域綿延數千里將來疏濬荆江不注重襄河仍不免有泛濫之虞荆襄兩流域實施疏導冀水流之通暢必須聯合湖南以濬洞庭本會亟應通盤籌畫不必偏棄湖南
陳主任　湖南相當水利機關似亦可請其派人來京與會
會長　湖南洞庭不但揚子江受影響與各處水利均有關係由會或私人名義函知趙炎午派員與會湖南雖為獨立省分關係本省交通水利未有不贊成者如湘鄂鐵路仍照常通行此其例也
孫副會長　用本會名義函知湖南趙總司令派員來京與會
會長　贊成用本會名義函請湖南趙總司令派員來京與會者請舉手
多數通過
會長　今日議案業經議畢另否有人臨時提議案件
王季緒　本席提議四川事同一律並請函知四川當局派員來京與會

會長 贊成由本會函四川當局派員來京與會者

請舉手

多數通過

會長 諸君如無討論應即宣告散會

時至下午五時三十五分散會

揚子江水道討論委員會第六次常會會議通知

【簡介】

本文與隨後兩文爲揚子江水道討論委員會第六次常會相關文件，分别是會議通知、議事日程及會議紀要。原文爲油印稿，有紅印。

【正文】

逕啓者，本會定于十月三十日（星期一）下午三時開第六次常會，兹送上議事日程及議案，務希執事准時蒞會，并請將附送議案携帶到會，以便討論。此頌

台祺。

附：議事日程及議案各一件

揚子江水道討論委員會
揚子江水道討論委員會總務課
啓

【原文圖影】

逕啟者本會定於十月三十日（星期二）下午三時開

第六次常會茲送上議事日程及議案務希

執事準時蒞會並請將附送議案攜帶到會以

便討論此頌

台祺

附議事日程及議案各一件

揚子江水道討論委員會總務課啟

揚子江水道討論委員會

揚子江水道討論委員會議事日程(第五號)

【簡介】

原文爲油印稿。

【正文】

十月三十日(星期一)下午三時開議。

——審查　會長交議楊祖謙呈請設立荊江水道疏導籌備處暨徐會員國彬提議湖北荊江疏防保安會擬請設立疏江籌備處兩案報告。

審查報告。

——審查　安徽省長咨送安徽中游治江會簡章案報告。

審查報告。

——提議　荊江疏導籌備處一案應咨行湖北省長按照原案規定辦理交會核辦案。

楊祖謙提

【原文圖影】

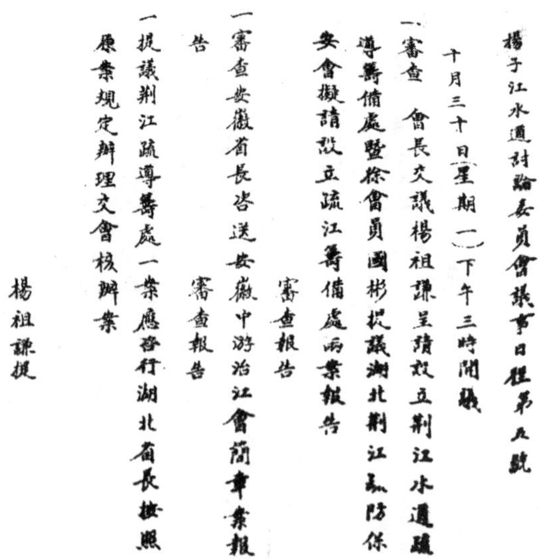
揚子江水道討論委員會議事日程第五號
十月三十日(星期一)下午三時開議
一、審查　會長交議楊祖謙呈請設立荊江水道疏導籌備處暨徐會員國彬提議湖北荊江疏防保安會擬請設立疏江籌備處兩案報告
審查報告
一審查安徽省長咨送安徽中游治江會簡章案報告
審查報告
一提議荊江疏導籌處一案應咨行湖北省長按照原案規定辦理交會核辦案
楊祖謙提

揚子江水道討論委員會第六次常會議事録

【簡介】

原文爲油印稿，是揚子江水道討論委員會第六次常會的會議紀要。該會討論的第一案是《審查楊祖謙呈請設立荆江水道疏導籌備處暨徐會員國彬提議湖北荆江疏防保安會擬請設立疏江籌備處并案審查案》，此案基本背景前文已述，楊祖謙補充説明了設立籌備處後可以撥用"疏防公益捐"一節。第二案《審查安徽省長咨送安徽中游治江會簡章案報告》，認爲安徽一省之地稱長江中游不甚妥當，要求其更名，同時要求安徽代表報告沿江一帶士紳會議的基本情況，還要求其補充相關材料并測量計畫。第三案是楊祖謙發起要求揚子江水道討論委員會督促湖北省長加緊成立荆江疏導籌備處。

【正文】

十一年❶十月三十日下午三時開議

到會委員十二人

會長：今日到會委員九人，技術員三人，已過半數，宣告開會。第一案係《審查楊祖謙呈請設立荆江水道疏導籌備處暨徐會員國彬提議湖北荆江疏防保安會擬請設立疏江籌備處并案審查案》，請原審查員報告。

劉騊賢：審查員等審查此兩案，其所述地方利害係屬實在情形。疏導兼施爲整理江流工程上必要之辦法。本會注重大江全部之永久計畫，故先從測量上着手。在測量未完備以先，宜維持現狀。對于局部之急施，計畫亦應顧及。擬請由會商請湖北省長酌量情形，分别施治，以爲本會之助。至擬撥地方捐款暨組織章程各節，并由本會咨請該省長酌量籌辦，報會查核。是否有當，希請公決。

會長：關係籌款，大衆意見如何？

陳主任：籌款手續如何，究有若干？

楊祖謙：籌款手續已見提案，自民國九年❷十月至今，款有三十萬串❸上下，

---

❶ 1922 年。

❷ 1920 年。

❸ 民國前期，白銀一兩可兑换制錢 2200～2500 文，500 文爲一串，1000 文爲一大串。以上文所列標准换算，30 萬串約今 300 萬元。

如不辦籌備處,不能提用。

陳主任:現在款項存于何處?

楊祖謙:前經湖北萬城堤工局借用。

會長:如疏導籌備處成立,是否可以撥用?

楊祖謙:該款名義係疏防公益捐,每年計有千餘萬串,在省署有案可查。如疏導籌備處成立,當然撥用。

會長:此案咨行湖北省長查照,酌量辦理。如贊成者請舉手。

多數通過。

周象賢❶:測量一層須先與本會接洽,不然恐計畫有兩歧之處,費用亦恐虛縻。

會長:開議第二案,請審查員報告。

惲榮森❷:《安徽省長咨送安徽省中游治江會簡章》一案,經審查員等詳加審核,皖省以江蘇設立長江下游治江會因援案,請設中游治江會,事同一律,自屬可行。惟中游地段綿長,不僅安徽一省。該會由皖省官民組織,則治江自必限于安徽"中游"二字,似嫌未妥。長江下游治江會係沿江各縣擔任測費,議決先辦測量。該會于一切治江必要之設施原咨及簡章,未曾詳敘。擬請咨行安徽省長查照長江下游治江會成案,召集各縣地方代表商訂切實辦法,并將名稱酌改,再行咨明核辦。是否有當,希請公決。

會長:審查員報告中游治江會無下游治江會之妥協,甚屬近理。

陳主任:此原審查案主要大意可分兩項:第一,名稱不甚妥協,應加修改;第二,應仿下游治江會辦法,與地方代表接洽,當分別研究。先請安徽代表報告大概情形。

馬振理❸:安徽原有水利局,治江會即附設局內。蓋沿江一帶農田水利,惟濱江各縣紳知之最悉。水利局由官辦,省長恐官紳隔閡,故特召集七縣紳士組織此會。現因江蘇治江會業經部准立案,是以援案請求。

陳主任:與沿江一帶士紳集議情形,本會不甚詳悉,似尚須咨行安徽省長查復。

馬振理:現在該會已集議數次,所有集議情形自可隨時報告本會。惟該會

---

❶ 周象賢,字企虞,上海人。上海南洋公學畢業,美國工業學校衛生工程學卒業,曾任北京市政公所工程師、北京大學衛生工程教員。。

❷ 惲榮森,江蘇武進人,附生(考入府、州、縣學,而無廩膳可領的生員),光緒辛卯(1891)舉人。

❸ 馬振理,字叔文,安徽桐城縣人,前清貢生。輯自敷文社(1920)編:《最近官紳履歷彙編》,文海出版社,1970,"馬振理"條目。

早經成立,似宜照江蘇先例准予立案,如以“中游”二字過泛,不妨正名“安徽治江會”。

陳主任:此會似應准備案,惟名稱應酌加修改。至與地方代表接洽情形,以及測量計畫,均須隨時報告本會,以資愜洽。

會長:此案咨復安徽省長,准予備案。將名稱修改。將來與地方接洽情形以及測量計畫,均應隨時報告本會。如贊成者請舉手。

多數通過。

會長:開議第三案,請提案人報告。

楊祖謙:本席前提議荊江疏導籌處呈請湖北省長,呈書數上,仍無結果,應請本會咨行湖北省長按提案人所稱各節查照辦理,至一切辦法則詳述議案。請其注意勿再推延,請大家討論。

會長:現在湖北省長問題未曾解決,湖北當局無暇顧及,將來辦公文時并案咨照,并飭主辦人員格外詳細聲敘。

衆無異議。

時至下午四時三十分宣告散會

【原文圖影】

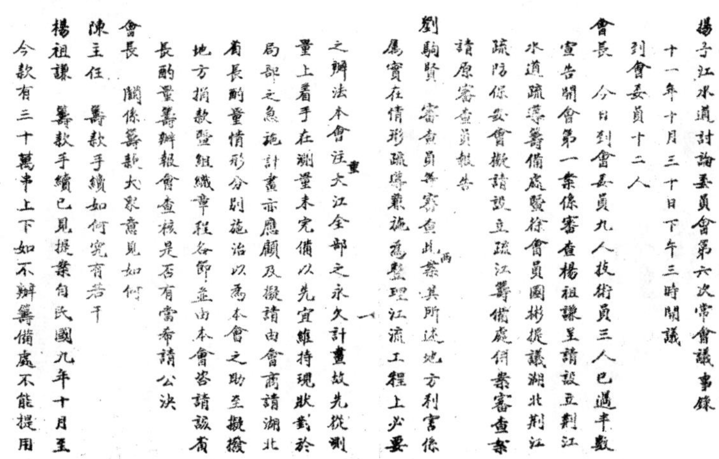

揚子江水道討論委員會第六次常會議事錄
十一年十月三十日下午三時開議
到會委員十二人
會長 今日到會委員九人技術員三人已過半數
宣告開會第一案係審查楊祖謙呈請設立荊江
水道疏導籌備處暨徐會員國彬提議湖北荊江
疏防保安會擬請設立疏江籌備處併案審查案
請原審查員報告
劉駒賢 審查員等審查此兩案其所述地方利害係
屬實在情形疏導兼施為整理江流工程上必要
之辦法本會注重大江全部之永久計畫故先從測
量上着手在測量未完備以先宜維持現狀對於
局部之急施計畫亦應顧及擬請由會商請湖北
省長酌量情形分別施治以為本會之助至擬撥
地方捐款暨組織章程各節並由本會咨請該省
長酌量籌辦報會查核是否有當希請公決
會長 關係籌款大衆意見如何
陳主任 籌款手續如何究有若干
楊祖謙 籌款手續已見提案自民國九年十月至
今款有三十萬串上下如不辦籌備處不能提用

陳主任　現在款項存於何處

楊祖謙　前經湖北萬城堤工局借用

會長　如疏導籌備處成立是否可以撥用

楊祖謙　該款名義係疏防公益捐每年計有十餘萬中在省署有案可查如疏導籌備處成立當然撥用

會〃　此案咨行湖北省長查照酌量辦理如贊成者請舉手

多數通過

周象賢　測量一層須先與本會接洽不然恐計畫

二

有兩歧之處費用亦恐虛糜

會長　開議第二案請審查員報告

惲傑森　安徽省長咨送安徽省中游治江會簡章一案經審查員等詳加審核皖省以江蘇設立長江下游治江會因援案請設中游治江會事同一律自屬可行惟中游地段綿長不僅安徽一省該會由皖省官民組織則治江自必限於安徽中游二字似嫌未妥長江下游治江會係沿江各縣特任測費議決先辦測量該會於一切治江必要之設施原咨及簡章未曾詳敘擬請咨行安徽省長查照長江下游治江會成案名集沿江各縣地方代表商訂切實辦法並將名稱酌改再行咨明核辦是否有當布請公決

會長　審查員報告中游治江會無下游治江會之要協甚屬近理

陳主任　此原審查案主要大意可分兩項第一名稱不甚妥協應加修改第二應仿下游治江會辦法與地方代表接洽當分別研究先請安徽代表報告大概情形

馬振理　安徽原有水利局治江會即附設局內蓋

三

沿江一帶農田水利惟濱江各縣紳知之最悉水利局由官辦省長恐官紳隔閡故特召集各縣紳士組織此會現因江蘇治江會業經部准立案是以援案請求

陳主任　與沿江一帶士紳集議情形本會不甚詳悉似尚須咨行安徽省長查復

馬振理　現在該會已集議數次所有集議情形自可隨時報告本會惟該會早經成立似宜照江蘇先例准予立案如以中游二字過泛不妨正名安徽治江會

陳主任　此會似應准備案惟名稱應酌加修改至與地方代表接洽情形以及測量計畫均宜隨時報告本會以資愜洽

會長　此案咨復安徽省長准予備案將名稱修改將來與地方接洽情形以及測量計畫均應隨時報告本會如贊成者請舉手

多數通過

會長　開議第三案請提案人報告

楊祖謙　本席前提議荆江疏導籌處呈請湖北省長呈書數上仍無結果應請本會咨行湖北省長

四

按提案人所稱各節查照辦理至一切辦法則詳述議案請其注意勿再推延請大家討論

會長　現在湖北省長問題未曾解決湖北當局無暇顧及將來辦公文時併案咨照並飭主辦人員於外詳細聲敘

衆無異議

時至下午四時三十分宣告散會

審查會長交議楊祖謙呈請設立荆江水道疏導籌備處暨徐會員國彬提議湖北荆江疏防保安會擬請設立疏江籌備處兩案報告

【簡介】

原文爲油印稿，背景見前文。本文爲揚子江水道討論委員會第六次常會討論的第一個議案，詳述了設立疏導籌備處的理由。

【正文】

查議設荆江水道疏導籌備處及設立疏江籌備處兩案，迭經審查員等共同審慎核議，僉以兩案所提各節意義相同，其所述地方利害，自是實在情形。揚子江自藏川發源，下至荆州一帶，斜度驟減，出險最易，堤防疏導萬一有失，危害不堪設想。是所擬堤防疏導兼施辦法，實爲整理江流工程上必要之設施。

本會爲整理大江全部起見，對于各地方局部之利害固不能置之不顧，而規定大江全部之永久計畫，又不能不先有全部詳細之測量及精密之調查。故在測量、調查未經完備以前，對于局部之應急施之計畫，自應商請各省行政長官，以及地方關係機關與公共團體等，酌量情形，分别施治，以爲本會之輔助，而使地方人民不致受萬一之損失。

則所擬撥地方捐款，設立荆江水道疏導處，實行疏導，預防灾害，并先從測量着手，將所測江圖送本會公布等各節，係爲保障地方人民之安全起見，完全爲地方水利行政上切要之設施，亦與輔助本會標本兼治及本會廣征博採之意旨均尚相符，與本會設立原案亦無抵觸。

現在下游濱江各省，鑒于歷年水患頻仍，有先後招集地方關心水利人士，設立治江會等舉，業經本會分别贊同，則此案與下游治江會情形相似，自當視同一律，應由本會咨請湖北省長就地調查，酌量實在情形，切實妥爲籌辦，以保全該地方濱江人民之生命財産。是否有當，仍候公決。

審查員：徐國彬、程學鑾[1]、廖炎[2]、王季緒[3]、劉駒賢[4]

---

❶　程學鑾(1879—1960)：字仰坡，浙江杭縣(今屬餘杭)人。前清舉人。曾赴日留學，入早稻田大學，畢業後回國。歷任駐日本公使館書記官，駐新加坡領事兼代總領事，駐法公使館參贊，北京政府外交部通商司科長。1925 年 3 月，任外交部特派浙江交涉員。1926 年去職。1956 年 7 月，任上海市文史館館員。1960 年逝世。輯自徐友春主編：《民國人物大辭典》，河北人民出版社，1991，第 1152 頁。

❷　廖炎(1882—?)：字企周，四川華陽(今屬雙流)人。前清附生，曾赴日本留學，入大阪高等工業學校。畢業後，回國參加民主革命，入黃興領導的"華興會"進行反清活動。辛亥革命爆發，與陳劭先、黃介民等籌組臨江軍政府。中華民國南京臨時政府成立，任孫中山秘書。1913 年起，任工商部政務司司長。1928 年任甘肅省政府秘書長，甘肅援川軍參謀長。1931 年任甘肅省政府顧問。後任蘭州大學教授。

❸　王季緒(1881—1951)：字緄廬，江蘇蘇州東山鎮人，其父是蔡元培恩師王頌蔚。早年赴日本留學，入東京帝國大學，獲工學士學位，後赴英國留學，入劍橋大學工科，獲博士學位。回國後，歷任國立北平大學機械科主任、代理校長、北洋大學代理校長，北京大學工業院教授，私立中國學院教授，北洋工學院院長等職。民國三十五年(1946)，應聘出任東山莫厘中學首任校長。1949 年 7 月，應聘離校北上。1951 年病逝于北京。

❹　劉駒賢(約 1895—1956)：字伯驥，一字千里，河北鹽山人。藏書家、書商，父劉若曾，清末官任大理寺卿。其家藏書甚富，他最喜收藏袖珍本與精刊初印本，如曾收藏有何焯手校本《文苑英華》全套、葉樹廉校抄本《石林燕語》、吳暻手校本《西齋集》等，元刻本《韻府群玉》、明嘉靖本《三謝詩集》、絳雲樓舊藏《國史經籍志》等，其書店和藏書室名爲"傳經堂""弼印齋"，藏書印有"千里過目""劉千里所藏金石書畫""鹽山劉氏伯驥印"等。病故後，所藏書售于琉璃廠藻玉堂書店。

【原文圖影】

審查　會長文徵揚祖蔭呈請設立荊江水道疏
導籌備處暨徐會員國彬提議湖北荊江沿江
保安會擬請設立疏江籌備處兩案報告
查請設荊江水道疏導籌備處及設立疏江籌備處
兩案迭經審查員等與同審慎核議僉以兩案所規
各節意義相同其所述地方利害自是實在情形揚
子江自藏川發源下至荊州、一帶斜度驟減出險最
易隄防疏導萬一有失危害不堪設想是所陳隄防
疏導兼施辦法實為整理江流工作上必要之設備
本會為整理大江全部起見對於各地方局部之利
害固不能置之不顧而規定大江全部之永久計畫
又不能不先有全部詳細之測量及精密之調查故
在測量調查未經完備以前對於局部之應急施之
計畫自應商請各省行政長官以及地方關係機關
與公共團體等酌量情形分別施治以為本會之輔
助而使地方人民不致受萬一之損失則所擬撥地
方捐款設立荊江水道疏導處實行疏濬[illegible]
并先從測量著手將所測江圖送本會公佈等各節
係為保障地方人民之安全起見完全為地方水利
行政上切要之設施亦與輔助本會標本兼治及本
會廣徵博採之意旨均尚相符與本會設立原案亦
無抵觸現在下游濱江各省鑒於歷年水患頻仍有
先後召集地方關心水利人士設立治江會等舉業
經本會分別贊同則此案與下游治江會情形相似
自當顧同一律應由本會咨請湖北省長就地調查
酌量實在情形切實妥為籌辦以保全該地方濱江
人民之生命財產是否有當仍候
公決

審查員徐國彬
程學鑾
廖炎
王手緒
劉駒賢

審查安徽省長咨送安徽省中游治江會簡章案報告[1]

【簡介】

原文爲油印稿,背景見前文。本文爲揚子江水道討論委員會第六次常會討論的第二個議案,介紹了安徽省申請成立安徽省中游治江會的來龍去脉,以及其中諸如定名等仍有異議,需補充修訂的内容。

【正文】

查《安徽省長咨送安徽省中游治江會簡章案》一案,前于十月十六日第五次常會議決,交付審查。兹經審查員等詳加審核,僉以皖省爲長江流域,該省以江蘇設立長江下游治江會因援案,組織安徽省中游治江會,如果與本會毫無抵觸,自可准其設立,以期相輔而行。惟中游地段棉長[2],不獨安徽一省,該省由皖省官民組織,則治江亦自必限于安徽"中游"二字,似嫌未協,且長江下游治江會係議決先從測量着手,一切測量經費由下游最有關係之江陰等九縣地方分任,并擬有籌備工程辦法。安徽省中游治江會以籌議整理長江中游爲宗旨,于一切必要之設施,原咨及簡章均付缺,如似僅有治江之名,并無治江之實。擬請咨行安徽省長,查照長江下游治江會成案,召集沿江各縣地方代表,商訂切實辦法,并將簡章及名稱酌改,再行咨明核辦。是否有當,仍候公決。

審查員:楊祖謙、徐國彬[3]
惲榮森、高文炳[4]

---

[1] 此件原稿爲油印稿。

[2] 原文如此,以今日用法應爲"綿長"。

[3] 徐國彬(1866—1946):字文陔,湖北黄陂縣人。清光緒三十年(1904)至宣統三年(1911)任北路鐵路學堂校監兼教授,民國元年(1912)任荆州萬成堤工總局總理,後該局改名爲荆江堤工局,其任局長至民國十二年(1923),後調省建設廳、省水利局任職,兼任漢口張公堤工程處長,是當時全國河務會議會員、揚子江水道討論委員會委員。其主持萬城堤工局期間有政績,民國政府爲此授予他六等嘉禾章及三等河工章。他還編纂《荆州萬城堤防輯要》刊行于世。

[4] 高文炳:生平不詳,查民國時期《申報》等,見其曾任農商部第二棉業試驗場設江蘇南通縣場長、農商部僉事、江蘇省農礦廳第三科科長等職的報道。

【原文圖影】

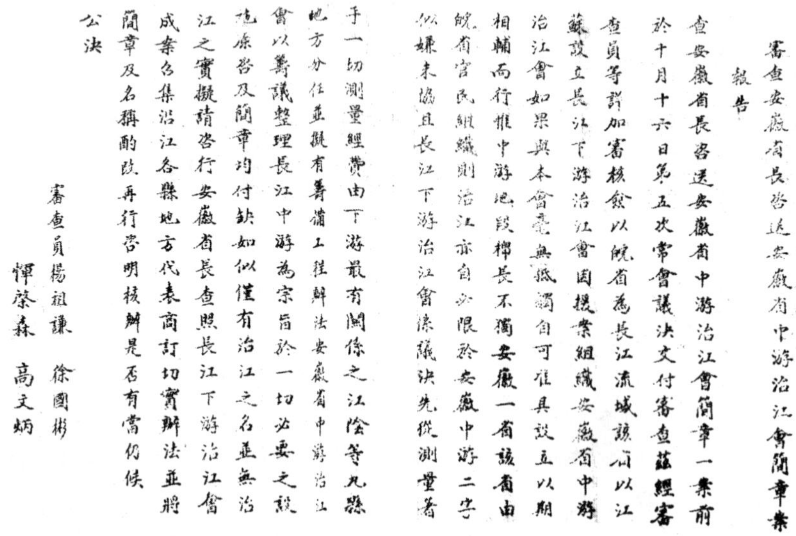

審查安徽省長咨送安徽省中游治江會簡章案

報告

查安徽省長咨送安徽省中游治江會簡章一案前
於十月十六日第五次常會議決交付審查茲經審
查員等詳加審核僉以皖省為長江流域該省以江
蘇設立長江下游治江會因提案組織安徽省中游
治江會如果與本會毫無牴觸自可准其設立以期
相輔而行惟中游地段綿長不獨安徽一省該省由
皖省官民組織則治江亦自必限於安徽中游二字
似嫌未協且長江下游治江會係議決先從測量著
手一切測量經費由下游最有關係之江陰等九縣
地方分任並擬有籌備工程辦法安徽省中游治江
會以籌議整理長江中游為宗旨於一切必要之設
施原咨及簡章均付缺如似僅有治江之名並無治
江之實擬請咨行安徽省長查照長江下游治江會
成案召集沿江各縣地方代表商訂切實辦法並將
簡章及名稱酌改再行咨明核辦是否有當仍候
公決

審查員楊祖謙 徐國彬
惲祭森 高文炳

提議荆江疏導籌備處一案應咨行湖北省長按照原案規定辦理交會核辦案

【簡介】

原文爲油印稿,背景見前文。本文爲揚子江水道討論委員會第六次常會討論的第三個議案,議及因湖北省長問題未曾解决,湖北當局無暇顧及❶,使設立荆江疏導籌備處一事延宕,提議敦促湖北省長加緊辦理。

【正文】

爲提議事。

竊以荆江疏導籌備處一案,乃因提案人在沙市倡設荆江疏防保安會,空談學理數年,不能舉辦疏江,乃呈請湖北省長立疏江籌備處,設固定機關實行其事。書凡四上,湖北省長則始終固執必須取决于本會之辦法。本會責任所在,未容推諉,自當表示一定辦法,咨令照辦,不可依違兩可,以空言籠混咨回鄂省,令其奉行無有方針,開辦永無日期。

本案本會不能另定辦法,則當以原案之籌備處章程,及工程實施方法爲本會辦法,責成提案人聯合揚子江下游數省,先從測量入手,繼續本會技術委員會之漢口測繪綫,貫引于揚子江上游測量地區。以濱江三十五縣爲範圍籌備工程,以宜都、枝江、松滋、江陵、公安、石首、監利七縣爲前導。開辦費用,先提用沙市久經實抽之川鹽疏防公益捐❷,有不足處再由地方外商中央政府、省政府四方補給之。切實指明咨行湖北省長,按所規定察照辦理,庶較允洽而兩無游移,不至藉口于本會之未定辦法而坐廢其事。相應提議,懇請俯賜鑒察,交會核辦。謹呈揚子江水道討論委員會會長。

技術員:楊祖謙

---

❶ 見前文議事録。

❷ 公益捐:民國時期地方政府征收的雜捐,有"就官府征收之捐税,附加若干者",亦有"另定種類名目征收者"。參見蔣晅正:《清末民國蘇州的雜捐(1901—1937)》,碩士學位論文,蘇州科技大學,2018。

【原文圖影】

提議荊江疏導籌備處一案應咨行湖北省長按照原案規定辦理交會核辦案

為提議事竊以荊江疏導籌備處一案乃因提案人在沙市倡設荊江疏濬保安會空談學理數年不能舉辦疏江乃呈請湖北省長立疏江籌備處設同定機關實行其事者凡四上湖北省長則始終固執於須取決於本會之辦法本會責任所在未容推卸自當表示一定辦法咨令照辦不可依違兩可以貽言籠混咨回鄂省令其奉行無有方針開辦永無日期本案本會不能另定辦法祗當以原案之籌備處兼程及工程實施方法為本會辦法責成技術人辦合揚子江下游數省先從測量入手繼續本會技術委員會之漢口測繪線貫引於揚子江上游測量地段以濱江三十五縣為範圍籌備工程以宜都枝江松滋江陵公安石首監利七縣為開導開辦費用先提用沙市久經實抽之川鹽疏浚公益捐有不足處再由地方外商中央政府省政府四方補給之切實指明咨行湖北省長按所規定察照辦理庶較允洽而兩無游移不至借口於本會之未定辦法而生廢其事

一

相應提議懇請

俯賜鑒察交會核辦謹呈

揚子江水道討論委員會會長

技術員楊祖謙

江蘇省發起導治長江計畫

【簡介】

長江下游治江會：揚子江水道討論委員會成立之際，王清穆和張謇邀請長江下游九縣代表匯聚南通，商議浚治長江事宜，發起成立治江會（見本書前文《王清穆張謇發起組織整理長江委員會研究下游治水問題通函》）。同年 11 月 11 日，會議在南通召開❶，九縣代表商議先行測量，以江蘇沿江十九縣爲範圍籌備工程，成立長江下游治江會，從下游蘇省境内江流入手實行導治長江。次年 1 月，太湖水利工程局督辦王清穆、江蘇省長王瑚、江蘇運河工程局督辦張謇三人聯名會呈大總統徐世昌，請求設立長江下游治江會❷。3 月内務部及水利局"准設長江下游治江會，即提閣議通過"❸，4 月 12 日，長江下游治江會成立大會在上海總商會召開❹，公推張謇督辦主席，大會討論了督辦蘇浙太湖水利工程局擬具的組織大綱，確定了"定名""編制""議決機關""咨詢機關""會址""附則"等内容，討論了籌備測量費用分攤、經費來源等問題。

本文所據原文爲手稿，内容提及會呈中央設立導治長江委員會，先由蘇省組織江蘇導治長江研究會，研究會經費由沿江九縣分籌，由此推斷此文是籌立長江下游治江會前初步計畫的草稿。

【正文】

江蘇省發起導治長江計畫

——由江蘇省長會同江蘇運河工程局、蘇浙太湖水利工程局會呈中央設立導治長江委員會。得准再行咨請内務部、財政部、全國水利局各派一員并咨會鄂、皖、贛三省，每省派同數之委員組成之。（應否加外交、交通二部？❺）

——先由蘇省組織江蘇導治長江研究會，所有會員由省長會同兩局督會辦就沿江各縣名望素隆并有水利經驗、熟悉長江情形之員聘任組織之。

---

❶ 見下文《會呈稿：爲會銜呈請設立長江下游治江會仰祈鑒核事》。

❷ 事見下文《會呈稿：爲會銜呈請設立長江下游治江會仰祈鑒核事》。

❸ 1922 年 3 月 4 日《時報》消息。

❹ 1922 年 4 月 13 日《申報》本埠新聞《長江下游治江會成立大會記》，本段後文皆據此報道整理。

❺ 原文爲手稿，底稿和批語字迹不同，本書將批語部分用括號標出，以示區別，下同。

委員會

——委員會經費由蘇、皖、贛、鄂四省(應加湘省),按管轄長江流域之里程分成擔任。

——會呈中央核准會咨鄂、皖、贛各省得同意後,委員會未成立前,由蘇省設立籌備處,籌備與各省接洽并委員會本身之一切事務。至委員會成立日,籌備處當即撤銷。

——委員會自身之組織,暨一切權限、設施等事項由委員會自定,呈請四省之公署(中央)核准施行。

——委員會之籌議範圍以長江起漢口迄吴淞爲限。

——委員會得聘請工程師、顧問組織測量隊,暨籌議導治經費。

研究會

——研究會經費由沿江九縣分籌,并由(蘇省)省公署酌量補助。

——研究會之組織法由省長會同兩局督會辦規定。

——研究會自身之細則由研究會議定後,請省長會同兩局督會辦核定。

——研究會之研究範圍以長江屬于蘇境者爲限。

委員會籌備處

——籌備處職員由省長會同兩局督會辦委任。

——籌備處經費由省長令財政廳籌墊,列入委員會開辦項下支銷。

【原文圖影】

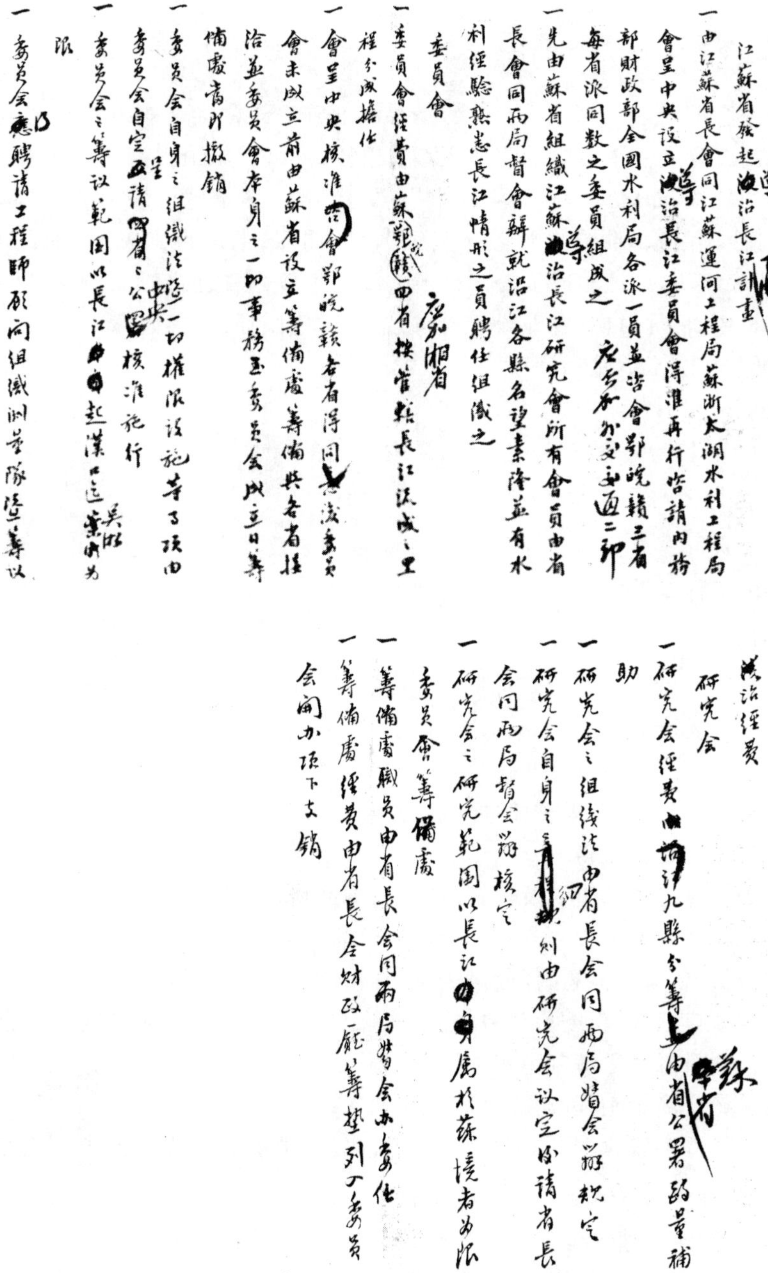
江蘇省發起導治長江計劃

一由江蘇省長會同江蘇運河工程局蘇浙太湖水利工程局會呈中央設立導治長江委員會得准再行咨請內務部財政部全國水利局各派一員並咨會鄂皖贛三省每省派同數之委員組成之

一先由蘇省組織江蘇導治長江研究會所有會員由省長會同兩局暫會辦就沿江各縣名望素隆並有水利經驗熟悉長江情形之員聘任組織之

委員會

一委員會經費由蘇贛四省按省長江流域之里程分成擔任

一會呈中央核准咨會鄂皖贛各省得同意後派委員會未成立前由蘇省設立籌備處籌備與各省接洽並委員會本身之一切事務至委員會成立日籌備處當即撤銷

一委員會自身之組織法暨一切權限設施等項由委員會自定呈請四省之公署中央核准施行

一委員會之籌議範圍以長江由漢口起迄吳淞為限

一委員會應聘請工程師顧問組織測量隊暨籌議

浚治經費

研究會

一研究會經費由沿江九縣分籌由蘇省公署酌量補助

一研究會之組織法由省長會同兩局暫會辦核定

一研究會自身之細則由研究會議定呈請省長會同兩局暫會辦核定

一研究會之研究範圍以長江屬於蘇境者為限

委員會籌備處

一籌備處職員由省長會同兩局暫會辦委任

一籌備處經費由省長令財政廳籌墊列入委員會開辦項下支銷

長江下游工程委員會組織大綱[1]

【簡介】

由内容推斷，本文與上文一樣，是長江下游治江會成立前的初步方案，與長江下游治江會成立後確立的組織大綱[2]相較，可以看出最終組織大綱在思路上爲本文的延續，如會址一項，本文列明“設于南京，測量處分設南通”，《新聞報》載“會址設于南京，測量處暫設于南通”，《新聞報》上還特别説明“前次上海會議，由代表議决，會址該設上海。督辦太湖局王以謂會址之設立，似宜以委員長之所在爲斷，長駐何處，會即設于何處，庶乎呼應靈通、事無阻滯；至測量處與工程局，則當視施工地點爲轉移”。

【正文】

定名

本會實行導治長江。從下游蘇省境内江流及其有關係之湖川入手，名曰：長江下游工程委員會。

編制

本會用委員制。以江蘇省長，江蘇運河工程局督辦、會辦，蘇浙太湖水利工程局督辦爲委員長，下領三科。

第一科　文書機要

掌管關防，撰擬及承轉稿件、翻譯洋文。

第二科　會計庶務

彙編預算、決算，出納及保管銀錢，指揮庶務。

第三科　測量工程

採辦儀器，規畫測務，保管圖表。

每科委員三人，由委員長會委之。書記、辦事員每科二人至四人，以事之繁簡定之。測量隊員之編制另定之。

委員會之測量工程，應設諮詢機關如次：

——顧問諮議會：凡國内外水利工程專家，由委員長聘任之，會員無定額。

---

[1] 筆者所見原件有兩個版本，均爲手寫紙本。其一字迹潦草且多處塗改，當爲草稿本；其二字迹清晰，當爲謄寫本。經比對，兩版内容一致。

[2] 1922 年 9 月 7 日《新聞報》消息《長江下游治江會之組織》。

——地方人士研究會：以縣爲單位，暫以蘇省下游江陰、常熟、太倉、寶山、靖江、如臯、南通、海門、崇明九縣，每縣推定熟悉水利二人，由委員長聘任之，細則另定。

經費❶

會址

會址設于南京，測量處分設南通。

附則

本會未成立前，先設籌備處，其詳章俟成立時另訂之。

【原文圖影】

版本一：

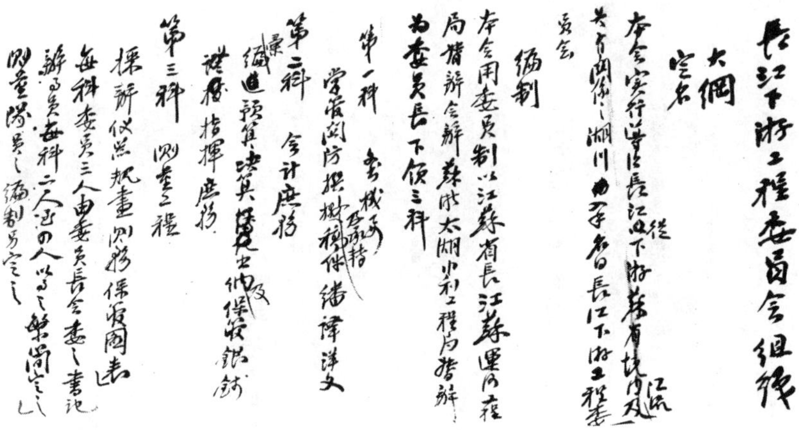

❶　原文“經費”項下爲空缺。

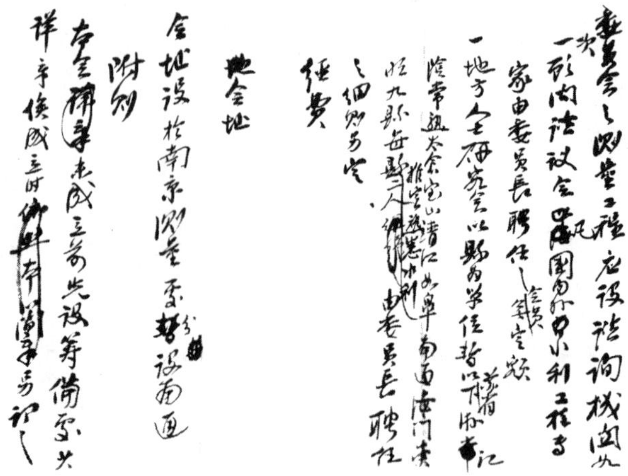

委員會之測量工程應設諮詢機關以[illegible]

一次

一於內諮議會凡國內外中外水利工程專

家由委員長聘任之會員無定額

一地方會每分會以縣為單位暫以蘇省下游[illegible]江

陰常熟太倉寶山[illegible]江如皋南通海門崇

明九縣每縣三人[illegible]由委員長聘任

之細則另定

經費

地會址

會址設於南京[illegible]設南通

附則

本會辦事未成立前先設籌備處其

詳章俟成立時[illegible]另訂之

版本二：

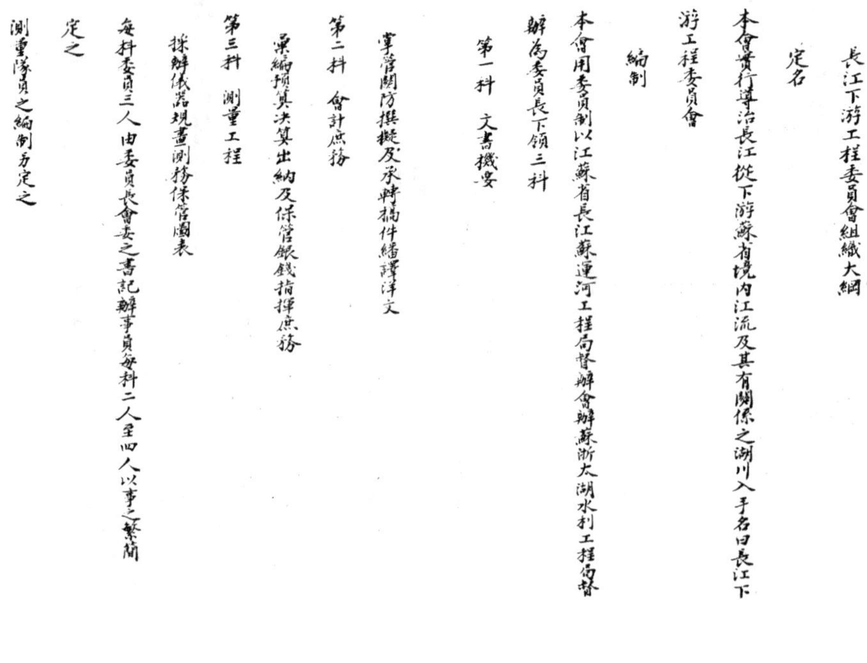

長江下游工程委員會組織大綱

定名

本會實行導治長江從下游蘇省境內江流及其有關係之湖川入手名曰長江下游工程委員會

編制

本會用委員制以江蘇省長江蘇運河工程局督辦會辦蘇浙太湖水利工程局督辦為委員長下領三科

第一科 文書機要

掌管關防撰擬及承轉稿件繙譯洋文

第二科 會計庶務

彙編預算決算出納及保管銀錢指揮庶務

第三科 測量工程

採辦儀器規畫測務保管圖表

每科委員三人由委員長會委之書記辦事員每科二人至四人以事之繁簡定之

測量隊員之編制另定之

委員會之測量工程應設諮詢機關如次

一顧問諮議會凡國內外水利工程專家由委員長聘任之會員無定額

一地方人士研究會以縣爲單位暫以蘇省下游江陰常熟太倉寶山靖江如皋南通海門崇明九縣每縣推定熟悉水利二人由委員長聘任之細則另定

經費

會址

會址設於南京測量處分設南通

附則

本會未成立前先設籌備處其詳章俟成立時另訂之

會呈稿:爲會銜呈請設立長江下游治江會仰祈鑒核事[❶]

【簡介】

本文所據爲手稿,1922 年《江蘇水利協會雜志》第 12 期載有《中外僉載:江蘇省長請設長江下游治江會之會呈》一文,與本文内容大體相同,但文末未署“大總統”三字。至長江下游治江會成立始末見本書前文。

【正文】

爲會銜呈請設立長江下游治江會仰祈鑒核事。

竊瑚[❷]于本年九月,得全國水利局技正楊豹靈《調查長江報告書》,有八年冬英國商會聯合會在滬開會,時鎮江商會代表滿斯德提出《整理長江委員會議案》一致通過;九年冬該會又議決先設一技術委員會,計畫將來委員會辦理各項工程之方針及辦法;上海浚浦局總技師海德生曾有建議并及委員會之組織,交通部航政司顧問、海軍部顧問戴樂爾亦有對于長江之論文發表,而外交團行將提交意見,要求政府舉辦,等語。

瑚念長江自宜昌以下至海,亘二千餘里,連貫鄂、贛、皖、蘇四省流域,爲世界有名大川,物産爲吾國天然寶庫。而自虞夏至今,遥遥四千餘年,無言治江者。江水挾沙而下,逢灣遇滯,積澱生淤,凡洲堵坍漲之原,即利害棄除之驗。本年夏秋之交,四省雨量皆多,四省沿江各縣無不泛溢成灾。江蘇地處下游,被患尤烈,加以江南太湖合澱、泖諸湖之漲,江北運河合淮、沂、泗、沭諸水之漲,所有下泄之路皆以江底淤阻而不暢,又因江水位高而抵距,致沿江各縣區域破圩坍地不可勝計,瀕湖瀕河五十六縣淹没過當,田稼傷害不可勝言。此以水利言關于國内之民生者。

自江日淤墊,洲渚日多,由下溯上,流向屢變,而阻障横生者,下以江蘇江陰、如臯、南通之間爲甚,上以江西湖口、德化[❸]之間爲甚。上涉冬令水綫較深之商輪即不能行;下值日暮,無論水綫深淺之輪均須停泊,因是淤阻輒生艱險。此

---

❶ 原文爲手稿。

❷ 時任江蘇省長王瑚自稱,文尾有署名。王瑚(1865—1933),字禹功,號鐵珊,河北定縣人。光緒進士,曾赴日本考察農務。辛亥革命後曾任京兆尹,因治理永定河有功升任江蘇省長,北伐後曾任黄河水利委員會副委員長,1932 年任輔仁大學國文系教授,1933 年 4 月病逝于北平。

❸ 此德化即今九江,因與福建省德化縣重名,于民初改爲現名。

以交通言關于國際之商業者。

外人起而爲謀，自緣通商勢力處心積慮垂二十年。觀其長年掟江駐測之船，每年海關印行之圖，早可推見。惟整治長江，純屬内政，若待外人提出要求，或竟越俎而代，利爲人有，權不我歸，較之今所傳播公共、管理財政，禍將更大，且亦我下游運河、太湖宣泄之尾閭，未可爲人操縱者也。事勢所迫，因即分抄楊技正報告書，咨商清穆、謇❶兩局，會浚浦局，如報告書所述之期開會，并請瑚派員代表列席。在彼，初不似掩耳而盗鐘；在我，乃不啻當頭之喝棒。

清穆、謇均瀕江下游之人，江流梗澀爲久着之病。本年江漲尤非常之灾，聞圖治江，翕然同意。先是謇爲地方自治，于南通呈設保坍會，維持江坍。歷請外國工師平爵内❷、柰格❸、特來克❹、貝龍猛、方維因❺、鮑惠爾諸人于江陰、南通上下，先後測量、討論，粗有計畫。又嘗設導淮測量局，派員實測淮水入江上下游江底及今運河，所測先後亦十餘年，于江底高下、歷年流量、流速之度亦粗有圖表可資比較。

兹事利害固國家與地方共之者也。因復商同清穆，先以地方名義通知下游最有關繫之江陰、常熟、太倉、寶山、靖江、如皋、南通、海門、崇明九縣地方農商、教育、水利等會，公推代表于十一月十一日集于南通，開會討論。

旋據南通等縣張詧❻等呈稱："代表等在通開會，討論浚治長江事宜，議決先行測量，以江蘇沿江十九縣爲範圍籌備工程，以江陰以下九縣爲前導。定名曰：長江下游治江會。于江蘇省治設立長江專治機關，參照浚浦局委員之制，與中央長江討論會有相劑之益，無抵觸之嫌。所有測量一切經費先由九縣地方分任，至工程用款約需一千萬元，應由國家及地方分籌：甲，請政府籌撥的款；乙，由地方量力協助。先予會呈中央備案"，等情，分呈省與兩局、瑚等。

查浚治長江關係内政、民生、國際主權至鉅且大。際此國勢危不終日之時，尤當外人實偪，處此之域，既無偷安之旦夕，寧有餘地之迴旋？該會所擬施工程式，先從測量入手，自是正法。惟工關九縣，費及千萬，值兹國庫如洗、地方洊

---

❶ 即王清穆、張謇。

❷ 平爵内：義大利工程師，曾任職天津海河局。

❸ 奈格，浚浦局外國工程師，曾參與浚浦挖泥工程。《申報》1907年4月24日《本埠新聞：滬道瑞觀察覆江督文(浚浦不用沽口爬泥辦法)》有關于其工作情況的報道。

❹ 亨利克・特來克：荷蘭水利專家，曾受張謇邀請，不遠萬里赴南通保坍會任駐會專家。輯自《南通治水的白求恩？荷蘭水利專家特來克》，https://www.sohu.com/a/152060072_769404。

❺ 貝猛龍、方維因均爲荷蘭工程師。

❻ 張詧(1851—1939年1月26日)，字叔儼，小名長春，號退庵、退翁，人稱退公，江蘇南通人，爲張謇的三兄，人稱張三先生，自稱張叔子。實業家。

灾,安得鉅款可供指撥?但以不治之坍地,與治後之漲沙出入相較,及施測之暇日爲全域之統籌,納軌前進,差亦不遠。若諉諸外人代謀,所費殆不止于千萬。以浚浦局兜攬漲地爲前車,其所取償可以推想。聞該會籌費方法係以附加或帶征税捐,及請撥漲沙繳價爲大宗標准。用之于江仍取之于江,期有濟于地方均益之實工,而無妨于國家收入之舊額,義例正大。其如何辦理,應俟該會立案後,合訂具體辦法,續行呈請。兹以該會成立具報,瑚等反覆審量,意見相同,理合將設立長江下游治江會各緣由,會銜呈請,伏乞鑒核,准予備案,并祈明令宣示祇遵。謹呈大總統。

督辦太湖工程王清穆
江蘇省長王瑚
督辦運河工程張謇

【原文圖影】

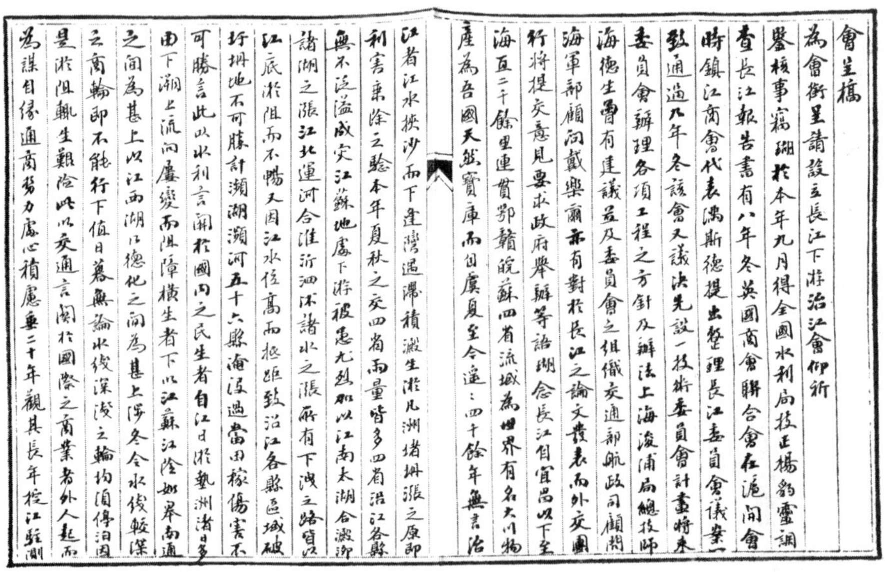
會呈稿
為會銜呈請設立長江下游治江會仰祈
鑒核事竊瑚於本年九月得全國水利局技正楊豹靈調
查長江報告書有八年冬英國商會聯合會在滬開會
時鎮江商會代表鴻斯德提出整理長江委員會議案一
致通過九年冬該會又議決先設一技術委員會計畫將來
委員會辦理各項工程之方針及辦法上海浚浦局總技師
海德生曾有建議並及委員會之組織交通部航政司顧問
海軍部顧問戴樂爾亦有對於長江之論文發表而外交團
行將提交意見要求政府舉辦等語瑚念長江自宜昌以下至
海亘二千餘里連貫鄂贛皖蘇四省流域為世界有名大川物
產為吾國天然寶庫而自廣夏至今迄四十餘年無言治
江者江水挾沙而下逢灣過隈積澱生洲凡洲堵坍漲之原即
利害乘除之驗本年夏秋之交四省雨量皆多四省沿江各縣
無不泛溢成災江蘇地處下游被患尤烈加以江南太湖合瀦即
諸湖之漲江北運河合淮沂泗沭諸水之漲所有下洩之路皆以
江底淤阻而不暢又因江水位高而抵距致沿江各縣區域破
圩坍地不可勝計瀕湖瀕河五十六縣淹沒過當田稼傷害不
可勝言此以水利言關於國內之民生者自江口淤墊洲渚日多
由下溯上流向屢變而阻障橫生者下以江蘇江陰如皋南通
之間為甚上以江西湖口德化之間為甚上游冬令水綫較淺
之商輪即不能行下值日暮無論水綫深淺之輪均須停泊困
呈淤阻輒生艱險此以交通言關於國際之商業者外人起而
為謀自係通商努力處心積慮垂二十年觀其長年按江駐測

之船每年海關印行之圖早可推見惟整治長江純屬內政若
待外人提出要求或竟越俎而代利為人有權不我歸較之今所
傳播公共管理財政禍將更大且亦我下游運河太湖宣洩之尾
閭未可為人操縱者也事勢所迫因即分抄楊枝正報告書咨
商清穆　謇兩局會浚浦局如報告書所述之期間會並請派
員代表列席在彼初不似掩耳而盜鐘在我乃不啻當頭之喝棒
清穆　謇均瀕江下游之人江流梗澀為久著之病本年江漲尤
非常之災聞圖治江翕然同意先是謇為地方自治於南通呈
設保坍會維持江坍歷請外國工師平爵內奈格特來克目龍猶
方維因飽惠爾諸人於江陰南通上下先後測量討論粗有計
畫又嘗設導淮測量局派員實測淮水入江上下游江底及今運
河所測先後亦十餘年於江底高下歷年流量流速之度亦粗
有圖表可資比較其事利害同國家與地方共之者也因復商
同清穆先以地方名義通知下游最有關繫之江陰常熟太倉
寶山靖江如皋南通海門崇明九縣地方農商教育水利等會
公推代表於十一月十一日集於南通開會討論旋據南通等縣
張詧等呈稱代表等在通開會討論濬治長江事宜議決先
行測量以江蘇沿江十九縣為範圍籌備工程以江陰以下九
縣為前導定名曰長江下游治江會于江蘇省治設立長江專
治機關參照浚浦局委員之制與中央長江討論會有相劑
之益無抵觸之嫌所有測量一切經費先由九縣地方分任
至工程用款約需一千萬元應由國家及地方分籌申請政
府籌撥所缺亦由地方量力協助先予會呈中央備案等情分
呈省與兩局瑚等查浚治長江關系內政民生國際之權至
鉅且大際此國勢危不終日之時尤當外人窺伺處此之域既無
偷安之旦夕寧有餘地之迴旋該會所擬施工程序先從測
量入手自是正法惟工關九縣費及千萬值其國庫如洗地
方務災安得鉅款可供指撥但以不治之坍地與治後之漲沙
出入相較及施測之暇日為全局之統籌倘軌前進善亦不遠
若該諸外人代謀所費殆不止於千萬以浚浦局覓攬漲地為
前車其所洗償可以推想聞該會籌費方法係以附加賦帶
征稅捐及請撥漲沙繳價為大宗標準用之於江仍取之於
江期有濟於地方均益之宜正而無妨於國家政入之舊額
義例正大其如何辦理應俟該會立案後合訂具體辦法
續行呈請並以該會成立具報瑚等反覆審量意見相同
理合將設立長江下游治江會各緣由會銜呈請鈞
鑒核准予備案並祈
明令宣示祗遵謹呈
大總統

督辦太湖工程王清穆
江蘇省長王瑚
督辦運河工程張謇

輯三　運淮

研究員封謙吾[1]提議挑藺家壩河審查報告

【簡介】

蘇魯運河，事及山東、江蘇等省，矛盾由來已久。明清時期，漕運爲國家所重，爲保運道暢通、趨利避害，兩省圍繞水量調蓄、山洪暢泄等問題，積怨重重，尤以微山湖處于兩省交界地，更是矛盾所在。光緒年間，蘇魯運河裁撤專官，鋭減工費，水道日漸淤墊，其後供其吐納之各湖河久不施治，效用漸失，魯南、江北迭遭奇灾。民國甫建，"兩省官紳怵于巨患，籌治乃亟[2]"，在魯南設立籌辦山東南運湖河疏浚局，由潘復主持；在江北設立籌浚江北運河工程局，由馬士杰主持。據胡其偉的研究[3]，蘇魯運河之矛盾，一是因爲運河沿綫，水利設施多，管理調度複雜，保漕保黄難度極大；二是兩者水系交叉，雨量集中，水急流短，洪水調度困難；三是微山湖地跨兩省，既是湖西坡水匯集之所，又是運河之水櫃，但其排水口門藺家壩和伊家河却在江蘇境内，山東省只控制泇河水口韓莊，水大時排水、水少時引水均受制于江蘇。

結合後續文意，推測本文爲江蘇水利協會會議議題，有《研究員封謙吾提議案》爲議題一之《研究員封謙吾提議挑藺家壩河審查報告》正文、《研究員劉穩元

---

[1] 封謙吾：人物生平不詳，查舊文獻，在民國《申報》(1913—1919)有其擔任縣議員、被選爲江蘇水利協會研究員、提議挑藺家壩河等事項的報道，另《江蘇水利協會雜志》1920 年第 8 期有其提議挑藺家壩河的原案。

[2] 見下文《蘇魯運河會議之略史》。

[3] 胡其偉：《水利糾紛的省際博弈：以清代蘇魯運河流域爲例》，《歷史地理》2008 年第 1 期。

提議碭山水利宜先修治洪減二河案》爲議題二之《研究員劉穩元提議修治洪減二河審查報告》正文、《公民陳維儒關于導淮由舊黄河槽入海意見書》爲議題三之《公民陳維儒導淮意見書審查報告》正文。

【正文】

查原案提議主旨,深慮直魯❶大治南運,導引衆流并入微湖,將來灌入中運,爲邳、宿❷害,特由荆山河作微湖分泄入運之大計畫,并假定一穿運并沂歸海之導綫,意誠周到。惟由荆山河出不牢河口入運,邳人謂之西水,而其運河北岸,每當伏秋盛漲,沂流實分二大支灌運,與西水争流、鬭溜奪運爲灾,現言水利者無不主持沂運分治。

審查結果以原案引荆山河水出不牢河口穿運并沂一説,將來利害殊無把握,應請暫從緩議。是否有當,請公決。

研究員劉穩元提議修治洪減二河審查報告

查原案主旨在于先治洪、減二河,但五、六、七三年畝捐既借撥軍事廢用❸,八年畝捐目下尚未征收❹,究竟洪、減二河需款若干尚無切實之規定。

審查結果擬呈請省長訓令該縣知事迅將五、六、七三年畝捐設法籌還,以爲儘先修治洪、減二河之用,餘款再行修治他河。是否有當,請公決。

公民陳維儒導淮意見書審查報告

查原書所述各節及附陳意見書,業于本會第二、四兩期雜志《會勘江北運河日記暨測量報告》大略相同。

審查結果認爲無庸置議。

審查長:陸文椿❺

理事:鮑友恪❻

---

❶ 直魯,直指直隷(舊省名,今河北地區,含天津);魯,指山東省。

❷ 當爲邳州、宿州。

❸ 廢用:疑爲“費用”訛誤。

❹ 由此推斷,三份報告當發生于民國七至八年(1918—1919)。

❺ 陸文椿(1861—1935),字壽山,徐州新沂人,清代舉人,晚年研究水利,著《導沂圖説》。

❻ 鮑友恪(1870—1949),字執之,江蘇寶應著名士紳。曾任江北運河局評議,參與蘇北運河及洪澤湖、淮河水利事。

【原文圖影】

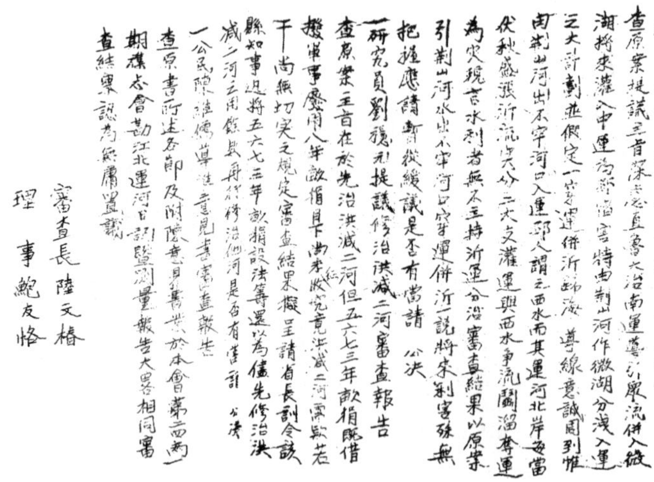

研究員對諸季提議挑濬沂河審查報告

查原案提議主旨係注重魯南運河引泉流併入微湖將來灌入中運為蘇省害特由荊山河作微湖分洩入運之大計劃並假定一定之運併沂歸海導線意識周到惟由荊山河出不牢河口入運即入謂之西水而其運河北岸每當伏秋盛漲沂流東分二大支灌運與西水爭流關溜奪運為災現言水利者無不主持沂運分治審查結果以原案引荊山河水出不牢河口穿運併沂一說將來利害殊無把握應請暫從緩議是否有當請　公決

一研究員劉穆元提議修治洪減二河審查報告

查原案主旨在於先治洪減二河但五六七三年畝捐既借撥單事憂用八年畝捐目下尚未收征究竟洪減二河需款若干尚無切實之規定審查結果擬呈請省長訓令該縣知事迅將五六七三年畝捐設法籌還以為儘先修治洪減二河之用餘款再行修治他河是否有當請　公決

一公民陳雄儒等陳述意見書審查報告

查原書所述各節及附陳意見書業於本會第二四兩期雜志會勘江北運河日記暨測量報告大略相同審查結果認為無庸置議

審查長　陸文椿

理　事　鮑友恪

研究員封謙吾提議案

【簡介】

提案者“深慮直魯大治南運，導引衆流并入微湖，將來灌入中運，爲邳、宿害”，提議挑藺家垻，由荊山河作微湖分泄入運水道，荊山河水出不牢河口穿運并沂。該議因“將來利害殊無把握”，被緩議。

【正文】

逕啓者，直魯大治南運將着手進行。凡兩省諸河湖與運相毗者，所有蓄水莫不順流而下。直魯之水至徐家營房東入運河，西入微湖。上游水大入運者不及十分之二，餘皆泛濫一盂之湖。自漕運停後，微湖淤淺，不能容納多水，屢次測量勘察著有明證，且微湖泄水僅止兩口一峰。縣境内之湖口雙閘放水入運，然啓閉之權操諸山東。每逢湖水漲發，糧田被淹，銅沛❶人民南北呼籲，始得啓一板、兩板，究于禾稼之漂没終無成效。銅山境内之藺家垻放水入荊山河。前清時，銅山鹽業運自藺家垻，歲有常費挑挖微湖，水勢尚可藉以稍泄。自津浦鐵道❷告成，銅山鹽業改由火車行運，藺家垻遂淤墊數尺，非湖水上淹糧田二十里，藺家垻涓滴不能下流。近來銅沛兩縣十年九災，皆由于微湖之水有來源而無去路。

自直魯發起大治南運事，銅沛人民不勝驚惶。直魯之水不能遏止不入微湖，微湖之水即不能遏止不淹銅沛。欲爲銅沛除水害，先謀微湖出水路。出水口門除湖口雙閘、藺家垻兩口外，别無他口之可言。湖口雙閘放水入運是以鄰爲壑之道。台莊以上地勢建瓴，微湖水面高于運河水面數尺，如將閘圮廢，一旦上游之水傾注而下，萬派匯歸一綫，奔騰水勢猛烈，恐入運後難免無潰堤之虞。一經泛濫，邳宿❸首當其衝。嗚呼！可藺家垻舊有明末運道出微湖入荊山河，下接不牢河至三岔口入運，長約二百餘里，河形頗具，工少費省，并可使直魯之水自徐家營房入運、入湖，東西分流，水力減弱。自三岔口穿運過徐塘口經砲車湖至周家口挑一新河，長約數十里，與沂支河相接。自周家口攔沂幹河築垻，不使沂水入運，配平地勢，調順河流，沂水不至倒灌新河，運河自可安流無患矣。然

---

❶ 銅、沛二縣，即徐州市所轄銅山區和沛縣，在民國時分别爲銅山縣和沛縣。

❷ 津浦鐵道即津浦鐵路，始建于清光緒三十四年(1908)，民國元年(1912)修成通車，全長1009千米；1968年南京長江大橋建成後，該路延伸更名爲京滬鐵路。

❸ 邳宿當爲邳州和宿遷的簡稱。

後將沂支河高築堤岸，重加寬深，俾沂水總歸支流，下六塘、出響水口，由灌河入海。如是直魯之水入微湖而銅沛不爲害，出微湖入運而邳宿不爲害，出運合沂入海，而海州不爲害。謙吾一得之愚，是否有當，敬候公決。

【原文圖影】

研究員封謙吾提議案
逕啓者直魯大治南運指者于進行凡兩省諸河湖與運相毗者所有蓄水莫不順流而下直魯之水至徐家營房東入運河西入微湖上游水大入運者不及十分之二條皆汎溢一盂之湖自漕運停後微湖淤淺不能容納多水屢次測量勘察著有明証且微湖洩水僅止兩口一峰縣境内之湖口雙閘放水入運然啟閉之權操諸山東每逢湖水漲發糧田被淹銅沛人民向北呼籲始得啟一板兩板究於禾稼之漂没終無成效一銅山境内之藺家壩放水入荆山河前清時銅山鹽業運自藺家壩歲有常費挑挖微湖水勢尚可藉以稍減自津浦鐵道告成銅山鹽業改由火車行運藺家壩遂淤墊數尺非湖水上漲糧田二十里藺家壩消滴不能下流近來銅沛兩縣十年九災皆由於微湖之水有來源而無去路自直魯發起大治南運事銅沛人民不勝驚惶直魯之水不能遏止不入微湖微湖之水即不能遏止不淹銅沛欲爲銅沛除水害先謀微湖出水路出水口門除湖口雙閘藺家壩兩口外別無他口之可言湖口雙閘放水入運是以鄰爲壑之道台莊以上迴勢建瓴微湖水面高於運河水面數尺如將閘扎廢一旦上游之水傾注而下萬派滙歸一線奔騰水勢猛烈恐入運後難免無潰堤之虞一經汎溢邳宿首當其衝焉可藺家壩舊有明末運道由微湖入荆山河下接不牢河至三岔口入運長約二百餘里河形頗具工少費省倂可使直魯之水自徐家營房入運入湖東西分流水力減弱

自三岔口穿運過徐塘口經硊車湖至周家口挑一新河長約十數里與沂支河相接自周家口攔沂幹河築壩不使沂水入運酌本地勢調順河流沂水不至倒灌新河運河自可安流無患矣然後將沂支河高築隄岸重加寬深俾沂水總歸支流下六塘出响水口內灌河入海如是直魯之水入微湖而銅沛不為害出微湖入運而邳宿不為害出運合沂入海而海州不為害謹吾一得之愚是否有當敬候公決

二

研究員劉穩元提議碭山水利宜先修治洪減二河案

【簡介】

提案主旨在于先治洪、減二河，但因民國五、六、七三年畝捐被挪作軍用，八年畝捐尚未征收，所以無法興工。會議結果是呈請省長訓令該縣知事盡快籌還經費，餘款再行修治他河。其時水利工作的艱難可見一斑。

【正文】

碭邑居徐州之最西偏，全境平衍，半多窪下。諸河道久經淤塞，上游既不能容納諸支水，下游地勢尤昂，復不利于宣泄，一遇大雨連綿，遍地輒水深數尺，禾稼多爲淹没。所以近四十年來被水灾十餘次，饑饉薦臻、哀鴻遍野，此皆河道未修階之厲也。前經省議會議決，截留畝捐修治河道、以工代賑，奉令測量全境河道計工程需洋十七萬五千五百元，擬定分期修治，呈報在案。

嗣以匪亂日亟，民不聊生，軍事益繁，負擔愈重。除四年畝捐照解外，所有五、六、七各年畝捐均已移緩就急，借撥軍事費用。今匪亂漸平，八年份畝捐亦另款存儲。治水自爲地方要務，而修治洪減二河尤爲當務之急。查減河自碭山西境迤邐而南，復折而東，容納上游及中游諸支水匯于碭東南境之顧口。不惟下游不通無以宣泄，即上游亦極窄淺，容納無多，每當夏秋間大雨頻至，水輒横流。洪河爲碭東北大河，迤折而東南，容納東北一帶諸支水，惟是河身淤淺，屢患泛濫。

兹擬請江蘇測量局迅速派員測量，估定工程，按本年畝捐收入之數，先治洪減二河，隨後分期修治，庶沈灾可以水澹，碭人不獨致向隅。是否有當，用請大會公决。

【原文圖影】

研究員劉穩元提議碭山水利宜先修治洪減二河案
碭邑居徐州之最西偏全境平衍半多窪下諸河道久經
淤塞上游既不能容納諸支水下游地勢尤昂卻復不利於宣
洩一遇大雨連綿遍地輒水深數尺禾稼多爲淹沒一歷
以近四十年來被水災者十餘次饑饉薦臻哀鴻徧野
此皆河道未修階之厲也前經有議會議決截留畝捐
修治河道以工代賑奉令測量全境河道計工程需洋十
七萬五千五百元擬定分期修治呈報在案嗣以匪亂日亟
民不聊生軍事益繁負担愈重除四年畝捐照解
外所有五六七各年畝捐均已移緩就急借撥軍事費
用今匪亂敉平八年分畝捐亦另款存儲治水自爲切
要務而修治洪減二河尤爲當務之急查減河自碭山西
境迤邐而南復折而東容納上游及中游諸支水匯於碭東南
隄口頽圮不堪以致不通無以宣洩即上游亦極窄淺容納
無多每當夏秋間大雨頻至水輒橫流洪河爲碭東北
大河迤折而東南容納東北一帶諸支水惟是河身淤
淺屢患氾濫茲擬請江蘇測量局迅速派員測
量估定工程按本年畝捐收入之數先治洪減二河
隨後分期修治庶洪水可以永澹碭人不獨致向
隅是否有當即請
大會公決

公民陳維儒關于導淮由舊黄河槽入海意見書

【簡介】

陳維儒關于導淮的建議主要是:一,要利用舊黄河漕入海;二,宜宣蓄并籌、以備旱澇而利航運;三,工程做法要符合測量報告結果情形;四,工程管理參仿安徽成功經驗;五,改建楊莊草壩以利鹽運、并可收費來補充經費。

【正文】

呈爲敬陳管〇〇祈❶垂鑒事。

竊以導淮之事自靳文襄公❷創議由車邏垻❸築堤束水入海,經喬萊公❹以四不可止之,即寂然無聞。嗣因銅瓦廂決口,黄流北徙,議論螽起,又緣工艱款鉅,寢擱未行,迨有清末季,南通張啬公❺創辦江淮水利公司設局測量。踵以丙午水灾❻,人民流離,資財損失,于是江皖人士痛定思痛,僉謂非導淮入海、導沂分流無以挽救其昏墊。又鑒于魯省浚運,蘇屬勢處尾閭,亟宜籌劃排泄,乃建議大挑運河,以免壅遏之患。現蘇之導沂、魯之浚運均從事測量,積極進行;惟導淮雖擬由王營減垻入鹽河以入海,其事尚待研究。今蘇雖導沂由六塘河以入海,不使入運,去一勁敵,中運方面確已輕其擔負;殊不知魯之治運,蘇處尾閭,轉復增一勁敵,裡運方面仍舊慮其壅遏。以暴易暴,相去幾希? 況皖之宿、靈、泗三縣上年又大挑澮塘溝,疏引禪堂湖之水入洪澤河。來源雖屬無多,去路依然未暢。蘇之浚運惟展寬、加深,擴充容量與宣泄,并未達圓滿,結果欲求千里長河無壅遏之患,亟宜趁其導沂浚運工程未興之先,提前籌辦,預爲進行,不獨將來留備,藉作浚運引河之用。縱異日沂運工程未竣,設遇伏秋汛漲、來源洶湧,大有所瀉、力有所分,而患亦可平也。甚至導淮工成,宣泄收效即導沂浚運之工。屆時

---

❶ 原稿爲油印件,此處漫漶難辨,此注。

❷ 即靳輔(1633—1692),字紫垣,遼陽人,隸漢軍鑲黄旗,清代治河名臣。

❸ 車邏垻在今高郵,中華人民共和國成立後廢棄。

❹ 喬萊(1642—1694),字子静,一字石柯,江蘇寶應人。《皇朝經世文續編》卷一百九《工政六河防五》有"文襄築堤之議,雖阻于侍讀喬萊"語。綜合輯自王雲松:《江淮名臣喬萊生平述略:康熙朝政局變幻的一個個案考察》,《江海學刊》2012 年第 1 期。

❺ 張謇。

❻ 光緒三十二年(1906,丙午)夏秋之際,江淮地區發生嚴重水灾,江蘇及安徽境内大部分地區陷入灾荒。輯自王麗娜:《光緒朝江皖丙午賑案研究》,博士論文,中國人民大學,2008 年。

如仍未興，亦可停止進行。昔之言導淮者著書立説，淮揚之人欲導由灌河入海，而海沭之人又欲導由射陽、斗龍兩港入海，仍有欲由瓜埠入江，奈未實地履勘，難以引爲考據。

查閲第四期《水利雜志》，載有《水利協會呈省長文》，會員費君同官提議導淮計畫三策。其第一策主張舊黄河槽導淮入海，又云測量報告結果謂舊黄河自楊莊至安東七十二里，中間河底高海平面三丈三四尺；張福引河自馬頭鎮至順河集一段三十五里，高于海平面二丈六七尺，低于楊莊、安東六七尺，低于洪澤亦一二尺；又曰湖之深浤❶不過一二尺至三尺，據此則洪澤湖底高當在二丈八九尺，水位當高在三丈一二尺，而黄河底且高出洪湖水面以上，應如何浚深而始與湖底配平、如何加深而始引湖流東注一節。此乃報告實地測量情形，其高于海平面之尺寸亦必確鑿無疑。又第二期《水利雜志》登載潘君馨航《會勘運河日記》，載有萬君曉庵《痛論江水利情形》，謂治水宜罔勿輕言創，所論乃鑒于歷來所辦導淮陳迹、經驗而言。又云舊黄河槽尚可出水，今年楊莊功效頗著，雲梯關以下河勢漸低，海口水深丈許。商舶可由海口上溯至八灘，他日導淮解決祇有此途一節。

今綜以萬君痛論《費提議測量報告》，再征以張嗇公癸丑《導淮計議書》，籌議自十三堡至運口淮水入運之路，并由楊莊至安東廢黄河身浚深尺寸，即可通流各節互相研究，其導淮水由舊黄河槽入海之宗旨皆不謀而合，足征舊黄河槽尚堪適用。今如導淮捨舊黄河槽棄而不用，恐與輿論、地理兩相抵觸，緣經過之處田畝挖廢，農民失業、無計謀生，勢必群起詰難。即按畝折價，農民已得不償失，于拯斯民于水火而登衽席之宗旨近乎剌謬。今會長主任❷總理江北水利，宵旰焦勞，提倡進行不遺餘力，凡屬居民同歌樂土。公民寄籍淮陰尤深景仰，如有一得之愚，皆當盡其天職貢獻愚忱，焉能緘默不言？明知人微言輕、管窺之見，本不足以悚聽，聞然高山不辭土壤、河海不辭細流，敬隨諸鄉達之後，妄參末議，謹擬導淮由舊黄河槽入海意見數條，以當蒭蕘之獻，冒昧上陳，敬乞電鑒。謹呈

寄籍淮陰公民陳維儒謹呈

附呈意見書清摺一扣

謹將導淮意見五條繕具清摺敬陳電鑒。

計開

——導淮地點宜如費、萬兩君之議論，暨南通張嗇老癸丑導淮之計議，以順輿情而利進行，不致反對延擱，再蹈坐失機宜之覆轍耳。

---

❶ 即深泓綫，河槽各横斷面中最大水深點的連綫。

❷ 原文如此。

——導淮入海宜宣蓄并籌，以備旱澇而利航運、農田。查下河七邑，農田之水利皆賴乎洪澤、微山諸湖水櫃灌溉之功，所以沿運千餘里設置涵洞、閘、壩，岫列林立，水大之年則堵閉閘洞，拒其東下，乃開壩泄水，南以入江、東以入海；水小之時即閉壩蓄水、啓放閘洞引水以灌田疇，其間于節制收束之道兩得其平，意至美、法至善也。今之導淮入海仍宜師其成法，航運、農田兩者兼顧，只希淮水通流入海、無壅遏之虞，不宜宣泄過甚，一遇乾旱之年轉失下河水利。

——規劃工程做法宜依照第四期《水利雜志》登載測量報告結果情形，將楊莊、安東七十二里之舊黄河身一律浚深八尺、底寬五丈，二面各二收口寬九丈，每丈估土五十方、計河身長一萬二千九百六十丈有零，共估土七十二萬五千九百方配平洪澤湖底。再將張福引河同順清河身展寬若干尺，俟伏秋泛漲，即可引湖流東注，不致泛濫爲灾矣。

——集夭興工，宜仿皖省上年所挑澮塘溝集夭成法，俾督工領夫各有專責以收衆擎易舉效，而免工長夫衆彈壓不易、滋生事端。

——導淮工程宜將楊莊草壩改建以利鹽運，按引抽收壩費以作該河每年撈淺浚淤經費。查楊莊草壩本預冬春水涸，以蓄舊黄河中泓積水，以便湖販駁送鹽斤到楊莊，轉上運河鹽船之用。今擬將此壩移建于西壩之東，俾鹽船直泊西壩受儎，以免過壩盤駁折耗，似此湖販受益良多，宜酌令湖販按引捐助該河經常經費以資修守。

【原文圖影】

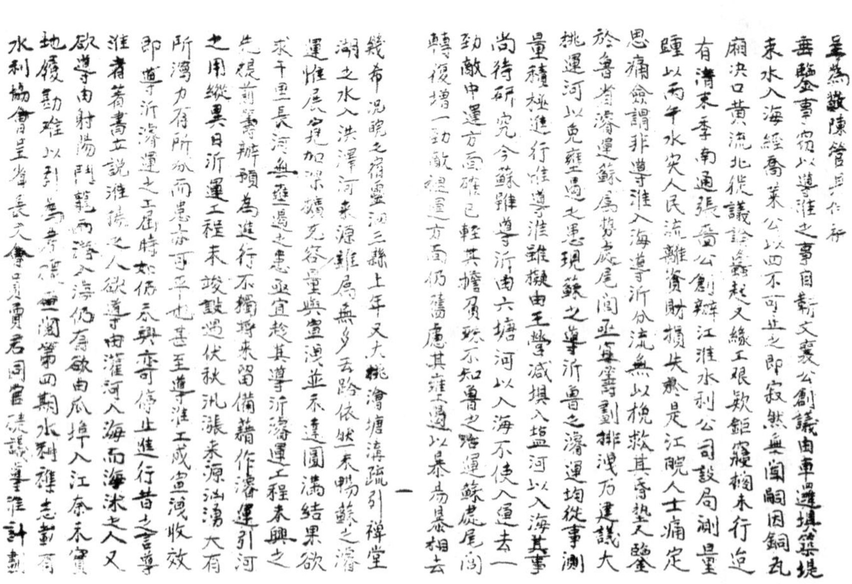
呈為擬陳管見以作芻
蕘事竊以導淮之事自靳文襄公創議由車邏填築堤
束水入海經喬萊公以四不可止之即寂然無聞嗣因銅瓦
廂決口黃流北徙議論蠡起又緣工艱款鉅寢擱未行迨
有清末季南通張嗇公創辦江淮水利公司設局測量
踵以丙午水災人民流離資財損失於是江皖人士痛定
思痛僉謂非導淮入海導沂分流無以挽救其昏墊又鑒
於魯省濬運蘇屬勢處尾閭亟宜籌劃排洩乃建議大
挑運河以免壅塞之患現蘇之導沂魯之濬運均從事測
量積極進行惟導淮雖擬由王營減壩入鹽河以入海其事
尚待研究今蘇雖導沂由六塘河以入海不使入運去一
勁敵中運方面雖已輕其擔負然不知魯之濬運蘇處尾閭
轉復增一勁敵運河方面仍舊慮其壅塞過以泰蒸相去
幾希況皖之宿靈泗三縣上年又大挑濉塘溝疏引禪堂
湖之水入洪澤河來源雖屬無多去路依然未暢蘇之濬
運惟展寬加深擴充容量與宣洩並未達圓滿結果欲
求千里長河無壅遏之患亟宜趁其導沂濬運工程未興之
先提前籌辦預為進行不獨將來留備藉作濬運引河
之用縱異日沂運工程未竣設遇伏秋汛漲來源洶湧大有
所濟力有所分而患亦可平也甚至導淮工成宣洩收效
即導沂濬運之工俱時如緩不興亦可停止進行昔之言導
淮者著書立說淮揚之人欲導由灌河入海而海沭之人又
欲導由射陽鬥龍而濬入海仍有欲由瓜埠入江奈未實
地履勘確以利害為標茲閱第四期水利雜志載有
水利協會呈省長文會員賈君恂當陳議導淮計劃

三策其第一策主張舊黃河導淮入海又云測量報告結果謂舊黃河自楊庄至安東七十二里中間河底高海平面三丈三四尺張福引河自馬頭鎮至順河集一段三十五里高於海平面二丈六七尺低於楊庄安東六七尺低於洪澤亦一二尺又曰湖之深淺不過一二尺至三尺據此則洪澤湖底高當在二丈八九尺水位當高在三丈一二尺而黃河底且高出洪湖水面以上應如何浚深而始與湖底配平如何加深而始引湖流暴注一節此乃報告實地測量情形其高於海平面之尺寸亦必確鑿無疑又第二期水利雜志登載潘君聲航會勘運河日記載有萬君曉彥痛論江水利情形謂治水宜引勿輕言創所論乃驗於歷來所辦導淮陳迹經驗而言又云舊黃河槽尚可出水今年楊庄功

二

效頗著雲梯關以下河勢斷低海口水深丈許當編可由海口上溯至八灘他日導淮解決亦有此途一節今綜以萬君痛論實提議測量報告再徵以張嗇公癸丑導淮計議書籌議自十三堡至運口淮水入運之路並由碼庄至安東廢黃河只須浚深七八寸即可通流各節互相研究其導淮水由舊黃河槽入海之策上皆不謀而合足徵舊黃河槽尚堪適用以如導淮捨舊黃河槽棄而不用恐與輿論地理兩相牴啎緣經過之處田畝挖廢農民失業無計謀生勢必群起詰難即按畝折價農民已得不償失於極斯民於水火而全社會之案日近乎刹謬今會長主任總理江北水利商折衷辦法備進行不遺餘力凡屬居民同歌樂土公民寄籍淮陰尤深景仰如有一得之愚皆當盡其天職貢獻愚忱焉能緘默不言明知人微言輕管窺之見本不足以悚聽聞然高山不辭土壤河海不辭細流敬隨諸鄉達之後妄參末議謹擬導淮由舊黃河槽入海意見數條以當芻蕘之獻冒昧上陳敬乞

電鑒謹呈

寄籍淮陰公民陳維儒謹呈

附呈意見書清摺一扣

謹將導淮意見五條繕具清摺敬陳

電鑒

計開

一導淮地點宜如貴萬兩君之議論照兩通張嗇老所主導淮之計議以順輿情而利進行不致反對延擱

三

其路坐失機宜之覆轍耳

一導淮入海宜由舊黃河並籌以備旱澇而利航運農田之水利皆賴乎洪澤微山諸湖水相灌溉之功所以治運千餘里設置涵洞閘壩岫列林立水大之年則堵閉閘洞拒其東下乃開填浪水南以入江東以入海水小之時即閉填蓄水啟放閘洞引水以灌田疇其間於節制收束之道兩得其平意至美法至善也今之導淮入海仍宜師其成法航運農田兩者兼顧只希淮水通流入海無壅遏之虞不宜宣洩過甚一遇乾旱之年轉失下河水利

農田運河之呈

一規畫工程做法宜依照第四期水利雜誌登載謝

量報告諸某情形將楊庄安東七十二里之舊黃河身一律浚深八尺底寬五丈二面各收口寬九丈每丈估土五十方計河身長一萬二千九百六十丈有零共估土七十二萬五千九百方配平洪澤湖底再將張福引河向順清河身展寬若干尺俟伏秋汛漲即可引湖流東注不致汎濫為災矣

一集夫興工宜仿照昔年辦理淮揚塘漕集夫成法俾督工領夫各有專責以收眾擎易舉之效而免工長夫多彈壓不易滋生事端

一導淮工成宜將楊庄草壩改建以利鹽運接引柚枚壩費以作該河每年撈淺濬淤經費查楊庄草壩本預冬春水涸以蓄舊黃河中淤積

四

水以復湖販鹽運鹽斤到楊庄轉上運河鹽船之云今擬將此壩移建於西壩之東俾鹽船直泊西壩受載以免過壩盤駁折耗似此湖販受益良多宜酌令湖販按引捐助該河經常經費以資修守

職員王寶槐[1]、陸文椿提議派員調查汶泗水源案[2]

【簡介】

本文先是回顧了江北運河水源,提出微山湖作爲運河水櫃却全湖枯涸見底這個大問題,進而建議派人調查微湖乾涸的原因。

【正文】

江北運河其源有三:自三閘以下爲裏運,多恃淮水爲來源,在淮陰境内者,由張福引河以入運,若高寶等縣境,運與湖通口甚多,淮水入運之尾閭也。三閘以上爲中運,在邳、宿境内者則以沂水爲來源,由一道徐塘、沙家、竹絡垻等口入運,惟沂漲均在夏秋之間,冬春則枯涸無流,其水來猛而易竭,兩三日中能漲至一二丈,不半月即消落如故,每年漲發一次或數次不等,當猛漲之時,拍岸盈堤、屢告潰決,是沂水冬春不足以濟運,夏秋實足以爲害也。其中運所恃爲常久之源者即魯省汶泗之水,會瀦于微山湖爲一大源頭,由湖口雙閘宣泄濟運,汶泗與中運極有關係。本年伏秋汛期,沂水僅一發,其較每年爲小,汶泗之水直未見漲,現在微山湖全湖枯涸見底,爲從來未有之事。湖口雙閘無水濟運,中運乾涸可立而待。傳聞戴村垻傾圮,汶水北行,是以微山湖無水,果否屬實,殊難憑信。但微山湖爲蘇運上游一大水櫃,節宣舊制,蘇魯均宜遵守,刻當兩省籌議治運之際,微山湖乾涸至此,究竟是何緣因,亦治運中所當注意之點。擬請本會調查部派員前往調查,是否汶泗路綫有所變更,抑别有枯涸緣由,報告到會,以備研究。是否有當,請公決。

---

❶ 王寶槐之槐字因原文漫漶,辨識不清。王寶槐(1868—1952),又名王叔相,江蘇淮安清江浦人,著名愛國人士、慈善家,同盟會會員,國民黨元老,留學法國,獲法國馬賽水利工程學院水利堤閘工程科博士學位,曾任孫中山大總統巡行督辦、國民政府水利委員、江蘇運河工程局參贊和江北水利局長等職。綜合輯自《開發商要蓋樓一些名人故居被拆》,《揚州晚報》,2002 年 11 月 16 日,馬兆勇:《嫉惡行善澤鄉梓——記原蘇皖邊區臨時參議會參議員、水利專家王叔相》,《大江南北》2015 年第 12 期。

❷ 據《申報》1919 年 9 月 26 日第二張"國内要聞"《江蘇水利協會開會記(二)》載,該案朱紹文、武同舉等均主張照原案辦理通過。

【原文圖影】

職員王寶槐 陸文椿 提議派員調查汶泗水源案
江北運河其源有三自三閘以下為裏運多恃淮水為來源
在淮陰境內者由張福引河以入運若高寶等縣境運與
湖通之口甚多淮水入運之尾閭也三閘以上為中運在邳宿
境內者則以沂水為來源由一道徐塘沙家竹絡壩等口入
運惟沂漲均在夏秋之間冬春則枯涸無流其水猛來而易竭兩
三日中能漲至一二丈不半月即消落如故每年漲發一次或
數次不等當猛漲之時抑岸盈堤屢告潰決是沂水冬
春不足以濟運夏秋實足以為害也其中運所恃為常久之
源者即魯省汶泗之水會豬於微山湖為一大源頭由湖口雙閘
宣洩濟運汶泗與中運極有關係本年伏秋汛期沂水僅一發其
長也甚小從前汶水直未見漲現在微山湖全湖枯涸見底為從來
未有之事湖口雙閘無水濟運中運乾涸可立而待傳聞戴村
壩傾圮汶水北行是以微山湖無水果否屬實殊難憑信但微山
湖為蘇運上游一大積節宣洩制蘇魯均宜遵守刻當兩
省籌議治運之際微山湖乾涸至此究竟是何緣因亦治運
中所當注意之點擬請本會調查部派員前往調查
是否汶泗路線有所變更抑別有枯涸緣由報告到會
以備研究是否有當請
公決

勘議籌洽山東南運河水利草案[1]

【簡介】

民國三年(1914)9月,潘復提出《勘議籌洽山東南運河水利草案》,此後江蘇省動議與山東省會議運河治理,始有兩次蘇魯運河會議[2]。本文簡單回顧了山東南運河的歷史,以及提出草案的背景,繼而開宗明義,直接拋出"東汶水以御黄""治運應先分治汶泗""汶、泗既治,乃可專言運河本體"的觀點。然後言及施工程式,以黄河之南爲起點,龐家口至靳口閘爲第一區,靳口閘至徐家營房爲第二區,徐家營房至黄林莊江蘇界止爲第三區。提出第一區專治汶水西來之源,束禦入黄,兼以規復東平全境;第二區分治汶、泗、濟寧、汶上、魚台湖河支流,悉以隸之,延長至二百二十餘里;第三區疏浚湖河,用備尾閭之蓄泄;潘復對三區費用也做了匡算。對于經費來源,潘復提出一是向外國資本團磋商籌借,用工成後的純利收入償還;一是發行水利公債,勵行押荒價變;他對工程計畫的收益也做了估計。潘復對工程計畫做了詳細分段(惜附繪湖河全圖已佚),在附注中將34個分段詳加説明。

【正文】

溯自南運失治,汶、泗泛濫于其間,東平、濟寧、魚台數郡,綿歷三四百里,歲浸民田至下七千萬畝。生生之機既斷,無復餘力捍禦堤防,而河官以時爲進退,初無遠計,情勢日以變易,益相視莫可誰何。昏墊之憂,有固然矣。運河起浙江,歷江蘇、山東、直隸,貫通南北,雅有中國蘇彝士之稱譽。當明清之際,天庾推輓,嘗以國家全盛之力設置官吏、丁兵夫役,數逾萬千。惴惴焉,惟恐一日之不達。于是經營湖河諸水,暢助其流,歲有常規,罔敢廢墜。雖其本義重在渠漕之交通,而沿河商民,固已飲其餘惠。迨夫海運開、河運廢,區區故道,宜若無足重輕矣。抑知有大謬非然者,運河之爲用,尤在吐納湖河,灌溉停蓄,胥有標准,斯能擷其利而彌其灾。不然,南運範圍舊所謂"五水濟運"者("五水"曰"汶"、曰"泗"、曰"沂"、曰"洸"、曰"濟"。沂水在山東,其流甚微,其在沂州境者,乃入江南運河。洸爲汶之支流。濟則本自濟源,其因泗流入濟寧者,謂之南濟,亦泗之

---

[1] 原文附録圖紙似被人有意撕去,全文不復見任何圖紙,僅餘圖紙説明,一并整理于後。

[2] 詳細内容見下文。

經流也，故今南運中以汶、泗爲獨盛。）❶設一旦而失其吐納之地，其不泛濫而浸圯也，將又何途之歸？故運河自輟運以後，情移勢遷，與其爲交通之航路，無寧謂爲水利之溝渠。倘仍恃廿載前之故法，以爲今日之金鑑，其幾何不鄰于刻劍膠瑟也乎。

抑復固泗曲之一民也。少客四方，習聞父老疾苦，非一朝夕矣。治運之議，發生于權司實業之日，博征意見，從事研究者，殆將經歲。兹乃于九月之初，親歷勘察，水陸兼行，時歷旬日。考諸積年檔案以朔其源，參諸最近圖繪以窮其變，諮詢于沿岸父老以達其情，涉覽于湖河分流以究其勢。利弊之際，益昭昭矣。由是規畫草案，以爲施治張本，兼以爲精測工程之依據，法上得中，庶其不甚懸遠耶。

今兹規畫草案，首宜標明大恉，而有今昔之不同者。昔之治運，在以湖河爲支脉；今之湖河，轉以運道爲尾閭。昔則蓄泄一歲之水，求濟一歲之運；今則疏浚一分之水，求涸一分之田。昔以交通爲主體，非有水利之觀感也，今以水利爲範圍，交通之利，自連帶而生也。今昔異勢，利害異形。曰“汶”、曰“泗”，以迄“南旺”“昭陽”“微山”諸湖，先宜知所從事，然後治運之功可期也。斯恉既明，規畫之端請繼此而悉述之。

（一）束汶水以禦黄

黄河未穿運以前，汶水入大、小清河，歷東阿而北至利津，即漢時濟水會汶入海之故道也。迨因銅瓦廂告決，黄河初入東省，循大清河而下，横截汶水歸海之路，于是汶水異漲，其北行者，則由戴村滚水垻漫出，至龍堌集分派，一入大清河繞城而北，一入小清河繞城而南，悉注于馬家口，合流北趨，至張家口。而運河之水，復因安山、靳口之間，東無堤防，横漫入坡，即土山窪，出運入黄，往來舟楫，遂成交通之水渠。土人呼之曰“坡河”，其流亦匯于此，又北行二十五里，至清河門，仍分爲二流，一由團山、峨山至龐家口，一由候家河、魏家河經斑鳩店亦至龐家口，爲汶水入黄要道。現在黄河口益淤高，再遇漲增，頂托倒漾，汶即不能北注，旋流泛濫，遂使東平良田數千萬畝，盡付波臣。所以惨怛之呼，歲不絶聞于耳也。議興議輟，迄無定策。恝而弗治，如斯民何？着手之初，計惟就清運河流，循其舊堤基址，築高培厚，收束汶水，不使旁溢，水既抬高，入黄較易，兼可借其猛力攻刷黄淤，毋任停積于宣泄之門，并擬仿洞庭圩田之制，權衡水量，審察地勢，添築曲斜各堤，分爲四區，曰“東南區”、曰“西北區”、曰“中東區”、曰“中西區”，以區之埂，作河之堤，既斂汗漫之波，斯收障衛之效。膏田之涸，禾稼蔚興，可左券以待矣。但施工有難易，而獲利有後先，四區之中，以東南區爲最易

❶ 括號爲原注。

修治，西北區次之，而中東、中西兩區則又其次也。南運工程以汶水爲艱，然次第推行，自非茫無把握者。比若竟視數萬人民託命之所，永永沉淪于汶黄漩渦之中，亦非國家之利也。故區區治運之議，兼治汶、泗，而束汶禦黄，又爲北段之第一義。

（一）❶治運應先分治汶、泗

汶、濟、魚三縣，爲南運之中樞。農、工、商業，實利賴之。顧比歲受利之微，不敵被害之鉅。揆其致害之由，則汶與泗是也。汶水發源于泰安仙台嶺，暨萊蕪等縣，二百四十五泉，至東平入濟，合流以至于海，此禹迹也。迨元人引汶絶濟，爲會通河。明永樂中，又築戴村壩，遏汶水盡出南旺以濟運，分流南北勢亦稱便。近以分水口以北，自十里閘迄于袁口閘，計程三十里，以汶水挾沙瀉泥，積淤深厚，歷久未挑，遂遏北行之水，盡歸南下，而向所賴以分泄運河異漲之關家閘暨土地廟閘等處，復以防護南旺湖田，全行嚴閉，以致河不能容，堤必自潰，實爲濟、魚等縣莫大之害矣。泗水發源于泗水縣陪尾山，四泉并發西流至兖州城東，又南流經横河與沂水合。元時于兖州東門外，五里金口作壩，遏泗南趨，并于壩之北建閘，即黑風口。夏秋水長，則開金口，閉黑風，使南出魯橋，以濟棗林等八閘之運。冬春水微，則閉金口，導水入黑風，西流府河，至馬場湖收蓄，以濟天井等八閘之運。今舊制盡湮，河道淤墊，而泗河之水，已不能合沂灌入馬場湖，則盡出于魯橋。伏秋水勢洶湧，一經暴漲，漫爲民患。其上游河道尚寬，惟自西泗河頭、張家橋以下，地勢既窪，而河又極窄，泗水驟經收縮，其流必猛，歲無不決。濟寧迤東，田禾浸没，動至數千萬畝，民生疾苦，乃弗可言矣。爲今之計，惟亟籌分治汶、泗之法，先將南旺分水口受淤河道，大加疏浚，使復南北分流之舊。他如關家閘暨土地廟閘等處，通湖引渠，亦宜酌挑寬深，直抵茫生閘，使吸入之水，得由此吐出，灌入牛頭河（即古趙王河，在濟寧城南，舊通汶上縣之南旺，由永通閘下連魚台縣之穀亭，爲明代之舊運渠）。展寬挑深，使上游異漲之水，得由此河以遞達于南陽、昭陽、微山諸湖。汶水既治，别于新泗河上游，就張家橋舊有壩基，堅築滚水石壩，并仍挑浚東泗河用資宣泄，導引孟家橋支河，泄入獨山湖，改從魚台縣境運河東岸十八水口入運，不使盡出魯橋，則泗河之水不壅，而白馬河之水有所容納，汶水南下之路，節節疏暢，更何注濫之憂？是則水患既除，地利自興，如濟寧、魚台兩境，化沮洳爲膏腴者，勢且倍于東平，不第此也。運河水長，固可泄汶、泗以顧民田，如運河水消，仍可蓄汶、泗以通航路，緩急有備，操縱自如，皆以汶、泗爲之關鍵。本末源流，昭然可指。所謂治運應先分治汶、泗者此也。

---

❶ 原文括號内既僅以“一”字標序，下同。

（一）南運河全綫之浚治

汶、泗既治，乃可專言運河本體矣。上章不云乎今昔異勢，利害異形，治運之方，非可執古以論也。昔之治運，患水大尤患水小，今之治運，患水大不患水小，何以言之？一以利濟漕渠爲先，治之惟恐其不足；一以水利民田爲重，治之應去其有餘。綜覽南運河，綿長五百六十餘里，積久弗治，所以苦斯民，固已亟矣。而河渠之淺深莫定，航業閣滯，市廛蒙其影響，如濟寧、南陽、夏鎮、台莊、安山、開河等地，求如往歲盛時之十一，何可得耶？補救之法，計惟現將積淺之處，以及各湖引渠概施浚治，務使上下湖河，脉絡貫通，俾汶、泗如昭陽之水，得由牛頭河以出。若汶、泗漲，則啓減閘，以牛頭河爲納流之地；汶、泗消，則閉減閘，斯南運河無枯滯之憂。再如十字新舊兩河，坐受山河噴沙，淤塞不通，南運河幾有中斷之虞。前于光、宣之際，就微山湖東岸，改挑新河，原爲遠避山河沙流，意亦可採，惜以地勢非宜，舟行頗爲艱阻，不若仍將舊十字河，循迹挑復，較爲穩便。特是微山一湖，上游衆水所歸，爲東省最著水櫃之一，既有分注之來源，豈無疏消之去路？一由藺家垻下之荆山河，并伊家河分泄，入江北運河；一由湖口雙閘放水入運，接濟韓莊以下八閘，以利航路。舊制微山湖，收水定以一丈五尺，以運河之現勢觀之，湖中水量過多，適足抵禦上游諸水，不易宣泄。濟、魚、滕、嶧各地低窪，田疇遂受無形之害。今宜酌減微山湖收水量度，至五尺上下，其與農、工、商業，全湖物産均無損而有裨。總之，汶、泗既治，運河本體，但期尾閭之疏浚，支脉通流，靡不迎刃而解，蓋有一之勢也。

以上三端，施工綱要，略已具舉，至于施工之程式，則宜假定劃分三區。以黄河之南爲起點，龐家口至靳口閘爲第一區，靳口閘至徐家營房爲第二區，徐家營房至黄林莊江蘇界止爲第三區。區劃既定，工費之要，可得概略而言也。

第一區專治汶水西來之源，東禦入黄，兼以規復東平全境。東平受汶流之害，素爲最烈，而工程比較的亦最爲艱鉅，勘估工費，計需三十萬元。

第二區分治汶、泗、濟寧、汶上、魚台湖河支流，悉以隸之，延長至二百二十餘里。施工繁要，而收利之速之溥，遠非他區可比，勘估工費，數亦倍蓰，計需五十萬元。

第三區疏浚湖河，用備尾閭之蓄泄。語其利害，則以一、二兩區之利害爲利害，工既易施，費亦最省，勘估工費，計需二十萬元。

總觀三區之程式，及夫施工綱要，百萬元之工費，勢當籌備。其所以化分三區者，良以財政緩急，工程險易，利害消長，遲速之機，不盡相同。特留爲臨時支配之餘地。果能循兹規畫，計日精進，財不中輟，事不旁移，更得熱心之士，完全負其責任，二年之内，一律竣工可也。今之所當戒者，力可勝必當通籌全域，力不勝寧當勉待歲時。如或未徹始終，率爾從事，其不敗隳于中途者鮮矣。是反不若不治而少節財用之爲愈也。

方今國用告虚,民力已殫,工費百萬元,仰給于國庫既所難能,盡責諸地方何堪爲繼? 然則將何所籌措乎? 于此有二説焉。(甲)則援取導淮草議,向外國資本團磋商、籌借。抵押之品,所有湖河涸地純利收入,自可標定。畢工以後,即以用爲分年償款之需,此一説也。(乙)則量察本省金融實況,發行地方水利公債一次,其數以四五十萬元爲額,再就現放湖田附河官産,勵行押荒❶價變,施工之際,沿河所經,饮諸民力,庶亦可辦,此又一説也。由甲之説籌商借款,果其條件不逾導淮草議範圍,則款集而事易舉。由乙之説,雖無債務之困難,須視地方之財力,然其整齊劃一,計日施工,則不若借款之穩便。區區之愚,以爲今日南運不治則已,治則舍此二説,初無籌款之方,斯在慎擇其一耳。

雖然工程計畫,需費至百萬元,畢工以後,利益若何? 實爲惟一問題。兹就水利範圍,直接可指之涸田一頃計之;東平境内,約十二、三萬畝;濟寧境内,約三十萬畝;魚台境内,約二十萬畝;汰零存整,假定爲六十萬畝,沉糧之地❷,實居三分之一,平均核計,公家每畝特征捐税歲取一元,即爲六十萬元,半之猶爲三十萬元,决無再減。湖河施治之後,斯民出水火而登衽席,揆以義務報酬之指,領田民户,特税之征,踴躍輸將,無異説也。是則百萬工費取償之期,衹在三、四年中,斯後税率增減,永永爲公家之收入,直接之利,有如此也。至若新涸田畝,多屬膏腴,採用區畫溝渠之制,講勵新法、振興農藝、藏富于民,莫可悉數。矧又航路交通、商業得以發展,税源增活,所裨于國計者,均在無形之中矣。

由斯以觀,南運湖河之現況,其治也若此,其不治也若彼,利害消長,人民樂苦,實以施工之遲早以爲衡。規兹草案,用存標准,欲爲數百里生民請命。竊不盡其拳拳之思也。謹議。

民國三年九月潘復

附注:

山東運河,黄河以北者爲北運,黄河以南者爲南運。兹篇計畫,以南運爲範圍,北運尚竢異日。

兹篇之外,附繪湖河全圖,分注工程計畫,爲説三十有四,用便覽察。

此次勘察湖河,濟寧賈道尹札運工程汪局員壽蔭隨行。途次研究,深屬諳悉,而曲財政廳長❸,關于治運事,雅所贊同,特電安山厘局胡委員德元,來省用

---

❶ 押荒:清末實行放墾政策後,由墾務機構向承墾佃户收取的墾荒押金。

❷ 沉糧地之説法,見下文《山東南運湖河測繪報告書》下注。

❸ 時財政廳長曲卓新。據 1914 年 11 月 4 日《農商公報》載《文牘:呈文:呈大總統文:第一二八號(十一月四日):請派潘復籌辦山東南運湖河疏浚事宜由》。

備諮詢東平汶水情勢。兹篇規畫于汪胡二員意見，頗多採取，特爲附注。

第一段[1]自龐家口攔黄垻至靳口閘東連坡河一帶[2]

(1)[3]龐家口係汶水入黄要道，宜使通暢，有議建閘以時啓閉者，似非所宜。

(2)西北區圩堤如善修守，不致無效。

(3)此處由坡河入大清河，又謂之監河，往來船隻均由此入黄。

(4)擬築新堤，自安山鎮起至張家口止，計長二十里，兩堤相距宜寬至三四十丈，藉資束水，不惟民田涸，復而航路亦便交通。

(5)中西區已有民土基礎，可再逐漸擴充。

(6)中東區居坡水最深處，修治工艱，應俟東南區工竣，徐圖規復。

(7)東南區地勢較高，先從此入手，可涸民田十二三萬畝，治標之策，斯爲穩著。

(8)安山以北，自戴廟閘上至十里堡閘下運河，因受黄淤，已如平陸，不能行水，今可不治。

(9)安山至靳口，計長三十里，堤身被水衝塌，年久失修，僅存基址，亟宜修復，使運河汶水盛漲不致漫溢出漕，實爲縣境東南區之保障。

(10)擬循大、小清河舊存堤址，加高培厚，以資蓄汶禦黄，不使倒漾爲患。

(11)大、小清河暨坡河，因無堤防，歷年被灾，損傷民田約計三十萬畝。

(12)汶水盛漲漫垻，入大、小清河，出龐家口入黄。

(13)汶水盛漲漫垻，由石垻口、劉老口等處入運，其流北行。

第二段自靳口閘歷蜀山、昭陽等湖至徐家營坊

(14)十里閘下至袁口閘上，運河長二十九里，受淤極重，非盛漲不能通舟，且遏汶水不使北行，盡歸南下，實爲商民最著之害，宜大施挑浚，以復南北分流之舊例。

(15)闞家閘暨土地廟閘，皆爲分泄運河異漲而設，所有通湖引渠今俱湮塞，亟宜浚通，直抵芒生閘，即以挑出之土培諸兩岸，俾可分泄運漲，使入牛頭河。

(16)南旺湖已不蓄水，早經招佃征租，宜仍其舊。

(17)汶水出分水口，南北分流，北流七分，南流三分，此舊例也。後傳爲北三南七之説，則無可考。而今之汶水，南流者竟居十分之七八，嫁禍于南，歲無不灾，亟宜疏浚。

---

[1] 原文作“叚”，誤，下同。

[2] 原文此處圖紙似被人有意撕去，惜未見其他圖紙。

[3] 此部分阿拉伯數字均爲原文所注。

(18)蜀山湖爲北路最要水櫃,仍應蓄水濟運,不宜輕易放墾,因小失大。

(19)馬場湖已不蓄水,早經招佃征租,宜仍其舊。

(20)牛頭河原係宣泄運河異漲之要道,今以首尾淤塞,吐納不靈,而河勢尚窪,行水最利,亟宜相機疏浚,期與湖河脉絡貫通,以收輔行之效。

(21)新店閘下滚水垻實即缺口分泄運河異漲,其勢最激,實爲濟寧南鄉莫大之害。歲淹民田約有四五十萬畝。今擬將滚水垻改建爲減水閘,因時啓閉,并就閘外築成兩堤,中即爲河,使與牛頭河相通,束水不使旁溢,則運堤可保,而民田亦涸,尤所注意。

(22)泗河自横河以下,河身漸窄,故易潰決。

(23)擬在泗河上游,横築滚水垻一道,遏泗入東泗河,以復舊制,而濟寧東南一帶,歷年勘重灾區,計地三十餘萬畝,可望變爲膏腴。

(24)張家橋至葉家口河已淤平,宜大加挑浚,兩岸堤工亦應堅築高厚,由此以下河向無堤,附近薄田轉盼坐受泗淤,能收化瘠爲肥之利。

(25)孟家橋支河原爲分泄泗河異漲入獨山湖,今已湮塞,宜自孟家橋挑起,直抵勝家塢一律通暢,使泗水由獨山湖出十八水口入運,則魯橋下游即不致壅潰之虞。

(26)白馬河無來源,水力亦甚薄弱,如泗水治,則河流南趨,即不致漫溢爲患。

(27)馬工橋至七里單閘下爲牛頭河尾閭,今因積淤高厚,以致阻上游諸水不能南下,濟寧南鄉深受其害,宜循其舊道,挑深展寬,以利疏消,去路所關,極要。

(28)擬改泗水由十八水口入運。

第三段自徐家營坊歷微山湖至台莊

(29)安林二口爲通湖要渠,必使浚治通暢,以消上游積水之患。

(30)微山湖新挑河道未甚得勢,舟行不便,河亦近廢,詳審河勢,似仍宜挑復老十字河爲是。

(31)微山湖收水定志,連同新舊積游不得逾一丈五尺,現就沿河上下地勢之湖底,較前日益淤高,若仍如前收蓄,必致頂托上游積水,不能下注,酌擬減收五尺,嗣後收水以一丈爲度,仍期與湖産、航業種種關係均無窒礙。

(32)擬就新河東岸添築護堤一道,可望涸出湖田十萬餘畝,與湖河均無窒礙。

(33)由此閘宣放湖水接濟八閘,爲江北沿河各縣灌溉所利賴。

(34)伊家河係分泄東水如江南運河,早經淤塞,不能行水,宜循其舊道而浚通之。

【原文圖影】

勘議籌治山東南運河水利草案

溯自南運失治。汶泗泛濫於其間。東平濟甯魚台數郡。綿歷三四百里。歲浸民田至下七千萬畝。生生之機既斲。無復餘力捍禦隄防。而河官以時爲進退。初無遠計。情勢日以變易。益相視莫可誰何。昏墊之憂。有固然矣。運河起浙江。歷江蘇山東直隸。貫通南北。雅有中國蘇彝士之稱譽。當明清之際。天庾推輓。嘗以國家全盛之力。設置官吏丁兵夫役。數逾萬千。惴惴焉惟恐一日之不達。於是經營湖河諸水。暢助其流。歲有常規。罔敢廢墜。雖其本義重在渠漕之交通。而沿河商民。固已飮其餘惠。迨夫海運開。河運廢。區區故道。宜若無足重輕矣。抑知有大謬非然者。運河之爲用。尤在吐納湖河。灌溉停蓄。胥有標準。斯能擷其利而弭其災。不然。南運範圍。舊所謂五水濟運者。（五水。曰汶。曰泗。曰沂。曰洸・曰濟・沂水在山東・其流甚微・其在沂州境者・乃入江南運河・洸爲汶之支流・濟則本自濟源・其因泗流入濟實者・謂之南濟・亦泗之經流也・故今南運中以汶泗爲獨盛・）設一旦而失其吐納之地・其不泛濫而浸圮也・將又何途之歸・故運河自輟運以後・情移勢遷・與其爲交通之航路・無寧謂爲水利之溝渠・倘仍恃廿載前之故法・以爲今日之金鑑・其幾何不鄰于刻劍膠瑟也乎・

抑復固泗曲之一民也・少客四方・習聞父老疾苦・非一朝夕矣・治運之議・發生於權司實業之日。博徵意見・從事研究者・殆將經歲・茲乃于九月之初・親歷勘察・水陸兼行・時歷旬日・攷諸積年檔案・以溯其源・參諸最近圖繪・以窮其變・諸詢于沿岸父老・以達其情・涉覽于湖河分流・以究其勢・利弊之際・益昭昭矣・由是規畫草案・以爲施治張本・兼以爲精測工程之依據・法上得中・庶其不甚懸遠耶・

今茲規畫草案・首宜標明大恉・而有今昔之不同者・昔之治運・在以湖河爲支脈・今之湖河・轉以運道爲尾閭・昔則蓄洩一歲之水・求濟一歲之運・今則疏濬一分之水・求涸一分之田・昔以交通爲主體・非有水利之觀感也・今以水利爲範圍・交通之利・自連帶而生也・今昔異勢・利害異形・曰汶曰泗以迄南旺昭陽・微山諸湖・先宜知所從事・然後治運之功可期也・斯恉既明・規畫之端・請繼此而悉述之・

(一)東汶水以禦黃

黃河未穿運以前・汶水入大小清河・歷東阿而北至利津・即漢時濟水會汶入海之故道也・迨因銅瓦厢告決・黃河初入東省・循大清河而下・橫截汶水歸海之路・於是汶水異漲・其北行者・則由戴村滾水埧漫出・至龍堌集分派・一入大清河繞城而北・一入小清河繞城而南・悉注於馬家口・合流北趨・至張家口・而運河之水・復因安山靳口之間・東無堤防・橫漫入坡・即土山窪・出運入黃・往來舟楫・遂成交通之水渠・土人呼之曰坡河・其流亦匯於此・又北行二十五里・至清河門・仍分爲二流・一由團山峨山至龐家口・一由候家河魏家河經班鳩店亦至龐家口・爲汶水入黃要道・現在黃河口・益淤高・再遇漲增・頂托倒漾・汶即不能北注・旋流氾濫・遂使東平良田數千萬畝・盡付波臣・所以慘怛之呼・歲不絕聞於耳也・議與議輟・迄無定策・恝而弗治・如斯民何・着手之初・計惟就清運河流・循其舊堤基址・築高培厚・收束汶水・不使旁溢・水既抬高・入黃較易・兼可借其猛力・攻刷黃淤・毋任停積・於宣洩之門・並擬仿洞庭圩田之制・權衡水量・審察地勢・添築曲斜各堤・分爲四區・曰東南區・曰西北區・曰中東區・曰中西區・以區之堤作河之堤・既斂汗漫之波・斯收障衛之效・膏田之涸・禾稼蔚興・可左券以待矣・但施工有難易・而獲利有後先・四區之中・以東南區爲最易・俯治西北區次之・而中東中西兩區・則又其次也・南運工程・以汶水爲艱・然次第推行・自非茫無把握者比・若竟視數萬人民託命之所・永永沈淪於汶黃旋湍之中・亦非國家之利也・故區區治運之議・兼治汶泗而東汶禦黃・又爲北段之第一義・

(一)治運應先分治汶泗

汶濟魚三縣・爲南運之中樞・農工商業・實利賴之・顧比歲受利之微・不敵被害之鉅・揆其致害之由・則汶與泗是也・汶水發源於泰安仙台嶺・暨萊蕪等縣二

百四十五泉。至東平入濟。合流以至於海。此禹迹也。迨元人引汶絕濟。爲會通河。明永樂中。又築戴村垻。遏汶水盡出南旺。以濟運。分流南北。勢亦稱便。近以分水口以北。自十里閘迄於袁口閘。計程三十里。以汶水挾沙瀉泥。積淤深厚。歷久未挑。遂逼北行之水。盡歸南下。而向所賴以分洩運河異漲之關家閘暨土地廟閘等處。復以防護南旺湖田。全行嚴閉。以致河不能容。堤必自潰。實爲濟魚等縣莫大之害矣。泗水發源於泗水縣陪尾山四泉。並發西流至兗州城東。又南流經橫河。與沂水合。元時於兗州東門外五里金口作垻。遏泗南趨。並於垻之北建閘。即黑風口。夏秋水長。則開金口閉黑風。使南出魯橋。以濟棗林等八閘之運。冬春水微。則閉金口導水入黑風。西流府河。至馬場湖收蓄。以濟天井等八閘之運。今舊制盡湮。河道淤墊。而泗河之水已不能合沂灌入馬場湖。則盡出於魯橋。伏秋水勢洶湧。一經暴漲。漫爲民患。其上游河道尚寬。惟自西泗河頭。張家橋以下。地勢既窪。而河又極窄。泗水驟經收縮。其流必猛。歲無不決。濟寧迤東田禾浸沒。動至數千萬畝。民生疾苦。乃弗可言矣。爲今之計。惟亟籌分治汶泗之法。先將南旺分水口受淤河道。大加疏濬。使復南北分流之舊。他如關家閘暨土地廟閘等處。通湖引渠。亦宜酌挑寬深。直抵茫生閘。使吸入之水。得由此吐出。灌入牛頭河。（即古趙王河。在濟寧城南。舊通汶上縣之南旺。由永通閘下連魚台縣之穀亭。爲明代之舊運渠。）展寬挑深。使上游異漲之水。得由此河以遞達於南陽。昭陽。微山。諸湖。汶水既治。別於新泗河上游。就張家橋舊有垻基。堅築滾水石垻。並仍挑濬東泗河。用資宣洩。導引孟家橋支河。洩入獨山湖。改從魚台縣境運河東岸十八水口入運。不使盡出魯橋。則泗河之水不壅。而白馬河之水有所容納。汶水南下之路。節節疏暢。更何泛濫之憂。是則水患既除。地利自興。如濟寧魚台兩境。化沮洳爲膏腴者。勢且倍於東平。不第此也。運河水長。固可洩汶泗以顧民田。如運河水消。仍可蓄汶泗以通航路。緩急有備。操縱自如。皆以汶泗爲之關鍵。本末源流。昭然可指。所謂治運應先分治汶泗者此也。

（二）南運河全線之濬治

汶泗既治。乃可專言運河本體矣。上章不云乎。今昔異勢。利害異形。治運之方。非可執古以論也。昔之治運。患水大。尤患水小。今之治運。患水大。不患水小。何以言之。一以利濟漕渠爲先。治之惟恐其不足。一以水利民田爲重。治之應去其有餘。綜覽南運河綿長五百六十餘里。積久弗治。所以苦斯民。固已亟矣。而河渠之淺深莫定。航業閣滯。市廛蒙其影響。如濟寧。南陽。夏鎮。台莊。安山。開河。等地。求如往歲盛時之十一。何可得耶。補救之法。計惟先將積淺之處。以及各湖引渠。概施濬治。務使上下湖河。脉絡貫通。俾汶泗入昭陽之水。得由牛頭河以出。若汶泗漲。則啟減閘。以牛頭河爲納流之地。汶泗消。則閉減閘。斯南運河無枯帶之憂。再如十字新舊兩河。坐受山河噴沙。淤塞不通。南運河幾有中斷之虞。前於光宣之際。就微山湖東岸。改挑新河。原爲遠避山河沙流。意亦可採。惜以地勢非宜。舟行頗爲艱阻。不若仍將舊十字河循跡挑復。較爲穩便。特是微山一湖。上游衆水所歸。爲東省最著水櫃之一。既有分注之來源。豈無疏消之去路。一由藺家垻下之荊山河。並伊家河分洩入江北運河。一由湖口雙閘。放水入運。接濟韓莊以下八閘。以利航路。舊制微山湖收水。定以一丈五尺。以運河之現勢觀之。湖中水量過多。適足抵禦上游諸水。不易宣洩。濟魚滕嶧各地低窪田疇。遂受無形之害。今宜酌減微山湖收水量度至五尺上下。其與農工商業全湖物產。均無損而有裨。總之汶泗既治。運河本體但期尾閭之疏濬。支脈通流。靡不迎刃而解。蓋有一之勢也。

以上三端。施工綱要略已具舉。至於施工之程序。則宜假定劃分三區。以黃河之南為起點。鹿家口至靳口閘為第一區。靳口閘至徐家營房為第二區。徐家營房至黃林莊江蘇界止為第三區。區劃既定。工費之要。可得概略而言也。

第一區專治汶水西來之源。東禦入黃。兼以規復東平全境。東平受汶流之害素為最烈。而工程比較的亦最為艱鉅。勘估工費。計需三十萬元。

第二區分治汶泗濟寧汶上魚台湖河支流。悉以隸之。延長至二百二十餘里。施工繁要。而收利之速之溥。遠非他區可比。勘估工費。數亦倍蓰。計需五十萬元。

第三區疏濬湖河。用備尾閭之蓄洩。語其利害。則以一二兩區之利害為利害。工既易施。費亦最省。勘估工費。計需二十萬元。

總觀三區之程序。及夫施工綱要。百萬元之工費。勢當籌備。其所以化分三區者。良以財政緩急。工程險易。利害消長。遲速之機。不盡相同。特留為臨時支配之餘地。果能循茲規畫。計日精進。財不中輟。事不旁移。更得熱心之士。完全負其責任。二年之內。一律竣工可也。今之所當戒者。力可勝必當通籌全局。力不勝寧當勉待歲時。如或未徹始終。率爾從事。其不敗隳於中途者鮮矣。是反不若不治而少節財用之為愈也。

方今國用告匱。民力已殫。工費百萬元。仰給於國庫既所難能。盡責諸地方、何堪爲繼。然則將何所籌措乎。於此有二說焉。(甲)則援取導淮草議。向外國資本團磋商。籌借抵押之品。所有湖河涸地純利收入。自可標定。畢工以後。即以用爲分年償欵之需。此一說也。(乙)則量察本省金融實況。發行地方水利公債一次。其數以四五十萬元爲額。再就現放湖田附河官產。勵行押荒。價變。施工之際。沿河所經。饮諸民力。庶亦可辦。此又一說也。由甲之說。籌商借款。果其條件不逾導淮草議範圍。則欵集而事易舉。由乙之說。雖無債務之困難。須視地方之財力。然其整齊劃一。計日施工。則不若借欵之穩便。區區之愚。以爲今日南運不治則已。治則舍此二說。初無籌欵之方。斯在愼擇其一耳。

雖然工程計畫。需費至百萬元。畢工以後。利益何若。實爲惟一問題。茲就水利範圍。直接可指之涸田一頃計之。東平境內。約十二三萬畝。濟甯境內。約三十萬畝。魚台境內約二十萬畝。汰零存整。假定爲六十萬畝。沉粮之地。實居三分之一。平均核計。公家每畝特徵捐稅。歲取一元。即爲六十萬元。半之。猶爲三十萬元。决無再減。湖河施治之後。斯民出水火而登袵席。揆以義務報酬之恉。領田民戶。特稅之徵。踴躍輸將。無異說也。是則百萬工費取償之期。祇在三四年中。斯後稅率增減。永永爲公家之收入。直接之利。有如此也。至若新涸田畝。多屬膏腴。採用區畫溝渠之制。講勵新法。振興農藝。藏富於民。莫可悉數。矧又航路交通。商業得以發展。稅源增活。所裨於國計者。均在無形之中矣。

由斯以觀。南運湖河之現況。其治也若此。其不治也若彼。利害消長。人民樂苦。實以施工之遲早以爲衡。規茲草案。用存標準。欲爲數百里生民請命。竊不盡其拳拳之思也。謹議。

民國三年九月　潘復

附注

山東運河。黃河以北者為北運。黃河以南者為南運。茲篇計畫。以南運為範圍。北運尚俟異日。

茲篇之外。附繪湖河全圖。分注工程計畫。為說三十有四。用便覽察。

此次勘察湖河。濟甯賈道尹札運工程汪局員壽蔭隨行。逐次研究。深屬諳悉。而曲財政廳長關於治運事。雅所贊同。特電安山厘局胡委員德元。來省用備諮詢。東平汶水情勢。茲篇規畫。於汪胡二員意見。頗多採取。特為附注。

第一段自龐家口攔黃壩至靳口閘東運坡河一帶

(1) 龐家口係汶水入黃要道宜使通暢有議建閘以時啟閉者似非所宜

(2) 西北區圩堤如善修守不致無效

(3) 此處由坡河入大清河又謂之鹽河往來船隻均由此入黃

(4) 擬築新堤自安山鎮起至張家口止計長二十里兩堤相距宜寬至三四十丈藉資束水不惟民田涸復而航路亦便交通

(5) 中西區已有民土基礎可再逐漸擴充

(6) 中東區居坡水最深處修治工艱應俟東南區工竣徐圖規復

(7) 東南區地勢較高先從此入手可涸民田十二三萬畝治標之策斯為最著

(8) 安山以北自戴廟閘上至十里堡閘下運河因受黃淤已如平陸不能行水今可不治

圖說

(9) 安山至靳口計長三十里隄身被水衝塌年久失修僅存基址亟宜修復使運河汶水盛漲不致漫溢出漕實為縣境東南區之保障

(10) 擬循大小清河舊存堤址加高培厚以資蓄汶禦黃不使倒漾為患

(11) 大小清河暨坡河因無隄防歷年被災損傷民田約計三十萬畝

(12) 汶水盛漲漫埝入大小清河出龐家口入黃

(13) 汶水盛漲漫埝由石埝口劉老口等處入運其流北行

第二段自靳口閘歷蜀山昭陽等湖至徐家營坊

(14) 十里閘下至袁口閘上運河長二十九里受淤極重非盛漲不能通舟且遏汶水不使北行盡歸南下實為商民最著之害宜大施挑浚以復南北分流之舊例

(15) 關家閘暨土地廟閘皆為分洩運河異漲而設所有通湖引渠今俱堙塞亟宜浚通直抵芒生閘即以挑出之土培諸兩岸俾可分洩運漲使入牛頭河

(16) 南旺湖已不蓄水早經招佃徵租宜仍其舊

(17) 汶水出分水口南北分流北流七分南流三分此舊例也後傳為北三南七之說則無可考而今之汶水南流者竟居十分之七八嫁禍於南歲無不災亟宜疏浚

(18) 蜀山湖為北路最要水櫃仍應蓄水濟運不宜輕易放墾因小失大

(19) 馬場湖已不蓄水早經招佃徵租宜仍其舊

(20) 牛頭河原係宣洩運河異漲之要道今以首尾淤塞吐納不靈而河勢尚窪

圖說

行水最利亟宜相機疏浚期與湖河脈絡貫通以收輔行之效

(21) 新店閘下滚水埧實即缺口分洩運河異漲其勢最激實爲濟甯南鄉莫大之害歲淹民田約有四五十萬畝今擬將滚水埧改建爲減水閘因時啟閉並就閘外築成兩隄中即爲河使與牛頭河相通束水不使旁溢則運隄可保而民田亦涸尤所注意

(22) 泗河自横河以下河身漸窄故易潰決

(23) 擬在泗河上游横築滚水埧一道遏泗入東泗河以復舊制而濟甯東南一帶歷年勘重災區計地三十餘萬畝可望變爲膏腴

(24) 張家橋至葉家口河已淤平宜大加挑浚兩岸隄工亦應堅築高厚由此以下河向無隄附近薄田轉盼坐受泗淤能收化瘠爲肥之利

(25) 孟家橋支河原爲分洩泗河異漲入獨山湖今已堙塞宜自孟家橋挑起直抵滕家塢一律通暢使泗水由獨山湖出十八水口入運則魯橋下游即不致壅潰之虞

(26) 白馬河無來源水力亦甚薄弱如泗水治則河流南趨即不致漫溢爲患

(27) 馬公橋至七里單閘下爲牛頭河尾閭今因積淤高厚以致阻上游諸水不能南下濟甯南鄉深受其害宜循其舊道挑深展寬以利疏消去路所關極要

(28) 擬改泗水由十八水口入運

第三段自徐家營坊歷微山湖至台莊

(29) 安林二口爲通湖要渠必使浚治通順以消上游積水之患

圖說

(30)微山湖新挑河道未甚得勢舟行不便河亦近廢詳審河勢似仍宜挑復老十字河爲是

(31)微山湖收水定誌連同新舊積游不得逾一丈五尺現就沿河上下地勢之湖底較前日益淤高若仍如前收蓄必致頂托上游積水不能下注酌擬減收五尺嗣後收水以一丈爲度仍期與湖產航業種種關係均無窒碍

(32)擬就新河東岸添築護隄一道可望涸出湖田十萬餘畝與湖河均無窒碍

(33)由此閘宣放湖水接濟八閘爲江北沿河各縣灌溉所利賴

(34)伊家河係分洩東水入江南運河早經淤塞不能行水宜循其舊道而浚通之

蘇魯運河會議之略史

中華民國八年二月江蘇水利協會刊

朱紹文❶述

【簡介】

本文詳細記述了蘇魯運河會議的經過。文首先介紹了民國初年運河在蘇魯兩省的主管機構。其中潘復主持籌辦山東南運湖河疏浚局,提出的《勘議籌洽山東南運河水利草案》❷,主旨一是束汶水以禦黄,二是治運應先分治汶泗,三是汶泗治理之後可以考慮南運河全綫治理。該案上呈被江蘇省知道後,開始考慮與山東省會議運河治理。當時籌浚江北運河工程局剛剛設立,馬士杰親自勘察江北各湖河,并于民國四年(1915)6 月 3 日,在台莊與潘復會晤,是爲第一次蘇魯運河會議,雙方期望兩省消除隔閡,通力合作,對蘇魯運河上下游關係情形進行了詳細地討論,認爲山東省施治要使下游有消納之量;江蘇省施治要使上游無壅遏之灾。雙方同意先由兩省派員會勘,擬定統籌分治辦法,使治運大事能一致進行,同時請求中央協調支持。台莊會議後,因爲經費和技術問題,江蘇治運未能立刻實施,江北人怕山東大治南運湖河,水入微山湖後無處可泄危及自身,于是呈請江蘇省長呈轉大總統派技術人員會勘下游。江蘇省長同時請山東省將其治運籌款施工計畫和圖紙送到江蘇,由馬士杰召集地方官紳詳加討論,討論結果認爲山東意在涸田興利,江蘇患在被水防害,江蘇損失遠大于山東收益,所以呈請大總統派員會勘。此時恰逢雲南起義,總統更迭,待黎元洪繼位後,派潘復赴江蘇與當地專家會勘中運、裏運河以及相關河流,雙方于 10 月 3 日在微山湖下游韓莊會齊❸。10 月末會勘完畢回到南京,雙方于 11 月 3 日在

---

❶ 朱紹文(1878—1951),字德軒,江蘇省淮陰市人,早年畢業于兩江法政學堂,民國初年曾任兩江法政大學校長、省議員,是 1920 年成立的江蘇地方士紳社團組織“蘇社”理事,在“蘇人治蘇”、蘇省第三届議會議長賄選風波中起重要作用,後隱居上海,任大學教授,是名律師,1933 年與顧竹軒、陳伯盟等發起成立江蘇導淮協進會。綜合輯自淮陰市地方志編纂委員會:《淮陰市志》(下册),上海社會科學院出版社,1995,第 51 卷“人物”第一章“傳略”第三節“現在立傳人物”“朱紹文”條目;張亮:《公與私的張力:省憲自治中的議會、輿論與民衆——以江蘇省第三届議會議長賄選風波爲中心》,《南京大學學報》(哲學·社會科學)2016 年第 6 期。

❷ 詳細内容見本書前文。

❸ 武同舉發表于《江蘇水利協會雜志》1918 年第 2 期上的《郡国利病:会勘江北运河日记》有“余于江日在韓莊會齊”一説。

省公署召開了第二次蘇魯運河會議，提出由江蘇省派員會勘山東水道和水量。這次會議形成的決議，一是蘇魯各湖保持現有面積；二是導沭由薔薇、臨洪口出海，導沂一支由駱馬湖入六塘河，其他循故道入運分泄入六塘河，均由灌河口出海；三是疏浚楊莊至漣水之廢黄河，分泄運河漲水；四是歸江壩、鹽河、武障、龍溝等壩由江北水利專司啓閉，其他壩由行政官參照成案、水尺管理，同時先期通知下河居民；五是整頓淮揚徐海畝捐等爲工程費用。隨後，潘復向大總統呈報了《全國水利局副總裁潘復呈報奉令履勘江蘇運河水道利病情形 統籌施工計畫概要文》，他同時又有計畫書并水道利病圖、工程計畫圖二文發表。潘復最後發表的計畫，在江北水道治理方面和王寶槐、武同舉，以及張謇第三次江淮水利計畫書的主旨相當。

【正文】

蘇魯運河，自光緒之季專官裁撤、工費鋭減、日漸淤墊，而供其吐納之各湖河復以久不施治，失其效用，遂造成魯南、江北疊次之奇災。光復而後，兩省官紳怵于巨患，籌治乃亟，于民國三年設局籌浚。在魯南者曰籌辦山東南運湖河疏浚局，潘君復❶主之；在江北者曰籌浚江北運河工程局，馬君士杰❷主之。周勘之後，繼以測量。會潘君于民國三年九月，擬具《籌治山東南運河草案》呈農商部，是爲潘君最初之宣言。所擬辦法與蘇省江北利害關係甚巨，節録辦法如左。

(一)束汶水以禦黄

黄河未穿運以前，汶水入大、小清河，歷東阿而北至利津，即漢時濟水會汶入海之故道也。迨因銅瓦廂告决，黄河初入東省，循大清河而下，横截汶水歸海之路，于是汶水異漲，其北行者，則由戴村滾水壩漫出，至龍堌集分派，一入大清河繞城而北，一入小清河繞城而南，悉注于馬家口，合流北趨，至張家口。而運河之水，復因安山、靳口之間，東無堤防，横漫入坡，即土山窪，出運入黄，往來舟楫，遂成交通之水渠。土人呼之曰“坡河”，其流亦匯于此，又北行二十五里，至清河門，仍分爲二流，一由團山、峨山至龐家口，一由候家河、魏家河經斑鳩店亦至龐家口，爲汶水入黄要道。現在黄河口益淤高，再遇漲增，頂托倒漾，汶即不能北注，旋流泛濫，遂使東平良田數千萬畝，盡付波臣。所以慘怛之呼，歲不絶

❶ 潘復(1883—1936)，又名潘馥，字馨航，山東濟寧人，民國北洋政府時期最後一任國務總理，民國建立後曾任山東實業司司長、全國水利局副總裁、全國河道督辦、交通部總長等職。

❷ 馬士杰(1865—1946)，字雋卿，江蘇高郵人，民國時曾任江蘇都督府内務司司長、運河工程局總辦等職。

聞于耳也。議興議輟,迄無定策。恝而弗治,如斯民何?着手之初,計惟就清運河流,循其舊堤基址,築高培厚,收束汶水,不使旁溢,水既抬高,入黄較易,兼可借其猛力攻刷黄淤,毋任停積于宣泄之門,并擬仿洞庭圩田之制,權衡水量,審察地勢,添築曲斜各堤,分爲四區,曰"東南區"、曰"西北區"、曰"中東區"、曰"中西區",以區之埂,作河之堤,既斂汗漫之波,斯收障衛之效。膏田之涸,禾稼蔚興,可左券以待矣。但施工有難易,而獲利有後先,四區之中,以東南區爲最易修治,西北區次之,而中東、中西兩區則又其次也。南運工程以汶水爲艱,然次第推行,自非茫無把握者。比若竟視數萬人民託命之所,永永沉淪于汶黄漩渦之中,亦非國家之利也。故區區治運之議,兼治汶、泗,而束汶禦黄,又爲北段之第一義。

(二)[1]治運應先分治汶、泗

汶、濟、魚三縣,爲南運之中樞。農、工、商業,實利賴之。顧比歲受利之微,不敵被害之鉅。揆其致害之由,則汶與泗是也。汶水發源于泰安仙台嶺,暨萊蕪等縣,二百四十五泉,至東平入濟,合流以至于海,此禹迹也。迨元人引汶絶濟,爲會通河。明永樂中,又築戴村垻,遏汶水盡出南旺以濟運,分流南北勢亦稱便。近以分水口以北,自十里閘迄于袁口閘,計程三十里,以汶水挾沙瀉泥,積淤深厚,歷久未挑,遂遏北行之水,盡歸南下,而向所賴以分泄運河異漲之闞家閘暨土地廟閘等處,復以防護南旺湖田,全行嚴閉,以致河不能容,堤必自潰,實爲濟、魚等縣莫大之害矣。泗水發源于泗水縣陪尾山,四泉并發西流至兖州城東,又南流經横河與沂水合。元時于兖州東門外,五里金口作垻,遏泗南趨,并于垻之北建閘,即黑風口。夏秋水長,則開金口,閉黑風,使南出魯橋,以濟棗林等八閘之運。冬春水微,則閉金口,導水入黑風,西流府河,至馬場湖收蓄,以濟天井等八閘之運。今舊制盡湮,河道淤墊,而泗河之水,已不能合沂灌入馬場湖,則盡出于魯橋。伏秋水勢洶湧,一經暴漲,漫爲民患。其上游河道尚寬,惟自西泗河頭、張家橋以下,地勢既窪,而河又極窄,泗水驟經收縮,其流必猛,歲無不決。濟寧迤東,田禾浸没,動至數千萬畝,民生疾苦,乃弗可言矣。爲今之計,惟亟籌分治汶、泗之法,先將南旺分水口受淤河道,大加疏浚,使復南北分流之舊。他如闞家閘暨土地廟閘等處,通湖引渠,亦宜酌挑寬深,直抵茫生閘,使吸入之水,得由此吐出,灌入牛頭河(即古趙王河,在濟寧城南,舊通汶上縣之南旺,由永通閘下連魚台縣之穀亭,爲明代之舊運渠)。展寬挑深,使上游異漲之水,得由此河以遞達于南陽、昭陽、微山諸湖。汶水既治,别于新泗河上游,就張家橋舊有垻基,堅築滚水石垻,并仍挑浚東泗河用資宣泄,導引孟家橋支河,泄

---

[1] 原文括號内既僅以"一"字標序,下同。

入獨山湖，改從魚台縣境運河東岸十八水口入運，不使盡出魯橋，則泗河之水不壅，而白馬河之水有所容納，汶水南下之路，節節疏暢，更何注濫之憂？是則水患既除，地利自興，如濟寧、魚台兩境，化沮洳爲膏腴者，勢且倍于東平，不第此也。運河水長，固可泄汶、泗以顧民田，如運河水消，仍可蓄汶、泗以通航路，緩急有備，操縱自如，皆以汶、泗爲之關鍵。本末源流，昭然可指。所謂治運應先分治汶、泗者此也。

（三）南運河全綫之浚治

汶、泗既治，乃可專言運河本體矣。上章不云乎今昔異勢，利害異形，治運之方，非可執古以論也。昔之治運，患水大尤患水小，今之治運，患水大不患水小，何以言之？一以利濟漕渠爲先，治之惟恐其不足；一以水利民田爲重，治之應去其有餘。綜覽南運河，綿長五百六十餘里，積久弗治，所以苦斯民，固已亟矣。而河渠之淺深莫定，航業閼滯，市廛蒙其影響，如濟寧、南陽、夏鎮、台莊、安山、開河等地，求如往歲盛時之十一，何可得耶？補救之法，計惟現將積淺之處，以及各湖引渠概施浚治，務使上下湖河，脉絡貫通，俾汶、泗如昭陽之水，得由牛頭河以出。若汶、泗漲，則啓減閘，以牛頭河爲納流之地；汶、泗消，則閉減閘，斯南運河無枯滯之憂。再如十字新舊兩河，坐受山河噴沙，淤塞不通，南運河幾有中斷之虞。前于光、宣之際，就微山湖東岸，改挑新河，原爲遠避山河沙流，意亦可採，惜以地勢非宜，舟行頗爲艱阻，不若仍將舊十字河，循迹挑復，較爲穩便。特是微山一湖，上游衆水所歸，爲東省最著水櫃之一，既有分注之來源，豈無疏消之去路？一由藺家壩下之荆山河，并伊家河分泄，入江北運河；一由湖口雙閘放水入運，接濟韓莊以下八閘，以利航路。舊制微山湖，收水定以一丈五尺，以運河之現勢觀之，湖中水量過多，適足抵禦上游諸水，不易宣泄。濟、魚、滕、嶧各地低窪，田疇遂受無形之害。今宜酌減微山湖收水量度，至五尺上下，其與農、工、商業，全湖物産均無損而有裨。總之，汶、泗既治，運河本體，但期尾閭之疏浚，支脉通流，靡不迎刃而解，蓋有一之勢也。

此草案呈部後，蘇省知之，于是有會議運河之動議。當時籌浚江北運河工程局甫于同年八月設置，倉猝未及預備，馬君乃將江北各湖河親歷周勘一度，一面督促測量人員速行預測。于民國四年六月三日，與潘君會議于蘇魯邳嶧交界之台莊，于是有會呈山東、江蘇巡按使統籌分治之呈文如左。

蘇魯會勘運河情形擬統籌分治會呈立案文

爲會勘蘇魯運河酌擬統籌分治辦法期收實效而澹沈灾詳請會呈立案事。

查蘇魯運河從黄河南岸起，綿亘五百六十餘里至黄林莊，爲南運河；由江蘇黄林莊至淮陰三閘，計程三百五十餘里，爲中運河；由淮陰以下達于瓜洲入江，計程四百里，爲裏運河。流經一千三百餘里，地貫黄河、大江之中，裏運河以下更爲長淮入江之孔道。明清盛時，以國家全力設置官吏、丁兵、夫役數逾萬千，雖其節宣湖河，重在渠漕之交通，而沿河二千里之商民，罔不擷其利而彌其灾。緣魯省自泰山南麓諸山之水，衆流奔匯，曰汶、曰泗、曰沂、曰洸、曰濟，皆以運河爲輸泄。從前魯省有獨山、昭陽、南陽、南旺等湖，蘇有微山、駱馬、隅頭等湖，足爲諸水吐納之地，自黄河北徙，湖渠積淤日甚，迨漕運停輟，又以經費不充，未能大加疏浚，而各湖尤多淤成平陸，比諸舊日水量僅容十分之三，加以兩省運河西岸有黄河廢堤横亘千里，遂使泰山以南群水匯注蘇省，運河幾爲魯省全部泄水之路。中運河束水數百里，僅有東岸之車路口、劉老澗、雙全閘、舊黄河可以分泄盛漲，裏運河爲入江之尾閭，更加皖省全淮之水，上由張福口引河入運，下由洪湖之三河口直注高寶湖入運，雖運河東堤一帶，閘洞林立，舊制歸江歸海各壩、啓放有時，無非爲排泄盛漲而設，然洪澤、高寶各湖淤墊日甚，運河久不疏浚，水失容積，一經全淮暴漲、沂泗汶衆流奔赴，沿運河上下千數百里，挾建瓴之勢、萬脉匯趨，泛濫四溢，歲欲不灾得乎？（復、士杰[1]）生長河濱，習見民生疾苦，殷憂綦切。上年（士杰）奉籌浚江北運河之役，（復）亦承籌辦南運湖河之命，受事以來，督同調查測繪各員親履勘察。近奉鈞飭，兩省派員約期會勘，妥籌通力合作之方，期除權界隔閡之弊。遵于六月初旬，會商于台兒莊，就蘇魯運河上下游關係情形詳審討論。綜計魯省施治之入手在于東汶禦黄，以刷積淤；分治汶、泗，以減異漲；通湖引渠，以籌消導；而尤在疏通牛頭河，以微山湖爲歸納之尾閭。蘇省施治之入手在于疏浚河身，以暢入江之路；厚培堤岸，以防東潰之灾；籌修閘壩，以增歸海之道；而尤以大治蒙沂，使由總六塘河增築遥堤束之入海，以減異漲。惟此項計畫，工程浩大，魯省現正從事實測，以圖積極進行。蘇省湖河淤墊之處，業經修置挖泥機船數艘，常用浚治，以暢河流，此皆在兩省籌辦之中，期成得尺得寸之效。大率運河關係，一年之中，冬春主蓄、夏秋主泄，要不外有各湖以吐納之，有各閘以節宣之。蘇省治運，要在使上游無壅遏之灾；魯省治運，要在使下游有消納之量。近日兩省從事實測，舉凡地形之高下、水量之增減、流量之緩急，皆與他日工程險易、河道阻通有密切之關係。一俟測量事竣，上下游地形、水准、流速、流量必當爲全部分之計畫，果能協力通籌，自可河流順軌，此尤（復、士杰）所望兩省能一致進行者也。其他現狀，如藺家壩爲微湖尾閭，自前清宣統三年爲土民挖開後，迄未堵閉，以致伏秋水漲，蘇省邳、宿各縣，連年被灾，現議由魯省改建石壩，以時啓閉，先由兩省派員會勘，酌定金門尺寸、出水高度，俾求詳慎。焦台豐縣，因地方水道利害争執，屢議未決。沛縣之安家

---

[1] 結合上下文，此處當爲潘復和馬士杰自稱，原文爲竪排小字。

口介昭陽、微山兩湖之間，近因中流泥草淤塞，魯省擬用挖泥汽船就水治工。事關兩省水利，擬于派員會勘藺家垻時，一并順道查勘。抑(復、士杰)更有請者，蘇魯兩省運河長亘千數百里，介于江淮之間，爲南北交通孔道，在我國歷史上、地利物上産上實爲極有稱譽、有價值之河流。前清盛時，南河工費爲國家歲出大宗，即近年因水患頻仍，國家議蠲議振，所費亦在十數百萬以上。此次兩省建議修浚，工費一節，蘇省上年曾擬專案呈明魯省，南運疏浚經費，亦經奉到部議。將來工大費鉅，地方財力慮不能勝，仍須請求中央籌款協濟，以竟全功。(復、士杰)在此籌備時期，悉心規畫、意見相同，所有會勘蘇魯運河，酌擬請籌分治辦法各緣由，理合詳請鑒核示遵，并求據情會同(蘇、魯)省呈報中央立案施行。實爲公便，除會詳(江蘇、山東)巡按使外，謹詳(山東、江蘇)巡按使(蔡、齊)。

籌備山東運河疏浚事宜：潘復[1]

籌備江北運河工程局總辦：馬士杰

自此項會議後，江北人士怵于上游水量，恐將以蘇爲壑也，由江北紳士黃以霖、吴源潋、竇鴻年、趙錫○、○肇○、楊學淵、許鼎年、許鴻賓、何福恒、丁福申、徐鐘恂、張福增、劉鐘瑑、周樹年[2]、宋子○、○○○等于民國四年冬，呈請江蘇巡按使爲山東大治南運湖河諸水以微山湖爲排宣之路，水無可泄擬懇呈請派員會勘下游，統籌妥議後再興工事(文載省長轉呈大總統文中，兹從略[3])。

民國五年春，齊省長據呈轉請大總統飭派明習水利人員會勘文如左。

齊省長據江北紳士黃以霖[4]等公稟轉請大總統飭派明晰水利人員會勘呈文

呈爲山東籌浚南運湖河，下游水無可泄勢必受灾，擬請分飭派員會勘統籌辦法以昭○重，仰祈鈞鑒事。

竊維治水之道，上下游必須并顧兼籌方能有利無患。近因山東大舉治河，擬將汶、泗諸水引入南旺、獨山以遞達于昭陽、微山諸湖，藉以涸出濟寧、魚台、

---

[1] 1918年《江蘇水利協會雜志》第一期刊有黃以霖等撰《丙辰蘇魯會勘運河通告書》，文内收録《蘇省會勘運河情形擬統辭行分治會呈立案稟》，文末署“籌辦山東南運河疏浚事宜潘復、籌浚江北運河工程局總辦馬士杰”，與本書所據原文落款有異，特此注明。

[2] 周樹年(1867—1952)，字轂人，號無悔，揚州商界領袖，熱心公益，曾參與江蘇運河工程局、江北水利協進會事務。顧一平寫有《周樹年傳略》。

[3] 此處爲原注。

[4] 黃以霖(1856—1932)，字伯雨，江蘇宿遷人，曾署湖南提學使兼布政使等職，在湖北創辦武備學堂，民國間曾任江蘇水利協會副會長，遷居上海後致力于慈善事業，發起成立賑灾動員會等。

汶上、嘉祥、鄒嶧等縣沉糧之地❶，歲可增税收數十萬，經前山東巡按使蔡儒楷❷呈明在案。查蘇魯壤地銜接，兩省水利息息相關。（耀琳）爲地方利害起見，曾派籌浚江北運河工程局總辦馬士杰前往山東，商由前籌辦南運湖河疏浚事宜潘復會同履勘，將蘇魯湖河之有關係者，擬定統籌分治辦法，旋以款絀工繁，迄未果行。而魯省籌浚工程異常緊迫，復經咨准魯省將籌款施工各項計畫圖説送蘇，飭行該總辦馬士杰召集地方紳耆詳加討論。誠以汶、泗諸水雖發源于魯之泰兗沂蒙，實以蘇爲尾閭，淮揚徐海各屬地居下游，適當其衝，平時水泛安瀾，則邗溝一綫尚敷宣泄；苟遇盛漲，則山洪暴發，萬脉争趨，勢苦建瓴，不可遏抑。詳考水勢，沂自齊村入蘇境，經邳縣之灘上集、沙家口、徐家口、宿遷縣之窯灣鎮入運；汶、泗在魯境合流爲南運河，入南旺、馬踏、蜀山、獨山、昭陽、微山諸湖，支分派别，匯爲巨浸，而微山湖所瀦之水，即由下游湖口、藺家二壩分趨下注。夫以一葦可杭之運，幾爲魯省全部泄水之路，僅將車邏口、劉老澗、雙金閘分泄盛漲。而裏運河爲入江之尾閭，洪澤、高寶諸湖又復挾淮東灌，泛濫四溢，長堤安得不危？爲魯省計，欲使濱湖之地多數成田，故求泄重于求蓄。所可慮者，下游蓄水之地有限，上游泄水之量無窮，以有限之地供無窮之源，若不統籌妥議，恐江北各縣民均有其魚之患，加以瀕水愚民往往藉墾荒之名，冒耕湖田，淤地日漲，水無所容，而清理官産者，又擬將微山湖新涸田畝招人領墾，以裕收入，與水争地，爲害滋烈。綜觀以上情形，山東意在涸田，是謂興利，江蘇患在被水，是謂防害。山東興利，其益不過數十萬元，尚在不可必之數；而江蘇防害之費，以及每年減收税課，奚啻倍蓰。據江北士紳黄以霖等瀝請轉呈前來，理合抄録原禀，呈請飭下内務、財政、農商各部、全國水利局暨山東省長遴派明習水利人員，赴蘇會勘，查明兩省水利情形，統籌辦法，再行從事畚鍤，庶足以弭鉅灾而資利賴。除分咨外，伏乞大總統鈞鑒，訓示施行。謹呈。

此呈發後，會雲南起義，延及兩粤，政潮湍急，未遑及此。迨黎大總統繼任于同年九月三日，令派潘復前赴江蘇一帶，會同官紳履勘運河情勢，統籌疏浚事

❶ 沉糧之地：前身是清康乾時期的"沉地""水深南涸地畝"，民國初年始見"沉糧地"稱謂，是官方認定的免税地。參見李德楠、胡克誠：《從良田到澤藪：南四湖"沉糧地"的歷史考察》，《中國歷史地理論叢》2014 年第 29 卷第 4 期。

❷ 蔡儒楷（1869—1923），字志賡，江西南昌人，北洋大學創始人之一，曾任直隸提學使、直隸教育司司長、北洋大學堂監督、國立北洋大學校長、北洋政府教育總長、山東巡撫使等職。

宜。江蘇乃派馬士杰、王寳槐并推紳士黄以霖、周樹年、武同舉❶、陳伯盟❷于十月三日在微山湖下游之韓莊會齊，歷勘中運、裏運河身及閘垻，并及與運有關係之各河流，所至路綫見潘君呈復大總統文中。至十月杪，勘畢到寧，于十一月三日在省公署開第二次蘇魯運河會議，潘副總裁暨省長、主席，與諸者爲江蘇會勘官紳，及淮揚徐海紳士、議員，又山東南運測量主任、江淮測量主任，議決如下。

（一）蘇魯各湖均保存其現有面積（牛頭河、伊家河及南陽、昭陽、微山各湖連接處均不疏浚），由兩省派員會同勘定施工計畫，在未勘定以前，各河均存其舊。

（二）導沭逕由薔薇、臨洪口出海，導沂一支由駱馬湖入六塘河，其他支仍循故道入運再分泄入六塘河，均由灌河口出海（盧口及劉老澗均復滚垻舊制或酌建閘）。

（三）疏浚楊莊至漣水淤淺之廢黄河，分泄運漲（俟查勘後再定）。

（四）收歸江垻及鹽河、武障、龍溝等垻，歸江北水利專官司其啓閉，其車邏、五里、南閘等垻由行政官查照成案、水志尺寸辦理，并先期通知下河居民。

（五）整頓淮揚徐海二分畝捐，以備募集省公債并推廣泗沂沭流域鳌金附税，以爲工程費用。

此項會議後，由江蘇省長將會議始末咨呈國務院備查，同時潘君有《呈報奉令履勘江蘇運河水道利病情形，統籌施工計畫概要文》如左。

全國水利局副總裁潘復呈報奉令履勘
江蘇運河水道利病情形統籌施工計畫概要文

呈爲陳報奉令勘察江蘇運河水道利病情形，統籌施工計畫概要，仰祈鈞鑒事。

竊（復）奉令履勘江蘇運河，前于九月十四日携同荷蘭工程師、技正等員由京出發，并分調江淮水利測量主任、南運籌辦處測量主任隨行勘察，節經呈報在

---

❶　武同舉（1871—1944），字霞峰，别號一塵，海州南城（今江蘇省連雲港）人，著名水利專家，曾先後任《江蘇水利協會雜志》主編、國民政府江蘇水利署主任兼河海工科大學（河海大學前身）水利史教授、江蘇建設廳第二科科長等職，留有《江蘇水利全書》《淮系年表全編》《再續行水金鑒》（與趙世暹合著）等著作。

❷　陳伯盟（1879—1946），名如宗，伯盟爲字，江蘇阜寧人，畢業于日本明治大學法科，曾任江蘇省第一、二兩屆議員，民國十年（1921）被選爲國議員。其倡議疏浚海河，并解囊相助；民國十年運河倒垻，提議成立募賑會，自認副會長，籌賑爲民；創辦溝墩初級中學堂，倡建碼頭并鋪設道路，建棲流所。輯自李澤山、王景陽、張文錦：《知名人士陳伯盟先生二三事》，《阜寧日報》數字版 2018 年 8 月 3 日。

案。初抵山東，覆勘魯運、汶泗本年最高水位，兼核下半年測量成果，期于江蘇水道情形統一規畫，嗣准江蘇省長推派丁紳寶銓❶、黄紳以霖、周紳樹年、武紳同舉、陳紳伯盟，并令委江北運河工程局總辦馬士杰、宿窰征收局長王寶槐、水利處主任汪國樑❷偕同履勘，(復)先期親詣銅沛考察微山湖利病所在，更以運主統籌，既爲要旨，蘇魯關鍵，兩宜瞭然。特又電約蘇中官紳紆道至魯，乃于十月三日齊集于韓莊，同觀微湖雙閘，遂由韓莊沿運南行，而台莊、而黄林莊、而灘上集，紆道于沂水分流之蘆口坝，折由灘上集而窰灣、而宿遷、而劉老澗、而雙金閘，十一日行抵淮陰，考核江淮測量局歷届成績，溯觀洪澤湖本年最高水位，及張福河、廢黄河通塞形勢，十三日循鹽河徑赴海州，考察沂沭尾閭，由王家營而大伊鎮、而板浦、而新浦，登雲台山觀臨洪口，逶迤至薔薇河下游，復由大伊鎮而響水口、而陳家港、而灌河口，直達蒲港，考察水利與鹽場關係，回勘武障、龍溝，復返淮陰。二十三日由淮陰南下閲視高寶、氾水諸湖，而子嬰閘、而車邏諸坝，而江都出瓜州口，取道大江，由三江營歷觀歸江十坝。二十六日過鎮江抵南京，會同江蘇省長召集會議。計自魯入蘇，水陸兼程、舟車并御，往返二千餘里，歷時經月，除藺家坝以下之荆山河，周家口以下之駱馬湖，特派工程師、測量主任視察外，舉凡與運有關鍵之河流，征脉索源、略得要領，沿途延接父老，加意咨詢，并與同行官紳究研討論，兹將江北水道利病情勢暨統籌計畫概要，謹爲我大總統縷晰陳之。查江北一隅，舊屬淮揚徐海，其地泰半隸于《禹貢》徐揚二州。淮沂其乂，厥績已墮。近數百年來，行水之役、鉅要工程，殆不出此區域之内。良以淮、沂、沭、泗綜錯交横，而黄河自明昌之際，奪淮東上❸，江海大勢，與時推移。運河本以人造河渠，吸納衆流以致其用。國家當全盛之時，置吏設官，不惜以萬鈞之力締造經營，謀擷其利，然其利害相乘、間不容髮。自銅瓦廂黄河北徙，江北水道之形勢一變；鄭家屯黄河南決，灌墊洪澤及微山諸湖，江北水道之形勢又一變。天演日亟，而人事之因應反以日疏，馴至雲梯關中塞，淮路無歸，

---

❶ 丁寶銓(1869—1919)，字衡甫，號佩芬，一號默存，江蘇淮安人(一説其始祖原籍遼東廣寧府，蒙古族人)。曾任廣東惠湖嘉道道尹、山西翼寧道尹、山西按察使、山西大學堂督辦、山西布政使、山西巡撫等職，民國後曾任全國水利局副總裁，後寓居上海，1919 年被人暗殺。

❷ 汪國樑(？—1917)，生平不詳，曾任江蘇省署水利處主任。《申報》1917 年 11 月 12 日第 7 版要聞二"南京快信"載："省署水利處主任汪國樑病故齊省長委本署實業佐理劉鍾麟兼代。"

❸ 本文整理所據鉛印稿此處原文爲"上"字，《申報》1916 年 12 月 20 日第 3 版《水利局之治運計畫》一文，對潘復率隊查勘水道形勢一事有較詳細報道，該文在言金明昌年間(1190—1196)黄河奪淮入海之事時則寫明是"奪淮東下"，此處當以《申報》所載爲確，當爲"下"字。

運渠就湮,泗沂莫制,浸淫醖釀,致有丙午之奇灾❶,國計民生,殘耗無藝。今之徐海一帶,議振❷議捐,歲以爲常,即淮揚所稱東南財賦之區者,觀于本年淮湖暴漲,下河灾浸,實亦處于岌岌不可終日之勢。(復)上承德命,固以治運爲勘籌之揭櫫,然全域所關,深知枝節補苴,事必無濟。故于山東運河,審注汝泗來源,征其蓄泄之準;一入蘇境,直接所重者在沂,間接所重者在沭;清江以下則淮河狀態及洪澤、高寶諸湖之容量,尾閭入江之大小、遲速,加意考征,資爲比例,然後源流易晰,脉絡易明,計畫乃有可言,討論不致歧誤。就山東運河觀之,分疏汶泗,意在消除暴漲,導汶北行,濟寧以南,即不使發生若何影響,泗水流量比之淮沂十不逮一,又有獨山、南陽、昭陽、微山諸湖爲迴旋停注之地,操縱得宜、足資利濟。蘇魯關鍵所應注意者,衹在微山一湖,湖制尚存,即謂間多淤墊,稍事更張,正宜兼權上下游利病重輕,定其標準,則不失交通之利,勿貽農田之灾。委之工程專家,自易解决。(復)拳拳之愚,所謂江北運河水利根本計畫者,曰沂、曰沭、曰淮而已,此而能治,無論魯運泗水蓄泄何如,决非所患。此而不治,即使泗水絶其來源,徐海昏墊絶不因之減免,可斷言也。抑所謂治沂、治沭、治淮之方者,曰分、曰疏、曰消除異漲而已,謹申言之。

沂水發源于山東蒙沂諸山,下合溪澗泉流,經郯城西境,至齊村入江蘇。舊由駱馬湖與泗水同流入淮,自黄河奪淮兼奪沂泗,沂道大阻,遂由駱馬湖經六塘以入海。迨駱馬湖淤墊,蘆口壩衝圮,入湖之路復阻,乃由邳境西侵以争運。據近年測量報告,蘆口壩每秒流量最大至一千九百立方米突,占全部十分之八而强。運受沂侵,厥病固重,沂行運道,亦非能容。于是由九龍廟五花橋分泄,甚且沖刷劉老澗滚壩,周行泛濫,仍以六塘爲歸墟。無如六塘年久失修,深淺不一,寬狹不匀,下游之武障、龍溝又經鹽河築壩,阻其歸海之路。運與六塘蓋兩病之。徐海之灾,遂不堪問。爲今之計,將蘆口、劉老澗各壩,察度修築,務使沂幹分流,暢之入海,即不能規復駱馬湖瀦水舊制,而以灌河口門寬至一千二百米突,合之中尺約近四百丈深度,在海平面七米突以下,除去潮水抗力,每秒平均可有四千立方米突之流量,沂水得此尾閭,綽有餘裕。今于蘆口壩附近審察地形,參諸故道,准所需過水之量,開闢新渠,直達六塘,同施疏浚,并當改良武障、龍溝築壩制度,交利鹽農,永除昏墊,所謂分沂者此其一也。

---

❶　丙午奇灾:丙午丁未之説參見本書下文《江都公民許林生算請願書○修萬福橋工案》下注“紅羊劫”。此處灾祲應是指光緒三十二年(1906,丙午)皖、蘇大水灾,《申報》1909 年 11 月 13 日第 3 版“論説”《論中國今日之内情外勢》評論道:“如丙午江北之水灾。淮揚徐三府盡遭其害。饑民共數十萬人。官民放賑之款。幾及數百萬。爲歷來罕見之大灾元氣至今未復。”後有學者將此次水灾稱爲“徐淮海大水灾”或“江南北大水灾”。

❷　《申報》相應處爲“賑”字。

沂既分矣，然與沂有連帶之關係者，莫甚于沭。沭水發源沂山三泉，與沂源相近，上游流向與沂成一平綫。普通言水道者，往往以沂概沭，不知沂沭上游，有崗嶺限之，爲天然水界。至郯城東境入江蘇爲大沙河，經青伊湖、薔薇河至臨洪口入海。東西離合，初本晰然，迨青伊淤墊，薔薇就湮，上游大沙河之身既寬，傾斜又急，下行不暢，旁溢乃滋，故沭當盛漲之際，往往由紅花埠一帶西注柳溝墨河以病沂。而沂入總六塘，節節障塞，其一部分又往往漲出浚溝口，經沙礓河以病沭，甚至北六塘暴漲，倒灌柴米河，至沭城附近，交漫互灌，時有所聞，水道灾區，愈以紊亂。往之論沭者，以其利害屬于海沭灌贛一隅，規畫全域，恒不措意，其實沂之病沭，猶之沭之病沂，影響及于江北運河，豈伊細故。誠宜疏浚薔薇，暢出臨洪，淺者深之、狹者寬之、卑者培之。治沭即以治沂，治沂即以治運。所謂疏沭者，此其二也。

沂自沂、沭自沭，而後運得保持其水面之平衡。就江北根本觀察，而中河已治，然則裏運河又將何如？曰裏運水源固取給于淮者也，淮自桐柏而下，挾七十二溪之水，以蘇皖間之洪澤湖爲容納地。其泄水口門，屬于東南部者出蔣垻三河，屬于東北部者出張福引河。淮水尋常漲度，出張福口而入運者，占全淮十分之一而强，已足扼中運之吭而有餘；盛漲則裏運全部皆淮水也。今夏測量報告，洪湖最高水位，高于楊莊運河二米突以上，合中尺六尺有餘，尤所罕見。河之東岸，除淮水歸江十垻以外，并有垻閘涵洞五十餘座，如子嬰、車邏、昭關等處，本爲宣泄高漲運水入海而設，其餘涵洞，衹備冬春下河灌溉。一經盛漲，輒加堵閉，潦則啓其大者，而且不果啓、不盡啓；旱則資以小者，往制然矣。今年淮水暴漲，不得已啓車邏一垻以保運堤之危事，事已艱困，猶幸今年下游之江、上游之沂沭，未經發生影響耳。設或淮江并漲，則淮揚之灾況如何？設或沂沭與淮亦并漲，則淮揚之灾又將如何？言念及此，隱憂彌切。然則爲淮揚根本至計，不能不籌察治淮固已明矣。根本治淮，非今日財力所能企及，惟有分求入海之途，減消裏運異漲，而爲根本計畫一部分之工程。查廢黄河爲淮水故道，自漣水以下至于海口。測量考驗河漕行水，利用可資，所最淤墊者，衹其楊莊至漣水數十里之間，此段從事挑挖，平配寬通，改良楊莊草垻，酌展張福引河，俾使過水具有一定限度，一面注重三江營宣泄度量，加以操縱，洪澤、高寶洪水位無論如何盛漲，能較本年水位低降二米突，庶淮揚運河可免重瀾伺隙之虞，而清水潭之奇變❶不使再見于來日。所謂消除淮漲者，此其三也。

沂沭分而中運治，淮漲減而裏運治。斯得就運河本體而論之，吾國運河溝通南北，在歷史上、地理上本屬至有價值之河流，弛廢淩夷迄于今日，失厥常軌，

---

❶ 清水潭：淮揚地區沿運河之濕地，歷史上多次决口。

利害懸殊。今爲江北運河統籌疏浚,宜就地勢傾斜、河床寬廣之數,上游、下游所需行水之量,按段施工。淺深合制,使水面以下各有相當之斷面積。常年之中,有交通之便,無枯濫之憂,此整理河身之説也。埧閘涵洞,本以節宣,曩者河工滾水減水之制,未嘗不苦意經營,然而水性變遷,因時而異,昔人建築原恉,半成陳迹,今應根據完全計畫,釐定新規。近世科學昌明,專門工程學者,建築活動埧閘,高下啓閉,操縱自如,其效用既遠過于滾水、減水舊制,亦非雙閘單閘啓板、下板所可同日而語。即如中運之蘆口埧、劉老澗、雙金閘,裏運之歸江十埧、歸海三埧,皆應分别緩急、修置精良,灌溉交通、依爲表裏,此改良閘埧之説也。

如此淮沂沭運,主客兼籌,蓄泄并顧,江北水利似可完全告成矣。然而猶未盡焉。竊觀大禹行水,地平天成之後,而仍盡力乎溝洫。農田之本,可推而知。江北徐海淮揚數千萬方里,莽莽平原。除淮沂沭各支幹河暨下河一部分外,絶無溝洫可言。雨則水量瀦渟,旱則土脉乾燥。夫徐揚二州,舊爲禹域,何以三代井田之制蕩然無存?則人事之不修,天演固不任其咎也。然在淮沂沭未治以前,即欲枝枝節節聽民自謀,尾閭無歸,紛争易啓。今者國家盡力于幹河,則田間水道仍宜責之地方自爲董理。此次行抵淮陰,考察該縣二四兩區,挑浚溝洫,薄著成效。將來運河工程開始,督勸各地方官紳協心共濟,釐定地方溝洫章則,逐次推行,此乃根本中之根本,而農田水利最後之要義也。

據以上諸端觀之,江北水利範圍如此其廣,待治如此其慇,究其工費若何,亦屬先決問題。前兹策議紛紛,從未聞精碻之數,然稽之測成圖表,驗之實施,證以工程師之概要,計算非有八百萬元至一千萬元之工程經費不克完全圖功。驟聞斯言,或且謂爲甚鉅,是則應從經濟原理、國計民生根本討論,而後可定方針也。江北區域,每歲灾況損失數目初尠統計,(復)勘察之際,分向地方官署調閲檔册,完闕不一。隨地諮詢察度,略得梗概,姑就最近民國三年論之,調查統計邳宿等二十一縣,受灾田禾計有七百八十七萬七千六百八十一畝,每畝産額至少假定爲二元五角,則全區損失共爲二千零十九萬餘元,加以國家蠲緩錢糧糟米兩項折合九十六萬餘元,合之賑款二十萬元,公私損失已達二千一百三十餘萬元,而華洋義振尚不與焉。一歲如此,他歲可知。西人記載謂丙午以後十年之内,江北公私損失已達九千萬元以上。核以實際,殆亦不甚相遠。覩于徐海一帶,昏墊窮黎振拔無術,往往衣不蔽體、神色自傷,天地爲之徘徨、山河覺其慘淡。馴至少壯流爲盜賊、老弱淪于溝壑,其勢然矣。今假定以千萬元一次之工程經費,得爲國家、地方每歲保持規復,衡以民國三年調查統計之數,孰得孰失?斯已昭昭。運河由此整理精良,施行輪馭。黄河以南、揚子江以北,蔚然交通、商業繁茂、税款加增,斯又考究經濟狀態者所宜知也。江蘇召集官紳會議,關于工款一端亦已籌及,另與江蘇省長會呈鈞鑒。伏冀大總統宏堯舜之仁,申神禹之智，主持精進，俾早程工，行見薄海蒼生，同有衽席之感。（復）賦性愚戇，年來于水利事業，認爲民生唯一要政，祇求稍裨萬一，不知勞怨爲何，此次履勘，舟車所及，雖以村夫野老片言可採，無不拳拳于懷，間有一二偏宕之詞、方隅之見，亦惟因勢利導，不厭求詳。事屬國計民生，寧使身蒙艱困，終不敢犧牲其根本之主張。所賴偕行各官紳積誠相見、共勵進行，隨行荷蘭工程師、技正、測量主任等員，亦均黽勉從事、昕夕勤勞，規畫經營、較征實在。仍乞大總統飭下部局暨江蘇、山東省長，將來實施工程時代，無論何人擔負責任，凡其求利于蘇，必求無害于魯，而其求利于魯，亦必無害于蘇，同一國土、同一人民，有何畛域之可分？但當以樂利爲主。是否有當？伏乞鑒裁。

除與江蘇省長會銜呈報，并分别咨呈院部暨全國水利局外，所有奉令前赴江蘇一帶勘察運河形勢及規畫概要各緣由，合先據呈。伏祈大總統訓示遵行。謹呈大總統。

此呈發後，同時又有計畫書并水道利病圖、工程計畫圖二紙發表。題曰《勘察江北運河水利，統籌分疏泗沂沭淮草案計畫書》，書内辦法與呈復大總統文略同，惟其中加（蘇魯運河與泗水之關係及魯運計畫之概要）[1]二段，摘録如左。

蘇魯運河與泗水之關係

蘇魯者，乃省行政之名詞，不適用于河流。當知居斯土者，同爲運河流域之民，以言關係至密切也。魯省南運之主水，曰汶、曰泗，運河以較短之流，具多數之湖泊，爲汶泗盛漲瀠洄渟瀦之區，收澄清吐納之用，建置垻閘、啓閉節宣，時其盈虛而消息之，非惟南運自身藉資挹注，且爲江北運河水小時之策源地。然而不言汶水者，今之汶非昔之汶，汶與江北之關係蓋亦鮮矣。微山湖介蘇魯之間，地接滕嶧銅沛，爲兩省最要關鍵，故泗與江北之關係，謂爲微山湖之關係可也。查微山湖志樁，舊制以存水一丈二尺爲限（最初之制一丈五尺，後改一丈二尺，今照此計算），中經黄河曹工豐工告決，黄水挾沙東趨，沉墊湖心。據河工經驗人員述稱，淤墊之度，積高五尺七寸，以此計之，志樁存水實祇六尺三寸。幸汶水盛漲，大部分漫戴邨、何家兩垻，北流匯注于東平窪地，南入微湖者不過十之二，受水之量不如舊日之多。是以清宣統三年，山東巡撫飭營訂正志樁勒碑，載明湖水實存五尺以上、三日一放，三尺以上、五日一放，一尺以上，如有大幫船隻，由管閘員稟報核奪。蓋魯中視水源爲甚寶貴，鰓鰓然慮平日之消耗。

歷來冬春之季，蘇運需水，請放湖口閘板，文電交馳，歲以爲常。本年湖水特小，十月初旬存水平均祇深二尺，逆計冬春之交中運交通或絶。至如大水時

---

[1] 括號内容爲原注。

期上源彙注，水面自必增高，然頻年測繪調查，知獨山、昭陽、南陽、微山諸湖最大容量，實有廿五萬一千三百餘萬立方米突，合七千六百餘萬立方丈。民國四年，測量汶泗流域盛漲，南行水量不過七萬五千餘萬立方米突，合二千二百八十餘萬立方丈（内泗水居十分之七），不及諸湖最大容積三分之一，加以原存底水八萬八千餘萬立方米突，合二千六百八十餘萬立方丈，兩共合計仍不足五千萬立方丈，僅及諸湖最大容量三分之二弱。民國五年泛漲較少，更無問題。設不幸而有較四年盛漲更增一倍之時，而諸湖容受尚覺恢恢有餘。夫泗水之出運，僅會少量之汶流，而又歷滲諸湖，諸湖容納素廣，則最後及于微山湖者，其影響于江北運河平時患其少，臨時亦不患其多也。所應計議者，微湖西部爲緩傾斜地，征之水例，逾量之水增漲一尺，湖邊傾斜或慮增闊其面積，此誠于農墾有關。夫既爲地方謀水利，要當并顧兼籌，如或畸于一偏，詛豈有當。湖西地屬銅沛，非唯民間農田宜求保障，次若銅沛湖墾，可予維持者，未嘗不可因時制宜，俾盡其利。但吾人公平之主張，湖面不可收縮過度，要當保存舊有面積容量，宣泄具有確定之範圍。一方資水濟運，一方防護農田出之公誠，標准庶可定也。

魯運計畫之概要

既言蘇魯運河之關係矣，則魯之治運之計畫，安可不爲連帶之標明，以符統籌之指？蓋魯之治運，猶蘇之治運也，其道在分疏汶泗而已。考舊制，汶以南旺分水，北七南三。自清咸豐三年，黄河北遷奪大清河入海，截魯運爲南北二段，汶水不能及北運，又有北三南七之説。然而按諸實際，殊不盡然。汶水每年在盛漲時期，漫戴邨垻入大清河以注東平境者，自十分之五至十分之九，平均計之亦得總數十分之七。得由汶河正幹下行濟運者，不過十分之三，此十分之三中，尚有至何家垻漫垻北行，與小垻口分流入蜀山湖瀦蓄。姑以兩處所分再去其十分之一計之，得至于分水口入運者，僅餘總數十分之二，又去自運北流十分之二之十分之三，則南流之量實爲汶水總數十分之二之十分之七，即百分之十四，其細亦已甚矣。至水小不能漫垻時，汶水固完全入運，然每秒流量至多不出四十立方米突，合一立方丈二分。少則祇一立方米突有奇，則合三十立方尺耳。律以下游諸湖容量（詳見蘇魯運河關係一節内），自不至發生若何影響。夫東平受汶之患，農田淪爲澤國者多至二千餘頃，勢必設法消除。然祇可就戴邨漫垻之量經營開闢入黄口門，暢其鎖路，因勢利導，與南運下游各别計畫。斷不能赤手障戴邨漫垻之水，使之南行，且魯運計畫方將束汶以禦黄，黄强而汶弱，汶之不北于魯無所利也。汶泗疏而南運下游寬裕之量，能使蘇魯交受其益。抑魯之有昭、微諸湖，猶蘇之有高寶諸湖。而魯享其利，蘇受其害者，泗非淮之比也耳。至南運之有待于疏浚，乃因河身寬窄高下失其宜，吐納不如法，以致中途潰漫横決,民田被其灾。治之者平其高下,一其寬度,固其堤防,使泛漲之水循行軌道,容達于瀦水各湖,去害即所以爲利。凡屬魯省諸湖一概保其固有面積,而湖底淤墊者且當酌施機工疏浚,增其受水之量。在魯中計畫,非與水争必不可得之地,果如是而思争地于水,以致微湖泛溢者,則微湖以下至台莊七十餘里之民田、村落,魯先受其害,而後波及于蘇,此亦理之易明者耳。統籌之要旨在協商江北治運計畫實施後,所需常年濟運之量,以爲魯運施治定制之標准,庶他日蘇運工程無過不及之弊,不在泛漲盛瀉,强加下游以無限制之水,而美其名曰統籌也,亦不在杜絶堤防,使上游來源失其蓄泄之效,而并美其名曰統籌也。統籌得其道,則異日長江、黄河之間千數百里農植繁榮,商工勃興,直接利于民,間接利于國,出沮洳而登衽席,庶富可期。嗚呼,此蘇魯人士共負之責任也。

據潘君最後發表之計畫,對于江北水道施治方法,大概與王君寶槐、武君同舉平時著述及南通張氏第三次江淮水利計畫書大恉相同,亦與第二次會議結果不甚剌謬。惟對于魯運計畫,尚不甚詳。此次會議最主要之點,即須由蘇派員會勘山東水道、水量是也。除另與臨會同人商定議題,再提出于會議後,先述蘇會運河兩次會議崖略如此,其他關于江北水利名家著述及文件,均載《水利雜志》中不具述。

【原文圖影】

蘇魯運河會議之略史

蘇魯運河會議之略史

朱紹文述

蘇魯運河、自光緒之季、專官裁撤、工費銳減、日漸游塾、而供其吐納之各湖河、復以久不施治、失其效用、遂肇成魯南江北叠次之奇災、光復而後、兩省官紳怵於巨患、籌治乃亟、於民國三年設局籌濬、在魯南者曰籌辦山東南運湖河疏濬局、潘君復主之、在江北者曰籌濬江北運河工程局、馬君士杰主之、周勘之後、繼以測量、會潘君於民國三年九月擬具籌治山東南運湖河草案、呈農商部、是爲潘君最初之宣言、所擬辦法、與蘇省江北利害關係甚巨、爰錄辦法如左、

(一)東汶水以禦黃

黃河未穿運以前、汶水入大小清河、歷東阿而北至利津、卽漢時濟水會汶入海之故道也、迨因銅瓦廂告決、黃河初入東省、循大清河而下、橫截汶水歸海之路、於是汶水異漲、其北行者、則由戴村滾水壩漫出、至龍堌集分派、一入大清河繞城而北、一入小清河繞城而南、悉注於馬家口、合流北趨至張家口、而運河之水、復因安山靳口之閘、東無堤防、橫漫入坡、卽土山窪、出運入黃、往來舟楫、遂成交通之水渠、土人呼之曰坡河、其流亦匯於此、又北行

二十五里至清河門、仍分爲二流、一由關山峨山至龐家口、一由侯家河魏家河經班鳩店亦至龐家口、爲汶水入黃要道、現在黃河口益淤高、再遇漲溢、頂托倒漾、汶即不能北注、橫流氾濫、遂使東平良田數千萬畝、盡付波臣、所以慘怛之呼、歲不絕聞於耳也、議興議廢、迄無定策、恝而弗治、如斯民何、着手之初、計惟就清運河流、循其舊堤基址、築高培厚、收束汶水、不使旁溢、水既擡高、入黃較易、兼可借其猛力、攻刷黃淤、毋任停積、於宣洩之門、並擬仿洞庭圩田之制、權衡水量、審察地勢、添築曲斜各堤、分爲四區、曰東南區、曰西北區、曰中東區、曰中西區、以區之埂作河之堤、既歛汗漫之波、斯收障衛之效、資田之涸、不稼者興、可左券以待矣、但施工有難易、而獲利有後先、四區之中、以東南區爲最易、修治西北區次之、而中東中西兩區則又其次也、南運工程、以汶水爲艱、然次第推行、自非茫無把握者比、若坐視數萬人民託命之所、永永沉淪於汶黃漩渦之中、亦非國家之利也、故區區治運之議、鍵治汶泗、而東汶禦黃、又爲北段之第一義

（二）治運應先分治汶泗

汶濟魚三縣、爲南運之中樞、農工商業、實利賴之、顧比歲受利之微、不敵被害之鉅、推其致害之由、則汶與泗是也、汶水發源于泰安仙台嶺暨萊蕪等縣、二百四十五泉、至東平入濟合流、以至於海、此禹迹也、迨元人引汶絕濟、爲會通河、明永樂中又築戴村壩遏汶、水盡出南旺、以濟運分流南北、勢亦稱便、近以分水口以北、自十里閘迄於袁口閘、計程三十里、以汶水挾沙瀉泥、積淤深厚、歷久未挑、遂遏北行之水、盡歸南下、而向所賴以分洩運河異漲之關家閘暨土地廟閘等處、復以防護南旺湖田、全行嚴閉、以致河不能容、堤必自潰、實爲濟魚等縣莫大之害矣、泗水發源于泗水縣陪尾山、四泉並發、西流至兗州城東、又南流經橫河與沂水合、元時于兗州東門外五里金口作壩、遏之南趨、並于壩之北建閘、即黑風口、夏秋水長、則開金口閉黑風、使南出魯橋、以濟棗林等八閘之運、冬春水微、則閉金口、導水入黑風、西流府河、至馬場湖收蓄、以濟天井等八閘之運、今舊制盡湮、河道淤墊、而泗河之水、已不能合沂、遂入馬場湖、則盡出于魯橋、伏秋水勢洶湧、一經暴漲、漫爲民患、其上游河道尚寬、惟自西泗河頭張家橋以下、地勢既窪、而河又極窄、泗水驟經收縮、其流必猛、歲無不決、濟寧進東田禾浸沒、動至數千萬畝、民生疾苦、乃弗可言矣、爲今之計、惟亟籌分治汶泗之法、先將南旺分水口受淤河道、大加疏濬、使復南北分流之舊、他如關家閘暨土地廟

閘等處、通湖引渠、亦宜酌挑寬深、直抵茫生閘、俾吸入之水、得由此吐出、瀉入牛頭河、（即古運王河、在濟寧城南、舊通汶上縣之南旺、由永通閘下達魚台縣之穀亭、爲明代之舊運渠）展寬挑深、使上游異漲之水、得由此河以遞達於南陽昭陽微山諸湖、汶水既治、別于新泗河上游、就張家橋舊有壩基、堅築滾水石壩、並仍挑濬東泗河、用資宣洩、導引孟家橋支河、洩入獨山湖、改從魚台縣境運河東岸十八水口入運、不使盡出魯橋、則泗河之水不塞、而白馬河之水有所容納、汶水南下之路、節節疏暢、更何泛溢之憂、是則水患既除、而利自興、如濟寧魚台兩境化沮洳爲膏腴者、勢且倍於東平、不第此也、運河水長、固可洩汶泗以顧民田、如運河水消、仍可蓄汶泗以通航路、緩急有備、操縱自如、皆汶泗爲之關鍵、本末源流、昭然可指、所謂治運應先分治汶泗者此也、

（三）南運河全線之濬治

汶泗既治、乃可專言運河本體矣、上章不云乎、今昔異勢、利害異形、治運之方、非可執古以論也、昔之治運患水大、又患水小、今之治運患水大不患水小、何以言之、一以利濟漕渠爲先、治之惟恐其不足、一以水利民田爲重、治之應去其有餘、綜覽南運河綿長五百六十餘里、積久弗治、所以若斯、民田已病矣、而河渠之深淺莫定、航業阻滯、市廛蒙其影響、如濟寧南陽夏鎮台莊安山閘河等地、求如往歲盛時之十一、何可得耶、補救之法、計惟先將積淺之處、以及各湖引渠、概施濬治、務使上下湖河、脈絡貫通、俾汶泗入昭陽之水、得由牛頭河以出、若汶泗諸閘暨減閘、以牛頭河爲納流之地、汶泗宣洩閘減閘、斯南運河無枯滯之憂、再如十字河舊南河、本受山河瀉沙、淤塞不通、南運河幾有中斷之虞、前於光宣之際、就微山湖東岸改挑新河、原爲遠避山河沙流、意亦可採、惜以地勢非宜、舟行頗爲艱阻、不若仍將舊十字河循跡挑復、較爲穩便、特是微山一湖、上游衆水所匯、爲東省最著水櫃之一、既有分注之來源、殆無疏消之去路、一由藺家壩下之荊山河、並伊家河、分洩入江北運河、一由湖口雙閘放水入運、接濟韓莊以下八閘、以利航路、舊制微山湖收水、定以一丈五尺、以運河之現勢觀之、湖中水量過多、適足抵禦上游諸水、不易宣洩、濟魚滕各地低窪、田疇遂受無形之害、今宜酌減微山湖收水量度、至五尺上下、其與農工商業全湖物產、均無損而有裨、總之、汶泗既治、運河本體、但期尾閭之疏濬、支派通流、靡不迎刃而解、蓋有一定之勢也

此章案呈部後、蘇省知之、於是有會議運河之動議、當時籌備江北運河工程局亦於同年八月設籌備會、猝未及預備、馬君乃將江北各湖河親歷周勘一度、一面督促測量人員進行預備、於

民國四年六月三日、與潘君會議於蘇魯邳嶧交界之台莊、於是有會呈山東江蘇巡按使統籌分治之呈文如左、

蘇魯會勘運河情形擬統籌分治會呈立案文

爲會勘蘇魯運河、酌擬統籌分治辦法、期收實效而免流弊、詳請會呈立案事、竊蘇魯運河從黃河南岸起、綿亘五百六十餘里、至黃林莊、爲南運河、由江蘇黃林莊至淮陰三閘、計程三百五十餘里、爲中運河、由淮陰以下、達於瓜洲入江、計程四百里、爲裏運河、統綿一千三百餘里、地貫黃河大江之中、裏運河以下、更爲長淮入江之孔道、明清盛時、以國家全力設置官吏丁兵夫役、數逾萬千、雖其節宣湖河、重在渠漕之交通、而沿河二千里之人民因不擴其利、而彌其災、緣魯省自泰山南麓諸山之水、衆流奔匯、曰汶曰泗曰沂曰洸曰[illegible]皆以運河爲輸洩、從前魯省有獨山、昭陽、南陽、南旺等湖、蘇有微山、駱馬、隰頭等湖、足爲諸水吐

納之地、自黃河北徙、湖渠積淤、日甚、迨漕運停輟、又以經費不充、未能大加疏濬、而各湖尤多淤成平陸、比諸舊日水量、僅容十分之三、加以兩省運河西岸有黃河廢隄、橫亘千里、遂使泰山以南羣水、匯注蘇省運河、幾爲魯省全部洩水之路、中運河東水數百里、僅有東岸之車路口、劉老澗、雙金閘、舊黃河可以分洩盛漲、裏運河爲入江之尾閭、更加皖省全淮之水、上由張福口引河入運、下由洪湖之三河口、直注高寶湖、入運、雖運河東隄一帶閘洞林立、舊制歸江歸海各壩、啓放有時、無非爲排洩盛漲而設、然洪澤高寶各湖淤墊日甚、運河久不疏浚、水失容積、一經全淮暴漲、沂泗汶衆流奔赴、沿運河上下千數百里、挾建瓴之勢、萬脈匯趨、氾濫四溢、歲欲不災得乎、復士杰生長河濱、習見民生疾苦、殷憂蘊切、上年士杰奉籌浚江北運河之役、復亦承籌辦南運湖河之命、受事以來、督飭調查測繪各員、親履勘察、近奉鈞飭兩省派員約期會勘、妥籌通力合作之方、期除權界隔閡之弊、遂於六月初旬會商於台兒莊、就蘇魯運河上下游關係情形、詳審討論、綜計魯省施治之入手、在於東汶[illegible]黃以刷積淤、分治汶泗以減異漲、通湖引渠以籌消導、而尤在疏通牛頭河、以微山湖爲歸納之尾閭、蘇省施治之入手、在於疏浚河身、以暢入江之路、厚培隄岸、以防東潰之災、籌修

閘壩以增歸海之道、而尤以大治駱沂、使出總六塘河、循築遙隄、束之入海、以減異漲、惟此項計畫工程浩大、魯省現正從事實測、以圖積極進行、蘇省湖河淤墊之處、業經修置挖泥機船數艘、常川浚治、以暢河流、此皆在兩省籌辦之中、期成得尺得寸之效、大率運河關係、一年之中、冬春主蓄、夏秋主洩、要不外有各湖以吐納之、有各閘以節宣之、蘇省治運、要在使上游無壅遏之災、魯省治運、要在使下游有消納之量、近日兩省從事實測、舉凡地形之高下、水量之增減、流量之緩急、皆與他日工程險易、河道阻通、有密切之關係、一俟測量事竣、上下游地形水準流速流量、必當爲全部分之計畫、果能協力通籌、自可河流順軌、此尤復士杰所望兩省能一致進行者也、其他現狀、如藺家壩爲微湖尾閭、自前清宣統三年、爲土民挖開後、迄未堵閉、以致伏秋水漲、蘇省邳宿各縣、連年被災、現議由魯省改建石壩、以時啓閉、先由兩省派員會勘、酌定金門尺寸、出水高度、俾求詳愼、焦台豐縣因地方水道利害爭執、屢議未決、沛縣之安家口、介昭陽微山兩湖之間、近因中流泥草淤塞、魯省擬用挖泥汽船、就水治工、事關兩省水利、擬於派員會勘藺家壩時、一併順道查勘、抑復士杰更有請者、蘇魯兩省運河長亘千數百里、介於江淮之間、爲南北交通孔道、在我國歷史上地利物上

[illegible]之河流、前清發時、南河工費爲國家歲出大宗、即近年因水患[illegible]省工費亦在十數百萬以上、此次兩省建議修浚工費一節、蘇省上年曾[illegible]省亦經本到部議、將來工大費鉅、地方財力慮不能勝、仍須請求中央籌款協濟、以資合功[illegible]在此會備時期、悉心規畫、意見相同、所有會勘蘇魯運[illegible]分治辦法各緣由、理合詳請鑒核示遵、並求據情會同蘇督省呈報中央立案施行實爲公便、除會詳[illegible]山東[illegible]按使外、謹詳

[illegible]

籌備山東運河疏濬事宜潘　復

籌備江北運河工程局總辦馬士杰

自此項會議後、江北人士怵於上游水量、恐將以蘇爲壑也、由江北紳士黃以霖、吳源淑、賈鴻年、[illegible]、楊學淵、許鼎年、許鴻賓、何[illegible]、[illegible]、丁福申、徐鍾恂、張福增、劉鍾琰、周樹年、宋子賢、[illegible]等、於

民國四年冬、呈請江蘇巡按使、爲山東大治南運湖河、諸水以微山湖爲排宣之路、水無可洩。

擬懇呈請派員會勘下游統籌妥議後再興工事（文載省長轉呈 大總統文中茲從略）

民國五年春 齊省長據呈轉請 大總統飭派明習水利人員會勘文如左

齊省長據江北紳士黃以霖等公禀轉請 大總統飭派明晰水利人員會勘呈文

呈為山東籌濬南運湖河下游水無可洩勢必受災擬請分飭派員會勘統籌辦法以昭慎重仰祈鈞鑒事竊維治水之道上下游必須並顧兼籌方能有利無患近因山東大舉治河擬將汶泗諸水引入南旺獨山以暹達於昭陽微山諸湖藉以涸出濟寧魚台汶上嘉祥鄒嶧等縣沉粮之地段可增稅收數千萬經前山東巡按使蔡儒楷呈明在案查[illegible]接壤省水利息息相關蘇魯為地方利害起見曾派蘇省江北運河工程局總辦馬士杰前往山東商由前籌辦南運湖河疏濬事宜潘復會同履勘將來魯湖河之有關係者擬定統籌分治辦法旋以款絀工繁迄未果行而魯省籌濬工程異常緊迫[illegible]施工各項計畫圖說送蘇飭行該總辦馬士杰召集地方紳耆詳加討論[illegible]務源於魯之泰兗沂蒙實以蘇為尾閭淮揚徐海各屬地居下游[illegible]則邗溝一綫尚敷宣洩苟遇盛漲則山洪驟發萬縣爭[illegible]不可遏[illegible]自齊村入蘇境經邳縣之灘上集沙家口徐家口宿遷縣之窰灣鎮入運汶泗在魯境合流為南運河入南旺馬踏蜀山獨山昭陽微山諸湖支分派別匯為巨浸而微山湖所瀦之水即由下游湖口藺家二壩分趨下注夫以一葦可杭之運幾為魯省全部洩水之路僅恃車邏口劉老澗雙金閘分洩盛漲而裏運河為入江之尾閭洪澤高寶諸湖又復挾淮東灌氾濫四溢長堤安得不危為魯省計欲使濱湖之地多數成田故求洩水於下游所可慮者下游蓄水之地有限上游洩水之量無窮以有限之地供無窮之源若不統籌妥議恐江北各縣民均有其魚之患加以灑水愚民往往藉墾荒之名冒耕湖田淤地且灑水無所容而清理官產者又擬將微山湖新涸田畝招人領墾以裕收入與水爭地為害滋烈綜觀以上情形山東意在涸田是謂興利江蘇患在被水是謂防害山東興利其益不過數十萬元尚在不可必之數而江蘇防害之費以及每年減收稅課奚啻倍蓰據江北士紳黃以霖等聯請轉呈前來理合抄錄原禀呈請飭下內務財政農商各部全國水利局暨山東省長遴派明習水利人員赴蘇會勘查明兩省水利情形統籌辦法再行從事春舖庶足以弭鉅災而資利賴除分咨外伏乞

大總統鈞鑒訓示施行謹呈

此呈發後會雲南起義延及兩粵政潮湍急未遑及此迨 黎大總統繼任於同年九月二日令派潘復前赴江蘇一帶會同官紳履勘運河情勢統籌疏濬事宜江蘇乃派馬士杰王寶槐並推紳士黃以霖周樹年武同舉陳伯盟於十月三日在微山湖下游之韓莊會齊應勘中運裏運河身及閘壩並及與運有關係之各河流所至踏勘綫見潘君呈復 大總統文中至十月杪勘畢到寧於十一月三日在省公署開第二次蘇魯運河會議潘副總裁暨省長王瑚與議者爲江蘇會勘官紳及淮揚徐海紳士議員又山東南運測量主任江淮測量主任議決如下

（一）蘇魯各湖均保存其現有面積（牛頭河伊家河及南陽昭陽微山各湖連接處均不疏濬）由兩省派員會同勘定施工計劃在未勘定以前各河均存其舊

（二）導沭邐由薔薇臨洪口出海導沂一支由駱馬湖入六塘河其他支仍循故道入運再分洩入六塘河均由灌河口出海（鹽口及劉老澗均復滾壩舊制或酌建閘）

（三）疏濬楊莊至漣水淤淺之廢黃河分洩運漲（俟查勘後再定）

（四）收歸江壩及鹽河武障龍溝等壩歸江北水利專官司其啟閉其中[illegible]由行政官查照成案水誌尺寸辦理並先期通知下河居民

（五）整頓淮揚徐海二分畝捐以備募集省公債並推廣泗沂沭流域暨金附稅以爲工程費用

此項會議後由江蘇省長將會議始末咨呈國務院備查同時潘君有呈報奉 令履勘江蘇運河水道利病情形統籌施工計畫概要文如左

全國水利局副總裁潘復呈報奉令履勘江蘇運河水道利病情形統籌施工計畫概要文

呈為陳報奉 令勘察江蘇運河水道利病情形統籌施工計畫概要仰祈鈞鑒事竊復奉令履勘江蘇運河前於九月十四日携同荷蘭工程師杖正等員由京出發並分調江淮水利測量主任南運籌辦處測量主任隨行勘察節經呈報在案初抵山東覆勘魯運汶口本年最高水位兼核下半年測量成果期於江蘇水道情形統一規畫嗣准江蘇省長推派丁紳寶銓黃紳以霖周紳樹年武紳同舉陳紳伯盟并令委江北運河工程局總辦馬士杰宿遷徵收局長王寶槐水利處主任汪國棟偕同履勘復先期親詣銅沛考察微山湖利病所

在更以運主統籌、既爲要旨、蘇魯關鍵、兩宜瞭然、特又電約蘇中官紳紆道至魯、乃於十月三日齊集於韓莊、同觀微湖雙閘、遂由韓莊沿運河行、而台莊、而黃林莊、而灘上集、紆道於沂水分流之蘆口壩、折由灘上集而窯灣、而宿遷、而劉老澗、而雙金閘、十一日行抵淮陰、考核江淮測量局歷屆成績、瀏覽洪澤湖本年最高水位、及張福河與黃河通塞影勢、十三日循鹽河徑赴海州、考察沂沭尾閭、由王家營而大伊鎮、而板浦、而新浦、登雲台山、觀臨洪口、透迤至薔薇河下游、復由大伊鎮而响水口、而陳家港、而灌河口、直達海陬、考察水利與鹽場關係、回勘武障龍溝、復返淮陰、二十三日由淮陰南下、閱視高寶氾水諸湖、而子嬰閘、而車邏諸壩、而江都、出瓜州口、取道大江、由三江營歷觀歸江十壩、二十六日到鎮江、謁南京會同江蘇省長召集會議、計自魯入蘇、水陸兼程、舟車並御、往返二千餘里、歷時經月、[illegible]家壩以下之荊山河、周家口以下之駱馬湖、特派工程師測量、上任視察外、舉凡與運有關鍵之河流、徵脈索源、略得要領、沿途延接父老、加意諮詢、並與同行官紳究研討論、益覺江北水道利病情勢、暨統籌計畫概要、謹爲我大總統縷陳之、查江北一隅、[illegible]淮揚徐海、其地泰半隸於禹貢徐揚二州、淮沂其乂、厥績已[illegible]、近數百年[illegible]

不出此區域之內、良以淮沂沭泗綜錯交橫、而黃河自明昌之[illegible]、奪淮東[illegible]、[illegible]推移、運河本以人造河渠、吸納衆流、以致其用、國家當全盛之時、[illegible]力、締造經營、謀擅其利、然其利害相乘、間不容髮、自銅瓦廂黃河北徙、江北水道、[illegible]變、鄒家屯黃河南決、灌注洪澤及微山諸湖、江北水道之[illegible]、又一變、[illegible]因應、反以日疏、駢至雲梯關中、衆淮路無歸、運堤就淤、[illegible]災、國計民生、殘耗無藝、今之徐海一帶、議捐議[illegible]、[illegible]觀於本年淮湖暴漲、下河災浸、實亦處於岌岌不可終日之勢、查上承德命、固以治運爲勸籌之揭櫫、然全局所關、深知技術補苴、亦必無濟、故於山東[illegible]汶泗來源、徵其蓄洩之準、一入蘇境、直接所重者在沂、間接所重者在沭、淸江以下、則淮河狀態、及洪澤高寶諸湖之容量、尾閭入江之大小遲速、加意考徵、[illegible]脈絡易明、計畫乃有可言、討論不致歧誤、就山東運河觀之、分疏汶泗、意在消除[illegible]汶北行、濟寧以南、即不使發生若何影響、泗水流量、比之淮沂十不逮一、又有獨山南陽昭陽微山諸湖、爲迴旋停注之地、操縱得宜、足資利濟、蘇魯關鍵所應注意者、祇在微山一湖、湖

制尙存、即諸閘多淤墊、稍事更張、正宜兼權上下游利病重輕、定其標準、則不失交通之利、勿貽農田之災、委之工程專家、自易解決、復拳拳之愚所謂江北運河水利根本計畫者、曰沂、曰沭、曰淮而已、此而能治、無論魯運泗水、蓄洩何如、決非所患、此而不治、即使泗水絕其來源、徐海昏墊、絕不因之減免、可斷言也、抑所謂治沂治沭治淮之方者、曰分、曰疏、曰[illegible]、異漲而已、謹申言之、

沂水發源於山東蒙沂諸山、下合溪澗泉流、經郯城西境、至齊村入江蘇、舊由駱馬湖與泗水同流入淮、自黃河奪淮、兼奪沂泗、沂道大阻、遂由駱馬湖經六塘以入海、迨駱馬湖淤墊、蘆口壩衝坍、入湖之路復阻、乃由邳境西侵以爭運、據近年測量報告、蘆口壩每秒流量最大至一千九百立方米突、占全部十分之八而強、運受沂侵、厥病周重、沂行運道、亦非能容、於是由九龍廟五花橋分洩、甚且沖刷劉老澗滾壩、周行泛濫、仍以六塘爲歸墟、無如六塘年久失修、深淺不一、寬狹不勻、下游之武障龍溝、又經鹽河築堤、阻其歸海之路、幾與六塘蓄兩病、之徐海之災、遂不堪問、爲今之計、將蘆口劉老澗各壩、分別修築、務使沂[illegible]分流暢之入海、即不能規復駱馬湖瀦水舊制、而以灌河口門寬至一千[illegible]米突合之、[illegible]

四百丈、深度在海平面七米突以下、除去湖水抵力、每秒平均可有四千立方米突之流量、沂水得此尾閭、綽有餘裕、今于蘆口壩附近審察地形、參酌故道、俾沂水[illegible]新渠、直達六塘、同施疏濬、並當改良武障龍溝築壩制度、交利鹽農、水陸皆暢、所謂分沂者此其一也、

沂既分矣、然與沂有連帶之關係者、莫甚于沭、沭水發源沂山三泉、與沂源相近、上游流向與沂成一平線、普通言水道者、往往以沂概沭、不知沂沭上游有風領限之、爲天然水界、至郯城東境入江蘇、爲大沙河、經青伊湖薔薇河至臨洪口入海、東西離合、初本嶄然、迨青伊淤墊、薔薇就湮、上游大沙河之身既寬、傾斜又急、下行不暢、旁溢乃滋、故沭當盛漲之際、往往由紅花埠一帶西注柳溝轟河以病沂、而沂入總六塘節節障塞、其一部分又往往溢出凌溝口、經沙礓河以病沭、甚至北六塘暴漲、倒灌柴米河、至沭城附近、交漫互灌、時有所聞、水道災區、愈以紊亂、往之論沭者、以其利害屬於海沭灌贛一隅、規畫全局、恆不措意、其實沂之病沭、猶之沭之病沂、影響及于江北運河、豈伊細故、誠宜疏濬薔薇、暢出臨洪、淺者深之、狹者寬之、卑者培之、治沭即以治沂、治沂即以治運、所謂疏沭者、此其二也、

沂自沂沭自沭而後運得保持其水面之平衡就江北根本觀察而中河已治然則裏運河又將何如曰裏運水源固取給於淮者也淮自桐柏而下挾七十二溪之水以蘇皖豫之洪澤湖爲容納地其洩水口門屬于東南部者出蔣壩三河屬于東北部者出張福引河淮水尋常漲度出張福口而入運者占全淮十分之一而強已足扼中運之吭而有餘氣盛則裏運全部皆淮水也今夏測量報告洪湖最高水位高于楊莊運河二米突以上合中尺六尺有餘尤所罕見河之東岸除淮水歸江十壩以外並有歸海涵洞五十餘座如子嬰車邏昭關等處本爲宣洩高漲運水入海而設其餘涵洞祇備冬春下河灌溉一經盛漲輒加堵閉潦則啓其大者而且不果啓不盡啓旱則資以小者往制然矣今年淮水暴漲不得已啓車邏一壩以保運堤之危事已艱困猶幸今年下游之江上游之沂沭未發生影響其設或淮江並漲則淮揚之災況如何設或沂沭與淮亦並漲則淮揚之災又將如何言念及此隱憂彌切然則爲淮揚根本至計不能不注察治淮固已明矣根本治淮非今日財力所能企及惟有分求入海之途減消裏運異漲而爲根本計畫一部分之工程查導淮河爲淮水故道自漣水以下至於海口測量者險河灣行水利用可省[illegible]

十里之間此段從事挑挖平配寬通改名楊莊草壩爲張福引河俾使過水具有一定闊度一面注重三江營宣洩度數加以操縱洪澤高寶洪水位無論如何必能較今年水位低降二米突庶淮揚運河可免重瀾伺隙之感而淮水澤之奇變不使再見于今日所謂消除淮漲者此其二也

沂沭分而中運治淮漲減而裏運治斯得就運河本體而論之吾國運河溝通南北在歷史上地理上本屬至有價值之河流弛廢凌夷迄于今日失厥常軌利害懸殊今爲江北運河統籌疏濬宜就地勢傾斜河床寬廣之數上游下游所需行水之量接段施工務求適合使水面以下各有相當之斷面積常年之中有交通之便無枯涸之憂此整理河身之說也壩閘涵洞本以節宣蓄洩河工滾水減水之制未嘗不苦心經營然而水性變遷因時而異昔人建築原指半成陳迹今應根據完全計畫釐定新規近世科學昌明專門工程學者建築活動壩閘高下啓閉操縱自如其效用既遠過于滾水減水舊制亦非雙閘單啓板下板所可同日而語即如中運之蘆口壩劉老澗雙金閘裏運之歸江十壩歸海三壩皆應分別緩急修置精良灌溉交通依爲表裏此改良閘壩之說也

如此淮沂沭運主客兼籌蓄洩兼顧江北水利似可完全告成矣然而猶未盡焉竊觀大禹行水地平天成之後而仍盡力乎溝洫農田之本可推而知江北徐海淮揚數千萬方里莽莽平原除淮沂沭各支幹河暨下河一部分外絕無溝洫可言雨則水量瀦渟旱則土脈乾燥夫徐揚二州皆爲禹域何以三代井田之制蕩然無存則人事之不修天演固不任其咎也然在淮沂沭未治以前即欲枝枝節節聽民自謀尾閭無歸紛爭易啓今者國家盡力於幹河則田間水道仍宜責之地方自爲董理此次行抵淮陰考察該縣一四兩區挑濬溝洫漸著成效將來運河工程開始容勸各地方官紳協心共濟釐定地方溝洫章則逐次推行此乃根本中之根本而農田水利最後之要義也

據以上諸端觀之江北水利範圍如此其廣待治如此其急究其工費若何亦屬先決問題前茲籌議紛紛從未聞精確之數然積之測成圖表驗之實施證以工程師之概要計算非有八百萬元至一千萬元之工程經費不克完全圖功騄聞斯言或且謂爲甚鉅是則應從經濟原理國計民生根本討論而後可定方針也江北區域每歲災況損失數目初步統計復勘察之際分向地方官署調閱檔册完闕不一隨地諮詢[illegible]略得梗概姑就最近民國

三年論之調查統計徐海等二十一縣受災田禾計有七百八十七萬七千六百八十一畝每畝產額至少假定爲二元五角則全區損失共爲二千零十九萬餘元[illegible]糧漕米兩項折合九十六萬餘元合之振款二十萬元公私損失已達二千一百三十餘萬元而華洋義振尚不與焉一歲如此他歲可知西人記載謂丙午以後十年之內江北公私損失已達九千萬元以上核以實際殆亦不甚相遠觀于徐海一帶[illegible]往往衣不蔽體神色自傷天地爲之徘徊由河變其後[illegible]其勢然矣今假定以千萬元一次之工程經費得爲國家地方每歲保持[illegible]以民國三年調查統計之數孰得孰失斯已昭昭運河由此整理精良施行輪駁黃河以南揚子江以北蔚然交通商業繁茂稅款加增斯又考究經濟狀態者所宜知也江蘇召集官紳會議關於工款一端亦已籌及另與江蘇省長會呈

鈞座伏冀

大總統宏堯舜之仁申神禹之智主持精進俾早程工行見滇海蒼生同有衽席之感復軾性愚戇年來於水利事業認爲民生唯一要政祇求稍裨萬一不知勞怨爲何此次履勘舟

車所及、雖以村夫野老片言可採、無不拳拳於懷、間有一二偏宕之詞、方隅之見、亦惟因勢利導、不厭求詳、事屬國計民生、寧使身蒙艱困、終不敢犧牲其根本之主張、所賴偕行各官紳積誠相見、共勵進行、隨行荷蘭工程師、技正、測量主任等員、亦均黽勉從事、斯夕勤勞、規畫經營、較徵實在、仍乞

大總統飭下部局暨江蘇山東省長、將來實施工程時代、無論何人擔負責任、凡其求利於蘇、必求無害於魯、而其求利於魯、亦必無害於蘇、同一國土、同一人民、有何畛域之可分、但當以樂利爲主、是否有當、伏乞

鑒裁、除與江蘇省長會銜呈報、並分別咨呈院部暨全國水利局外、所有奉

令前赴江蘇一帶勘察運河形勢及規畫概要各緣由、合先具呈、伏祈

大總統訓示遵行、謹呈

大總統、

此呈發後、同時又有計劃書並水道利病圖工程計劃圖二紙發表、題曰勘察江北運河水利統籌分疏泗沂沭淮草案計劃書、書內辦法與呈復

大總統文略同、惟其中加（蘇魯運河與泗水之關係、及魯運計劃之概要）二段、備論如左、

蘇魯運河與泗水之關係

蘇魯者、乃省行政之名詞、不適用於河流、當知居斯土者、同爲運河流域之民、以言關係、至密切也、魯省南運之主水曰汶、曰泗、運河以較短之流、具多數之湖泊、爲汶泗[illegible]瀦之區、收澄清吐納之用、建置壩閘、啓閉節宣、時其盈虛而消息之、非惟南運自身蓄積攸繫、且爲江北運河水小時之策源地、然而不言汶水者、今之汶非昔之汶、汶與江北之關係蓋亦鮮矣、微山湖介蘇魯之間、地接滕嶧銅沛、爲兩省最要關鍵、故泗與江北之關係、即爲微山湖之關係可也、查微山湖誌樁舊誌、以存水一丈二尺爲限、（最初之制一丈九尺、後改一丈二尺、今照此計算）中經黃河曹工豐工告決、黃水挾沙東趨、沉墊湖心、據河工報驗人員述稱、淤墊之度、積高五尺七寸、以此計之、誌樁存水、實祇六尺三寸、幸汶水盛漲、大部分漫戴郁何家兩壩北流、匯注於東平窪地、南入微湖者、不過十之二、受水之量、不如舊日之多、是以清宣統三年、山東巡撫飭營訂正誌樁、勒碑載明湖水實存五尺以上、三日一放、三尺以上、五日一放、一尺以上、如有大幫船隻、由管閘員稟報核奪、蓋魯中視水源爲其寶

貴、鰓鰓然慮平日之消耗、歷來冬春之季、蘇運需水、請放湖口閘板、文電交馳、歲以爲常、本年湖水特小、十月初旬、存水平均祇深二尺、逆計冬春之交、中運交通或絕、至如大水時期、上源彙注、水面自必增高、然頻年測繪調查、知獨山昭陽南陽微山諸湖最大容量、實有廿五萬一千三百餘萬立方米突、合七千六百餘萬立方丈、民國四年測量汶泗流域盛漲南行水量、不過七萬五千餘萬立方米突、合二千二百八十餘萬立方丈、（內泗水居十分之七）不及諸湖最大容積三分之一、加以原存底水八萬八千餘萬立方米突、合二千六百八十餘萬立方丈、兩共合計、仍不足五千萬立方丈、僅及諸湖最大容量三分之二弱、民國五年泛漲較少、更無問題、設不幸而有較四年盛漲更增一倍之時、而諸湖容受、尚覺恢恢有餘、夫泗水之出運、僅會少量之汶流、而又歷滌諸湖、諸湖容納未滿、則最後及於微山湖者、其影響於江北運河、平時患其少、臨時亦不患其多也、所應計議者、微湖內部、爲坡坳傾斜地、微之水例逾昔之水、增漲一尺、湖邊傾斜、或慮增闊其面積、此誠於農墾有關、夫既爲地方謀水利、要當並顧兼籌、如或畸於一偏、詎豈有當、湖西地屬銅沛、非唯民間農田宜求保障、次若銅沛湖壂、可予維持者、未嘗不可因時制宜、俾盡其利、但皆人公平之主張、湖面不

可收縮過度、要當保存舊有面積容量、宜洩具有確定之範圍、一方資水濟運、一方防護農田、出之公誠、標準庶可定也、

魯運計畫之概要

既言蘇魯運河之關係矣、則魯之治運計畫、安可不爲運帶之標明、以符統籌之精義、魯之治運、猶蘇之治運也、其道在分疏汶泗而已、何以謂之分疏汶泗也、攷舊制汶以南旺分水、北七南三、自清咸豐三年黃河北遷、奪大清河入海、截魯運爲南北二段、汶水不能及北運、又有北三南七之說、然而按諸實際、殊不盡然、汶水每年在盛漲時期、漫戴郁壩入大清河、以注東平境者、自十分之五至十分之九、平均計之、亦得總數十分之七、得由汶河正幹下行濟運者、不過十分之三、此十分之三中、尚有至何家壩漫壩北行、與小壩口分流入蜀山湖瀦蓄、姑以兩處所分、再去其十分之一、計之、得至於分水口入運者、僅餘總數十分之二、又去自運北流十分之二之十分之三、則南流之量、實爲汶水總數十分之二之十分之七、即百分之十四、其細亦已甚矣、至水小不能漫壩時、汶水固完全入運、然每秒流量至多不出四十立方米突、合一立方丈二分、少則祇一立方米突有奇、則合三十立方尺耳、律以下

游諸湖容量（詳見蘇魯運河關係一節內）自不至發生若何影響。夫東平受汶之患，幾已淪爲澤國者多至二千餘頃，勢必設法消除。然祗可就戴邨漫壩之量經營，開闢入黃口門，暢其鎖路，因勢利導，與南運下游各別計畫，斷不能恭手障戴邨漫壩之水，使之南行。且魯運計畫方將束汶以禦黃，黃強而汶弱，汶之不北，於魯無所利也。汶河疏而南運下游寬裕之量，能使蘇魯交受其益，抑魯之有昭微諸湖，猶蘇之有高寶諸湖，而魯享其利，蘇受其害者，泗非淮之比也耳。至南運之有待於疏濬，乃因河身寬窄高下失其宜，吐納不如法，以致中途潰漫橫決，民田被其災，治之者平其高下，一其寬窄，固其堤防，使泛濫之水，皆有軌道容蓄於瀦水各湖，去害即所以爲利。凡魯省諸湖，一概保其固有面積，而湖底淤墊者，且當酌施機工疏浚，增其受水之量。在魯中計畫，非與水爭，必不可得之地，果如是，則易爭地於水，以致微湖泛溢者，則微湖以下至台莊七十餘里之民田村落，魯先受其害，而後波及於蘇。此亦理之易明者耳。統籌之要旨，在協商江北治運計畫，實施後所需常年蓄水之量，以爲魯運施治定制之標準，庶他日蘇運工程，無過不及之弊，不在泛濫壞隄防而[illegible]湖以無限制之水，而美其名曰統籌也。亦不在杜絕隄防，使上游之源失其蓄洩之效，而[illegible]美其名曰統籌也。統籌得其道，則異日長江黃河之間，千數百里，農植繁盛，[illegible]利於民，間接利於國，出沮洳而登衽席，庶富可期。嗚呼，此蘇魯人士共負之責任也。

據潘君最後發表之計劃，對於江北水道施治方法，大概與王君寶槐氏於[illegible]南通張氏第三次江淮水利計劃書大旨相同，亦與第二次會議結果不甚[illegible]對於魯運計劃尚不甚詳。此次會議最主要之點，即須由蘇派員會勘山東水道，水量是否[illegible]同人商定議題，再提出於會議。後先述蘇魯運河兩次會議，撮略如此。其他關於[illegible]家著述及文件，均載水利雜誌中，不具述。

山東南運湖河測繪報告書[1]

談禮成[2]

【簡介】

原件爲油印稿。本文先述運河各段開鑿之脉絡，繼述歷史上的名稱，南運、北運形成的經過，重點説明了山東南運湖河的範圍。文章述及民國三年(1914)冬，潘復受命籌辦山東南運湖河疏浚事宜，以及作者參與測繪工作的經過，敘述了工作内容，職務編製和工作開展的基本過程。原文附録了運河各段名稱，測量成績統計表、製圖成績統計表等内容。

【正文】

運河爲前代轉漕重要之河。自元都燕京，就山東省開會通河，引汶、泗之水行運；明萬歷時開泇河，引沂、泗之水行運；清康熙時，續開淮徐間之皂河、中河，以避借黄行運之險；于是南起杭州，北合漳衛，以達京畿，運河乃全部告成。歷史上之名稱，則自江以南曰“江南運河”；自江以北至徐邳曰“南運河”；漳衛下游之直隸曰“北運河”；山東境内則名之曰“閘河”，以地勢傾斜較大，引水濟運全賴閘座啓閉，使之分流南北，以致其用故。台莊、臨清七百里間，跨河正閘多至四十餘座。清咸豐五年[3]，黄河决于蘭儀[4]之銅瓦廂，從山東陽穀、壽張、東阿各縣

---

[1] 本文整理所據原件爲手寫體油印稿，有附表，文尾有作者職務兼署名。查本文另有江蘇水利協會發行的《水利》雜志 1918 年第 3 期、《南通師範學校校友會雜志》1917 年第 7 期、《江蘇水利協會雜志》1918 年第 3 期等刊行世，特此説明。

[2] 談禮成，生卒不詳，1920 年 5 月 19 日《申報》刊《蘇社社員録》(蘇社：民國初期，以張謇等江蘇省地方精英發起的“謀江蘇地方自治事業之發展”，以實業、教育、水利、交通等爲事業的組織)内有其姓名，兼其文被收于《南通師範學校校友會雜志》，結合本文内容其自述部分履歷，推測爲江蘇人，據本文文尾落款，其時任山東南運湖河測繪主任，《督辦江蘇運河工程局季刊》1922 年第 8 期載有《圖表：技正談禮成》肖像，未録生平，結合下文内容，其可能爲該局技正，因功獲一等單犀河務奬章和二等雙犀河務奬章(據《政府公報》1923 年第 2711 期《大總統令：大總統指令第一千八百五十五號：令内務總長高凌霨：呈請晋給談禮成二等雙犀河務奬章呈請鑒核由》)，曾任全國水利局導淮測量處總稽查。有《山東南運湖河測繪報告書(附表)》《技正談禮成呈報遵令考察山東黄河宫家垻堵築決口情形請鑒合備考文》《籌興山東水利商榷書》《淮沂泗圖説摘要》等文、書存世。

[3] 咸豐五年：1855 年。

[4] 蘭儀：舊地名，治所在今蘭考境内。

境穿運，奪大清河入海，而山東一省始有南運、北運之分。山東南運湖河者，詳言之，蓋即山東南段運河，及其相關之湖與汶、泗各河之謂也。南運湖河，匯納汶、泗，下合沂流，遠通江淮，與導淮問題不無關係。

民國三年冬令，全國水利局副總裁、濟寧潘馨航❶先生，受政府之命，籌辦山東南運湖河疏浚事宜。是時南通張嗇師❷方長農部兼全國水利局總裁。潘先生就商嗇師，以爲疏浚工程必從測繪入手，乃以組織測繪事函電相詢禮成❸。自辛亥之春，供職測淮于水利測量，雖略窺門徑，未敢自信。有得重以嗇師及潘先生之命，又以其于導淮有關焉，竊不自量，商諸江淮水利局沈主任豹君❹，遂承其乏，并特約東台王又三同學相助。爲理論水利測繪主旨，當以詳測流域，辨原隰高下、水源衰旺、泛漲蓄泄之方，然後按圖計劃，纖悉靡遺。惟以經始之時，籌款爲難，不得不先求簡捷易行之法，依各湖河，測其形狀、高低、深淺，分别繪製平面、斷面各圖，并測三角，設三角石標固定其方位，設水准石標記載其高度，以備他日施工之依據。擇適宜地點記載水面漲落，測量各級流量，其他與水利相關之雨量、蒸發量，限于人才與器械，僅爲簡單記載，聊備參考。規劃既定，是年十二月商准潘先生籌置儀器，訂定辦事章程。職務編制爲主任、副主任各一人，股長三人，測量班每班班長一人、班員一人或二人，製圖股製圖員若干人。所需測繪人員，先承潘先生調集，并屬轉商江淮水利局酌調數人，量爲支配。四年一月開始實測，計三角兩班、地形兩班、水准三班；四月後設製圖股、添製圖二人；七月以後，運河三角測竣即行停止，加流量測量二人、製圖二人。五年一月，規定應測流量地點，每一處或相近之二處，指定一人常駐施測；三月減水准一班，改測流量；七月，地形、水准先後測竣，分配各員于流量、製圖兩股；年終，流量停

---

❶ 即潘復。

❷ 即張謇。

❸ 此亦證本文爲談禮成所撰無疑。

❹ 沈秉璜，字豹君，江蘇海門人，曾任江淮水利局主任，全國水利會僉事，督辦江蘇運河工程局工程科科長。輯自劉偉纂:《民國海門縣圖志》卷十三“人物志”“沈秉璜”條目。另孔夫子舊書網有售沈豹君之民國身份證，上有相關生平，一并載録于此，供參考：沈秉璜(1868—?)，字豹君，江蘇海門人。南通師範學校測量專科畢業生，清末留學生。1914 年任江北運河工程局局長(後屬江蘇省建設廳水利局)。1920 年張謇督辦江蘇運河工程局，沈秉璜爲秘書兼工程科長。1922 年 1 月 23 日，北京政府決定設立揚子江水道討論委員會，隸屬内務部。會長由内務總長高淩霨兼任，孫寶琦(税務處督辦)、張謇(運河局督辦)、李國珍(水利局總裁)爲副會長，楊豹靈(水利局技正)、翁文灝、海得生(浚浦局總工程師，瑞典人)等爲會員，并聘英國人柏滿爲咨詢工程師。下設揚子江技術委員會，陳時利(内務部土木司司長)任委員長，楊豹靈、周象賢(内務部技正)、額得志(海關巡港司，英國人)、海得生、方維因(内務部咨詢工程師，英國人)、沈豹君(水利局僉事)等爲委員。著有《勘淮筆記》。

止。本年一月，清理圖表，完全結束，測繪各員一律解散。計自開測以至停測，首尾二年，班次遞減，測繪員亦隨之遞減。當四年一月開測之初，測繪員共二十二人，本年一月解散之時，衹有九人；此中途遞少之十三人，因他處調用或自行辭職者九人，被裁撤者四人。各員任期雖多寡不等，大抵多能勤慎從事，而副主任兼股長王君又三、監察員兼股長徐君馨浦、股長馮君輔之，遇事互商、始終相助，故二年之中所得[1]績或尚不至大謬，則諸君子相與有成之力焉。測繪詳細狀況，歷屆已爲對内之報告，禮成無發布之責，兹于測繪結束之日，聊撮概況，附以測繪成績統計表二份，質諸高明，幸鑒教之。

民國六年二月，山東南運湖河測繪主任談禮成

附録[2]：

運河本借引他水貫注溝通而成，故隨地易名，報告書中無詳言之必要，兹于篇後附録，以資參考。

自浙江省會杭縣城北，經石門、桐鄉、嘉興各縣至江蘇吴江縣境，係東苕溪支津下塘河，稱爲浙江運河。自吴江經吴縣（即蘇州）[3]、無錫、武進（即常州）、丹陽、丹徒（即鎮江）各縣至江南岸之京口閘，係大江分流之水，稱爲江蘇運河，亦曰徒陽運河。自江北瓜洲口，經江都、高郵、寶應、淮安、淮陰（即清江浦）各縣至清口之廢黄河，係淮河下游之水，稱爲淮揚運河。自廢黄河北岸，經泗陽、宿遷、邳縣至台莊閘入山東境，係沂、泗下流之水，稱爲邳宿運河。自台莊閘經嶧縣、滕縣、魚台、濟寧各縣，係汶、泗合流之水。自濟寧經汶上、東平、壽張、陽穀、聊城（即東昌）、堂邑、博平、清平、臨清各縣，係汶水獨流之水，自台莊至此，總稱爲閘運河。今東平、壽張間爲黄河隔絶，汶水不能逾黄而北矣。自臨清經武城、德縣入直隸境，經景縣、東光、南皮、滄縣、青縣、静海、天津各縣，係漳衛下流之水，稱爲臨清運河，亦名御河。自天津經武清、香河、通縣，係白河之水，稱爲北運河。又天津至臨清亦稱南運河，蓋對于直隸北運河而得名者也。

---

[1] 《水利雜志》版此處有“成”字，本文所據版缺。

[2] 此部分及附表爲本文所據版原文整理，《水利》雜志版未收附録與附表，《南通師範學校校友會雜志》版則附録、附表俱全。另，原稿附表爲豎排表格，爲尊重原貌，本次整理依原稿製作表格，每面内容力求一致，將豎排表改爲横排，希請注意。與《南通師範校友雜志》版比對後，發現表中部分數據與本文所據版有出入，爲便于後來者辨析，本文所有數據仍依手寫油印版爲准。

[3] 原注如此，下同。

(一)測量成績統計表

類別	湖河名稱	地點	點數或里數	草圖幅數	記載表簿	備考
三角測量	運河	台莊至攔黄垻	七八二.點	三角圖根一組	圖根點目標二册 三角法計算表十册 經緯法計算表四册 成果表二册	沿運河由台莊至攔黄垻,復沿黄河由攔黄垻至龐家口,兩班同向進測。因運河逼近湖濱,參用三角、經緯兩法
	黄河	攔黄垻至龐家口	八二.點			
地形測量	運河	台莊至攔黄垻	四九五.五里	四八幅	合一册	根據運河及黄河之三角定點,詳測其地形,并分測南運湖河範圍以内之汶河、泗河、大小清河、坡河、牛頭河、山河、十字河,南旺、馬踏、蜀山、獨山、南陽、昭陽、微山諸湖,以及沉糧地、綏征地、東平灾區各處。他如恩、武兩縣,濱、霑、利三縣水道測量及濟寧城廂測量等項,或係兼管全省水利,或係臨時發生事件,不在南運湖河範圍以内
	山河	大泛口至拐頭兒	一七.里	一幅		
	十字河	微山湖口至西康橋	二二.九里	一幅		
	泗河	(一)金口垻至魯橋 (二)張家橋至勝家塢 (三)孟家橋至魯橋	一四五.九里	十幅	一册	
	汶河	戴村垻至分水口	一二八.里	七幅	一册	
	大清河	戴村垻至張家口	六八.里	五幅	合一册	
	小清河	自上游大清河分支起至下游會於大清河止	六三.里	五幅		
	坡河	張家口至龐家口	二八.七里	合十三幅		
	東平灾區	四周洪/低水沿綫	一九六./一六六.里			
	黄河	龐家口至攔黄垻	四九.里	六幅		
	牛頭河	(一)關家閘至王貴屯 (二)土地廟至芒生閘	一三二.五里	十幅	一册	

续表

類別	湖河名稱	地點	點數或里數	草圖幅數	記載表簿	備考
地形測量	南旺馬踏湖	四周測綫	八九.二 三六.一 里	共三幅	合一册	根據運河及黄河之三角定點，詳測其地形，并分測南運湖河範圍以内之汶河、泗河、大小清河、坡河、牛頭河、山河、十字河，南旺、馬踏、蜀山、獨山、南陽、昭陽、微山諸湖，以及沉糧地、緩征地、東平灾區各處。他如恩、武兩縣，濱、霑、利三縣水道測量及濟寧城廂測量等項，或係兼管全省水利，或係臨時發生事件，不在南運湖河範圍以内
	南陽昭陽微山湖	四周洪低水沿綫	三二七.三 三九三.九 里	十三幅	一册	
	獨山湖	四周洪低水沿綫	一五八. 一三一. 里	七幅	一册	
	蜀山湖	四周洪低水沿綫	八九. 六六. 里	二幅		
	沉糧地	四周洪低水沿綫	二三五. 九八. 里	九幅	合一册	
	緩征地	四周洪低水沿綫	七九.五 五九. 里	二幅		
	濟寧城廂圖			一幅		
	濱霑利溝道工程圖			二幅	一册	
	恩武兩縣水道圖			七幅	二册	

续表

類別	湖河名稱	地點	點數或里數	草圖幅數	記載表簿	備考
道綫水准測量	運河	台莊至攔黄壩	四九五.五里		二册	沿河每三千米達設水准石標一座，間設木標以便施測横斷面。湖濱就實地情形酌爲安設，以合于測量湖斷面之用。寬
	泗河	(一)金口壩至魯橋 (二)張家橋至勝家塢 (三)孟家橋至魯橋	一四五.九里		一册	
	汶河	戴村壩至分水口	一二八.里		一册	
	坡河	張家口至龐家口	二八.七里		合一册	
	大清河	戴村壩至張家口	六八.里			
	小清河	自上游大清河分支起至下游會于大清河止	六三.里		一册	
	黄河	龐家口至攔黄壩	四九.里		一册	
	牛頭河	關家閘至王貴屯	一〇五.里		一册	
	沉糧地	王貴屯至程子廟	一〇.二里		合一册	
	南陽 昭陽湖 微山	程子廟至韓莊	一八五.里			
	獨山湖	勝家塢至滿家口	九五.里		一册	
	緩征地	趙村至仲家淺	三三.里		一册	
	蜀山湖	長溝至柳林閘	四五.二里		一册	

续表

類别	湖河名稱	地點	點數或里數	草圖幅數	記載表簿	備考
支綫水准測量	運河	台莊至攔黄垻	斷面一五四處,共四一九三點,切綫共九三.二里		一册	根據道綫水准所測定之石標、木標沿各河及各湖施以横斷面之測量
	泗河	(一)金口垻至魯橋 (二)張家橋至勝家塢	斷面六三處,共一九〇八點,切綫共五五.八里		一册	
	汶河	戴村垻至分水口	斷面四一處,共八七三點,切綫共四一.四里		一册	
	大清河	戴村垻至張家口	斷面九處,共六〇三點,切綫共二〇里		一本	
	小清河	自上游大清河分支起至下游會于大清河止	斷面二一處,共九二六點,切綫共二三里		一本	
	牛頭河	關家閘至王貴屯	斷面二〇處,共四八六點,切綫共一二里		一册	

续表

類別	湖河名稱	地點	點數或里數	草圖幅數	記載表簿	備考
支綫水准測量	南陽 昭陽湖 微山	程子廟至韓莊	斷面三三處，切綫共五六二.八里		五本	根據道綫水准所測定之石標、木標沿各河及各湖施以横斷面之測量
	黄河	攔黄垻至龐家口	斷面二處，切綫共四.五里		一本	
	獨山湖	勝家塢至滿家口	斷面一三處，切綫共一三二.七里		二本	
	沉糧地	王貴屯至程子廟	斷面一八處，切綫共二四七里		一本	
	緩征地	趙村至仲家淺	斷面九處，切綫共五八.八里		一本	
	蜀山湖	長溝至柳林	斷面九處，切綫共七五.七里		一本	
	東平灾區	張家口至龐家口	斷面五處，切綫共六八一.五里		二本	
	黄河坡	龐家口一段	同高切綫共一九.一里		一本	
	通過蜀山、南旺兩湖横斷面		斷面九處，切綫共六五里		一本	

续表

類別	湖河名稱	地點	點數或里數	草圖幅數	記載表簿	備考
蒸發量		濟寧			記載表二張	查蒸發量與水利工程極有關係，于五年十一月從簡設置，逐日考驗，現爲賡續進行。
流量測量	運河	分水口濟寧 夏鎮魯橋 韓莊台莊			民國四年成果表六册，民國五年成果表共二十六張	開測之始，測具簡單，又以人數不敷分配，僅于各河流相關之點，輪流施測。每有顧此失彼之虞，而于各級之流量未能判然。五年春間，復派員于指定地點固定木標，精測該處之横斷面，加製浮子以補流速器之不足，俾利進行。所有常駐人員，即以地形、水准各班已經測竣者，分别調充。截至年終，一律停測。雖無多年經驗以資比較，而亦有數可稽焉。計製就逐日流量比較表，每月一份，又流量統計表一份。
	泗河	金口閘大榆樹 白馬河口魯橋			民國四年成果表三册，民國五年成果表二十四張	
	汶河	戴村壩何家壩 小壩口分水口			民國四年成果表三册，民國五年成果表二册又八張	
	大清河	戴村壩下游			民國四年成果表一册，五年成果表二册	
	坡河	團山			民國五年成果表一册又七張	

续表

類別	湖河名稱	地點	點數或里數	草圖幅數	記載表簿	備考
量水標記載	運河	安山 分水口 濟寧 魯橋 徐營坊 夏鎮 韓莊 台莊			民國四年記載表七册，五年記載表十册	開測之後始，派員周歷調查，擇定台莊、韓莊、夏鎮、徐營坊、魯橋、濟寧、分水口、大榆樹、金口垻、何家垻各處分別安設，逐日僱員記載。五年春間，復增設韓莊、夏鎮湖標各一處，又于白馬河口、張家橋、小垻口、戴村垻下游、安山、團山、龐家口各設水標一座，均截至五年終停止記載。
	泗河	金口垻 大榆樹 張家橋 白馬河口			民國四年記載表二册，五年記載表四册	
	汶河	戴村垻 何家垻 小垻口			民國四年記載表二册，五年記載表三册	
	大清河	戴村垻下游			民國五年記載表一册	
	坡河	團山 龐家口			民國五年記載表二册	
雨量記載		泰安			記載表十八張	開測之始，即于本處安設量雨計考查雨量。夏間復增設泰安、韓莊二處。韓莊一處已于五年終停止記載。
		濟寧			記載表二十四張	
		韓莊			記載表十八張	

（二）製圖成績統計表

圖表名稱	比例尺	地點	幅數或捲數	紙類	備考
運河實測圖	一萬分一	台莊至攔黃壩	五十一幅	透明紙	山河、洳河在內
汶河實測圖	一萬分一	分水口至戴村壩	八幅	仝上	
泗河實測圖	一萬分一	魯橋至金口壩	十幅	仝上	
大清河實測圖	一萬分一	戴村壩至馬家口	五幅	仝上	
坡河實測圖	一萬分一		十幅	仝上	
牛頭河實測圖	一萬分一	關家閘至鄭家埝	十二幅	仝上	
黄河實測圖	一萬分一	攔黃壩至姜溝	六幅	仝上	
南旺 馬踏湖實測圖	二萬分一	開河至長溝	一幅	仝上	
蜀山湖實測圖	二萬分一	全	一幅	仝上	
微山湖實測圖	五萬分一	全	一幅	仝上	
昭陽湖實測圖	五萬分一	全	一幅	仝上	
獨山湖實測圖	五萬分一	全	一幅	仝上	
南旺湖實測圖	五萬分一	全	二幅	仝上	
泗河實測圖	五萬分一	魯橋至金口壩	一幅	仝上	附縱斷面
汶河實測圖	五萬分一	分水口至戴村壩	一幅	仝上	
大小清河實測圖	五萬分一	戴村壩至東平	一幅	仝上	
東平灾區實測圖	五萬分一	全	一幅	仝上	
沉糧緩征地實測圖	五萬分一	全	二幅	仝上	已付石印
濟寧 魚台沉糧地界址圖	四萬分一	全	一幅	仝上	
運河實測圖	五萬分一	滿家口至趙村	一幅	仝上	附縱斷面
南運上游湖河實測圖	五萬分一	長溝至開河圩	一幅	仝上	

续表

圖表名稱	比例尺	地點	幅數或捲數	紙類	備考
南運下游湖河實測圖	二十萬分一		一幅	仝上	
南運湖河實測圖	二十萬分一	台莊至靳口	一幅	仝上	
南運湖河實測圖	二十萬分一	台莊至攔黄垻	一幅	仝上	
南運水道全圖	二十萬分一		一幅	仝上	
南運湖河水道圖	八十萬分一		三幅	仝上	
南湖湖河實測圖	十萬分一	台莊至攔黄垻	一幅	原圖紙	附縱斷面
南湖湖河水利草案工程計畫圖	二十萬分一		一幅	透明紙	
山東全省水道圖	六十萬分一		一幅	仝上	
山東北運水道圖	二十萬分一		一幅	仝上	
蘇魯淮沂泗汶流域圖	八十萬分一		二幅	仝上	
蘇魯運河水道圖	一百二十萬分一		二幅	仝上	
汶河流域圖	四十萬分一		一幅	原圖紙	
泗河流域圖	二十萬分一		一幅	透明紙	
汶河流域暨第二段工程關係略圖	七萬分一		一幅	仝上	
泗河險要圖	十萬分一		一幅	仝上	
汶河桑安口略圖			二幅	仝上	
泗河工程計畫圖			七幅	仝上	

续表

各閘平側面圖	五百分一		三九處	原圖紙	
運河縱橫斷面圖	横綫二萬五千分一 垂綫二百五十分一 垂綫二百分一 横綫一千分一	台莊至安山	二捲	方眼紙	
牛頭河横斷面	垂綫二百分一 横綫一千分一	關家閘至王貴屯	一捲	仝上	
汶河横斷面	垂綫二百分一 横綫一千分一	分水口至戴村壩	一捲	仝上	
泗河横斷面	垂綫二百分一 横綫一千分一	魯橋至金口壩	一捲	仝上	
大小清河横斷面	垂綫二百分一 横綫一千分一	戴村壩至東平	一捲	仝上	
汶河縱斷面	垂綫二百分一 横綫六萬分一	戴村壩至分水口	一幅	透明紙	
大小清河縱斷面	垂綫二百五十分一 横綫六萬分一	戴村壩至東平	一幅	仝上	
微山湖横斷面	横綫二萬分一 垂綫二百分一		六幅	原圖紙	
獨山湖横斷面	横綫二萬分一 垂綫二百分一		三幅	仝上	
昭陽湖横斷面	横綫二萬分一 垂綫二百分一		四幅	仝上	
緩征地横斷面	横綫一萬分一 垂綫二百分一		二幅	仝上	
蜀山湖横斷面	横綫一萬分一 垂綫二百分一		二幅	仝上	
南旺蜀山通過運河横斷面	横綫一萬分一 垂綫二百分一		二幅	仝上	
韓莊至台莊運河圖			一幅	透明紙	附縱横斷面
龐家口清黄交會同高綫圖	四千分一		一幅	仝上	
民國四年泗河實測成果類表			一幅	仝上	
民國四年南運下游各湖面積統計表			一幅	仝上	
民國四年雨量比較表			一幅	仝上	

续表

民國四年各河含沙成分表			一幅	仝上	
民國四年運泗汶水面漲落表			共六頁	仝上	
民國五年運泗汶水面漲落表			六幅	仝上	
民國五年坡河水面漲落表			二幅	仝上	
民國五年流量成果表			十二幅	仝上	
民國五年流量統計氣候表			一幅	仝上	
民國五年雨量比較表			一幅	仝上	
濟寧城廂圖	七千五百分一		二幅	仝上	已付石印
濟寧城廂圖	一萬分一		一幅	仝上	
濱霑利溝道工程圖	六萬分一		三幅	仝上	
恩武兩縣水道圖	一萬分一		七幅	仝上	
測繪學校基址圖	二百分一		一幅	仝上	
臨清城廂全圖	八千分一		一幅	仝上	
説明	以上圖表,除山東全省水道圖、淮沂汶泗流域圖、北運河圖、臨清城廂圖、第一次南運計畫草案圖係參考各種圖書繪製外,均根據測量及記載草簿,分別合并或縮小清製。其臨時發生之件與測繪成果不生關係者,概未列入登明。				

【原文圖影】

山東南運湖河測繪報告書

運河為前代轉漕重要之河自元都燕京就山東省開會通河引汶泗之水行運明萬歷時開泇河引沂泗之水行運清康熙時續開淮徐間之皂河中河以避借黃行運之險於是南起杭州北合漳衛以達京畿運河乃全部告成歷史上之名稱則自江以南曰江南運河自江以北至徐邳曰南運河漳衛下游之直隸曰北運河山東境內則名之曰閘河以地勢傾斜較大引水濟運全賴閘座啓閉使之分流南北以致其用故台莊臨清七百里間跨河正閘多至四十餘座清咸豐五年黃河決於蘭儀之銅瓦廂從山東陽穀壽張東阿各縣境穿運奪大清河入海而山東一省始有南運北運之分山東南運湖河者詳言之蓋即山東南段運河及其相關之湖與汶泗各河之謂也南運湖河滙納汶泗下合沂流遠通江淮與導淮問題不無關係民國三年冬令　全國水利局副總裁濟寧潘馨航先生受　政府之命籌辦山東南運湖河疏濬事宜是時南通　張嗇師方長農部兼全國水利局總裁　潘先生就商

嗇師以為疏濬工程必從測繪入手乃以組織測繪事函電相詢禮成自辛亥之春供職測淮於水利測量雖略窺門徑未敢自信有得重以　嗇師及　潘先生之命又以其與導淮有關焉竊不自量商諸江淮水利局沈主任豹君遂承其乏并特約東台王又三同學相助為理論水利測繪主旨當以詳測流域辨原隰高下水源衰

旺泛漲蓄洩之方然後按圖計劃纖悉靡遺惟以經始之時籌款為難不得不先求簡捷易行之法依各湖河測其形狀高低深淺分别繪製平面斷面各圖並測三角設立三角石標固定其方位設水準石標記載其高度以備他日施工之依據擇適宜地點記載水面漲落測量各級流量其他與水利相關之雨量蒸發量限於人才與器械僅為簡單記載聊備參考規劃既定是年十二月商准 潘先生籌置儀器訂定辦事章程職務編制為主任副主任各一人股長三人測量班每班班長一人班員一人或二人製圖股製圖員若干人所需測繪人員先承 潘先生調集並屬稍商江淮水利局調數人量為支配四年一月開始實測計三角兩班地形兩班水準三班四月後設製圖股添製圖二人七月以後運河三角測竣即行停止加流量測量二人製圖二人五年一月規定應測流量地點每一處或相近之二處各一人常駐施測三月減水準一班改測流量七月地形水準先後測竣分配各員於流量製圖兩股年終流量停止本年一月清理圖表完全結束測繪各員一律解散計自開測以至停測首尾二年班次遞減測繪員亦隨之遞減當五年一月開測之初測繪員共二十二人本年一月解散之時祇有九人此中途他去之十三人內他處調用或自行辭職者九人被裁撤者四人各員任期雖多寡不等大抵多能勤慎從事而副主任兼股長王君又三監察員兼股長徐君馨浩股長馮君輔之遇事互商始終相助故二年之中所得績效尚不至太誤則諸君子相與有成之力為測繪詳細狀況歷届已為對內之報告 禮成無從佈之責茲於測繪結束之日聊撮概況附以測繪成績統計表二份賫諸 高明幸鑒教之

民國六年二月山東南運湖河測繪主任談禮成

附錄

運河本借引他水貫注溝通而成故隨地易名報告書中無詳言之必要茲於篇後附錄以資參考

自浙江省會杭縣城北經石門桐鄉嘉興各縣至江蘇吳江縣境係東苕溪支津下塘河稱為浙江運河自吳江經吳縣(即蘇州)無錫武進(即常州)丹陽丹徒(即鎮江)各縣至江南岸之京口閘係大江分流之水稱為江蘇運河亦曰徒陽運河自江北瓜洲口經江都高郵寶應淮安淮陰(即清江浦)各縣至清口之廢黃河係淮河下流之水稱為淮揚運河自廢黃河北岸經泗陽宿遷邳縣至台莊閘入山東境係沂泗下流之水稱為邳宿運河自台莊閘經嶧縣滕縣魚台濟寧各縣係汶泗合流之水自濟寧經汶上東平壽張陽穀聊城(即東昌)堂邑博平清平臨清各縣係汶水獨流之水自台莊至此總稱為閘運河今東平壽張間為黃河隔絕汶水不能踰黃而北矣自臨清經武城德縣入直隸境經景縣東光南皮滄縣青縣靜海天津各縣係漳衛下流之水稱為臨清運河亦名御河自天津經武清香河通縣係白河之水稱為北運河又天津至臨清亦稱南運河蓋對于直隸北運河而得名者也

旺泛漲蓄洩之方然後按圖計劃纖悉靡遺惟以經始之時籌款為難不得不先求

(一)測量成績統計表

類別	湖河名稱	地點	點數或里數	草圖幅數	記載冊數	備考
三角測量	運河	台莊至攔黃壩	七八二點	三角圖根一組	圖根點目錄二冊 三角法計算表十冊 經緯儀計算表四冊 成果表二冊	沿運河由台莊至攔黃壩復沿黃河由攔黃壩至龐家口兩堤間向德州因運河流經湖沼參用三角螺旋法
	黃河	攔黃壩至龐家口	八二點			
地形測量	運河	台莊至攔黃壩	四九五·五里	四八幅	合一冊	根據運河及黃河之三角定點詳測其地形并分測南運湖河範圍以內之汶河泗河大小清河坡河牛頭河山河十字河南旺馬踏蜀山獨山南陽昭陽微山諸湖以及沉種地塊微地東平窪區各處他如恩武兩縣清需濟寧城廂測量等頃利三縣水道測量及或係兼省全省水利或係臨時發生事件不在南運湖河範圍當
	山河	大汶口至捎頭兒	一七·里	一幅		
	十字河	微山湖口至西庫橋	二二·九里	一幅		
	泗河	(一)金口壩至書橋 (二)張家橋至歷家隅 (三)孟家橋至書橋	一四五·九里	十幅	一冊	
	汶河	戴村壩至分水口	一二八·里	七幅	一冊	
	大清河	戴村壩至張家口	六八·里	五幅	合一冊	
	小清河	自上游大清河分支起至下游會於大清河止	六三·里	五幅		
	坡河	張家口至龐家口	二八·七里	合十三幅		
	東平窪區	四周洪低水沿線	一九六·一 一六六· 里			
	黃河	龐家口至攔黃壩	四九·里	六幅		
	牛頭河	(一)閘家閘至王貴屯 (二)土地廟至苔生閘	一三二·五里	十幅	一冊	
	南旺馬踏湖	四周測線	八九·二 三六·一 里	共三幅	合一冊	
	南陽昭陽微山湖	四周洪低水沿線	三二七·三 三九三·九 里	十三幅	一冊	
	獨山湖	四周洪低水沿線	一五八· 一三一· 里	七幅	一冊	

支線水準測量	地點	斷面切線		記載
運河	台莊至攔黃壩	斷面一五四處共四一九三[illegible]		二冊
泗河	（一）金口壩至魯橋（二）張家橋至[illegible]	斷面六三處共一九·八[illegible]		一冊
汶河	戴村壩至分水口	斷面四一處共八七三[illegible]		一冊
大清河	戴村壩至張家口	斷面九處共六〇·五五 切線共二〇里		一本
小清河	自上游大清河分支起至下游會於大清河止	斷面二一處共九二·六五 切線共二三里		一本
牛頭河	閘家閘至王貴屯	斷面二〇處共四八·六五 切線共一二里		一冊
南陽昭陽微山湖	程子廟至韓庄	斷面三三處 切線共五六二·八里		五本
黃河	攔黃壩至龐家口	斷面二處切線四·五里		一本
獨山湖	滕家場至滿家口	斷面一三處切線共[illegible]		二本
沉糧地	王貴屯至程子廟	斷面一八處切線共[illegible]		一本
蟃微地	姚村至仲家淺	斷面九處切線共五八·八里		一本
蜀山湖	長溝至柳林	斷面九處切線共七五·七里		一本
東平窪區	張家口至龐家口	斷面五處切線共六八·五里		二本
坡河	龐家口一段	開高切線共一九·一里		一本
通過蜀山南旺兩湖縱斷面		斷面九處切線共六五里		一本
濟寧				記載表二張

依[illegible]水準所測[illegible]各河及各湖施以橫斷面之測量

[illegible]

幹線水準測量	地點	里數		記載
運河	台莊至攔黃壩	四九五·五里		二冊
泗河	（一）金口壩至魯橋（二）張家橋至[illegible]	一四五·九里		一冊
汶河	戴村壩至分水口	一二八·里		一冊
坡河	張家口至龐家口	二八·七里		合一冊
大清河	戴村壩至張家口	六八·里		
小清河	自上游大清河分支起至下游會於大清河止	六三里		一冊
黃河	龐家口至攔黃壩	四九·里		一冊
牛頭河	閘家閘至王貴屯	一〇三里		一冊
沉糧地	王貴屯至程子廟	二〇·二里		合一冊
南陽昭陽微山湖	程子廟至韓莊	一八五·里		
獨山湖	滕家場至滿家口	九五·里		一冊
蟃微地	姚村至仲家淺	三三·里		一冊
蜀山湖	長溝至柳林閘	四五·二里		一冊

沿河每三千米建設水準石標一座，閘設木樁，以便施測橫斷面，湖濱就定地情形酌為安設，以合於測量湖斷面之用

量	地點	里數	幅數	記載
蜀山湖	四周低水沿線	八九·六里	二幅	合一冊
沉糧地	四周低水沿線	二三·九里	九幅	
蟃微地	四周低水沿線	七九·五里	二幅	
濟寧城廟圖			一幅	
[illegible]			二幅	一冊
[illegible]水道圖			七幅	二冊

二、製圖成績統計表

圖表名稱	比例尺	地點	幅數或張數	紙類	備考
運河實測圖	一萬分一	台莊至攔黃壩	五十一幅	透明紙	山河泗河在內
汶河實測圖	一萬分一	分水口至戴村壩	八幅	仝上	
泗河實測圖	一萬分一	魯橋至金口壩	十幅	仝上	
大清河實測圖	一萬分一	戴村壩至馬家口	五幅	仝上	
洸河實測圖	一萬分一		十幅	仝上	
牛頭河實測圖	一萬分一	閘家閘至鄭家埝	十二幅	仝上	
黃河實測圖	一萬分一	攔黃壩至姜溝	六幅	仝上	
南旺馬踏湖實測圖	二萬分一	閘河至長溝	一幅	仝上	
蜀山湖實測圖	二萬分一	全	一幅	仝上	
微山湖實測圖	五萬分一	全	一幅	仝上	
昭陽湖實測圖	五萬分一	全	一幅	仝上	
獨山湖實測圖	五萬分一	全	一幅	仝上	
南旺湖實測圖	五萬分一	全	二幅	仝上	
泗河實測圖	五萬分一	魯橋至金口壩	一幅	仝上	附縱斷面
汶河實測圖	五萬分一	分水口至戴村壩	一幅	仝上	
大小清河實測圖	五萬分一	戴村壩至東平	一幅	仝上	
東平窪區實測圖	五萬分一	全	一幅	仝上	
[illegible]實測圖	五萬分一	全	二幅	仝上	[illegible]

流量測量	地點			記載	備考
運河	分水口 夏鎮 韓庄 濟寧 魯橋 台庄			民國四年成果表六冊民國五年成果表共二十六張	開測之始測具簡單，人數不敷分配，僅於各河流相間之處施測[illegible]
泗河	金口壩 白馬河口 大榆樹 魯橋			民國四年成果表三冊民國五年成果表二十四張	[illegible]
汶河	戴村壩 小壩口 何家壩 分水口			民國四年成果表三冊民國五年成果表二冊又八張	[illegible]
大清河	戴村壩下游			民國四年成果表二冊五年成果表二冊	[illegible]
坡河	園山			民國五年成果表一冊又七張	[illegible]

量水標記載	地點			記載	備考
運河	安山 分水口 濟寧 魯橋 徐營坊 夏鎮 韓庄 台庄			民國四年記載表七冊五年記載表十冊	開測之始[illegible]
泗河	金口壩 大榆樹 張家橋 白馬河口			民國四年記載表二冊五年記載表四冊	[illegible]
汶河	戴村壩 何家壩 小壩口			民國四年記載表二冊五年記載表二冊	[illegible]
大清河	戴村壩下游			民國五年記載表一冊	[illegible]
坡河	園山 龐家口			民國五年記載表二冊	上記載

雨量記載				記載	備考
泰安				記載表十八張	開測之始[illegible]
濟寧				記載表十四張	[illegible]
韓庄				記載表十八張	[illegible]

山台[illegible]地界山圖	四萬分一	全	一幅	仝上	
運河實測圖	五萬分一	滿家口至趙村	一幅	仝上	附縱斷面
南運上游湖河定測圖	五萬分一	長溝至開河圩	一幅	仝上	
南運下游湖河定測圖	二十萬分一		一幅	仝上	
南運湖河覆測圖	二十萬分一	台莊至靳口	一幅	仝上	
南運湖河定測圖	二十萬分一	台莊至攔黃埧	一幅	仝上	
南運水道全圖	二十萬分一		一幅	仝上	
南運湖河水道圖	八十萬分一		三幅	仝上	
南運湖河定測圖	十萬分一	台莊至攔黃埧	一幅	原圖紙	附縱斷面
南運湖河水利事業之程計畫圖	二十萬分一		一幅	透明紙	
山東全省水道圖	六十萬分一		一幅	仝上	
山東北運水道圖	二十萬分一		一幅	仝上	
蘇魯沂沭泗流域圖	八十萬分一		二幅	仝上	
蘇魯由運入江[illegible]長道圖	一百二十萬分一		二幅	仝上	
汶河流域圖	四十萬分一		一幅	原圖紙	
泗河流域圖	二十萬分一		一幅	透明紙	
汶河流域[illegible]第二段工程開[illegible]圖	七萬分一		一幅	仝上	
泗河險要圖	十萬分一		一幅	仝上	
汶河[illegible]略圖			二幅	仝上	
泗河工程計畫圖			七幅	仝上	
各閘壩斷面圖	五百分一		三九處	原圖紙	
運河縱橫斷面圖	橫線二萬五千分一 垂線二百五十分一 垂線二百分一 橫線一千分一	台莊至安山	二捲	方眼紙	
牛頭河橫斷面	垂線二百分一 橫線一千分一	閘家閘至王貴屯	一捲	仝上	
汶河橫斷面	垂線二百分一 橫線一千分一	分水口至戴村埧	一捲	仝上	
泗河橫斷面	垂線二百分一 橫線一千分一	魯橋至金口埧	一捲	仝上	
大小清河橫斷面	垂線二百分一 橫線一千分一	戴村埧至東平	一捲	仝上	
汶河縱斷面	垂線二百分一 橫線六萬分一	戴村埧至分水口	一幅	透明紙	
大小清河縱斷面	垂線二百五十分一 橫線六萬分一	戴村埧至東平	一幅	仝上	
微山湖橫斷面	橫線二萬分一 垂線二百分一		六幅	原圖紙	
獨山湖橫斷面	橫線二萬分一 垂線二百分一		三幅	仝上	
昭陽湖橫斷面	橫線二萬分一 垂線二百分一		四幅	仝上	
緩微地橫斷面	橫線一萬分一 垂線二百分一		二幅	仝上	
蜀山湖橫斷面	橫線一萬分一 垂線二百分一		二幅	仝上	
南旺蜀山通過運河橫斷面	橫線一萬分一 垂線二百分一		二幅	仝上	
韓莊至台莊運河圖			一幅	透明紙	附縱橫斷面
[illegible]家口清黃交會同高線圖	四千分一		一幅	仝上	
民國四年泗河實測成果類表			一幅	仝上	
民國四年南運下游各湖面積統計表			一幅	仝上	
民國四年雨量比較表			一幅	仝上	

民國四年成果　關測之始測具簡單又以

[illegible]	……萬分一	全	一幅	仝上	
民國四年各河含沙成分表			一幅	仝上	
民國四年運泗汶水面漲落表			共六頁	仝上	
民國五年運泗汶水面漲落表			六幅	仝上	
民國五年洸河水面漲落表			二幅	仝上	
民國五年流量成果表			十二幅	仝上	
民國五年流量統計氣候表			一幅	仝上	
民國五年雨量比較表			一幅	仝上	
濟寧城廂圖	七千五百分一		二幅	仝上	已付石印
濟寧城廂圖	一萬分一		一幅	仝上	
濟雲利溝道工程圖	六萬分一		三幅	仝上	
恩武兩縣水道圖	一萬分一		七幅	仝上	
測繪學校基址圖	二百分一		一幅	仝上	
臨清城廂全圖	八千分一		一幅	仝上	

說明

以上圖表除山東全省水道圖淮沂汶泗流域圖北運河圖臨清城廂圖第一次南運計畫草案圖係參考各種圖書繪製外均根據測量及記載草簿分別合并或縮小清製其臨時發生之件與測繪成果不生關係者概未列入登明

輯四　灾祲

江蘇省議員張孝若[1]等二十人又議水利電

【簡介】

原文爲手稿，未署日期，從"治運、太湖復設有專局，揚子下游治水就範之方"等語推斷，該文成于太湖水利工程局成立後、長江下游治江會成立前，當在1920—1922年間。文内提出治水之方，一是禦外水使不入，二是導内水使得出，同時略述了實施方法，文後向父老鄉親發出號召，呼籲大家于水利問題各抒己見，獻計獻策。

【正文】

《新聞報》轉江蘇六十縣各團體、各公民同鑒：

孝若等猥以軨材，謬承不棄，以代議事相委，力小任重，深恐有負我父老昆季付託之盛意，日夜惴惴，矢竭綿薄。思爲地方興利除弊，但一得之愚知，未必于事有當，集思廣益，賴父老昆季之辱教焉。此次颶風爲灾，沿江海損失殆不可以數計，而入夏以來梅雨連綿，積潦本盛，益以近日風雨，内地棉穀其不没者亦只十一二，荒象之成已無幸免希望。昨日公致省長一電，請飭被灾各縣勘灾籌

---

[1] 張孝若(1895—1935)：名怡祖，字孝若，江蘇南通人，張謇之子。清光緒二十一年(1895)生，畢業于美國亞諾爾特商科大學，獲商學士學位。回國後，幫助父親從事實業，歷任南通縣商會特別委員，南通大學評議員會會長、教授，南通工業計畫管理委員會委員長，淮海實業銀行總經理，南通日報主筆，江蘇大運河改修局秘書，吴淞大港計畫處秘書，江蘇省議會議員等職。1935年10月17日在上海寓所被僕人刺殺，年40歲。著有《士學集》。輯自徐友春主編：《民國人物大辭典》，河北人民出版社，1991，第919頁。

賑,亦不過爲焦頭爛額之補救耳,非曲突徙薪之預防也。

我蘇地形低下,夙號澤國,大患不在旱而在潦,故民生休戚惟水利是繫。治水之方大别爲二,禦外水使不入,導内水使得出,禦外水則障海是也,導内水則疏江、瀹淮、浚湖是也。障海之法古曾行之而至今利賴者,則有如江南之欽公塘、江北之范公堤等;瀹淮、浚湖近年始發其端;疏江則尚未萌芽,南通之保坍不過一段之小試耳。孝若等潛心研究謂禦外水尚較簡單,即踵舊法亦可取效,惟導内水則頭緒紛繁、變動萬千,非有專門河海之知識與經驗,斷不能窮原委而究利弊、探根本而定計畫。現導淮既始工之,治運、太湖復設有專局,揚子下游制水就範之方,孝若等亦略有所籌議。惟四者關于我蘇全省,其爲範圍也既廣,其爲利害也必複,而其工程又皆宏巨無倫、曠日持久,則考慮自不厭精,詳咨訪自益宜周遍。款如何集,工如何施?是否江、淮、湖、海分地擔任?抑内水、外水全域統籌?已造端者,如何促其實施?未發軔者,如何速其進行?此我蘇百世之大計,全省人民生命財産之所托。自治要圖莫急于此,其成與否,蘇民能力之所表示也。

願我父老昆季各抒所見,著爲説帖、條陳辦法。俟本會開會期間提出討論。幸甚,幸甚!

【原文圖影】

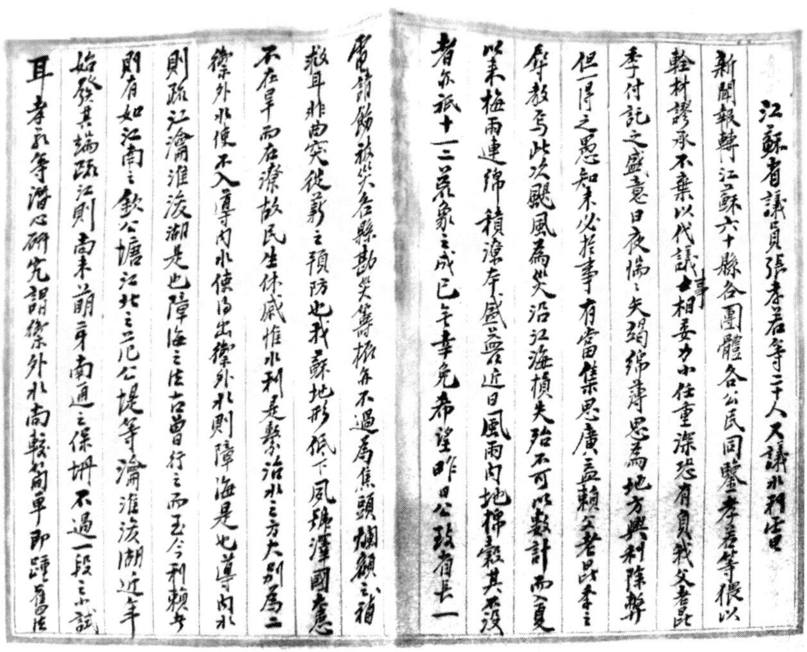
江蘇省議員張孝若等二十人爲議水利宣言
新聞報轉江蘇六十縣各團體各公民同鑒孝若等猥以
軽材謬承不棄以代議事相委力小任重深恐有負我父老昆
季付託之盛意日夜惴惴失竭綿薄思爲地方興利除弊
但一得之愚知未必於事有當用集思廣益賴父老昆季之
賜教焉此次颶風爲災沿江海横失殆不可以數計而夏
以來梅雨連綿積潦本盛益以近日風雨內地禾稻其不沒
者亦祇十之三氣象之成已無幸免希望昨日公致省長一
電請飭被災各縣勘災籌振亦不過爲焦頭爛額之補
救耳非曲突徙薪之預防也我蘇地形低下夙號澤國大患
不在旱而在潦故民生休戚惟水利是繫治水之方大别爲二
禦外水使不入導内水使得出禦外水則障海是也導内水
則疏江瀹淮浚湖是也障海之法古曾行之而至今利賴者
則有如江南之欽公塘江北之范公堤等瀹淮浚湖近年
始發其端疏江則尚未萌芽南通之保坍不過一段之小試
耳孝若等潛心研究謂禦外水尚較簡單即踵舊法

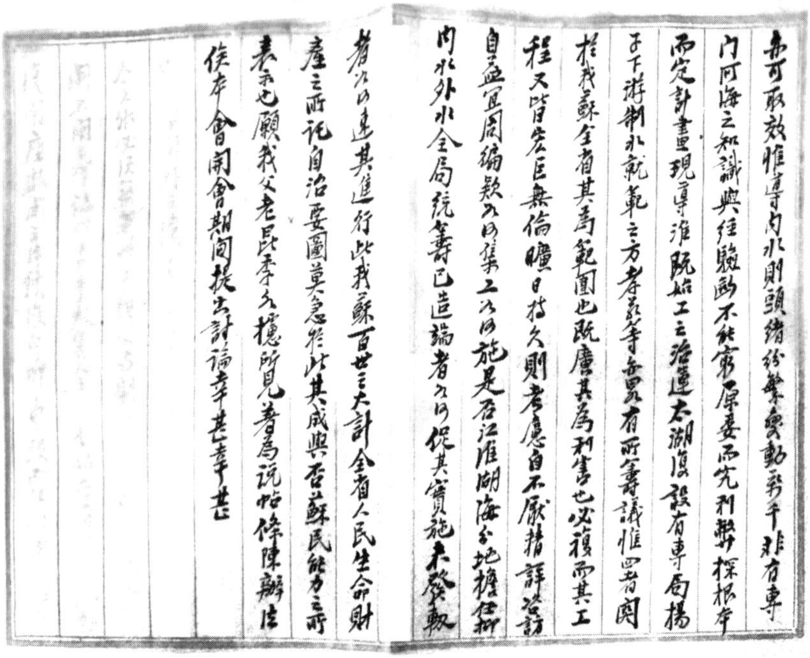

無可取效。惟導內水則頭緒紛繁，變動多千，非有專門河海之知識與經驗，斷不能審厚要而究利弊，探根本而定計畫。現導淮既始工，治運、太湖復設有專局，揚子下游制水就範之方，孝若等亦另有所籌議，惟畢省關於我蘇全省，其為範圍也既廣，其為利害也必複，而其工程又皆宏巨無倫，曠日持久，則考慮自不厭精詳，咨訪自益宜周編，款又何集，工又何施，是在江淮湖海分地擔任，和內水外水全局統籌，已造端者又何促其實施，未發軔者又何速其進行，此我蘇百世之大計，全省人民生命財產之所託，自治要圖莫急於此，其成與否，蘇民能力之所表示也。願我父老昆季久攄所見，著為說帖，條陳辦法，俟本會開會期間提出討論，幸甚幸甚。

《河海週報》民國十年九月十九日第四版新聞[1]

【簡介】

《河海週報》由南京河海工程專門學校校友會發行，1917 年創刊，被認爲是河海大學校報《河海大學報》肇始。

南京河海工程專門學校：該校創建于 1915 年，1924 年與國立東南大學工科合并爲河海工科大學，1927 年并入國立第四中山大學，1928 年成爲國立中央大學水利系，1949 年新中國成立後成爲國立南京大學水利系、南京大學水利系，1952 年由南京大學、交通大學、同濟大學、浙江大學和華東水利專科學校水利系科合并成立華東水利學院，1985 年恢復校名河海大學[2]。

[1] 本文標點均據原文原樣標注，未做修改，民國十年即 1921 年。

[2] 本段内容輯自河海大學網站學校沿革，http://www.hhu.edu.cn/s/1/t/7/p/1/c/425/d/437/list.htm。

【正文】

▲ 七月二十七日接北京全國水利局來電云。派技正許肇南❶主事汪胡楨❷察勘鄂贛皖蘇長江一帶泛濫情形。派技正楊豹靈主事顧世楫❸察勘魯豫黄河一帶泛濫情形。并詳研利病。妥籌救治之策。呈候核辦。此令局沁印。許校長

---

❶ 許肇南(1886—1960),名先甲、號石楠(《中國近現代人名大辭典》中注明"字石栅"),字肇南。貴州貴陽人。曾入四川高等學堂,加入中國同盟會。1906 年赴日本留學,1908 年轉赴美國入伊利諾斯大學,爲貴州省第一位赴美留學生。1910 年回國後,考取第二届清華大學公費生,再次赴美國,入威斯康辛大學專攻電機工程,獲理學士及電汽工程師學位。在美留學期間,被舉爲中國留美學生會會長,并在康奈爾大學與他人共同發起成立中國科學社及中國工程師學會。威斯康辛大學畢業後,又入哈佛大學學習工業經濟和經營管理。1914 年回國。1915 年任南京河海工程專門學校校主任(《中國近現代人名大辭典》中注明爲校長,參照本文當爲校長無疑),創建南京下關燈廠,任廠長。1919 年"五四"學生愛國運動爆發,被推爲南京臨時主席。1921 年任鄱東煤礦礦長,後赴廣東任國立高等師範學校教授,并任廣東省長廖仲愷的秘書。北伐軍入武漢後,在宜昌海關監督署任監督。嗣後放棄所學專業,鑽研中國古文字學,并有所成就。中華人民共和國成立後,任上海市文史館館員,1960 年 12 月 26 日病逝于上海。著有《家學古獲編》《客敦》《古籀統系論》《繼志述事》《剳探古董》等。

❷ 汪胡楨(1897—1989):浙江嘉興人,水利專家,中國科學院院士。其于 1915 年從浙江省立第二中學畢業,考入南京河海工程專門學校,1917 年前往美國留學,1923 年獲康奈爾大學土木工程碩士學位,回國後任教于南京河海工程專門學校、國立中央大學、國立浙江大學等校。另曾擔任太湖水利工程處、浙江省水利局副總工程師,導淮委員會設計主任工程師,整理運河討論會總工程師,全國經濟委員會水利處設計科長,錢塘江海塘工程局副局長兼總工程師等職。新中國成立後,歷任華東軍政委員會水利部副部長、治淮委員會工程部長、中國科學院技術科學部院士(學部委員)、水利部北京勘測設計院總工程師、北京水利水電學院(今華北水利水電學院)院長、水利部顧問等職,主持設計了佛子嶺水庫,主持了存有争議的黄河三門峽水庫建設。

❸ 顧世楫(1897—1980),字濟之,江蘇吴縣人。1917 年畢業于南京河海工程學校,曾在華北、順直、太湖水利委員會及導淮委員會任工程師,在鎮江北固山氣象台任台長,并先後任之江、華東、大夏、同濟等大學教授和上海紡織工專教務長、之江大學土木系主任。他于 1928—1929 年主持制定了中國最早的《水文測驗規範》,還發表了許多有關水文測驗和水文資料整理方法等文章,爲推動中國的水文測驗做出了貢獻。中國水利工程學會于 1940 年成立上海分會,顧世楫等三人任執行委員。他于 1931 年提出"水面蒸發量之測驗法",宣導全國統一使用直徑爲 80 厘米、高爲 40 厘米帶套盆的蒸發器,測得的結果接近于大水體的實際蒸發值。1951 年 2 月,顧世楫擔任中國科學圖書儀器公司副總經理兼編審處主任,專職從事科技書的編輯工作。1956 年調任上海科學技術出版社編輯部主任、副總編輯。是九三學社上海出版系統支部主任委員。當選爲上海市人大代表、上海市政協委員。與他人共同編譯整套《實用土木工程學》,任《辭海》水利科副主編,參加了《中國大百科全書》審稿工作。

及汪君奉令後。先就長江下游一帶實地調查。旋因暑假期滿。本校定期開學。故暫停進行。又顧君世楫因在順直水利委員會供職。責任綦重不克分身。呈請改委。遂改派技士陸君克銘❶前往。聞陸君現已察勘告竣。返京報命矣。

▲　全國水利局前令調本届畢業生前三名顧宗杰、張潽、黄子敬三君赴京練習。聞已先後赴京報到矣。

▲　張季直❷先生來函。調用畢業生三人。赴河南省開封道尹❸公署賑務處辦理工賑事宜。本校當派趙漢文、邱葆忠、王元頤三君于上月三十一日前往任事。

▲　王君慎之已就職濟南山東路政局。龐書法君就職山東烟濰鐵路。曲君鵬新就職天津茂生洋行建築部繪圖員。鄭慶雲辭山東河務局及育英學教職任南京高等師範學校理化助教。宋文田近在齊魯大學文科研究英文。殷君誠之在安徽某中學任事。胡君步川任本校助教。

▲　董君開章于九月二日赴吴淞商埠局就流量測量員職。張君漸任改浙江嵊縣某中學教員。

▲　許肇南校長由全國水利局薦任爲技正。

▲　陳璽鈞、董于晋兩君自黑龍江鐵嫩森林公司鐵驪林場來函云。過京時總辦事處總經理囑先測量各河道。計畫開工及炸石。及抵鐵驪以測量儀器未完備。又因夏季沿河兩岸草深五六尺難以施測。故測量未克進行。今僅記載各河水位雨量與調查森林及河道情形而已。

▲　張君國華在吴淞商埠局任測量隊長。七月中因病回籍。委託張君樹森前往代理。歷測蕴藻濱等處地形。爲時凡六星期。現張國華君已病瘉到淞。張君樹森即于本月十二日來校繼續上課。

▲　順直水利委員會流量處裁撤後。測站諸校友均于八月終解職。朱君墉改就南京鳳凰山鐵鑛辦事。已于本月十二日來寧。不日即着手測勘鑛區。何君幼良因其尊人❹在滬經營建築事業。蚌埠上海等處均已有極鉅工程。故何

---

❶　陸克銘(1896—?),江蘇宜興人,高級工程師。1919年畢業于南京河海工程專門學校。曾任浙江省水利局副工程師、黄河水利委員會技正兼設計組主任工程師、貴州農田水利貸款委員會總工程師、導淮委員會綦江局技正兼主任工程師、中國水利委員會技監室技正。建國後,歷任華東水利部工務處處長、水利部水電建設總局技術委員兼副總工程師、水利電力部水利水電建設總局副總工程師、高級工程師。主持設計了蘭封老黄河口小新堤及沁河口護岸工程,主持了大華船閘等工程的修建。

❷　即張謇。

❸　道尹:官名。民國三年(1914)置,爲一道(清代和民國初年在省以下設“道”)的行政長官,管理所轄各縣的行政事務。

❹　尊人:對他人或自己父母的敬稱。

君擬即隨其尊人辦事。蕭君開瀛已入天津漢士洋行任繪圖事務。馮旦入北京大昌公司任事。大昌公司爲新近設立之商業團體。以販賣各種機器爲目的。發起人均係京津著名人物。聞戴宗球、章錫綬、戈福海三君亦將就職該處。

▲ 鄭君篪來寧就江蘇第一工業學校數學教員職。

▲ 丘葆忠君自河南來函云葆忠等于九月二日抵洛陽。因豫西工程除洛河橋外俱已結束。而豫北工程又急待進行。工賑辦事處遂移設開封道尹公署。因于九月五日移寓開封工賑處内。現擬暫息數日即往彰德等縣勘查一切。洛陽昔爲帝王都今爲吴子玉❶駐軍之處。意其市街必有過人之處。孰知通衢大道均污泥盈尺惡臭逼人即人力車亦絶迹焉。居民無貴賤咸就高地之傍挖洞而住。先民穴居之制于此向可仿佛也。今歲田産頗佳惟四鄉盜賊遍地耳。開封街道尚佳食物亦可。得與南京相頡頏。此沿途所見之大概也。豫北○作情形及道中聞見容再續報。(通信處河南開封道尹公署内工賑處轉交)

▲ 沈寳璋君丁外艱❷。于八月初南下。九月十六日返京。

▲ 俞漱芳❸君現任事上海慎昌洋行。

▲ 程日照君函云。陰曆七月十七十八等日。颶風怒潮暴雨三者俱作。南通沿江一帶江堤西自天生港東迄任家港沖塌之處甚多。刻正修補。豫備重建九十兩楗。楗堤并舉。以工代賑。惟需款浩繁。一時籌措不易耳。工程師來因往揚履勘運河未回。(九月八日南通)

▲ 杜裕魁君四月初至清江浦淮揚徐海平剖面測量局任職。

▲ 孫紹宗君現由南洋建築公司派往上海○家渡周家橋民生紗廠監建工程。(南通諸校友消息參見調查欄)

工界近聞

中國科學名詞審查會紀略

中國科學名詞審查會七月十日起在南京中國科學社開會一星期。出席者

---

❶ 吴佩孚(1874—1939),字子玉,山東蓬萊人,直系軍閥,1939年因拒做日本傀儡遭謀殺。

❷ 同"丁父憂"。丁憂,也稱"丁艱",指遭遇父母喪事。舊制,父母死後,子女要守喪。

❸ 俞漱芳(1897—1970),江蘇江陰人,水利專家。1919年畢業于南京河海工程專門學校。曾任江蘇省建設廳技正、江蘇省江南水利工程處處長。建國後,歷任蘇南水利局總工程師,治淮委員會規畫處副處長,佛子嶺水庫工程指揮部技術室主任,梅山水庫工程指揮部副指揮兼總工程師,水利部、水利電力部技術委員會委員。曾領導興修江蘇海灣工程、江蘇長江大堤的整修及蘇南運河的疏浚工作。參與佛子嶺水庫(我國第一座連拱壩)的設計與施工。負責梅山水庫(我國最高連拱壩)的施工。

有教育部中國科學社中國醫學會等十餘團體之代表。本校許肇南校長代表江蘇省教育會。李宜之[1]教授代表理科教授研究會。楊允中教授代表中國科學社出席于物理組名詞審查。陳慕唐教授代表江蘇省教育會出席于化學組。徐南騶教授擔任該會招待委員會會長。該會審查名詞化學部分于三年前開始。至今年全部告成。物理部分去歲已成力學熱學兩部分。今歲續成電學。明歲審定光聲學。醫學部分現已審定循理系統之病理名詞云。

順直水利委員會停測流量

順直水利委員會近以經費缺乏。將流量處裁撤并入測量處。各河測站衹留測伕一人以資觀測水標。并聞測量處亦有減政消息。

文藝

辛酉夏與金子鳴盛同舟渡江即景口占

陳崇禮[2]

溽暑發錢塘。樓船掛夕陽。
波摇帆影動。潮發水風涼。
詩酒聊今夕。江山入故鄉。
高懷應未已。楓月逸清商。

---

❶ 李宜之(1882—1938),名協,字儀祉,陝西省蒲城縣人。近代著名水利專家、水土保持專家、教育家。1898年中秀才。1908年畢業于京師大學堂。1909年赴德國留學,就讀于皇家科技學院(Charlottenburg Königliche Technische Hochschule)土木工程科。1915年回國,任南京河海工程專門學校教授。1928年任華北水利委員會主席。1933年被推爲中國水利工程學會會長。歷任陝西省水利局局長、陝西省教育廳廳長兼西北大學校長、陝西省建設廳廳長、黄河水利委員會委員長、清華大學教授等職。曾主持渭河、淮河、黄河、長江等許多重大水利工程。1938年3月8日在陝西病逝。

❷ 陳崇禮(1896—1962),又名仲禮,字仲和,浙江諸暨楓橋人。民國六年(1917)畢業于南京河海工程專門學校,1918至1920年曾任職于南京中央大學土木工程系、浙江大學土木系,從事建築材料、應用力學和水力學等教學工作。1953年在浙大負責指導青年教師進行混合水泥的研究,其成果在《光明日報》《浙江日報》等均有報道。1962年,他又領導青年教師作"錢塘江河口潮汐不穩定流計算"課題研究,獲第一次全國科學大會獎。

消　夏

前　人

日落江村暑氣餘，蟬聲燕語噪庭除。
葡萄棚下清涼甚。竹簟藤床卧看書。

山　村

前　人

翠微深處幾人家。户外清風五柳斜。
知是山翁多古意。不栽桃李雜桑麻。

代柬

十年級畢業諸君鑒紀念册付印在即所有稿件及圖表請于本月内寄下再水功八翻譯現擬編入月刊請檢出寄下

【原文圖影】

(星期一)　中華民國十年九月十九日　(第四版)

創(閱日本年有人來)頗引起各界之注意，地方新聞紙及到處之工程俱樂部均有吾人行蹤。并宴會演說。備荷歡迎。至足感何。一切頗悉心研究。故調查所得甚多。均詳載「達庵水利調查記」中。將來有暇當分篇立論。有以呈政也。沿途攝影己多至二百張此後赴東，恐更較多，通信處如下

Mr.H.S.Sung. ℅ Mr.T.F.Lee, Nantoou Emb. & Lace Works 303 Fifth Ave New York City, N.Y. U.S.A.

▲七月二十七日接北京全國水利局來電云。派技正許肇南主事汪胡楨察勘鄂贛皖蘇長江一帶泛濫情形。派技正楊豹靈主事顧世楫察勘魯豫黃河一帶泛濫情形。並詳研利病。妥籌救治之策。呈候核辦。此令局沁印。許校長及汪君奉令後，先就長江下游一帶實地調查。旋因暑假期滿。本校定期開學。故暫停進行。又顧君世楫因任順直水利委員會供職。責任綦重不克分身。呈請改委。遂改派技士陸君克銘前往。聞陸君現已察勘告竣。返京報命矣。

∴全國水利局前令調本屆畢業生前三名顧宗杰黃瑨黃子敬三君赴京練習。聞已先後赴京報到矣。

▲張季直先生來函。調用畢業生三人，赴河南省開封道尹公署賑務處辦理工賑事宜本校當派趙漢文邱葆忠王元頤三君於上月三十一日前往任事。

△王君慎之已就職濟南山東路政局。聞審法君就職山東烟濰鐵路，曲君鳳祈就職天津茂生洋行建築部繪圖員。鄒慶雲辭山東河務局及育英學教職任南京高等師範學校理化助教。宋文田近在齊魯大學文科研究英文。殷君誠之在安徽某中學任事，胡君步川任本校助教。

△董君開章於九月二日赴吳淞商埠局就流量測量員職。張君漸任改浙江[illegible]縣某中學教員。

▲許肇南校長由全國水利局荐任爲技正。

△陳熙鈞董于晉兩君自黑龍江就嫩森林公司繼續林場來函云。邁京時尋辦事處總經理囑先測量各河道。計畫開工及炸石。及抵鐵驪以測量儀器未完備。又因夏季沿河兩岸草深五六尺難以施測。故測量未克進行。今僅記載各河水位兩岸與調查森林及河道情形而已。

△張君國華在吳淞商埠局任測量隊長。七月中因病回籍。委托張君樹森前往代理。歷測蘊藻濱等處地形。爲時凡六星期。現張國華君已病愈到淞。張君樹森即於本月十二日來校繼續上課。

△順直水利委員會流量處裁撤後。測站諸校友均於八月終解職。朱君墉改就南京鳳凰山鐵礦辦事。己於本月十二日來寧，不日即着手測勘礦區。何君幼良因其尊人在滬經營建築事業，蚌埠上海等處均已有確鉅工程。故何君擬即隨其尊人辦事。蕭君開瀛已入天津濱士洋行任繪圖事務。馮且入北京大昌公司任事。大昌公司爲新近設立之商業團體。以販賣各種機器爲目的，發起人均係京津著名人物。聞戴宗球章錫綬戈福海三君亦將就職該處。

∴鄒君茂來寧就江蘇第一工業學校數學教員職。

∴丘葆忠君自河南來函云葆忠等於九月二日安抵洛陽。因豫西工程除洛河橋外俱已結束，而豫北工程又急待進行。工賑辦事處遂移設開封道尹公署。因於九月五日移寓開封工賑處內。現擬暫息數日即往彰德等縣勘査一切。洛陽昔爲帝王都今爲吳子玉駐軍之區。故其市街必有過人之處，孰知通衢大道均污泥盈尺惡臭逼人即人力車亦絕跡焉。居民無貴賤咸就高地之傍挖洞而住。先民穴居之制於此猶可彷彿也，今歲田產頗卜惟西鄉盗賊猖獗耳。開封商道尚佳食物亦可。得與南京相頡頏，此沿途所見之大概也，豫北工作情形及途中聞見容再續報。（通信處河南開封道尹公署內工賑處轉交）

∴沈貴壎君丁外艱。於八月初南下，九月十六日返京。

△袁澂芳君現任事上海慎昌洋行。

△程日照君函云。陰曆七月十七十八等日，颶風怒潮暴雨三者俱作，南通沿江一帶江隄西自天生港東迄任家港冲塌之處甚多，剛正修補，張備電建九十兩楗。楗隄並舉。以工代賑。惟需款浩繁。一時籌措不易耳。工程師來因往揚履勘運河未回（九月八日南通）

∴杜裕魁君四月初至清江浦淮揚徐海平剖面測量局任職。

∴孫紹宗君現由南洋建築公司派往上海[illegible]家渡閘家橋民生紗廠造建工程。

（南通諸校友消息參見調查欄）

工界近聞

中國科學名詞審查會紀略

中國科學名詞審查會七月十日起在南京中國科學社開會一星期，出席者有教育部中國科學社中國醫學會等十餘團體之代表。本校許肇南校長代表江蘇省教育會，李宜之教授代表理科教授研究會。楊允中教授代表中國科學社出席於物理組審查。陳[illegible]教授代表江蘇省教育會出席於化學組。徐南騶教授擔任該會招待委員會會長。該次審查名詞化學部分於三年前開始。至今年全部告成。物理部分去歲已成力學熱學兩部分，今歲續成電學，明歲審定光學部，醫學部分現已審定循理系統之病理名詞云。

順直水利委員會停測流量

順直水利委員會近以經費缺乏。將流量處裁撤併入測量處。各河測站祇留測伕一人以資觀測水標。並聞測量處亦有減政消息。

文藝

辛酉夏與金子鳴盛同舟渡江即景口占　陳崇禮

溽暑發錢塘。檣船掛夕陽。波搖帆影動。潮發水風涼。詩酒聊今夕。江山入故鄉。高懷應未已。楓月送清商。

消夏　前人

日落江村暑氣除。蟬聲漸歇噪庭除。葡萄棚下清涼甚。竹簟藤牀臥看書。

山村　前人

翠遶溪邊幾人家。戶外清風五柳斜。知是山翁多古意。不栽桃李雜桑麻。

代柬

∴十年級畢業諸君覽紀念冊付印在卽所有稿件及圖表請於本月內寄下再求功入翻譯現擬編入月刊請檢出寄下

南京河海工程專門學校校友會[illegible]

皖灾一瞥旋通雜記校聞校友消息[1]

【簡介】

本篇文字源自《河海週報》民國十年(1921)9 月 19 日第 2 版、第 3 版。

【正文】

皖灾一瞥

朱　墉[2]

嗚呼。天其欲棄吾民歟。何直魯之旱。蘇皖之水。連年接踵而至耶。諺云大兵之後。必有凶年。

干戈擾攘之秋。益以旱潦頻仍之苦。國計耗。民命危。蘇皖之灾。江淮勿治之故也。記者于九月九日即津浦通車之次日。由京南下。目擊江淮之間。一片汪洋。盡成澤國。尤復風伯爲灾。海潮西湧。雨師肆虐。滴瀝不休。嗟彼蒼天。曷其有極。玆將車中所見之情形。略述于後。以供留心灾務者之參考焉。九月九日上午十時車發津門。十日黎明抵徐州。徐州以南。田中雖未積水。然潮濕過甚。菽粟負傷。自三舖至夾溝約四十里。則溝澮皆盈。禾穀漸斃。更南行十六里至李莊。則阡陌不分。恍然如湖澱矣。積水之深自二三尺至五六尺不等。然村落房舍。尚未湮没也。又南行過符離集南宿州至任橋。自符離至任橋約九十里。地勢漸高。灾象較李莊爲輕。任橋尤微。自任橋而南。則水天相接。儼然成巨浸矣。村落之水没及墻半。平地水深自四五尺至丈餘不等。電桿多侵圮。其有未倒者。水上亦僅存三二尺耳。

蚌埠一鎮。宛在水中。門台子土質稍鬆。加以東風鼓浪。鐵軌壞其一側。火車停駛。週有餘日。近以石塊沿軌培補。始克通車。惟其速率殆猶步行耳。由此南行至臨淮關。水勢更甚。樹梢摇曳水中。屋脊僅露水面。惟此處村落稠密。地勢不平。故所見水之面積。不若關北之大耳。合計自固鎮至臨淮。

---

[1] 文章均刊于《河海週報》民國十年 9 月 19 日第 2 版、第 3 版。全文依照原文格式標點，未做修改。

[2] 朱墉：生平不詳，目前發現其于 1930 年在《揚子江水道整理委員會月刊》第 2 期發表過《測量芻言》《南京秦淮河説略》二文，1931 年在《山東省建設月刊》發表《我國水旱灾荒之原因與救濟意見》，1933 年在《水利月刊》發表《本年長江水位之推論》，1934 年在《水利月刊》第 1—6 期發表《黄河水灾視察報告書(附表)》等文。

一百四十里之間。波浪滔滔。盡成澤國。居民携老扶幼。或伏蟄于舟中。或棲止于路側。或跋涉于水中。亟亟乎有朝不保夕之勢。傷心慘目。有如是哉。統觀水勢。蚌埠以南路西地勢較高。洪水悉在路東。蚌埠以北。路西水勢固大。而路東尤大。水面距鐵軌自一尺至二三尺不等。據報所載境内大水在七月中旬。距今已二週矣。而察看水迹。僅退去三四寸。沱澮等河每秒流速不過數寸。淮河約二華尺。似此情形。落水尚遥遥無期。是不特秋收失望。即二麥。不及播矣。

嗚呼噫嘻。三千萬人。何以卒歲。臨淮以南。地勢漸高。至板橋僅二十餘里。地面已不見水矣。又南行五十餘里至明光。池河之水泛濫亦頗甚。十數里内俱被淹没。舉目東望。一片洪洶。更南則山陵錯雜。非水所可湮没矣。雖然車中所見不過一隅耳。其他在視綫之外者尚不知幾何大也。然自李莊以迄臨淮。想去已三百餘里。東西之長應勝于南北。約略計之。此次被淹區域當在十餘萬方里以外。淮揚徐海。淮水之下游也。皖北如斯。淮揚徐海可知矣。夫淮爲四瀆之一。自被黄河淤塞。不能自達于海。僅恃少數支流借泄于江。使江潮平静。猶可稽延時日。涓涓泄瀉。而今江淮并發。沿江各口方有倒灌之虞。淮水何由得宣泄之路。無怪乎流速甚遲。水落極緩也。嗟夫嗟夫。導淮治江。誠不可以一日緩矣。

旋通[1]雜記

孫壽培[2]

壽培忝職此間。已屆載餘。自愧菲才。百無一成。加以邇來嬾逸成性。致疏通訊。撫心自問。曷勝愧悚。爰將最近旋通同學之際遇及培耳目所及者。略舉一二。爲諸同志一詳述之。藉贖前愆。聊以塞責也。

(一)本年二月校中應嗇公[3]之函招。派陸君思受及沈君大模來通。晋謁嗇公後。當蒙派陸君赴如皋縣水利會。任規劃閘堰等工程。沈君暫留鄙會。至四月初始赴吕四墾牧公司。襄理閘工。爲學術上之顧問。閲三旬。復改任阜寧華成鹽墾公司規劃鋼筋混凝土五孔水閘事。刻已計劃告竣。次第興工矣。

---

[1] 旋通,即應張謇書函要求派員赴南通履職。詳見下文。

[2] 孫壽培(1899—1978)又名孫鳳悟,江蘇無錫人。1920年畢業于南京河海工程專門學校。曾任上海慎昌洋行建築部計畫員,揚州江北運河工程局技正,西安黄河水利委員會技正,浙江省水利局代理局長。1949年後,歷任浙江省水利局顧問工程師,淮河水利工程總局副處長,治淮委員會副處長、處長、辦公廳副主任、基建局副局長、安徽省水利廳副廳長。安徽省政協第三、四屆常委。

[3] 即張謇。

烈日當空。馳驅赤地興築規劃。獨負全責。其勞苦之狀。概可知矣。陸君規劃新陞港船閘。亦已告竣。不日興工。將來二閘相繼落成。交口稱美。足爲母校生色不少也。沈、陸二君與培學術上之研究。尤爲親密。魚雁瀕仍。無非切磋砥礪之言。傾心長談盡屬閱歷經驗之語。由此益知良友之不可缺。而親愛之同學更不可少也。

(二)問君省齊去歲秋承羅師懷伯❶介紹執教農科大學。問君年少老成。遇事勤勉。無稍敷衍。一年以來。頗負盛名。斯職雖非吾輩習工程者之本分。然未始不足以教學相長。況居此全國模範之區。耳目所及。盡屬新鮮景象。關于工程上者尤多借鏡。身歷其間。學識亦不無裨益。

(三)宋君達庵才識過人。任職此間纔三年。而已名勝一時。渠親造之遥望港九孔大閘。此次洪漲。操縱自由。大著成效。此邦人士莫不歎其妙用。今漫游歐美。足以發揮母校精神于異域。可羡可欽。近嗇公又以吴淞斷面淮水流量及射陽湖等圖様寄美。委渠計劃。并囑與歐美著名工程師訂論規劃。其倚重信仰之切。已可概見。通地報章。又多專載其行迹。士民仰慕之心。亦見一斑矣。

(四)今夏盛雨。各河泛濫。通居大江之尾。黄海之濱。加以地卑傾斜。内地水流。盡以此爲尾閭受患之深。較他處爲甚。退嗇二公❷有鑒于此。特于七月廿一日開會于俱樂部。討論宣泄工程之進行。其結果先從實測各要口河道流量入手。當即分隊進行。培與來因工程師任如皋李家橋利民新閘及老滾水垻等處流量。遂〇〇〇日晨由通起程。見通揚運河水位。尚高興〇〇詢之鄰民高水情形。言各不一。大抵最高時較之踏勘時高出呎餘。而發水期至今將逾七八日。每日水面降落之度當在吋半以下。蓋運河出口以唐閘爲要道。而今此閘爲船閘之用。專通航行。不利瀉洪。雖旁有小閘一二啓瀉漲水。然閘板僅去十之二三。多成潛堰。宣泄不暢故也。沿途淹没處甚多。車�站用。不勝跋涉之苦。將晚抵新閘。是閘建于五年夏。與狼山小洋港閘同時并進者。爲同學許君介塵所監造。全以鋼筋混凝土爲之。至今焕然如昔。操縱宣泄。

❶ 羅英(1890—1964),字懷伯,江西南城人。橋樑專家。1916 年畢業于美國康奈爾大學土木工程系,1917 年獲該校工科碩士學位。1919 年回國。曾任河海工程專門學校教授,山海關橋樑廠廠長,錢塘江大橋工程處總工程師,國民黨政府交通部公路總局第八、第四區公路工程管理局局長。建國後,歷任冶金工業部黑色冶金設計院顧問工程師、北方交通大學教授、武漢長江大橋技術顧問委員會委員。是第三屆全國政協委員。與茅以升合作,主持設計、建造了錢塘江大橋,後又主持設計了柳江橋等。著有《中國石橋》,編有《中國橋樑史料》,1964 年 7 月 1 日在上海逝世。

❷ 即張察和張謇。

一憑所欲。頗稱合用。惟孔過狹。（僅十四呎）瀉洪不暢。致釀成鄉人暴動風潮。竟將墩後壅土挖去。今水溜驟趨墩後。洗刷成槽。如不填塞。恐危全身。閘埸樹木。多被斫折。閘上小橋。亦多拆毁。可鑒計劃上偶一不慎。便事出倉卒釀成劇變。然當計劃時。安能預及將來洪漲之情形。即按歷年最大水文紀録而規定之安知若干年後遇此非常之漲。苟當時盡力增大閘孔面積，經濟上又受牽制。河海工程誠不易言也。當日先測老滚水垻。是垻爲廿年前所建築者。寬五十一呎餘。角多修圓成抛物綫。全以花崗石修砌爲之。全體均合水力原理。深歎當時興築浩繁。及古人藝術之精。不亞歐美成例。惟當時尚缺精確水准測量。致築時垻頂過高。未能大著成效。是時水面滚過。僅高出垻頂六吋餘耳。依據公式推算其流量值約爲每秒九十一立方呎。彼邦人士。有志增進滚水量。而保存現在垻頂高度。蓋一因改築費繁。二因全以修石爲。之且寬闊甚大。不易施工。此亦一頗堪研究之問題。深望諸師長同學。苟不遐棄惠我南針。共資研究。實爲銘感之至。至廿四日測竣。是日適值退公偕同縣長來閘會勘被灾情形。及懲戒毁閘風潮。即晚乘舟返通。刻來因工程師對于泄水工程已有簡略報告書。俟有端緒。再披露于本報以資研究。鄙會修楗計劃。將于月刊上次第發表。玆不贅矣。

（五）張君于逵于廿七日來通。游覽實業名勝。是時適值問君爲農校招考事亦至。事畢後遂同張君乘隆和汽輪赴寧轉滬。王君亞尊及張君峨若先後曾隨來因先生來通。助理伊測繪計劃等事。來時常同住會中。劉君乙輝過從尤密。舊雨重逢。暢盡所懷。其樂爲何如耶。

（六）通境地濱江海。日受潮汐影響。欲免倒灌内入。歷用閘垻控制之。故水閘土堰涵洞觸目皆是。邇來屢承諸同學不棄。紛紛致函。詢及閘堰等工程。其式様價值養護等事。除專函奉覆外。特略書梗概。以供衆覽。

式様　舊式水閘，（活稱活堰）大抵兩旁墩墻，上下游用翼墻引水。向外成八字形。外端接以木板護岸墻。上下游長各五六丈。今用石砌代之。兩水閘相距約二百呎。即稱船閘。閘廂全以木板爲墻。每易朽腐。殊非善計。

閘門及其寬度　船閘閘門大都寬廿呎。閘廂約五十呎。單閘僅十餘呎。最大者亦不過廿呎。閘門多以横木爲之。啓時依次用絞轆取下。頗費時日。每易悮事。惟寓涵洞放水入廂之意。單閘亦然。培對于改良閘門。曾加研究。却鮮良策。蓋直通潮汐之處。上下游因時更變。針形及單雙葉式。俱不合用。即合用矣。所費不資。苟航業不甚發達處。尚以此式爲佳。不然可用新式閘門。照雙閘計劃。并另設涵洞于閘門或墻中，便利多矣。

閘料　古者單閘多石砌，船閘則用木料。今全體改用水泥混凝土爲之。

閘孔　孔寬在廿呎以下者多用單孔，今亦有中間閘孔兩旁設二涵洞者。其式與歐美船閘略同。遥望大閘則有九孔。各孔寬約十呎餘。中設閘礅。其上建有弧形連橋。惟中孔則另用活動木橋,便舟楫往來。全體均以鋼筋混凝土爲之。又其閘板位置。較他處爲異。礅之兩端,各有疊板。視流水方向定何端宜先啓。大抵水流由東而來。則先啓礅東疊板,其意務使水面懸率適礅之中間。俾不甯之波溜。及于極短之範圍。上下游引水翼墻與流平行,亦因此故。

閘底　古閘多石砌。今用混凝土。厚度視懸率而異。床長自三十呎至八十呎。最外則用沉排。上砌石料。上下游各長五十餘呎。或竟達百餘呎者亦有之。視土質而異。狼山水閘。曾用排石保護。下游尚有刷深成潭之虞。曩培修是閘時,曾就正李師宜之❶討論及之。後試用除沉厚排用石緊砌排面外。再加樁橛。長各十二呎。每樁距離視水溜衝力猛弱而轉異。今已經洪泛大著奇效。將來建閘于細沙土質。均可彷用。

板樁　古閘不用板樁。歷簽相距甚密之木樁。與流正交。以障滲水,中間挖深用糯米粉和石灰粘土層層擊壓,成突牆然。其堅固耐用。不亞混凝土。今則多用板樁。自十二呎至十六呎。其行數及距離。視土質鬆密懸率之大小而定之。墩後亦宜用板樁包圍。一爲挖泥時之圍埂。一爲防水之繞襲。

建設費　門寬十呎至廿呎全用鋼筋混凝土爲之者。約萬元❷。船閘則倍之。遥望大閘約十三萬之譜。

養護費　木閘十餘年後。每易朽腐。時加修理。如用水泥爲之則甚省,僅瀉洪時防止有刷深成潭,常加拋石而已。

以上綜述梗概。略而欠詳。遺漏處甚多。將來擬專論之。藉供一得之愚也。

(完)八月五日南通

校　聞

▲　新聘教職員略歷　柳叔平先生湖南長沙人。美國威斯康辛大學土木工程學士。曾任事上海。在本校擔任測量橋樑等科。曾膺聯先生廣東籍。僑居南洋群島。美國理哈大畢學業。得有鑛工程師學位。去歲畢業後曾遍游歐洲。并在歐洲青年會任事。在本校擔任地質學及化學等科。黄仲楨先

❶　即李儀祉,見本書前注。

❷　本文成于1921年,現以1924年數據爲參照,1924年北京米價爲6塊大洋一石,以其時一石大米約80千克計,按照糧食比較,則當時一塊大洋的購買力約相當于現在40～50元,故"約萬元"的建設費,合現在約40萬元～50萬元。數據參照來源《魯迅北京買房花費:8間房四合院合人民幣4萬元》,《中小企業管理與科技》2010年第20期。

生江蘇松江籍。松江第三中學及南洋商業學校銀行專修科畢業。曾任樂思學校英文教員及松江圖書館職員。在本校擔任圖書室學業用品處兩處管理事務。

▲　本年招考新生情形　本學年本校原擬招生四十名。招考時與試者極爲踴躍。計南京與試者一百零四人。杭州四十人。上海四十五人。天津三十人。濟南三十八人。共二百五十七人。爲近年所未有。亦足征中學升學者之趨向于實學也。考試結果。計正取四十七名。備取二十四名。此外要求在本校旁聽者爲數甚多。惟聞旁聽定額已滿。後至者無餘地可容矣。

▲　正式開學志　本學年于九月十四日上午十時行正式開學禮。職教員學生齊集明恕堂。行禮畢。因許校長在滬未返。由李宜之先生❶代致訓詞。略述中國學生求學之不易。與如何打破難關以期成功之方法。繼由教務主任沈奎侯❷先生報告三事:(一)本學期因陸漱芳陳慕唐兩先生辭職。改聘柳曾兩先生繼任;(二)學生請假事宜向歸教務處管理。因圖管理上便利起見自本學期始改由〇務處主政;(三)英文一科本學期分甲乙兩組。以程度高下爲標准。報告畢并請預科諸生注意二事:(一)勿輕視數理化等基本學科;(二)學習一科應使一科純熟勿意爲輕重云云。即散會。

▲　開始授課　本學期自今日起各級一律上課。

▲　魯省增加學生津貼　本校魯省津貼學生額原有二名,每名年領津貼六十元。本學期因魯籍學生張瑨❸于六月畢業出校。由本校將魯籍各生上學年成績開單函送酌補。近得該省覆文。略謂貴校所習科目關係魯省地方甚重。除張瑨津貼遺缺以本科三年級生王錫波遞補外。所有本科二年級生孔令溶亦准其補入省外專門津貼名額内。以示鼓勵云云。

校友消息

▲　宋希上君來函略謂抵美後頗爲各大公司歡迎。排日參觀保坍、商埠、墾荒、碼頭、水電、道路及各工廠。無日稍休。尤以紐阿林司 New O Orleans 之

---

❶　此處即指許肇南、李儀祉兩位先生。

❷　沈奎侯,名祖偉,浙江湖州人,畢業于聖約翰書院,後考取第二批庚子賠款赴美國留學資格,在密歇根大學學習鐵道工程專業,曾任南京河海工程專門學校第三任校長(1922.02—1924.07)。綜合輯自李敖:《胡適研究》,中國友誼出版公司,2006,第 455 頁。

❸　張瑨,1921 年從南京河海工程專門學校畢業。歷任工程員、工程司、主任工程師、工務科長、技術室主任。建國後,任山東省水利局副局長,水利廳副廳長。歷兼導沭整沂工程總工程師、沂沭汶泗區治淮指揮部總工程師。1956 年 10 月,更兼山東省水利勘測設計院院長。

二千萬元大閘及密西西比河之 South West Pass 得見施工。爲一大幸事。刻由陸軍部之介紹得乘輪沿密西西比逆流北上。由阿哈河 Ohio River 沿 Bange Canal 而東。見聞所及。耳目一新勝讀十年書矣。稍可爲師長及同學兄告慰。此次出來爲中國水利工程調查之○❶

---

❶ 後文缺。

【原文圖影】

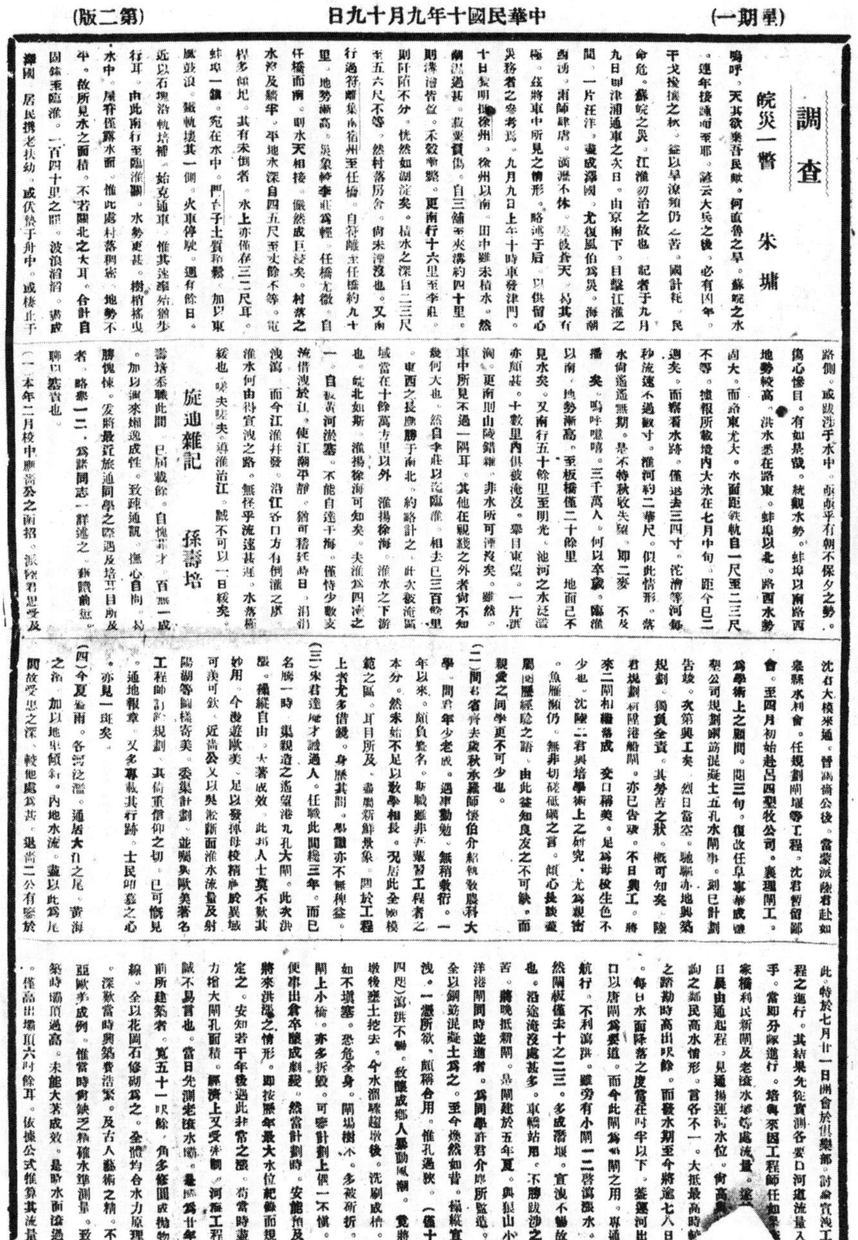

(星期一)　中華民國十年九月十九日　(第二版)

調查

皖災一瞥

朱墉

嗚呼。天其欲棄吾民歟。何直魯之旱。蘇皖之水。連年接踵而至耶。諺云大兵之後。必有凶年。干戈擾攘之秋。益以旱潦頻仍之苦。國計耗。民命危。蘇皖之災。江淮初治之故也。記者于九月九日由津浦通車之次日。由京南下。目擊江淮之間。一片汪洋。盡成澤國。尤復風伯爲災。海潮西湧。雨師肆虐。滂沱不休。遂使蒼天。易其有極。茲將車中所見之情形。略述于后。以供留心災務者之參考焉。九月九日上午十時車發津門。十日黎明抵徐州。徐州以南。田中雖未積水。然禾稼過甚。穀粟損傷。自三舖至夾溝約四十里。則溝澮皆盈。禾穀率黴。更南行十六里至李莊。則阡陌不分。恍然如湖淀矣。積水之深自二三尺至五六尺不等。然村落房舍。尚未淹沒也。又南行過符離集而宿州至任橋。自符離至任橋約九十里。地勢漸高。災象較李莊爲輕。任橋尤微。自任橋而南。則水天相接。儼然成巨浸矣。村落之水深及腰半。平地水深自四五尺至丈餘不等。電桿多傾圮。其有未倒者。水上亦僅存三二尺耳。蚌埠一鎮。宛在水中。門子土質稍鬆。加以東風鼓浪。鐵軌壞其一側。火車停駛。週有餘日。近以石塊沿軌培補。始克通車。惟其速率殆猶步行耳。由此南行至臨淮關。水勢更甚。樹梢搖曳水中。屋脊僅露水面。惟此處村落稠密。地勢不平。故所見水之面積。不若關北之大耳。合計自固鎮至臨淮。一百四十里之間。波浪滔滔。盡成澤國。居民攜老扶幼。或伏於舟中。或棲止于路側。或跋涉于水中。岌岌乎有朝不保夕之勢。傷心慘目。有如是哉。統觀水勢。蚌埠以南路西地勢較高。洪水悉在路東。蚌埠以北。路西水勢尚大。而路東尤大。水面距鐵軌自一尺至二三尺不等。據報所載境內大水在七月中旬。距今已二週矣。而察看水跡。僅退去三四寸。沱澮等河每秒流速不過數寸。淮河約二華尺。但此情形。若水尚遙遙無期。是不特秋收失望。即二麥不及播矣。嗚呼噫嘻。三千萬人。何以卒歲。臨淮以南。地勢漸高。至板橋僅二十餘里。地面已不見水矣。又南行五十餘里至明光。池河之水泛濫亦頗甚。十數里內俱被淹沒。舉目東望。一片洪濤。更南則山陵錯雜。非水所可淹沒矣。雖然。車中所見不過一隅耳。其他在視綫之外者尚不知幾何大也。然自李莊以迄臨淮。相去已三百餘里。東西之長雖勝于南北。約略計之。此次被淹區域當在十餘萬方里以外。淮揚徐海。淮水之下游也。皖北如斯。淮揚徐海可知矣。夫淮爲四瀆之一。自被黃河淤塞。不能自達于海。僅恃少數支流借洩於江。使江潮平靜。猶可稽延時日。涓涓洩瀉。而今江淮并發。沿江各口方有倒灌之虞。淮水何由得實洩之路。無怪乎流速甚遲。水落極緩也。嗟夫嗟夫。導淮治江。誠不可以一日緩矣。

旅通雜記

孫壽培

壽培忝職此間。已届載餘。自愧菲才。百無一成。加以閒來慵逸成性。致疎通訊。撫心自問。曷勝愧悚。爰將最近旅通同學之際遇及培耳目所及者。略舉一二。爲諸同志一詳述之。藉贖前愆。聊以塞責也。

(一)本年二月校中聘嗇公之函招。派陸君思受及沈君大模來通。晉謁嗇公後。當蒙派陸君赴如皋縣水利會。任規劃閘壩等工程。沈君暫留鄰會。至四月初始赴呂四墾牧公司。襄理閘工。爲學術上之顧問。閱三旬。復改任阜寧華成鹽墾公司規劃鋼筋混凝土五孔水閘事。刻已計劃告竣。次第興工矣。烈日當空。馳驅赤地興築規劃。獨負全責。其勞苦之狀。概可知矣。陸君規劃栟陸港船閘。亦已告竣。不日興工。將來二閘相繼落成。交口稱美。是爲母校生色不少也。沈陸二君與培學術上之研究。尤爲親密。魚雁頻仍。無非切磋砥礪之言。傾心長談盡關閱歷經驗之語。由此益知良友之不可缺。而觀摩之同學更不可少也。

(二)開君省齊去歲秋承羅師懷伯介紹執教農科大學。開君年少老成。遇事勤勉。無稍敷衍。一年以來。頗負盛名。斯職雖非君業習工程者之本分。然未始不足以教學相長。況居此全國模範之區。耳目所及。盡屬新鮮景象。關於工程上者尤多借鏡。身歷其間。學識亦不無稗益。

(三)宋君達庵才識過人。任職此間幾三年。而已名騰一時。渠親造之遙望港九孔大閘。此次洪濫。操縱自由。大著成效。此邦人士莫不歎其妙用。今復遊歐美。足以發揮母校精神於異域。可羨可欽。近嗇公又以吳淞斷面淮水流量及射陽湖等圖樣寄美。委渠計劃。並囑與歐美著名工程師討論規劃。其倚重信仰之切。已可概見。通地報章。又多專載其行跡。士民仰慕之心。亦見一斑矣。

(四)今夏霪雨。各河泛濫。通居大江之尾。黃海之衝。加以地勢傾斜。內地水流。盡以此爲尾閭故受患之深。較他處爲甚。退嗇二公有鑒於此。特於七月廿一日開會於俱樂部。討論宣洩工程之進行。其結果先從實測各要口河道流量入手。當即分隊進行。培與來因工程師任如[illegible]家橋利民新閘及老垻水塘等處流量。逐日晨由通起程。見通揚運河水位。尚高[illegible]詢之鄉民高水情形。言各不一。大抵最高時約之踏勘時高出尺餘。而發水期至今將逾七八日。每日水面降落之度當在吋半以下。蓋運河出口以唐閘爲要道。而今此閘爲小閘之用。專通航行。不利瀉洪。雖旁有小閘一二啓瀉微水。然關板僅去十之二三。多成潴壩。宣洩不暢故也。沿途淹沒處甚多。車輛站用。不勝跋涉之苦。薄晚抵新閘。是閘建於五年夏。與狼山小洋港閘同時並進者。爲同學許君介臣所監造。全以鋼筋混凝土爲之。至今煥然如昔。操縱宜洩。一應所欲。頗稱合用。惟孔過狹。(僅十四呎)瀉洪不暢。致釀成鄉人暴動風潮。覺將墩後壅土挖去。今水溜睇趨墩後。洗刷成槽。如不填塞。恐危全身。閘場樹木。多被斫折。閘上小橋。亦多折毀。可惜計劃上偶一不慎。便非出意卒釀成劇變。然當計劃時。安能預及將來洪澇之情形。即按歷年最大水位紀錄而規定之。安知若干年後遇此非常之漲。若當時盡力增大閘孔面積。經濟上又受牽制。河海工程誠不易言也。當日先測老垻水塘。是壩爲廿年前所建築者。寬五十一呎餘。角多條圓成拋物線。全以花岡石條砌爲之。全體均合水力原理。深歎當時興築費浩繁。及古人藝術之精。不亞歐美成例。惟當時尚缺乏精確水準測量。致築時壩頂過高。未能大著成效。是時水面適過。僅高出壩頂六吋餘耳。依據公式推算其流量

▲在本報登載廣告可謂合算無比。不僅每期廣告費甚省。且本報……易也。

▲關於廣告函件請寄南京河海工程專門學校河海週報廣告處。

……美國等處亦皆有之。故在本報登載廣告其効力必大。

(星期一) 中華民國十年九月十九日 (第三版)

値，約為每秒九十一立方呎。彼邦人士，有志培劃浚水量，而保存現在擋頂高度。羞一因改築費繁。二因全以修石為。之且寬闊甚大。不易施工。此亦一應堪研究之問題。深望諸師長同學，苟不遐棄惠我南針，共資研究，實為銘感之至。至廿四日測竣，是日適值退公偕同縣長來閘會勘被災情形，及懲戒毀閘風潮。即晚乘舟返通。劉來因工程師對於洩水工程已有簡略報告書。將來尚須詳勘全境，決定閘壩位置及詳細計劃。俟有端緒，再披露於本報以資研究。歸會修提計劃，將於月內上次第發表。茲不贅矣

(五)張君于達於廿七日來通。遊覽實業名勝，是時適値閘君為農場招致事亦至。事畢後遂同張君乘隆和貨輪赴蘇轉滬。王君亞修及張君峨若先後曾隨來因先生來通。助理伊測繪計劃等事。來此常同住會中。劉君乙輝濟從尤密。舊雨重逢。暢盡所懷，其樂為何如耶。

(六)通境抵濱江海，日受潮汐影響。欲免倒灌內入。概用閘壩控制之。故水閘土壩涵洞觸目皆是。邇來屢承諸同學不棄，紛紛致函，詢及閘壩等工程，其式樣價值養護等事。除專函奉覆外。特略書梗概，以供衆覽。

式樣 舊式水閘，(活蹠活壩)大抵兩旁擋牆，上下游用翼牆引水，向外成入字形，外端接以木板護岸牆。上下游長各五六丈，今用石砌代之。閘水閘相距約二百呎，即稱船閘。閘廂全以木板為牆。每易朽腐，殊非善計。

閘門及其寬度 船閘閘門大都寬廿呎。閘廂約五十呎。單閘僅十餘呎。最大者亦不過廿呎。閘門亦以橫木為之。啓時依次用絞機取下。頗費時日，每易慢事。惟寓涵洞放水入廂之意，單閘亦然。培劃於改良閘門，曾加研究。却鮮良策。蓋直通潮汐之處。上下游因時更變。斜形及單雙葉式。但不合用。即合用矣。所費不貲。苟航業不甚發達處，尚以此式為佳。不然可用新式閘門照雙閘計劃，并另設涵洞於閘門或牆中，使利水矣。

閘料 古者單閘多石砌，船閘則用木料。今全體改用水泥混凝土為之。

閘孔 孔寬在廿呎以下者多用單孔，今亦有中間閘孔兩旁設二涵洞者。其式與歐美船閘略同。通州大閘則有九孔。各孔寬約十呎餘。中設閘礅。其上建有弧形連橋。惟中孔則另用活動木橋，便舟楫往來。全體均以鋼筋混凝土為之。又其閘礅位置。較他處為異。礅之兩端，各有叠板。觀流水力向定何端宜先啓。大抵水流由東而來，則先啓礅東叠板。其意務使水面懸率適礅之中間。俾不背之波蕩，及於極短之範圍。上下游引水翼牆與流平行，亦因此故。

閘底 古閘多石砌。今用混凝土。厚度觀懸率而異。床長自三十呎至八十呎。最外則用沉排。上砌石料。上下游各長五十餘呎。或竟達百餘呎者亦有之。觀土質而異。狼山水閘，曾用排石保護。下游尚有刷深成潭之虞。籌培修是閘時，曾擬正李師宜之討論及之。後試用除沉厚排用石影砌排外。再加樁概。長各十二呎。每樁距離視水流衝力猛弱而轉異。今已經洪汛大著奇效。將來建閘於細沙土質。均可彷用。

板樁 古閘不用板樁。歷發相距甚密之木樁，與流正交。以障滲水。中間挖深用糯米粉和石灰粘土層層擊實，成突然。其堅固耐久，不亞混凝土。今則多用板樁，自十二呎至廿六呎，其行數及距離，視土質鬆密與懸率之大小而定之。墩後亦宜用板樁包圍。一為挖泥時之圍堰，一為防水之繞襲。

建設費 門寬十呎至廿呎者用鋼筋混凝土為之者，約萬元。船閘則倍之。遙嶺大閘約十三萬之譜。

養護費 木閘十餘年後，每易朽腐，時加修理。如用水泥為之則甚省，僅瀉洪時防有刷深成潭，常加抛石而已。

以上綜述梗概，略而欠詳，遺漏處甚多。將來擬專論之。藉供一得之愚也。

(完)八月五日南通

校聞

▲新聘教職員略歷 柳叔平先生湖南長沙人。美國威斯康辛大學土木工學士。曾任事上海。在本校擔任測量橋梁等科。曾膺聯先生廣東籍。僑居南洋群島。美國理哈大畢學業。得有鑛工程師學位。去歲畢業後曾偏游歐洲。並在歐洲青年會任事。在本校擔任地質學及化學等科。黃仲楨先生江蘇松江籍。松江第三中學及南洋商業學校銀行專修科畢業。曾任樂思學校英文教員及松江圖書館職員。在本校擔任圖書室學業用品處兩處管理事務。

▲本年招考新生情形 本學年本校原擬招生四十名。招考時與試者極為踴躍。計南京與試者一百零四人，杭州四十八人，上海四十五人。天津三十人，濟南三十八人。共二百五十七人。為近年所未有。亦足徵中學升學者之趨向於實學也。考試結果，計正取四十七名，備取二十四名。此外要求在本校旁聽者為數甚多。惟聞旁聽定額已滿。後至者無餘地可容矣

▲正式開學誌 本學年於九月十四日上午十時行正式開學禮。職教員學生齊集明恕堂。行禮畢。因許校長在滬未返。由李宜之先生代致訓詞。略述中國學生求學之不易。與如何打破難關以期成功之方法。繼由教務主任沈奉侯先生報告三事。(一)本學期因孫漱芳陳慕唐兩先生辭職。改聘柳曾兩先生擔任。(二)學生請假事宜向歸教務處管理。因圖管理上便利起見自本學期始改由齋務處主政。(三)英文一科本學期分甲乙兩組。以程度高下為標準。報告畢並請預科諸生注意二事。(一)勿輕視數理化等基本學科。(二)學習一科應使一科純熟勿貪為輕重云云。即散會。

▲開始授課 本學期自今日起各級一律上課。

▲魯省增加學生津貼 本校魯省津貼學生額原有二名，每名年領津貼六十元。本學期因魯籍學生張瑶於六月畢業出校。由本校將魯籍各生上學年成績開單函送酌補。近得該省覆文。略謂貴校所習科目關係魯省地方甚重。除張瑶津貼遺缺以本科三年級生王錫波遞補外。所有本科二年級生孔令溶亦准其補入省外專門津貼名額內。以示鼓勵云云。

校友消息

▲宋希上君來函略謂抵美後頗為各大公司歡迎。排日參觀堡埗，商埠，墾荒，碼頭，水電，道路，及各工廠。無日稍休。尤以紐阿林司 New Orleans 至二千萬元大閘及密西西比河之 South-West Pass 得見施工。為一大幸事。劉由陸軍部之介紹得乘輪沿密西西比逆流北上。由阿哈河 Ohio River 沿 Bange Canal 而東。見聞所及。耳目一新勝讀十年書矣。稍可為師長及同學兄告慰。此次出來為中國水利工程調查之一

咨督辦京畿一帶水災河工善後事宜稅務處第二千一百九十六號[1]（財政部訓令第七百八十五號[2]）令江海關監督

【簡介】

江海關[3]：清代始設，是負責對外貿易實務的行政官署，前身爲市舶司，現爲中華人民共和國上海海關。民國元年(1912)1 月下旬，當時的南京臨時政府與外交使團協議，各口岸海關税款，匯集江海關，以保證對外承擔的義務。

督辦京畿一帶水災河工善後事宜處：1917 年夏秋之交，直隸及京兆地區發生罕見大水災，北洋政府委託前國務總理熊希齡設立督辦京畿一帶水災河工善後事宜處，負責水災的各項救濟事務，該處成立後，積極發動社會力量與政府一起救濟災民，取得了良好效果[4]。

本文是財政部接國務院通知，經國務會議議決同意出口麵粉照費每包抽費四分，由上海麵粉公會經收經解，接濟湖南災區，其餘六分仍由江海關監督暫行記賬，六個月後仍按一角收取，此文不僅給江海關下了命令，也一并通知了相關部門。

【正文】

爲咨復行事。

准咨督辦京畿一帶水災河工善後事宜處咨以湘省災區甚廣，亟待設法籌濟。查上海麵粉照費，業經呈准記賬三個月照數收費，擬續請展限六個月，仍照前三個月辦法，每包抽洋四分，撥濟湘賑，并飭令麵粉公會經收經解，隨時報部查核。等因。

本部當以湘省災區甚廣，待賑維殷，而滬錫一帶積存麵粉爲數尚多，如即征收照費，成本加重，亦似有礙銷路，擬請准如所請，將出口麵粉照費記賬辦法略予變通，每包抽洋四分，即飭由上海麵粉公會經收經解，接濟湘賑，隨時呈報本部查核，其餘六分，仍由江海關監督暫行記賬，統以六個月爲限，限滿仍按一角征收，以符原案。等因。

---

[1] 本文原稿爲寫本。

[2] 原文標題財政部與督辦京畿一帶水災河工善後事宜(稅務)處并列。

[3] 輯自懷舊樓主：《百年江海關》，360 個人圖書館，http://www.360doc.com/content/15/0322/11/178233_457112804.shtml。

[4] 輯自劉力川：《1917 年京直水災救濟研究：以督辦京畿一帶水災河工善後事宜處爲中心》，碩士論文，河北大學，2010 年。

于四月二十六日提交國務會議,業經議決照辦。

由國務院函知到部,除咨稅務處復并令江海關監督遵照辦理(咨稅處并咨復❶)外,相應咨復行貴處查照,并將麵粉公會應繳賑款撥交○處查收,知會本部備案可也。此咨(合行令仰該關監督遵辦,并轉知上海麵粉公會遵照,仍將收解數目轉由該關呈部查核可也。此令❷)督辦京畿一帶水災河工善後事宜處稅務處。

【原文圖影】

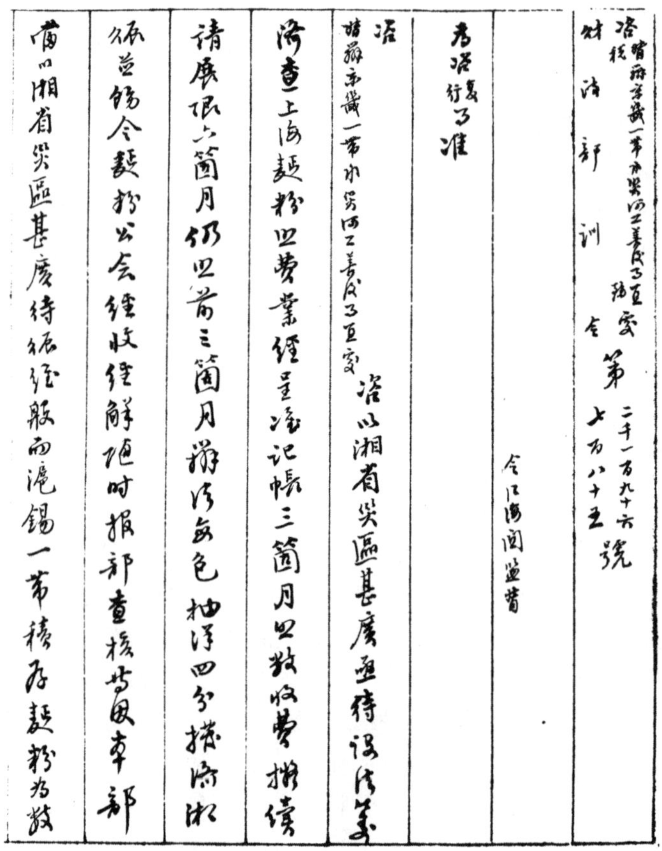
咨稅 督辦京畿一帶水災河工善後事宜處 財政部訓令 第二千一百九十六 七百八十五號
令江海關監督
為咨復行令事准
咨 督辦京畿一帶水災河工善後事宜處 咨以湘省災區甚廣亟待設法籌
濟查上海麵粉出口業經呈准記帳三箇月四數收費撥償
請展限六箇月仍照前三箇月辦法每包抽洋四分撥濟湘
災並飭令麵粉公會經收解繳隨時報部查核等因本部
當以湘省災區甚廣待振孔殷而滬錫一帶積存麵粉為數

---

❶ 原文爲豎寫格式,括號内句子與"咨税務處令……遵照辦理"一句并列。

❷ 括號内句子與"相應咨……此咨"一句并列。

出多收印纸收回费成本加重亦似有碍销路拟请准如所
请将出口麸粉四费记帐办法暂予变通每包抽洋四分
即饬由上海麸粉公会按收结解按济灾振随时呈报本部
查核其余六分仍由江海关监督暂行记帐姑以六个月为限
限满仍按一角征收以符原案当经于四月二十六日提交国务会
议业经议决照办由国务院函知到部除咨 税务督办暨令行江海关监督
暨咨 行 治 遵照外
咨复 外 相应备文咨请 贵署查照并将麸粉公会如何办理收解之处声复本部查核
治 合行令仰该关监督遵照并转知上海麸粉公会遵照以将奉行
部备案可也此咨
目持由该关呈部查核可也此令
督办京畿一带水灾河工善后事宜处 熊
税务 处

督辦京畿一帶水灾河工善後事宜處咨文

【簡介】

本文是督辦京畿一帶水灾河工善後事宜處發給財政總長的咨文，内容是麵粉公會出口照費每包抽洋四分撥給湖南賑灾，政策到期，善後事宜處請求繼續延展此項政策，同時建議等湖南賑灾結束後，將此項照費收入移撥上海全國慈善聯合會。

【正文】

督辦京畿一帶水灾河工善後事宜處爲咨請事。

查麵粉公會出口照費減成每包抽洋四分撥助湘賑一案，前經咨請貴部展限六個月，于本年五月一日接奉大咨，核准在案。查此項照費，應自本年五月起，至十月止，已届滿限之期。竊念湖南自遭兵燹之後，復罹水患，民生凋敝，慘不忍言，加以年來各省偏灾，時告籌募，賑款呼籲無門。若任其困苦流離，老弱轉乎溝壑、强壯棄爲匪盗，小則爲地方之害，大則爲國家之蠹，厝火積薪，隱憂更切。不得已，于上年籌辦湘賑奬券藉資救濟，嗣因各省相繼舉辦，恐傷貧民生計，呈請仿止。然灾區極廣，待賑方殷，況節届寒冬，凍餒堪虞，兼籌并顧需款尤鉅。刻下所恃爲收入者，僅此粉照一款，前已改爲發賑，并派員赴湘查放，先就灾重縣分酌予賑撥。兹值限期届滿，所收照費業已按期匯湘散放。着落專款接濟，不特籌辦員紳束手無策，而灾民飢寒交迫，行將坐以待斃。且此項照費自記賬之後，漸次疏銷，保全商業甚鉅。刻點存貨尚多，市面當滯而亦甚。有希望是政府仁惠下逮，遵顧商民，于賑務既有裨益，于國課亦無大損，一舉兩善，湘尤受賜無窮。再四籌維，擬請政府已思再思，將此項照費繼續展限，仍令飭江海關監督，經收經解，庶來源不至涸竭，灾黎不至失所。素諗貴代總長軫念痌瘝，諒〇照准。至將來湘賑告竣後，此項照費并〇務移撥上海全國慈善聯合會，分賑各省偏灾，以示普及而免向偶，尤見政府一視同仁之感意。所有〇請續展粉照至湘賑結束時期，仍令江海關監督，經收經解各情形，相應咨請查照辦理，并希見後爲荷。此咨財政總長。

【原文圖影】

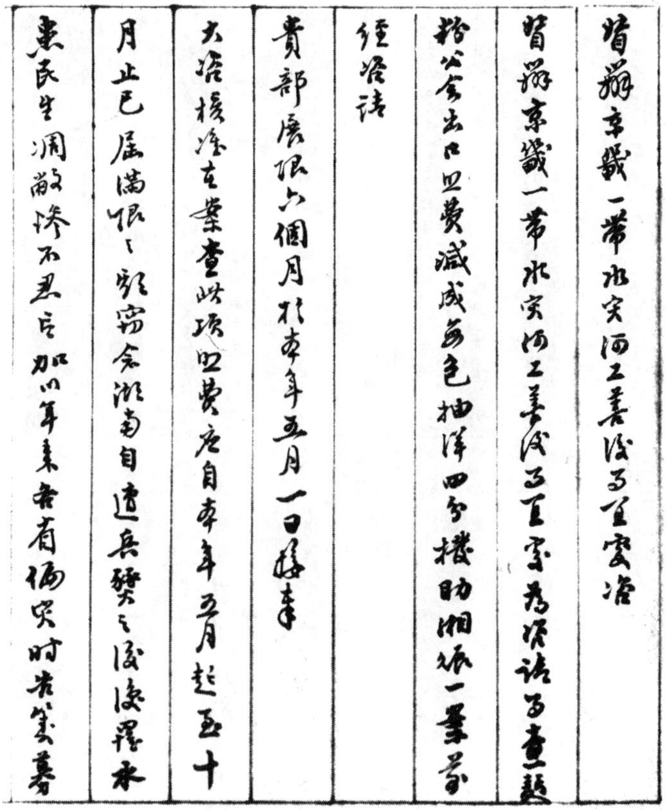
竊維京畿一帶水災河工善後亟宜妥治
竊維京畿一帶水災河工善後亟宜妥為資請予查照
擬將公會出口四費減成為色抽洋四分撥助湘賑一筆曾
經咨請
貴部展限六個月於本年五月一日接奉
大咨核准在案查此項口費應自本年五月起至十
月止已屆滿限之頃竊念湘南自遭兵燹之後復罹水
患民生凋敝瘡痍不異且加以年來各省偏災時有籌募

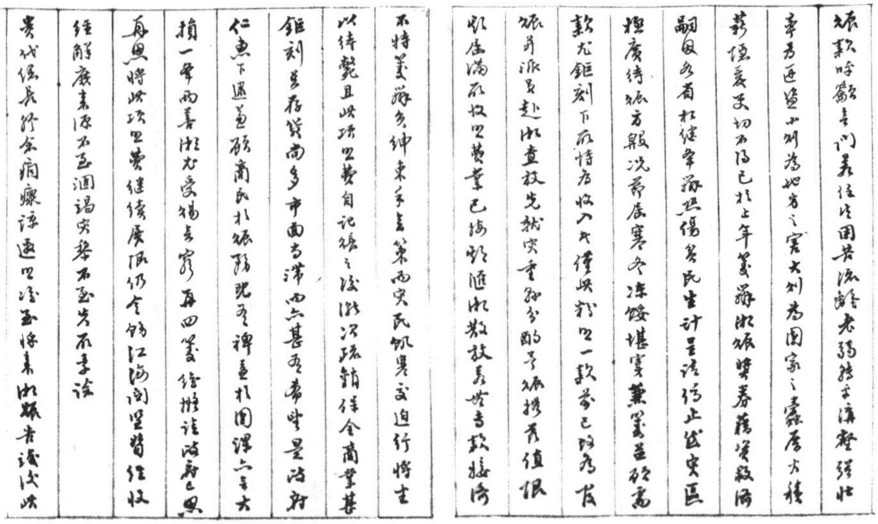

賑款呼籲[illegible]門善[illegible]同共濟老弱轉乎溝壑壯
者爲匪盜小則爲地方之害大則爲國家之憂厚[illegible]積
[illegible]襄[illegible]切乃[illegible]已於上年籌辦浙賑[illegible][illegible]募資救濟
嗣因各省相繼舉辦恐傷民生計呈請停止茲災區
[illegible]廣待賑方殷況前屆寒冬凍餒堪虞業蒙並於前
款尤鉅刻下府[illegible]情爲收入之[illegible]僅此以一款並已略爲[illegible]
賑並派員赴浙查核先就災重[illegible]分酌予振撥[illegible]值振
以應滿府收以費業已撥歸浙數救矣然亦[illegible]振濟
不特籌辦多紳束手無策而災民飢寒交迫行將坐
以待斃且此項以費自記據之後浙江綢緞絲綸全商業甚
鉅刻[illegible]存貨尚多市面尚滯而[illegible]甚[illegible][illegible]是[illegible]附
仁惠下逮[illegible]頒商民於賑務既[illegible]裨益於國課亦[illegible]大
損一律而善浙尤受福無窮再四籌維擬請將前已[illegible]
准將此項以費繼續展限仍令江海關監督經收
經解庶來源不至涸竭災黎不至失所矣除
貴代總長[illegible][illegible]病[illegible][illegible]以[illegible]至[illegible]浙[illegible]者[illegible][illegible]

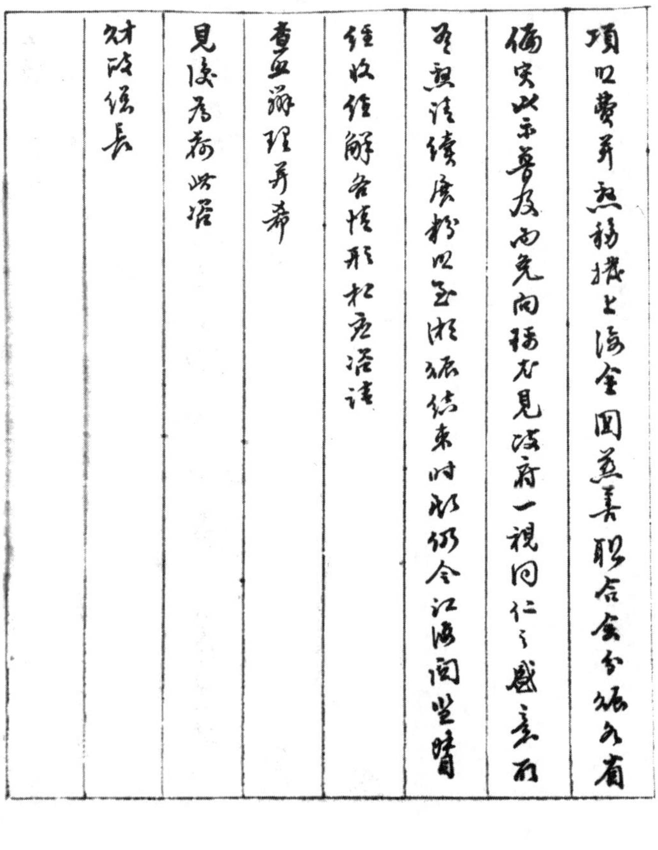

項以費并[illegible]撥上海全國道善聯合會分振各省
備災此示普及而免向隅尤見政府一視同仁之盛意所
有擬請續展期以至浙賑結束時期仍令江海關監督
經收經解各情形相應咨請
查照辦理并希
見復爲荷此咨
財政總長

咨税務京畿河工處文第五千六百十七號[1]

【簡介】

本文是財政部同意京畿一帶水灾河工善後事宜處請求，繼續延展麵粉出口照費抽四分政策，用于撥助湖南賑灾直到賑灾結束。

【正文】

爲咨行復事。

准京畿一帶水灾河工善後事宜處咨○咨[2]開：查麵粉出口照費減爲每包抽洋四成，撥助湘賑一案，前經咨准展限六個月。惟湖南兵燹之後，後罹水患，灾區極廣，待賑方殷。刻下所恃爲收入者，僅此粉照一款。前派員赴湘賑撥所收照費，業已按期匯湘散放。若無專款接濟，不特籌辦員紳束手無策，而灾民飢寒交迫，行將坐以待斃。擬請再將此項照費繼續展限，仍令江海關監督，經收經解至湘賑告竣後。

---

[1] 原稿爲寫本。

[2] 原文此處即以圈代替。

【原文圖影】

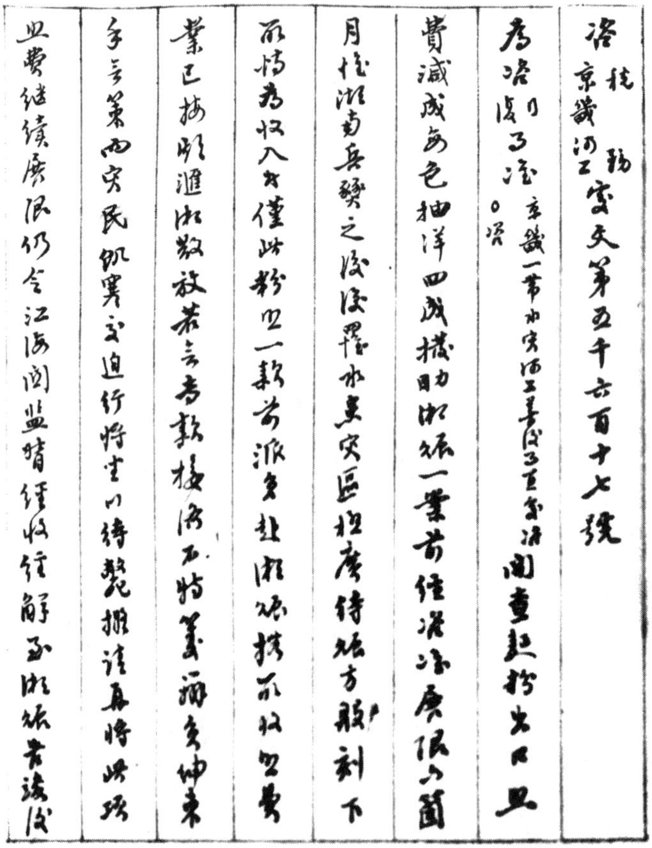

輯五　文論

太湖水利平議[1]

汪胡楨

【簡介】

太湖水利局成立後，發表《太湖上下游水利工程預擬計畫大綱》[2]，提出工程分三個時期：浚泖、測湖、浚湖，浚淒工程分布于三個時期中。汪胡楨認爲，太湖區域測量未完成，施工計畫的好壞没有評價的依據。他分析對比太湖水利局和江浙水利聯合會的主張，提出“二者之主張，皆以交通及泄水爲其目的”，没什麼好争辯的。如果擔心疏浚黄浦江導致浚浦局許可權擴充，從而否定黄浦江首尾貫徹的方案，是因噎廢食。白茆也可以成爲第二個黄浦江，關鍵在于今後“養護得力、常費不竭”，與築不築閘實不相干。

【正文】

蘇浙太湖水利工程局成立之初，發表該局預擬之計畫大綱。其工程凡分三時期，始以浚泖，繼以測湖、浚湖，而以浚淒工程匀分于三時期中，以抒浙省昏墊之急。及本年[3]三月間，督辦王清穆會同局省代表勘察以後，浚泖、測湖似已決定爲入手辦法。測湖爲計畫之初步，譬諸治病必先之以望問診切，必持湖不必測之説者，實猶欲治病而拒望問診切，不可通之論稍具常識者所能辨也。至于浚泖則吴縣吴江兩邑紳士實發動之，其爲治標急計固無可駁，然測量未具，太湖

---

[1] 載《河海週報》第五十一號第1版，民國十年(1921)9月19日。

[2] 相關内容見前文。

[3] 如以本文刊發日推算，應爲1921年。

上下游之形勢來源去委之實數未悉，固猶不可認爲太湖區域之一勞永逸辦法。總之，太湖區域測量未完成，施工計畫即無憑藉，計畫無憑藉則雖欲加以臧否而不可得。本報對此問題，雖校友中時以著稿見示，而迄未爲之發表者以此。各方面辯論之文，無倫其征引若何繁博，詞鋒之若何犀利，而不願加以批評者亦以此工程計畫之可行與否，有討論而無所謂辯駁也。

蓋計畫既成，爲利若干，爲害若干，均有實理可憑，實數可征，故無辯駁之可言。至同時有數種計畫，取利多者乎，抑取工省者乎，此則有討論而無辯駁之可言也。今太湖水利局計畫之憑藉者尚未備，是未臻討論之時期而難之者欲以雄辯勝之，是亦不可以已乎？

太湖水利局之所以浚泖，蓋欲使黄浦首尾貫澈，爲主要之航道，并爲主許之泄水尾閭也。江浙水利聯合會之主張浚治白茆、婁江、顧涇、蘊藻浜等河，其交通上目的乃欲使白茆成第二黄浦，其防潦上目的在使太湖多若干尾閭是也。二者之主張，皆以交通及泄水爲其目的，固非走于極端者也，然則何用其以相争辯歟？

江浙水利聯合會詆太湖水利局之主張曰封塘、曰合流，太湖水利局則詆聯合會曰引江灌湖、曰涸湖成田，二者皆似言之有物，不知者幾疑雙方均包藏禍心，必使水利變爲水害而爲快（此詆彼泄水害局，彼詆此爲水害聯合會）一何可笑。所貴乎談水利者，豈若是乎？

本報對于此問題，既不願遽作主張，但各方互詆之言，易驅閲者于迷惑之境，不得已將批評此問題應有之常識，略述一二，俾社會知"水利"爲學術專業，非文章事業，應以 XY 繪圖板等爲之解決，非操觚家紙上所能空談也。

今言黄浦首尾不當貫澈乎，曰否。上海一埠居歐美航綫之中心（自滬至歐洲及美洲航綫長度略等），海外則印度、西比利亞[1]奥洲、日本、美洲西岸諸港，均有直接往來之航路；國内則二千噸之鉅舶可直溯長江一千八百里而至漢口；沿海各港貨運往來亦極便利，進口貨值達五萬三千萬兩，出口貨值達五萬九千萬兩。（民國八年[2]）故其地位在亞東商業上，不可謂非重要。然則使黄浦江首尾貫澈，交通增進，顧非要圖乎？

---

❶ 疑爲西伯利亞。

❷ 即 1919。

或謂辛丑定約❶,黄浦已非我屬,增清激濁,徒爲外人作嫁耳,曰不然。浚浦總局許可權擴充,始自辛亥,然所根據者暫行章程耳,十年來靡費不爲不大,而功效卒未之見。遠洋鉅舶,今猶不敢委夷險于領港人手,以進自于上海港内,夫亦可以思矣。東隅雖失,桑榆未晚,收回之計,事在人爲,何至因噎而廢食歟?

然則白茆不可爲黄浦第二乎?曰亦非也。白茆爲潮水河 Tidal River,潮至則漲,潮去則落,與黄浦實爲一致。按諸學理,凡潮水河均可整理改善之,使顯莫大之利益。例如蘇格蘭葛來斯哥傍之克辣特河 Clyde,當百年以前,在葛來斯哥下游十二英里以外,徒涉可過,在大潮最滿之際,亦僅容吃水三四英尺之船,然擱淺之事猶常遇之。當一八一〇年全河船隻共只二十有四,載重合爲一千九百五十六噸,平均每只載重八十二噸。嗣後加以浚治,船隻逐漸增加,至 1891 年,船數已增至一五七六隻,共一、三一六、八〇九噸,最大之船達三千噸,外洋入口之船尚數倍于此。由此觀之,謂白茆不能成爲黄浦第二者,我不信也。惟白茆工省利鉅是否勝于其他計畫,則測量未具,我人猶難出諸臆斷耳。

或言白茆將隨浚隨淤,非設閘不可,歷引范文正❷、林文忠❸故事爲征,此言是也。蓋曰茆通暢以後,潮汐必大,長江沙泥即隨潮而至,此外河底沙質,因潮力鼓蕩,亦必布滿河水中。然開闢白茆,其目的乃使成爲第二黄浦,于備潦之外,且將恃以爲商貨出入之孔道。夫既爲商貨出入之孔道,則平時修理養護,不

---

❶ 即《辛丑合約》,亦稱《辛丑議定書》或《辛丑各國和約》《北京議定書》,是清政府與英國、美國、日本、俄國、法國、德國、義大利、奥匈、比利時、西班牙和荷蘭十一國在義和團運動結束、八國聯軍攻入北京後簽定的不平等條約之一。條約簽于光緒二十七年(1901),因該年爲辛丑年,故名之。條約内容涉及各國强迫中國襄辦改善北河黄浦兩水路、設立黄埔河道局等,使中國喪失黄浦江航道疏浚權,所以有本段之説。

❷ 范仲淹(989—1052):字希文,北宋著名政治家、思想家、軍事家和文學家,祖籍邠州(今陕西彬縣),後遷居平江(今江蘇吴縣)。其于北宋景祐元年(1034)任蘇州知州,治理太湖,認爲太湖要解決排水問題,主張"把匯入吴淞江的洪水,進行分流入江入海。他親至江滸,在常熟、崑山之間,督浚白茆、茜涇、滸浦、下張、七丫等河,導水入江入海。"他主張吴淞江變曲爲直,提出"修圍、浚河、置閘并重"之策。本段内容輯自耳東:《范仲淹治水》,《中國減灾》2009 年第 4 期。

❸ 林則徐(1785—1850):字元撫,又字少穆、石麟,晚號俟村老人、俟村退叟、七十二峰退叟、瓶泉居士、櫟社散人等,福建侯官(今福州市)人,清朝政治家、思想家和詩人,官至一品,曾任湖廣總督、陝甘總督和雲貴總督,兩次受命欽差大臣。其于道光十四年(1834),任江蘇巡撫時疏浚劉河、白茆河。在選擇疏浚方案時除經費不足等原因外,主要吸取了明初夏原吉開浚劉河的教訓,即劉河短期通船,但江南地勢北高南低、海口高于内地,漲潮時泥沙倒灌内河,容易淤積,所以選擇了清水河方案,在兩河入海口附近建滾水石垻,攔截潮水,施工時還裁彎取直節省經費用于支河工程,該工程雖未徹底解決太湖下游水患,但成效顯著。本段内容輯自張暉、范金民:《林則徐治理劉河、白茆河述論》,《江蘇社會科學》2013 年第 4 期。

可不設專局董理之。既有專局爲之董理,則淤塞之患自可不必爲之過慮,譬如興築鐵路,路成以後,養護之責,仍不容懈,否則四五年後鞠爲茂草矣。我國歷史所稱“溝洫灌溉”,何地無之?不能遺傳至今者,蓋非無創造之人,實少繼繩之功耳。至云欲其亘古通暢非築閘不可,亦非通論也。浚浦局擬建閘吴淞口内(浚浦局預擬計畫甚多,均已備具圖表、計算書,此其已宣布者之一也,至何去何從尚待今年大會決定)。其主要目的乃使江面抬高,淤沙過多,不過所列理由之之一,否則擲數千萬之金錢,以成此不可必之拒渾計畫,坐使船舶出入,多一過閘之繁,豈不若多購挖泥機,隨淤隨浚之爲愈耶?故欲使白茆成爲第二黄浦,是在養護之得力、常費之不竭而已,築閘與否實無與也。

【原文圖影】

（星期一）（中華郵政特准掛號認為新聞紙類）中華民國十年九月十九日（第一版）

河海週刊

南京河海工程專門學校校友會發行

中華民國十年九月十九日　星期一　第五十一號

自第五十一號起至七十號止大洋三角寄費在內郵票代銀不折不扣定報函件寄南京中正街河海工程學校出版部收

本學期發刊贅言

暑假已盡。本報得復與諸君相見。其愉快爲何如。本報所持之宗旨爲提倡物質救國。一年來所貢獻者。莫不以此爲歸。凡爲閱者。當所共見。今後當一秉此志。再接再厲。輕微之言。得稍傾國人之聽。庶亦同人之幸焉。

本報主要內容爲論著調查近聞三欄。論著爲發表意見之欄。各界來稿宗旨相同者。此後亦當樂爲登載。以見輿論之所在。調查以翔實爲主。近聞以靈捷是尚。各界投稿。一例歡迎。

論著

太湖水利平議

汪胡楨

蘇浙太湖水利工程局成立之初。發表該局預擬之計畫大綱。其工程凡分三時期。始以浚泖。繼以浚湖浚淞。而以浚澱工程勻分於三時期中。以紓浙省眉睫之急。及本年三月間督辦王清穆會同局省代表勘察以後。浚泖測湖似已決定爲入手辦法。測湖爲計畫之初步。譬諸治病必先之以望問診切。然持湖不必測之說者。實猶欲治病而拒望問診切。不可通之論稍具常識者所能辨也。至於浚泖則吳縣吳江兩邑紳士實發動之。其爲治標急計固無可駁。然測量未具。太湖上下游之形勢來源去委之實數未悉。固猶不可認爲太湖區域之一勞永逸辦法。總之太湖區域測量未完成。施工計畫即無憑藉。計劃無憑藉則雖欲加以臧否而不可得。本報對此問題雖校友中時以著稿見示。而迄未爲之發表者以此。各方面辯論之文無論其徵引若何繁博。詞鋒之若何犀利。而不願加以批評者亦以此。工程計畫之可行與否有討論而無所謂辯駁也。蓋計畫既成爲利若干。爲害若干。均有實理可憑實數可徵。故無辨駁之可言。至同時有數種計畫。取利多者乎。抑取工省者乎。此則有討論而無辨駁之可言也。今太湖水利局計畫之憑藉者尚未備。是未臻討論之時期而雖之者欲以雄辯勝之。是亦不可以已乎。

太湖水利局之所以浚泖。蓋欲使黃浦首尾貫澈。爲主要之航道並爲主宰之洩水尾閭也。江浙水利聯合會之主張浚治白茆。婁江。顧涇。蘊藻浜等河。其交通上目的乃欲使白茆成第二黃浦。其防潦上目的在使太湖多若干尾閭是也。二者之主張。皆以交通及洩水爲其目的。固非走於極端者也。然聯合會何用其以相爭辯歟

江浙水利聯合會詆太湖水利局之主張曰封塘曰合流。太湖水利局則詆聯合會曰引江灌湖。曰涸湖爲田。二者皆假言之有物。不知者幾疑雙方均包藏禍心。必使水利變爲水害而爲快（此詆彼洩水害局彼詆此爲水害聯合會）一何可笑。所貴乎談水利者。豈若是乎

本報對於此問題。既不願遽作主張。但各方互詆之言。易騙閱者於迷惑之境。不得已將批評此問題應有之常識。略述一二俾社會知水利之爲學術事業非文章事業。應以XY繪圖板。等爲之解決非僅翫家紙上所能空談也。

今言黃浦首尾不當貫澈乎。曰否。上海一埠居歐美航線之中心。（自滬至歐洲及美洲航線長度略等）海外則印度、西比利亞、奧洲、日本、美洲西岸諸港、均有直接往來之航路。國內則二千噸之鉅船可直溯長江一千八百里而至漢口。沿海各港貨運往來亦極便利。進口貨值達五萬三千萬兩。出口貨值達五萬九千萬兩。（民國八年）故其地位在亞東商業上。不可謂非重要。然則使黃浦江首尾貫澈。交通增進。顧非要圖乎。或謂辛丑定約。黃浦已非我屬。增清激濁。徒爲外人作嫁耳。曰不然。浚浦總局權限擴充。始自辛亥。然所根據者暫行章程耳。十年來縻費不爲不大。而功效卒未之見。遠洋鉅舶。今猶不敢秦夷險於領港人手。以進口於上海港內。夫亦可以興矣。東隅雖失。桑榆未晚。收回之計。事在人爲。何至因噎而廢食歟。

然則白茆不可爲黃浦第二乎。曰亦非也。白茆爲潮水河Tidal River。潮至則漲。潮去則落。與黃浦實爲一致。按諸學理。凡潮水河均可整理改善之。使顯莫大之利益。例如蘇格蘭葛來斯哥傍之克萊特河Clyde。當百年以前。在葛來斯哥下游十二英里以外。徒涉可過。在大潮最滿之際。亦僅容吃水三四英尺之船。然擱淺之事猶常遇之。當一八一〇年全河船隻共祗二十有四。載重合爲一千九百五十六噸。平均每隻載重八十二噸。嗣後加以浚治。船隻逐漸增加。至一八九一年。船數已增至一五七六隻。共一、三一六、八〇九噸。最大之船達三千噸。外洋入口之船倍數於此。由此觀之謂白茆不能成爲黃浦第二者我不信也。惟白茆工程利鈍是否勝於其他計畫。則測量未具。我人猶難出諸臆斷耳。

或言白茆將隨浚隨淤非設閘不可。歷引范文正林文忠故事爲徵。此言是也。蓋白茆通暢以後。潮汐必大。長江沙泥即隨潮而至。此外河底沙質。因潮力鼓盪。亦必布滿河水中。然開闢白茆。其目的乃使成爲第二黃浦。於備潦之外。且將恃以爲商貨出入之孔道。夫既爲商貨出入之孔道。則平時修理養護。不可不設專局董理之。既有專局爲之董理。則淤墊之患自可不必爲之過慮。譬如與築鐵路。路成以後。養護之責。仍不容懈。否則四五年後鞠爲茂草矣。我國歷史所稱。濬渠灌溉。何地無之。不能遺傳至今者。蓋非無創造之人。實少繼續之功耳。至云欲其亘古通暢非築閘不可。亦非通論也。浚浦局擬建閘吳淞口內（浚浦局預擬計畫甚多均已備具圖表計算書此其已宣布者之一也至何去何從尚待今年大會決定）其主要目的乃使江面增高。淤沙過多。不過所列理由之之一。否則靡數千萬之金錢。以成此不可必之拒渾計畫。坐使船舶出入。多一過閘之繁。豈不若多購挖泥機。隨淤隨浚之爲愈耶。故欲使白茆成爲第二黃浦。是在養護之得力經常費之不竭而已。築閘與否實無與也。

治運下游先開黄沙港商榷書

劉啓佑[1]

【簡介】

歷史上江北水系的下游皆承受泄水，但是隨著自然變遷，灘漲海遠，泄水通路不暢。尤其在清初改倉鹽爲商運後，淮南海灘逐漸被鹽商或鹽民占據，法令嚴禁開墾，更不用説開河了。但是黄沙港具備開通出海的條件，其地煮鹽業完全報廢，且地理位置優越，開七十五里黄沙港可以分流射河迂迴五百里的水量，作者列舉了開通此港對于排泄黄沙壇積水等好處。關于費用，劉啓佑做了簡單的測算，同時估計如果超過預算，就地籌集之餘，還需獲得治運當局者的支持，在税收等方面提供便利。他還建議以開黄沙港作爲樣板，待淮南煮鹽業逐漸廢棄之後，在其他河流次第推行，如果那樣，則不用恢復淮河故道，也不用採用東堤歸海等辦法，導淮事業就可以成功了。

【正文】

治水先下游，古今不易之法也。江蘇江北三十一縣，承江、淮、沂、泗、蒙、汴、汝、睢、淝、渦諸水而泰，東興、鹽阜五縣及高、寶、江三縣東鄉，適當諸水歸海之衝，故昔時東堤各垻啓放，下游皆有相當承受泄瀉之河，即今東興、鹽阜、串場河東岸大小諸河是矣。而諸河又匯流于王家門、龍新洋三港及射陽河出海。此爲昔人下游治水之良法。然自灘漲海遠，三港自串場河入海，水程迂曲約三百里左右，射河且至六百里左右，于是串場河東岸諸河效力全失，運堤啓垻，八縣陸沉。識時之士僉謂需將串場河東岸諸河展長東趨以達王家門、龍新洋、射河現時之下游出海，俾諸河泄水之效力恢復，而八縣乃無憂。然近今治水除南通

---

[1] 劉啓佑(1874—1927)，字少青(少卿)，清同治十三年(1874)出生于江蘇省建湖縣上岡鎮。民國元年(1912)被選爲鹽城縣議員，同年謝去；民國七年(1918)，當選爲江蘇省第二届議會議員。是時，上岡地區因東面地勢低窪，河道淤塞，澇年田房受淹，旱年海水倒灌，《續修鹽城縣志》載其"尤精水利，黄沙港之開鑿，啓佑實首倡，今黄沙港之建，亦成于啓佑。"輯録自夏瑞庭：《劉啓佑先生關心公益事業二三例》，建湖文史網，http://www.jhwsw.com/szda/ShowArticle.asp? ArticleID=8045。

張嗇老有《先治王家港商榷書[1]》外,無有議及出海之下游者,實有淮南鹽務爲一大阻力也。蓋自清初改倉鹽爲商運,淮南海灘遂爲鹽商或鹽民所據,有法令且厲禁開墾,遑論開河。今淮南雖有逐年廢煎之令,尚未見諸事實。

若欲貫徹上述主張,自需時日。惟黄沙港則不然。黄沙港者位于射河之南,屬新興場境北七灶上游,起于上岡串場河東岸,下游至大綱鹽墾公司現業之地。港身淺窄,僅通舟楫。蓋昔時商灶所開,以之運鹽入垣也。現大綱公司與灶民分地開墾,煎務完全報廢,于是此港先有開通出海之機會。茲就港身實測,自上岡串場河起,東北出射河之大沖子,計長七十五里。射河由大沖子至海口,水程迂曲,約一百二十五里。然由阜寧串場河至大沖子計,射河水程迂曲,距離則約五百里。是開七十五里之黄沙港即分射河迂曲五百里之流,其便捷爲何如且也。

黄沙港上段有横貫該港之黄沙壋,週近百里。每值水患,壋内灶民堵塞入壋之港口,修飭實彈[2]以死守之。壋外積水深數尺者,累月涓滴不得入海。此港開後,則南北河堤啣接舊壋,分壋爲二,不至阻水,其關係爲尤鉅,然開通此港不可謂非下游治水之先務矣。弟言之匪艱,行之維艱,依長七十五里,合一萬三千五百丈計算,河床面廣八丈,底廣三丈,深七尺,每丈挖土三十八方半左右,各留餘地一丈五尺以備沖刷。餘地外爲啣接舊壋之河堤。准舊港水空新堤高度。平均每方土價二角五分,每丈即需九元六角二分五釐,合計約需洋十三萬元。又港身下游匯入射河之處須建二門之閘,港身中段亦須建一門之閘,仍襲串場河各閘舊制,因時啓閉,以便宣蓄并禦咸潮。兩閘估計共約需五萬元,而購地費按嗇老《先治王家港商榷書》有地主捐地給獎説,但灶地東西爲縱,開河必廢一户或數户全部之地,地主生活不保,何有于奬?故必須購地。土價、閘工超過預算費,又監督費與種種設備費尚不在内,際此上下交困之時,安所從出?顧不欲治運則已,如欲治運必治下游,而此黄沙港當下河各縣泄水尾閭固關重要。且捨此别圖,斷不更少于此數。尤幸此河爲農田水利所關,附近地主雖極貧瘠而購地費與土價、閘工超過預算,甚至監督費及種種設備費不難就地籌集。惟上述土價及建閘費預算十八萬元無力擔負耳。但治運當局者之視綫若集中于治水先下游之義,則治運畝捐、貸税、附捐合之墾務局帶征之河堤經費(每畝洋七分五釐),緩開,則待其積有成數;急開,則以之抵借公債,得此十八萬元之數亦殊易易。

---

[1] 此處紙張折疊處,破損漫漶,多字不可辨識,查有民國期刊《督辦江蘇運河工程局季刊》1923 年第 14 期載有《鹽城劉啓佑擬先開裏下河黄沙港商榷書》一文,内容基本相符,故與本文缺損處相互補充,此注。

[2] 原圖此四字漫漶不清,疑辨認存誤,此注。

啓佑❶怵于歷此沈灾,切望治運當局因時制宜,先開黄沙港爲展長串場河東岸諸河模範,俟淮南實行廢煎,次第推行。務使上游諸水達于王家門、龍新洋、射河現時下游,或新運河告成即達于新運河(灶地均東西爲縱河,既多地主自各于其田頭寬窄啣接以開横河,僅訂横河之寬度、深度與施工日期之一約,無庸公共集款與購地,故串場河以西灶地每二三里必有自南徂北之横河一道,觀此可知縱河既多則新運河必由灶民或鹽墾公司自開,且不止一道)。若耆老能移新運河預算之款用之于上述諸縱河,而將新運河經費諉諸附近地主及各公司,則更咄嗟立辦矣。

上述計劃果成事實,不必復淮故道,不必採用束堤歸海之議,導淮事業即可圖功。何也?今日東興、鹽阜、串場河以東海灘區域之廣,足當四縣民田全部,一旦廢煎開墾灌溉田疇,實爲下游受水之新大陸,不獨入海也。若測量精密,處置得宜,奚啻挹運堤以西諸湖之水,闢串場河以東四縣之田,而湖淤與海淤皆成沃壤,尤非言導淮者始願所及焉?弟念山始一簣,江起濫源,其必以開通黄沙港爲嚆矢矣。

管見所及,是否有當,惟冀我全運上下游父老兄弟及治運當局進而教之。

---

❶ 劉啓佑自稱也。

【原文圖影】

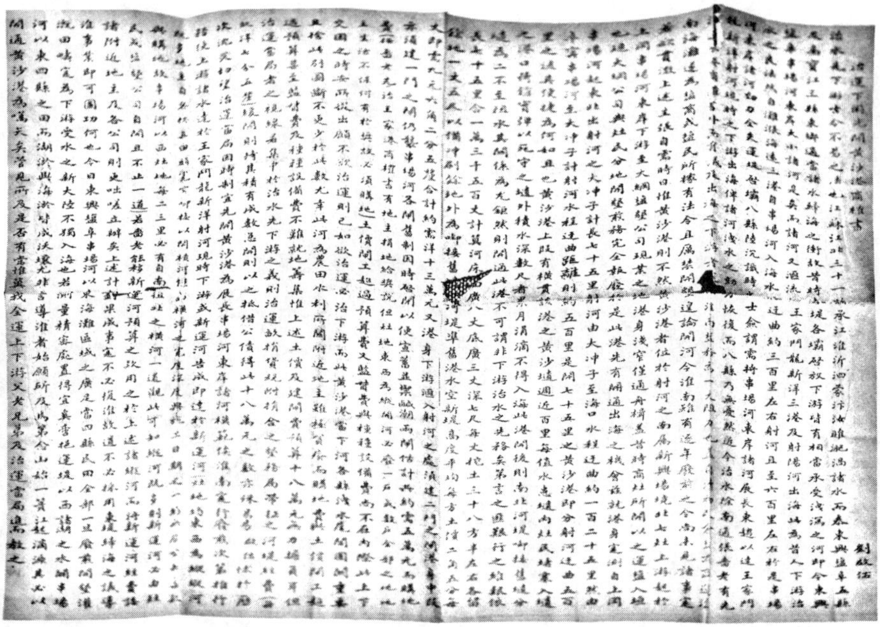

無錫江陰合浚太湖長江間大運河芻議

【簡介】

原文爲油印稿。本文是胡雨人發表的文論，大意是：太湖周邊是中國上腴之地，水利之大全國無與倫比。因與長江相通，太湖水量總是適宜的，在中游惟一能控制水利的，就數無錫和江陰之間了。近百年來，水利失修，太湖上、中、下游淤塞日甚，雖然各處時有小修小補，但對于太湖全域而言，總是無濟于事。江浙水利聯合會成立後，最大目的除大浚太湖中洪、便利交通之外，就是大浚下游三江，然後是上游苕溪，荆溪次之。無錫處于太湖中游，在太湖治理問題上，有需要注意的地方，一是上游水大時，中游如果不能及時宣泄，無錫就有被水淹的危險；二是下游水泄的多，而上游來水不足，無錫就有干旱的可能。去年江陰鄭立三建議大浚江陰黄田港，他很贊成，待江浙水利聯合會成立後，他不但自己實地調查，還和鄭立三一起會同查勘，隨地磋商。他認爲長江和太湖各有兩端可以大開浚，在長江的兩個口子上可以修閘，針對江潮漲泄隨時啓閉，調節長江和太湖水量。同時可以疏浚各個小港汊，既可以解決全湖旱澇之憂，又可以便利交通，開闢市場，增加收益來源。大浚工程，自然需要花錢，但是義務與權利相當，無錫、江陰兩地有財力、有見識的人很多，通江的利益很大，人們會踴躍參與的。

【正文】

我國上腴之地莫如太湖周圍，水利之大全國無比倫也。太湖水源，人皆知由苕、荆諸溪匯集其西南諸山之水奔赴而來，又復滔滔東逝以入于海。不知山水之來，時盈時竭，而太湖之水常不盈不竭者，實以全湖之水上則來自長江，下亦去自長江，山水枯竭則江水輻湊入湖，山水暴至則湖水坌湧入江，終歲如此調節。俾太湖水量永久適宜者，正以江湖水路之相通也。然而上游之水但能自江入湖，下游之水但能自湖入江，自去自來，其利也聽之天，其不利也亦聽之天，利不利均非人力所能爲也。惟中游之水能交相出入于江湖，且其去其來均可視利不利，而以人力操縱之。其地維何？則無錫、江陰是已。

無錫、江陰兩縣間，江湖地形之最平處，亦江湖通道之最近處也。惟平也故，江湖之水可使交流；惟近也故，交流之水可以交濟，此事理之最易明曉者也。近百年來，水利失修，太湖之上、中、下游均多淤塞，而旱潦之患日多。民國紀元以來，上游之荆溪流域（宜興、金壇、溧陽），下游之三江（《禹貢》："三江既入，震澤底定”，即今之婁江、吴淞江、黄浦江也）流域（吴縣、吴江、崑山、太倉、青浦、上海、嘉定、寶山、松江、金山）各縣均帶征田賦二分，經江南水利局會同當地人民從事開浚經歷數年，婁江下游（太倉之瀏河）早已竣工，今正增購機船大浚吴淞江與黄浦江上游之澱湖、泖湖（黄浦江之下游已由上海租界浚浦局動工多年）。然究心水利者知沿溪、沿江人民之自力可以小修、不足以大浚，終無濟于太湖之全域也。

則廣集同志組織江浙水利聯合會，更聯兩省紳耆請簡開浚太湖督辦一人（已放錢能訓❶君）、會辦二人（已放王清穆君、陶葆廉君）以總理之，更請撥兩省漕米之半以爲開浚之費（本月十九日開江浙紳耆聯合會議決呈請）。其最大目的爲兩省人民所公認者，大浚太湖中洪、便利交通之外，莫如大浚下游三江，上游之苕溪、荆溪次之。我無錫一縣獨居太湖中游（無錫最西境間港口之水終歲入湖，爲上游之終點；最東境望亭港之水終歲出湖，爲下游之起點，此外兩港間十餘口水流出入終歲隨風皆中游也），全恃太湖之水以灌溉農田，而沿湖港口無不淤淺。設上、下游大功告成，水皆暢泄，上游之來勢益迅，中游無甚大之去路，則吾錫有首遭漫溢之虞；下游之去量過多，中游無甚大之來路，而太湖通年水面較之往歲常低，則雨量稍歉之年，滴水不得入港，吾錫百川熯其乾矣；是未受開浚太湖之利，先受開浚太湖之害也。吾錫之不幸孰有大于此者？

去年江陰鄭立三君建議大浚江陰黄田港，循江陰漕河直抵無錫太湖作溝通江湖之孔道（登第三期《江蘇水利協會雜志》），余甚韙之。至江浙水利聯合會既成，余更實地調查，登山涉水、視察訪問，費時匝月，更與鄭君會同查勘，往還于長江、太湖間，隨地磋商，意此河流所當大開浚者，江湖各有兩端。在太湖者，一自獨山門經大渲口，東循梁溪經城西運河，北至缸尖；一自大溪、小溪兩口，北至曹王涇，接運河經城東至缸尖而合；合一後，西北至皋橋，北循無錫、江陰之漕河至南閘而分，一向東北之黄田港通江，一向西北之夏港通江；皆裁灣取直，爲交通江湖之一大運河；其相距最長之兩口不過九十餘里，全河水底勾配悉平。長江兩口皆築大閘，因江潮之幹滿、開閉出納而操縱之，使江湖之水常得互相救濟。更疏浚諸小港，悉與此河交通，則不惟無錫、江陰永無旱潦之憂，而全湖旱潦之憂亦因有此出納而大減矣。又況吾錫工商市場日益繁興，非大通江湖水道，不足以大闢利源。異日無錫之兩湖口、江陰之兩江口一變爲三大市場（江陰兩口相距十里，可聯爲沿江一大市場），其利益之溥，可勝言哉？

所疑如此大浚非銀元數十百萬不爲功，兩縣人民安得有此大力？然獨不聞開浚全湖之大計乎？天下惟有義務者斯有權利。吾錫人自籌、自浚以立其基，

---

❶ 錢能訓、王清穆、陶葆廉相關身平見本書前注。

與上、下兩游之人交相勉力，并使兩省同人群曉然于此河之成，實有關于全湖大局。更以開浚全湖之費助之，何患其工之不成(吾錫兩口既開，則口外之太湖深洪當然由督辦處兩路開浚；而全湖之商貨，當然吸聚而來，至通江之大利更不待言矣)？況我無錫、江陰兩縣富有財力、深明利害之人甚多，大功告成、大利斯得，人自爲謀、踴躍從事，又何患自力之不足耶？

謹陳芻議，是否有當？請由全縣父老、昆弟會議決之。

民國八年十二月日❶

胡雨人稿

——議　規定全河綫路

——議　規定籌費方法

——議　規定測量方法

——議　設立籌備機關

——議　推舉籌備主任

【原文圖影】

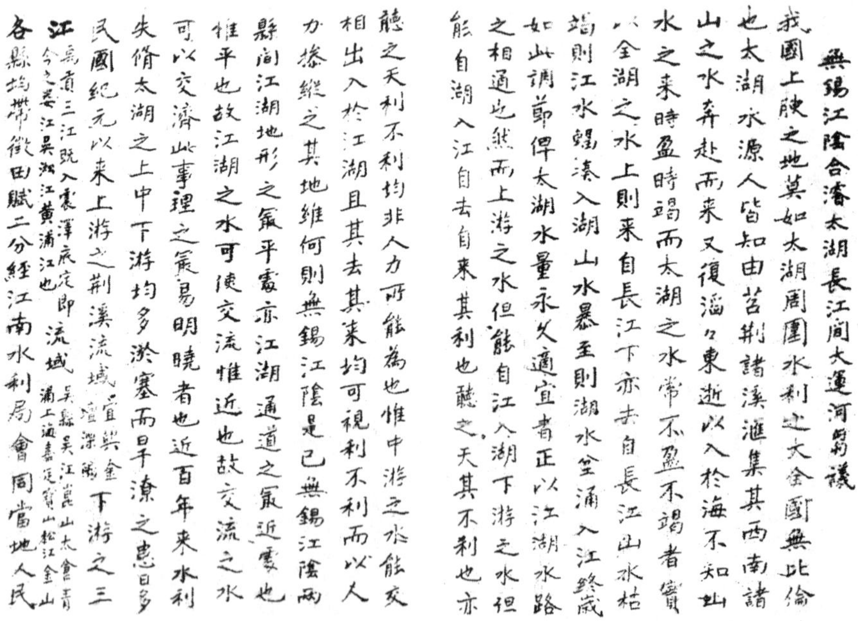
無錫江陰合濬太湖長江間大運河芻議

我國上腴之地莫如太湖周圍水利之大全國無此倫也太湖水源人皆知由苕荊諸溪滙集其西南諸山之水奔赴而來又復滔滔東逝以入於海不知此水之來時盈時竭而太湖之水常不盈不竭者實以全湖之水上則來自長江下亦去自長江山水枯竭則江水踴湊入湖山水暴至則湖水全涌入江終歲如此調節俾太湖水量永久適宜者正以江湖水路之相通也然而上游之水但能自江入湖下游之水但能自湖入江自去自來其利也聽之天其不利也亦聽之天利不利均非人力所能爲也惟中游之水能交相出入於江湖且其去其來均可視利不利而以人力操縱之其地維何則無錫江陰是已無錫江陰兩縣間江湖地形之最平處亦江湖通道之最近處也惟平也故江湖之水可使交流惟近也故交流之水可以交濟此事理之最易明曉者也近百年來水利失脩太湖之上中下游均多淤塞而旱潦之患日多民國紀元以來上游之荊溪流域宜興金壇溧陽下游之三江禹貢三江既入震澤底定即今之婁江吳淞江黃浦江也流域吳縣吳江崑山太倉青浦上海嘉定寶山松江金山各縣均帶徵田賦二分經江南水利局會同當地人民

❶ 原文爲油印稿，此處即如此。

從事開濬經麻數年婁江下游（太倉之劉河）早已竣工今正擬購機船大濬吳淞江與黃浦江上游之澱湖泖湖（黃浦江之下游已由上海租界濬浦局動工多年）然究心水利者知沿溪沿江人民之自力可以小補不足以大濬終無濟於太湖之全局也則廣集同志組織江浙水利聯合會更聯兩省紳耆請求開濬太湖督辦一人（已放錢能訓君）會辦二人（已放王清穆、陶葆廉君）以總理之更請撥兩省漕米之半以為開濬之費（本月十九日開江浙紳耆聯合會議決呈請）其最大目的為兩省人民所公認者大濬太湖中洪便利交通之外莫如大濬下游三江上游之苕溪荊溪次之我無錫一縣獨居太湖中游（無錫最西境閶港口之水終歲入湖為上游之終點最東境望亭港之水終歲出湖為下游之起點此外兩港間十餘口水流出入終歲隨風皆中游也）全恃太湖之水以灌溉農田而沿湖港口無不淤淺設上下游大功告成水皆暢洩上游之來勢益迅中游無甚大之去路則吾錫有首遭漫溢之虞下游之去量過多中游無甚大之來路而太湖通年水面較之往歲常低則雨量稍歉之年滴水不得入港吾錫百川瀆其乾矣是未受開濬太湖之利先受開濬太湖之害也吾錫之不年孰有大於此者去年江陰鄭立三君建議大濬江陰黃田港循江陰漕運河直抵無錫太湖作濬通江湖之孔道（登第三期江蘇水利協會雜志）余甚韙之至江浙水利聯合會既[illegible]余更實地調查登山涉水視察訪問費時匝月更與鄭君會同查勘往還於長江太湖間隨地磋商意此河流所當大開濬者江湖各有兩端在太湖者一自獨山門經大渲口東循梁溪經城西運河北至缸尖一自大溪小溪兩口北至曹王涇接運河經城東至缸尖兩合合一後西北至皋橋北循無錫江陰之漕運河至南閘而分一向東北之黃田港通江一向西北之夏港通江皆裁灣取直為交通江湖之一大運河其相距最長之兩口不過九十餘里全河水底勻配悉平長江兩口皆築大閘因江潮之干滿開閘出納兩旁維之使江湖之水常得互相救濟更疏濬諸小港悉與此河交通則不惟無錫江陰永無旱潦之憂而全湖旱潦之憂亦因此道出納而大減矣又況吾錫工商市場日益繁興非大通江湖水道不足以大闢利源異日無錫之兩湖口江陰之兩江口一變為三大市場（江陰兩口相距十里可併為沿江一大市場）其利益之溥可勝言哉所疑如此大濬非銀元數十百萬不為功兩縣人民安得有此大力然獨不聞開濬全湖之大計乎天下惟有義務者斯有權利吾錫人自籌自濬以立其基與上下兩游之人交相勉力並使兩省同人群曉然於此河之成實有關於全湖大局更以開濬全湖之大費助之何患其工之不成吾錫西口既開則口外之太湖深洪當然由督办處西路開濬而全湖之商貨當然吸聚而來至通江之大利更不待言矣況我無錫江陰兩縣富有財力深明利害之人甚多大功告成大利斯得人自為謀踴躍從事又何患自力之不足耶謹陳芻議是否有當請由全縣父老昆弟會議決之

民國八年十二月　日胡雨人稿

一議　規定全河線路

一議　規定籌費方法

一議　規定測量办法

一議　設立籌備機關

一議　推舉籌備主任

京畿治河芻議先述致灾之原因，次述五大河源流狀況，次論治河之方法[1]

獻縣[2]李桂樓化亭[3]

【簡介】

京畿治河芻議，先述致灾原因，主要有：一，人水争地；二，河床淤積；三，山洪暴至；四，河工廢弛。次述五大河源流狀況，分别是永定河、滹沱河、子牙河、大清河、北運河和南運河等。次論治河方法，提出急要工程，一是疏通大沽口淤沙、使積水速下，二是開浚天津附近河道以讓水路，三是修補各河决口、使暫復舊道，四是在津南開減河、專泄子牙、南運之水；最要工程，一是另闢潮白、永定入海之口，二是興大工、疏浚各河，三是河源培植森林；次要工程，一是造湖，二是山麓建攔水垻，三是開溝渠。

【正文】

{一}致灾之原因

直隸大河五，曰滹沱、大清、永定、南運、北運，均收納衆流，同會于天津之三岔河口，名沽河（俗稱海河），由大沽口入渤海。往時下游較暢，然咸豐年洪水爲灾，津城淹没者十三磚。自後津埠日漸發達，人稠地貴，沿河居民商棧，遂日謀與水争地，而尤以木商爲最，每于春冬水涸時，就兩岸淤高之處，培展屋基，以致河道日狹，水流不暢。致灾之原因一。

沽河爲群流總路，本極深廣，惟灣曲太多、流勢太緩，且永定濁水挾沙而下，槽身漸淤。大沽口以尾閭重地，漲沙壅阻，平時吃水一丈之輪船，非乘潮不能上駛，無異飲水扼吭。幸而各河上游同一淤塞，非然者，天津早爲怒濤蕩去矣。致灾之原因二。

京畿幅員寥闊、地勢低平，河源多在太行、恒山兩斜面。支渠縱横，不下千餘，一旦霪雨連綿，山水暴至，千條洪流，共趨沽河一道，其勢必不能容。致灾之原因三。

治河無萬年無患之法，其惟勤加修浚乎。前清怡親王、于成龍、方觀成皆京

---

[1] 此文爲鉛印本，作者署名“獻縣李桂樓化亭”，此處爲標題原注。

[2] 今隸屬河北省滄州市。

[3] 李桂樓：生平不詳，又名化亭，曾任河北同鄉會執行委員，有《敬告河北父老注重河道書》（刊于 1928 年 10 月 29 日《益世報》）、《京畿治河芻議》（1936 年《地學雜志》收録）、《河北省治河計畫書》（刊于 1929 年《華北水利月刊》）等文存世。

畿治河有名之人。李文忠督直，亦常注意及之。後遂日漸廢弛。河工經常費屢次核減，河務局等同虚設。偶遇決口漫溢，輕則草草修補，重則任其亂流，堤埝日以壞、河底日益高。會近二十年來，年年苦旱，上下遂習非成是，僥倖免災。識者固早憂大害之將至也。果也。今年天不加惠，伏汛❶一至，各處即多潰決；秋汛繼之，遂成横流之禍。成災之原因四。

其他如上源無森林，中游少大湖，皆爲致災原因之一，言之者多，玆不復贅。

（二）五大河源流狀況

永定河（一名桑乾河，一名盧溝河，又名無定河，前清康熙帝賜今名）

源出山西馬邑縣北雷山陽之洪濤泉，挾朔、應、山陰、大同、渾源諸縣之水，東走直隸，經陽源、涿鹿、懷來，穿内長城入宛平界，口北道之水悉匯焉。再東南流經固安、永清、霸等縣，至天津之蒲口入北運河，與子牙河會于紅橋，更東流至三岔河口，與南運河同入沽河。此河急湍無比，在懷來以上，兩岸皆山、無從横溢，至京西四十里石景山以東，陡落平地，遂衝擊震盪，時時遷徙。盧溝橋一帶，水急如矢，斗大石子，隨波奔轉；東決西淤，到處崩潰，下游各縣受害甚烈。清聖祖❷時，曾命于成龍大築堤埝，疏浚兼施，且屢下諭旨，毋令下游淤閡，致礙大清河入海之道。奈何同光以來，河工廢弛，永定南徙（即今道），韓家墅一帶淤高至兩丈餘，水道壅塞，致大清河無出路，乃東破格淀堤并入子牙河。今年伏秋雨水過大，永定上游以地勢積高，山洪如堵墻一擁而下，本槽不能容，乃由盧溝金門閘減河灌入大清。大清下游，本與滹沱、子牙同道，四河相擠，勢難暢泄，于是北三工、南三工等處遂相繼決口，而永清、武清、安次各縣成一片汪洋矣。

滹沱河

源出山西繁峙縣東北之泰戲山，匯代、崞、五台、定襄、忻、盂諸縣之水，東南流出太行縱谷，至直隸平山縣納冶河。水始湍盛，東行經靈壽、正定、槁城、晋、束鹿、深、安平、饒陽、獻并入子牙河。此河因地勢傾斜峻急，流甚狂悍。正定以上，水爲山束，尚可順軌；至槁城陡落平原，流始大肆，或南會漳滏，并入御河，或北趨五官淀，灌文安窪；而豬龍以南，滏陽以北十餘縣，遂成其縱横激盪之域。光緒七年，清河道史克寬以滹沱走北道入淀，流紆易壅閼，有妨清流，乃開饒陽新引河。由朱家口至南紫塔，凡三十里，歸入子牙，俗稱滹沱新道。此道闢後，上游勢順易瀉，下游滹滏争流，遂有不能容之勢。光緒十年三十年之間，每届伏秋巨汛，輒横溢爲災。青、静、文、大各縣，迭爲澤國，獻縣四十八村終年浸没。嗣各處以掛淤日高，且近二十年來，又每歲苦旱，遂得脱漂泊獲耕耘，人民亦漸

---

❶ 每年七月中至八月底爲“伏汛”。

❷ 即康熙帝。

呈小康之象。今年雨水過大，滹沱在獻縣境與滏陽争道，已屬危險，入子牙後又在下游與大清争道，勢不能不溢槽而出，平地漫流，亦無所謂決口矣。

子牙河（一名沙河，又名下西河）滏陽下游也（今爲滏陽、滹沱二水下游）。滏陽源出磁縣西之神麕山，匯洺、沙、七里、牛尾、南馬、北馬、泜、沸、槐、洨諸水，穿大陸、甯晋二泊，東北流經新河、冀、衡水、武邑、武强，至獻縣納滹沱，再東北流稱子牙河（俗以獻縣臧家橋東爲子牙，橋西爲滹沱）。經河間、大城，至静海之獨流鎮，與大清河會，至天津紅橋與北運河會，入沽河。此河上游之滏陽，古與漳水合流，常泛濫爲灾，後漳水南遷，流勢遂暢。甯晋泊以上，沿岸各縣引流種稻，閘座甚多，自開饒陽引河，滏陽受滹沱濁流之累，二水合流處常患淤塞。今年山洪暴發，滹滏并漲，統由子牙一槽下泄，天津咽喉復不暢順，遂由獨流鎮灌入大清，倒流而西，不數日大清亦漲，東西均無出路，遂紛紛決口（滏陽在直隸河流中最稱穩暢，今年竟決口五十餘處）。

大清河

大清河自白洋淀（西淀）以下始名，因白洋淀受豬龍、依城、白溝諸濁流，將泥沙沉淀而後東出變爲清流也。豬龍初爲唐、沙、滋三水相會之總稱，後唐河北徙并入依城河，豬龍之上游僅沙滋二水矣。沙河源出山西繁峙縣東泰戲山之陽，東南流入直隸，經阜平、曲陽、定、安國等縣與滋河會。滋河發源山西五台縣東之枚回山，東入直隸，經靈壽、正定、無極、深澤，至安國，與沙河會。兩河會後稱豬龍河，經博野、蠡、高陽，至安新縣入白洋淀。此河上游頗有灌溉之利。安國以下，流急沙多，時虞淤決。任邱、文安、大城，以地勢低窪，受害尤烈。惟高陽沿河一帶，每經泛濫，即掛淤數尺，肥沃異常（有財神河之稱）。各地因高下不同，利害相反，時起衝突，亦不可不注意也。

依城河發源滿城縣東之一畝泉，一名府河。東流經清苑、安新，挾方順、漕、唐、徐諸水入白洋淀，支流以唐河爲大。唐河源出山西渾源縣，原名滱水，東南流過靈邱，入直隸唐縣境，始有唐河之名。至安新，會依城河入淀。流勢湍急，遷徙無常，俗稱“唐河不行故道”，或南并豬龍河，或北灌依城河。望都、安國、博野、蠡等縣甚苦之。

白溝河，拒馬之下游也。拒馬源出淶源縣南之淶山，經易、淶水等縣，至京兆之房山界分爲二派。東派東走涿縣，納琉璃、胡良諸水，折而南行入新城界。西派南走淶水、定興，納易水，與東派會，稱白溝河，至雄縣入淀。此河平時灌溉航運之利均有，惟上游勢同建瓴，伏秋巨泛，怒濤奔騰直下，不免有横決之禍。今年永固橋、白溝河兩鎮之間，相距不過數十里，決口竟至二十餘處，可謂慘矣。白洋淀受此三濁流沉淀，源源不絶，遂日就淺縮，豬龍河口尤甚，白溝河口次之。今十二連橋，惟太平一橋尚可行舟，其他多闐塞不通。橋東，淀之面積尚闊，然洲堵碁布、蘆葦叢生，平時平均水面不過三四尺，深處約可丈餘。橋東，淀之面積僅二三里，向東開一口下泄，水清如鏡、一望至底，大清河所由名也。東北行約里許，白溝河自西北來會，東行經新鎮、文安、大城，穿三角淀（即東淀，今已淤塞，略存形迹而已），至静海屬之獨流鎮西北，會子牙河，至天津紅橋會白河入海。初大清河出三角淀後東北趨韓家墅，會永定河入海。清乾隆間，曾修格淀大堤，介清滹之間，使分流不擾。同光中，永定南徙，韓家墅一帶淤高至兩丈餘，大清河無出路，乃東衝格淀堤，由獨流鎮灌入子牙，今已歷十餘年，以每歲苦旱，未成大灾。今年伏泛一至，滹沱、子牙先漲，怒濤下注甚急，因天津河道不暢，遂灌入大清，倒流向西，不數日白溝河水發，爲逆流所阻不能東下，亦倒流穿十二連橋西注。兩水相合，勢甚猛烈，東向之船至不能逆流上駛，如此者數日，而依城、瀦龍之水又至，東西兩向之水在十二連橋相抵，勢均力敵，各不相下，乃日漲日高，京畿數十縣變爲澤國矣。

北運河

北運河，白河之下游也。白河有二源，一出赤城縣之五郎海山，一出龍關縣之東之滴水崖，東南流入密雲境。潮河自東北來會，二流相會稱潮白河。南流經懷柔、順義，至通縣，納榆河、通惠渠，稱北運河。東南經香河、武清，至天津之浦口納永定河，與大清、子牙會于紅橋，入沽河。此河性湍悍，遷徙無常，有自在河之稱。明清兩代以漕運所關，屢事修浚（雍正時設同知于河西務，設通判于楊村，專管河務），于筐兒港、青龍灣等處開減河數道，下通七里海。自鐵路興、南漕停，河工久廢，水道紆曲難行。民國二年，李遂鎮決口，至今尚未修好。今年伏秋大泛，河水仍由舊決口衝出，爲害甚烈（寶坻縣勢居釜底，每年浸淹）。

南運河

南運河上源有二，曰汶、曰衛。汶水發源山東萊蕪縣之原山，西南流入大汶口，與小汶河會，再西南流入汶上縣西南之南旺湖。湖置分水口，使南北分流。南派直達浙江之杭縣（以不在本省不詳論）。北派西北流至臨清，衛河挾漳水自西南來會。衛河（即隋之永濟渠）發源山西長治縣之南山，經河南北部入直隸大名境納漳河。漳河有二源，曰清漳、濁漳。清漳源出山西昔陽縣之大黽谷，濁漳源出山西長子縣之鹿谷山，二源相合于河南境。至大名入衛河、至臨清入南運正幹，二流相會，北經山東之武城、德縣，直隸之故城、吴橋、東光、南皮、滄、青、静海各縣以達天津，由三岔河口入沽河。此河正源由南旺湖至臨清一段，流勢孱弱，南北二百餘里設蓄水閘十八。衛河本流，性亦平穩順軌，惟漳河湍急浩瀚、遷徙靡常，或北合滏水以灌滹沱，或南會衛河以入南運。滏衛間數百里之地，枯瀆紛歧、名目繁多，皆其歷年泛濫之故道也。南運自合漳衛後，流始盛，不設蓄水閘，然伏秋大泛，羨溢爲灾。元明清各代以漕運所關，時加修浚，東岸有減河三，一在滄縣南之絶堤(或稱捷地)，一在青縣南之興濟鎮，一在青縣北之靳官屯。水小時即閉閘以濟運，水大則開閘以減泓，法至善也。惟自南漕改爲海運❶，而歲修停；自津浦鐵路告成，而河工益廢，槽身闐淤，堤岸敗壞，興濟減河久壅不通，津門咽喉日就淺縮。今年各河同時并漲，衆流共趨一途，然南運幸賴二減河分泄之功，伏泛僅免危險，乃秋泛水勢倍盛，致景、東、南、倉、青、静、天七縣共決口六十餘處。人或不察，有謂南運奇漲，係黄河灌入所致者，不知黄河官堤今年并未決口也(所傳黄河決口係指民埝，民埝者貧民在官堤内開闢廢地所築之當水埝也)。

{三}治河方法

中外言治河者多矣。曰下游暢尾閭，曰中游造大湖、開溝渠，曰上游培森林，其計畫之大且周，至可欽佩。欲爲一勞永逸計，誠非此不可，然是等大工程，用款動輒數千萬，當民窮財匱之時，政府果有此大決心否實爲一問題。且森林收效，必在十年以後，溝渠之利，尤必民有餘力、河道治好而後興。今則八九十縣盡爲水漂，蕩析離居、顧命不暇，轉瞬即到明年。春季是否能下種？巨泛再至，舊決口是否能堵塞完竣？各河是否不重蹈覆轍？此皆急待籌商、不容稍緩須臾者也。鄙人不揣固陋，謹就管見所及，將治河工程分爲急要、最要、次要三項列于後，以備參考。

(甲)急要工程

(一)疏通大沽口淤沙，使積水速下

治河先下游，爲古今中外所同。蓋尾閭暢，則水有所歸。苟不先于此處着手，上游雖有金堤無益也。

(二)開浚天津附近河道以讓水路

津埠爲衆水所趨，河道必須深廣。凡沿岸被占之地，應令盡行退出，毋因少數商民累及全省。以後更須設法嚴禁再占。

(三)修補各河決口，使暫復舊道

轉瞬伏泛又到。應在忙種節前，麥黄水❷未發之時，乘農隙征調民夫，將各決口及殘壞堤岸趕速修好(征調民夫最易騷擾，必須嚴定規條而後可)。

(四)在津南開減河，專泄子牙、南運之水

多闢尾閭之説，在今日已成輿論，而地點則主張各異，今比較言之。

第一説在獻縣西南之完固口向東闢一減河，引子牙循古滹沱支路，經淮鎮、

---

❶　清中後期，内河漕運成本高、損耗大，加之河道梗阻，而海運業已成熟，始啓海運南漕，後黄河泛濫、運河水系愈壞，海運遂取河運而代之。

❷　麥黄水：舉物候爲水勢之名，一般指農曆四五月“壟麥結秀、擢芒變色”時的黄河漲水。

高川鎮、杜林鎮，由青縣之鮑家嘴入南運。南運東岸再闢減河，或由獨流鎮，或由楊柳青東流入海河。

第二説在運河東另闢入海之口。

以上二説各有正當之理由。惟由完固口至鮑家嘴一道，地勢較高。昔年走水時，沿河各縣屢遭漂泊，青縣、静海常水深七八尺，且自漳河南徙，南運本槽之水尚患漫溢，更何能再容滹滏（宣統二年，槁城馮汝堂曾建議開挖此道，以運井陘之煤，爲諮議局反對而止）。至另闢入海之口，恐亦不能行。查前清盛時，因直隸、山東大水爲灾，即有津南另闢尾閭之議，卒以海岸無適宜地點，仍歸大沽一口。惟興濟、絶堤兩減河，由歧口入海，然其地勢亦大沽稍高，他處更無論矣。

由楊柳青、獨流等處開闢減河，東入沽河之説，事頗可行，而余尤贊成獨流。蓋楊柳青在子牙、大清會口下游，水漲時該段仍不免擁擠之患，而獨流鎮南面，子牙、南運僅相隔二里，且適在二河會口上方，切斷此二里之地峽，引子牙東入南運，即在相對之南運東岸開減河（寬深以沽河爲度），下與靳官屯減河相會，同入沽河，工省而勢亦順。惟減河上口，須建滾水壩，閂高約五六尺，水大則旁泄洪流，水小則仍行正道、以便運輸，讓西北大清一流獨行故道，擁擠之患庶乎免矣。

（乙）最要工程

一、另闢潮白、永定入海之口

潮白河即按照上年水利總局所定計畫，疏浚之使由箭桿河（一名窩頭河）入鮑邱河。由鮑邱河北岸蕭家堼另開新河，至九王莊入薊運河出北塘口入海，并與上游李遂鎮挑挖引河，以備伏秋盛漲分泄入北運。永定河可由浦口向東南開一新道，穿過塌河淀[1]泄入金鐘河，由北塘口入海（此二河工程必同時并行。永定之害在水濁易淤，若只引潮白由北塘入海，而不爲永定另謀出路，則沽河將益壅淤）。

二、興大工，疏浚各河

直隸各河道同一壅塞，乘水灾方退、人心未忘苦痛之時，征調民夫大加疏浚，事或易濟（按同時疏浚五河工程浩大、用款太多，若專靠傭工、必有財乏中輟之虞，故宜征調民夫。各村以河水汎濫有關性命、財産，或不致横生阻力）。

三、河源培植森林

此事不惟直隸應辦，全國均應辦。不惟可減水灾，并可減旱灾，且可爲生財之源。要在政府嚴定賞罰，社會竭力鼓吹而已。

---

[1] 塌河淀：一名大河淀，即北運河筐兒港，位于天津北部，其時有蓄泄運河水之用，今已消失。

（丙）次要工程

一、造湖

湖者，江河之調節器也（此專就交易湖言，若宣泄湖、容受湖不在此例）。伏秋山洪暴發，奔騰之水可以在此停蓄，不至直瀉而下成泛濫之灾；春冬江河淺涸，湖中積蓄之水乃緩緩放出，有補助航運之功，長江之洞庭、鄱陽是其顯例。然此種湖多生于天然，非人力所能造。所謂造湖者，不過相地勢之宜加以意匠耳。直隸之大陸澤、寧晋泊、三角淀、白洋淀皆天造之大湖，前三者以日久淤高，漸失其妙用，今惟白洋淀尚一片汪洋，然亦日就淺縮。于是環顧全省衆所注目者，僅文安窪勢居釜底，有大湖之資格。但文安縣土地肥美、人烟稠密，國家恐無此大空地，以安插多數之人。即有空地矣，而安土重遷，勢必出死力以反抗，蓋非萬不得已，未有輕去故鄉不戀者也。准此以談，直隸造湖一事已成絶望。而文安人民每值伏秋巨泛，必北護千里堤，南護滹沱河，堤西護豬龍河堤。一處有潰決，即遭漂泊之害。嗚呼，苦矣！

二、山麓建攔水垻

造湖植林固可減山水湍急之勢，然欲完全除去水害，仍宜在山麓建攔水石垻，下開泄水口。一旦暴雨忽至，由山上直下之水，先被此攔阻一次，以殺其奔騰之勢。然後由泄口緩緩而出，流入湖中又停蓄一次，自無水患可虞矣。惟工程浩大，恐一時不能辦到，如先擇其重要之處行之，或亦不無小補也。

三、開溝渠

溝渠所以興水利，非僅爲除水害也。其法必先將各河支幹疏浚完好，剷去堤防，伏秋水漲亦不致漫溢爲灾，然後可，否則利未形而害先至，“引虎入室”不足以喻其險也。前清怡親王興畿輔水利，即以疏浚各支河爲務，至今人尤感其德。直隸各河上游，因細流潺弱、不足爲患，沿岸居民多引以溉田，下游沽河兩岸因流有所歸，亦多引水種稻。惟中游平原大部，往往青苗乾旱需雨，河水滿槽無人敢動，有以引以灌溉者，輒多釀成決口之禍，皆堤防之害也。

【原文圖影】

京畿治河芻議（先述致災之原因次述五大河源流狀況次論治河之方法）

獻縣李桂樓 化亭

（一）致災之原因

直隸大河五。曰滹沱·大淸。永定。南運。北運。均收納衆流·同會於天津之三岔河口。名沽河（俗稱海河）由大沽口入渤海。往時下游較暢。然咸豐年洪水爲災·津城淹沒者十三磚。自後津埠日漸發達。人稠地貴。沿河居民商棧。逐日謀與水爭地·而尤以木商爲最·每於春冬水涸時·就兩岸淤高之處·培展屋基。以致河道日狹水流不暢。致災之原因一。

沽河爲羣流總路。本極深廣。惟灣曲太多。流勢太緩。且永定濁水挾沙而下·槽身漸淤。大沽口以尾閭重地。漲沙壅阻。平時吃水一丈之輪船。非乘潮不能上駛。無異飲水扼吭。幸而各河上游同一淤塞。非然者·天津早爲怒潮蕩去矣。致災之原因二。

京畿幅員寥闊·地勢低平。河源多在太行、恒山、兩斜面·支渠縱橫·不下千餘·

一旦霪雨連綿。山水暴至。千條洪流。共趨沽河一道。其勢必不能容。致災之原因三。

治河無萬年無患之法。其惟勤加修浚乎。前清怡親王。于成龍。方觀成。皆京畿治河有名之人。李文忠督直。亦常注意及之。後遂日漸廢弛。河工經常費屢次核減。河務局等同虛設。偶遇決口漫溢。輕則草草修補。重則任其亂流。隄埝日以壞。河底日益高。會近二十年來。年年苦旱。上下遂習非成是。倖免災。識者固早憂大害之將至也。果也今年天不加惠。伏汛一至。各處即多潰決。秋汛繼之。遂成橫流之禍。成災之原因四。

其他如上源無森林。中游少大湖。皆為致災原因之一。言之者多。茲不復贅。

（二）五大河源流狀況

永定河（一名桑乾河一名盧溝河又名無定河前清康熙帝賜今名）源出山西馬邑縣北雷山陽之洪濤泉。挾朔、應、山陰、大同、渾源、諸縣之水。東走直隸。經陽原、涿鹿、懷來。穿內長城

入宛平界。口北道之水悉匯焉。再東南流經固安、永清、霸、等縣。至天津之蒲口入北運河。與子牙河會於紅橋。更東流至三岔河口與南運同入沽河。此河急湍無比。在懷來以上。兩岸皆山。無從橫溢。至京西四十里石景山以東。陡落平地。遂衝激震盪。時時遷徙。蘆溝橋一帶。水疾如矢。斗大石子。隨波奔轉。東決西淤。到處崩潰。下游各縣。受害甚烈。清聖祖時。曾命于成龍大築隄埝。疏浚兼施。且屢下諭旨。毋令下游淤閼。致礙大清河入海之道。奈同光以來。河工廢弛。永定南徙（即今）韓家墅一帶。淤高至兩丈餘。水道壅塞。致大清河無出路。乃東破格淀隄。併入子牙河。今年伏秋雨水過大。永定上游以地勢積高。山洪如堵牆一擁而下。本槽不能容。乃由盧溝金門閘減河灌入大清。大清下游本與滹沱子牙同道。四河相擠。勢難暢洩。於是北三工、南三工、等處。遂相繼決口。而永清、武清、安次、各縣。成一片汪洋矣。

滹沱河　源出山西繁峙縣東北之泰戲山。匯代、崞、五台、定襄、忻、盂、諸縣之

水。東南流出太行。縱谷至直隸平山縣。納冶河水。始瀰盛。東行經靈壽、正定、藁城、晉、束鹿、深、安平、饒陽、獻、併入子牙河。此河因地勢傾斜。峻急。流甚狂悍。正定以上。水為山束。尚可順軌。至藁城陡落平原。流始大肆。或南合滏。併入御河。或北趨五官淀。灌文安窪。而豬龍以南。滏陽以北。十餘縣。遂成其縱橫激盪之域。光緒七年。清河道史克寬。以滹沱走北道入淀。流紆易氾濫。有妨清流。乃開饒陽新引河。由朱家口至南紫塔。凡三十里。歸入子牙。俗稱滹沱新道。此道闢後。上游勢順易瀉。下游滹滏爭流。遂有不能容之勢。光緒十年。三十年之間。每屆伏秋巨汛。輒橫溢為災。青、靜、文、大、各縣。迭為澤國。獻縣四十八村。終年浸沒。嗣各處以掛淤日高。且近二十年來。又每歲苦旱。遂得脫漂泊。獲耕耘。人民亦漸呈小康之象。今年雨水過大。滹沱在獻縣境與滏陽爭道。已屬危險。入子牙後。又在下游與大清爭道。勢不能不溢槽而出。平地漫流。亦無所謂決口矣。

子牙河（一名沙河又名下西河）滏陽下游也。（今為滏陽滹沱二水下游）滏陽源出磁縣西之神麕山。匯洺、沙、七里、牛尾、南馬、北馬、泜、沛、槐、洨、諸水。穿大陸、甯晉、二泊。東北流經新河、冀、衡水、武邑、武強、至獻縣納滹沱。再東北流稱子牙河。（俗以獻縣臧家橋東為子牙橋西為滹沱）經河間、大城、至靜海之獨流鎮。與大清河會。至天津紅橋與北運合。入沽河。此河上游之滏陽。古與漳水合流。常泛濫為災。後漳水南遷。流勢遂暢。甯晉泊以上。沿岸各縣引流種稻。閘座甚多。自開饒陽引河。滏陽受滹沱濁流之累。二水合流處。常患淤塞。今年山洪暴發。滹滏並漲。統由子牙一槽下洩。天津咽喉復不暢順。遂由獨流鎮灌入大清。倒流而西。不數日大清亦漲。東西均無出路。遂紛紛決口（滏陽在直隸河流中最稱暢今年竟決口五十餘處）

大清河

大清河自白洋淀（西淀）以下始名。因白洋淀受豬龍、依城、白溝、諸濁流。將泥沙沈澱而後東出。變為清流也。豬龍初為唐、沙、滋、三水相會之總稱。後唐河北

徙併入依城河。瀦龍之上游。僅沙滋二水矣。沙河源出山西繁峙縣東泰戲山之陽。東南流入直隸。經阜平、曲陽、定、安國等縣與滋河會。滋河發源山西五台縣東之枚回山。東入直隸經靈壽、正定、無極、深澤、至安國、與沙河會。兩河會後稱瀦龍河。經博野、蠡、高陽至安新縣入白洋淀。此河上游頗有灌溉之利。安國以下。流急沙多。時虞淤決。任邱、文安、大城、以地勢低窪。受害尤烈。惟高陽沿河一帶。每經泛濫、即掛淤數尺。肥沃異常。有財神河之稱各地因高下不同。利害相反。時起衝突。亦不可不注意也。

依城河、發源滿城縣東之一畝泉。一名府河。東流經清苑、安新、挾方順、漕、唐、徐、諸水入白洋淀。支流以唐河爲大。唐河源出山西渾源縣。原名滱水。東南流過靈邱、入直隸唐縣境。始有唐河之名。至安新、會依城河入淀。流勢湍急。遷徙無常。俗稱唐河不行故道。或南併瀦龍河。或北灌依城河。望都、安國、博野、蠡、等縣甚苦之。

白溝河、拒馬之下游也。拒馬源出淶源縣南之淶山。經易、淶水、等縣、至京兆之房山界分爲二派。東派東走涿縣。納琉璃、胡良、諸水。折而南行入新城界。西派南走淶水定興、納易水。與東派會。稱白溝河。至雄縣入淀。此河平時灌溉航運之利均有。惟上游勢同建瓴。伏秋巨汛。怒濤奔騰直下。不免有横決之禍。今年永固橋白溝河兩鎭之間相距不過數十里。決口竟至二十餘處。可謂慘矣。白洋淀受此三濁流沈澱、源源不絕。遂日就淺縮。瀦龍河口尤甚。白溝河口次之。今十二聯橋惟太平一橋尚可行舟。其他多閘塞不通。橋東淀之面積尚闊。然洲堵棊布。蘆葦叢生。平時平均水面不過三四尺。深處約可丈餘。橋東淀之面積僅二三里。向東開一口下洩。水清如鏡。一望至底。大清河所由名也。東北行約里許。白溝河自西北來會。東行經新鎭、文安、大城、穿三角淀、即東淀今已淤塞略存形迹而已至靜海屬之獨流鎭西北。會子牙河。至天津、紅橋。會白河、入海。初大清河出三角淀後。東北趨韓家墅。會永定河入海。清乾

隆間、曾修格淀大堤。介清渟之間。使分流不擾。同光中。永定南徙韓家墅一帶淤高至兩丈餘。大清河無出路。乃東衝格淀堤。由獨流鎭灌入子牙。今已歷十餘年。以每歲苦旱、未成大災。今年伏汛一至。滹沱子牙先漲。怒濤下注甚急。因天津河道不暢。遂灌入大清。倒流而西。不數日白溝河水發。爲逆流所阻不能東下。亦倒流穿十二連橋西注。兩水相合。勢甚猛烈。東向之船至不能逆流上駛。如此者數日。而依城瀦龍之水又至。東西兩向之水在十二連橋相抵。勢均力敵。各不相下。乃日漲日高。京畿數十縣變爲澤國矣。

北運河

北運河白河之下游也。白河有二源。一出赤城縣之五郎海山。一出龍關縣東之滴水崖。東南流入密雲境。潮河自東北來會。二流相會稱潮白河。南流經懷柔、順義、至通縣。納楡河、通惠渠。稱北運河。東南經香河、武清、至天津之浦口納永定河。與大清子牙會於紅橋。入沽河。此河性湍悍。遷徙無常。有白

在河之稱。明清兩代以漕運所關。屢事修浚雍正時設同知於河西務設通判於楊村專管河務於筐兒港、青龍灣等處、開減河數道。下通七里海。自鐵路興。南漕停。河工久廢。水道紆曲難行。民國二年。李遂鎭決口。至今尚未修好。今年伏秋大汛。河水仍由舊決口衝出。爲害甚烈。寶坻縣勢居釜底每年浸淹

南運河

南運河上源有二。曰汶曰衛。汶水發源山東萊蕪縣之原山。西南流入大汶口、與小汶河會。再西南流入汶上縣西南之南旺湖。湖置分水口、使南北分流。南派直達浙江之杭縣。以不在本省不詳論北派西北流至臨清。衛河挾漳水自西南來會。衛河即隋之永濟渠發源山西長治縣之南山。經河南北部入直隸大名境納漳河。漳河有二源。曰清漳、濁漳。清漳源出山西昔陽縣之大黽谷。濁漳源出山西長子縣之鹿谷山。二源相合於河南境。至大名入衛河、至臨清入南運正幹。二流相會。北經山東之武城、德縣。直隸之故城、吳橋、東光、南皮、滄、青、

靜海、各縣以達天津由三岔河口入沽河。此河正源由南旺湖至臨淸一段。流勢潺弱。南北二百餘里設蓄水閘十八。衛河本流性亦平隱順軌。惟漳河湍急浩瀚。遷徙靡常。或北合滏水以灌滹沱。或南會衛河以入南運。滏衛間數百里之地。枯涸紛歧、名目繁多。皆其歷年泛濫之故道也。南運自合漳衛後。流始盛。不設蓄水閘。然伏秋大汛。羨溢爲災。元明淸各代以漕運所關，時加修浚。東岸有減河三。一在滄縣南之絕堤（或稱捷地）一在靑縣南之興濟鎭。一在靑縣北之靳官屯。水小時卽閉閘以濟運。水大則開閘以減漲。法至善也。惟自南漕改爲海運。而歲修停。自津浦鐵路告成。而河工益廢。槽身淤墊。堤岸敗壞。興濟減河久壅不通。津門咽喉日就淺縮。今年各河同時並漲。衆流共趨一途。然南運幸賴二減河分洩之功。伏汛僅免危險。乃秋汛水勢倍盛。致景、東、南、倉、靑、靜、天、七縣共決口六十餘處。人或不察。有謂南運奇漲係黃河灌入所致者。不知黃河官堤今年並未決口也。（所傳黃河決口係屬民埝民埝者貧民在官堤內墾闢廢地所築之當水埝也）

〔三〕治河方法

中外言治河者多矣。曰下游暢尾閭。曰中游造大湖。開溝渠。曰上遊培森林。其計畫之大且周。至可欽佩。欲爲一勞永逸計。誠非此不可。然是等大工程。用款動輒數千萬。當民窮財匱之時。政府果有此大決心否。實爲一問題。且森林收效。必在十年以後。溝渠之利。尤必民有餘力。河道治好。而後興。今則八九十縣盡爲水漂蕩。析離居。顧命不暇。轉瞬卽到明年。春季是否能下種。巨汛再至。舊決口是否能堵塞完竣。各河是否不重倒（蹈）覆轍。此皆急待籌商。不容稍緩須臾者也。鄙人不揣固陋。謹就管見所及。將治河工程分爲急要、最要、次要、三項。列於後以備參攷。

〔甲〕急要工程

〔一〕疏通大沽口淤沙。使積水速下。　治河先下游。爲古今中外所同。蓋尾閭暢則水有所歸。苟不先於此處著手。上游雖有金堤無益也。

〔二〕開浚天津附近河道。以讓水路。　津埠爲衆水所趨。河道必須深廣。凡沿岸被佔之地。應令盡行退出。毋因少數商民累及全省。以後更須設法嚴禁再佔。

〔三〕修補各河決口。使暫復舊道。　轉瞬伏汛又到。應在忙種節前麥黃水未發之時。乘農隙徵調民夫。將各決口及殘壞隄岸趕速修好。（徵調民夫最易騷擾必須嚴定規條而後可）

〔四〕在津南開減河。專洩子牙南運之水。　多闢尾閭之說。在今日已成輿論。而地點則主張各異。今比較言之。

第一說在獻縣西南之完固口向東闢一減河。引子牙循古滹沱支路。經淮鎭、高川鎭、杜林鎭、由靑縣之鮑家嘴、入南運。南運東岸再闢減河。或由獨流鎭或由楊柳靑東流入海河。

第二說在運河東另闢入海之口。

以上二說。各有正當之理由。惟由完固口至鮑家嘴一道。地勢較高。昔年走水時。沿河各縣屢遭漂泊。靑縣靜海常水深七八尺。且自滹河南徙。南運本槽之水。尚患漫溢。更何能再容滹溢。（宣統二年孫妙瀾汝霖曾建議開挖此道以運井陘之煤爲路礦局反對而止）至另闢入海之口。恐亦不能行。杳前淸盛時。因直隸山東大水爲災。卽有津南另闢尾閭之議。卒以海岸無適宜地點。仍歸大沽一口。惟興濟絕堤兩減河、由歧口入海。然其地勢亦大沽稍高。他處更無論矣。

由楊柳靑、獨流、等處、闢減河東入沽河之說。事頗可行。而余尤贊成獨流。蓋楊柳靑在子牙大淸會口下游。水漲時該段仍不免擁擠之患。而獨流鎭南面子牙、南運、僅相隔二里。且適在二河會口上方。切斷此二里之地峽。引子牙東入南運。卽在相對之南運東岸開減河（寬深以沽河爲度）下與靳官屯減河相會。同入沽河。工省而勢亦順。惟減河上口。須建滾水壩。門高約五六尺。水大則旁洩洪流，水小則仍行正道，以便運輸。讓西北大清一流獨行故道，擁擠之患庶乎免矣。

〔乙〕最要工程

一、另闢潮白永定入海之口　潮白河即按照上年水利總局所定計畫，疏濬之，使由箭桿河（一名窩頭河）入鮑邱河，由鮑邱河北岸蕭家墊另開新河至九王莊，入薊運河，出北塘口入海。並於上游李遂鎮挑挖引河，以備伏秋盛漲分洩入北運。永定河可由浦口向東開一新道，穿過塌河淀，洩入金鐘河，由北塘口入海。（此二河工程必同時並行，永定之害在水濁易淤，若只引潮白由北塘入海而不爲永定另謀出路，則沽河將益壅淤）

二、興大工疏濬各河　直隸各河道同一壅塞，乘水災方退，人心未忘苦痛之時，徵調民夫，大加疏濬，事或易濟。（按同時疏濬五河工程浩大，用款太多，若專靠雇工必有財乏中輟之虞，故宜徵調民夫，各村以河水汎濫有關性命財產，或不致橫生阻力）

三、河源培植森林　此事不惟直隸應辦，全國均應辦。不惟可減水災，並可

減旱災，且可爲生財之源。要在政府嚴定賞罰，社會竭力鼓吹而已。

〔丙〕次要工程

一、造湖　湖者，江河之調節器也。（此專就交易湖言，若宣洩湖、容受湖不在此例）伏秋山洪暴發，奔騰之水可以在此停蓄，不至直瀉而下成泛濫之災；春冬江河淺涸，湖中積蓄之水乃緩緩放出，有補助航運之功。長江之洞庭、鄱陽是其顯例。然此種湖多生於天然，非人力所能造。所謂造湖者，不過相地勢之宜，加以意匠耳。直隸之大陸澤、寧晉泊、三角淀、白洋淀皆天造之大湖，前三者以日久淤高，漸失其妙用，今惟白洋淀尚一片汪洋，然亦日就淺縮。於是環顧全省，衆所注目者，僅文安窪。勢居釜底，有大湖之資格，但文安縣土地肥美，人煙稠密，國家恐無此大空地以安插多數之人，即有空地矣，而安土重遷，勢必出死力以反抗，蓋非萬不得已，未有輕去故鄉不戀者也。準此以談，直隸造湖一事已成絕望，而文安人民每值伏秋巨汛，必北護千里隄，南護滹沱河隄，西

護豬龍河隄，一處有潰決，即遭漂泊之害，嗚呼苦矣。

二、山麓建攔水壩　造湖植林，固可減山水湍急之勢，然欲完全除去水害，仍宜在山麓建攔水石壩，下開洩水口，一旦暴雨忽至，由山上直下之水先被此攔阻一次，以殺其奔騰之勢，然後由洩口緩緩而出，流入湖中，又停蓄一次，自無水患可虞矣。惟工程浩大，恐一時不能辦到，如先擇其重要之處行之，或亦不無小補也。

三、開溝渠　溝渠所以興水利，非僅爲除水害也。其法必先將各河支幹疏浚完好，剷去隄防，伏秋水漲，亦不致漫溢爲災，然後可。否則利未形而害先至，引虎入室，不足以喻其險也。前清怡親王興畿輔水利，即以疏濬各支河爲務，至今人猶感其德。直隸各河上游因細流淤淺，不足爲患，沿岸居民多引以溉田。下游沽河兩岸因流有所歸，亦多引水種稻，惟中游平原大部，往往青苗乾旱需雨，河水滿槽，無人敢動，有引以灌溉者，輒多釀成決口之禍，

皆隄防之害也。

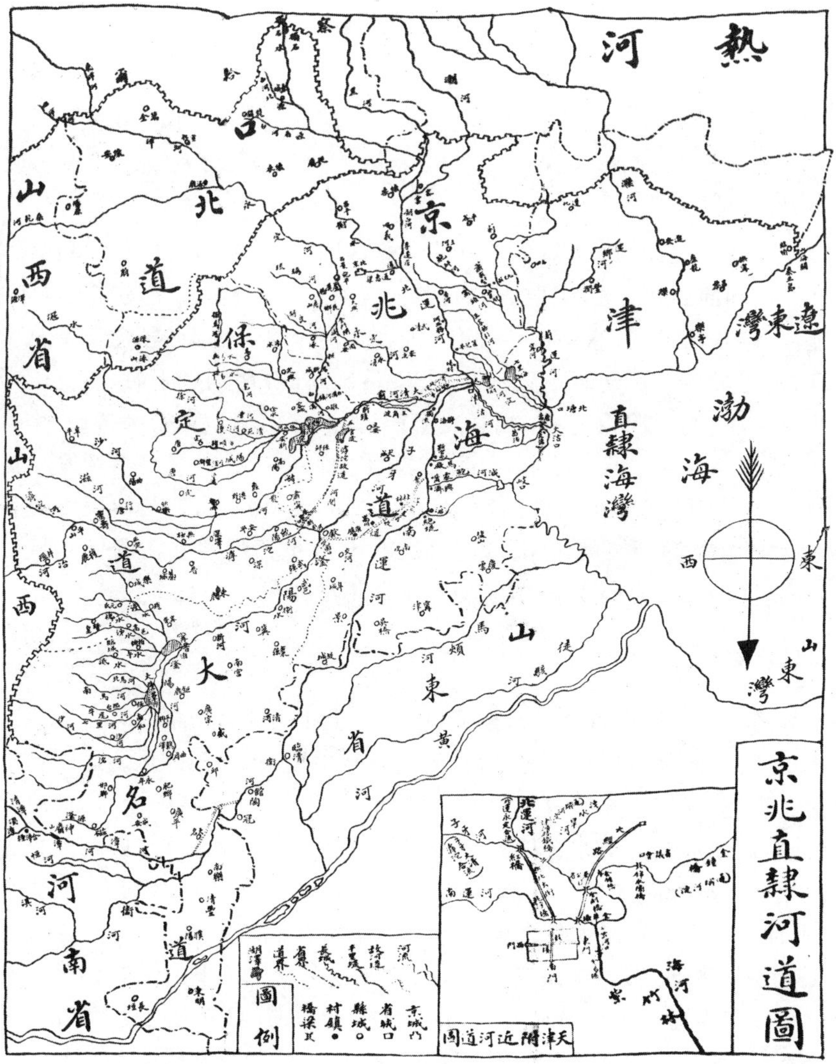
京兆直隸河道圖
熱河
口北道
京兆
津海道
保定道
大名道
山西省
河南省
山東省
直隸海灣
渤海
遼東灣
山東灣
東
西
天津附近河道圖
圖例
京城門
省城口
縣城○
村鎮●
橋梁
河流
鐵路
長城
道界
湖澤

民國六年十月

李桂樓繪

治運芻議

周樹年

【簡介】

江蘇省江北運河，以北江三閘爲中樞，以北是中運河，以南是裏運河，運河是江北水利的綱領。當年運河未通，黄河没有南徙之時，江北没有大的水患；修通運河，諸水濟運後，事情起了變化；等到黄河南徙，河湖淤積愈演愈烈。清代水利，隱患較多。民初時山東治運，安徽治睢，江蘇居兩省下游，不能不考慮所受影響。江北水利不限于淮、揚、徐、海四屬，但這四個地方受影響最大，且與山東、安徽關係很深。所以論者提出一要重視和鄰省協商，二要重視本省的水利規畫。在治淮的問題上，一是淮南與淮北之水必須分治，二是要泄淮流盛漲之水。以灾患論，淮北重于淮南，以財賦論，淮南重于淮北。在關係全域的問題上，一是閘垻管理必須嚴格，二是原有湖蕩不准開墾。

【正文】

蘇省江北運河由黄林莊起至瓜口止，以清江三閘爲中樞。自三閘以北可稱之爲中運河(此係沿近時普通名稱，包括舊時中運河、泇河在内)，自三閘以南可稱之爲裏運河(江寧輿圖或稱之爲下運河)。合中、裏兩運河全段，計受泗、沂、淮三水，而沭水與沂水亦有接近之勢。統籌江北全域，非兼治四水無以澹沈灾而興樂利。欲治四水又不可不兼顧運河之關係，故言江北水利者，必先以運爲綱領，而實際上則爲諸水各謀排泄之路乃有着手之處。

當運河未通、黄河未南徙之前，江北各邑皆受水之利，即偶然告灾，亦屬例外之事。自運通而後藉諸水濟運，形勢已小有變遷；至黄河南徙，諸水之綱領遂大爲紊亂，加以一再決口，水退沙停，有名之河湖皆爲填積。人力不足以勝天行，雖以精研水利之人任治水之責，亦不能不爲苟且補苴之計。蓋天然河渠因巨灾湮没，欲以人工河渠代之，本爲至難之事，況有運、黄兩重關係，勢不能不支節爲之，所不可解者則在黄河北徙之後耳。

黄河如戰争之大敵，幸而退却。凡爲敵人破壞之區域皆宜從事建設，修治河渠、盡力溝洫，勢不容緩。乃前清之秉政者，則晏安于上，河防官吏則敷衍于下。徐海兩屬❶蚩蚩之氓，見有可耕之土，不加規畫，任便墾治；豪强者或據有廣

❶ 徐海：即指徐州和連雲港地區，其中連雲港原稱海州，故名。

土，妨礙水道。淮揚兩屬雖水利規制舊經確定，而閘洞以下之農民，主張一部分之利益，亦不容依法啓閉，水小則供不應求，水大則分消無路，將來必致釀成巨灾，此可爲痛心疾首者也。

今因魯省治運，皖省治睢，警信疊傳。蘇省居魯、皖下游，亟謀防禦之策。就實際而論，魯省之關係輕，皖省關係重。魯省南運河來源厥爲汶泗，相傳汶水三分向北、七分向南，但因戴村埧減泄盛漲之水，汶水入南運者有所限制。泗水源短，非淮沂之比，爲害輕則協商較易。若皖省睢、渦、淝、澮諸河，舉其一可以敵泗，或且過之長淮，更無論矣。前此導淮計劃，蘇皖本有協商之機會，今則情勢變遷，各自爲謀，必有利害衝突之處，此爲蘇省所不可漠視者。

江北水利非限于淮、揚、徐、海四屬，而以四屬爲瘡巨痛深之地。四屬之利害與魯皖兩省實息息相通，必橫覽全域而後可以定厥方針，其中應分爲兩大端，一則對于鄰省之協商，一則對于本省之規畫，謹分别言之。

今先言對于魯省之協商。魯省南運河爲該省西南各縣之通道。以商業論，濟寧爲船貨集中之點，實賴交通之利，而南運流域之獨山、昭陽等湖亦爲農業灌溉之資。該省舊有湖泊，如安山、馬踏等湖涸廢已多，現有之湖不宜再涸。魯省有直接之利害，蘇省有間接之利害，唇齒相依，應進忠告。

再言對于皖省之協商。皖北古時壽春等處皆前人興修水利之區，因宋金對抗戰争，農事荒廢遂失水利，加以運河改道，修治無聞，黄流倒灌，淤沙停積，延至今日益演成農事粗劣之習慣。如大治河渠，必須兼營溝洫，譬如有田百頃，如去二十頃以爲溝洫，其所餘八十頃可得三倍之善價。上游之水既有溝洫爲之儲蓄，下游水患亦可減輕，此皖省所應注意者也。

由對于鄰省之協商，而進言對于本省之規畫，請先言汶泗之關係。汶泗入運以後，可概稱之曰運中。運河上游之來源在微山湖，微山湖入運之正道在湖口雙閘。此閘實爲魯蘇兩省緊要之關鍵。閘之啓閉，舊有定章，今宜詳加規定，由魯蘇兩省派員監視。其微湖分泄之道在藺家埧，埧之啓閉亦應加限制，保存微山湖儲水之量，以利交通，兼防微湖水涸農民占墾，湖益淤墊，將來水無所蓄，害中于下游，而邳宿先有告灾之慮矣。

再言沂水之關係。自盧口埧不修，沂水正流舍六塘河而出二道口、沙家口、徐塘口，而以二道口爲最寬深，中運河中段因之盛漲，邳宿同時告灾。今爲之下一斷語，曰：沂運分治，而酌留引沂濟運之關鍵，是宜重修盧口埧、挑浚六塘河上游駱馬湖，復沂故道。其經行之路現有二説，一由盧口埧以東，挑深舊河至周家口，一主畫一直綫逕達駱馬湖，不由周口故道，此二説須取決于工程計畫。而由駱馬湖接連總六塘河，兩岸宜築遥堤，束水歸槽，更由南北六塘河經過武障河、龍溝河達灌河口入海。沂運毘連之處，如車路口可改建石閘，劉老澗亦改建石閘，閘旁築減水垻，下通引河，則沂運界限分明矣。

沂之東則爲沭。自前清主沂沭分流，實爲不刊之論。如貫通沂沭之沙礓等河，不宜再浚，應注重前後薔薇河，引沭水出臨洪口。查薔薇河與六塘河情形相同，其下游近海，潮汐往來之處，雖冬令尚可通航，逐漸上溯則逐漸淤淺，是宜大加浚治，舍此别無良策。

請由淮北而進言淮南。淮與泗不同，泗入運以後，即以運爲排泄之路，淮但以運爲承轉之機關。如封閉三河垻，由張福口引河經三閘入裹運河，出瓜洲口與泗水形勢亦大略相同。無如伏秋盛漲，則三河垻不容不啓，更兼揚屬農田需水之時，須早開三河垻以資灌溉。三河垻一開，則洪湖之水由三河入高寶湖者占百分之九十餘分，其由張福口者僅百分中之數分而已，此主張導淮者不可不知也。

今人之主張或曰導淮入海，或曰導淮入江，不知淮河與運河不同。運河爲人工河，可以人力疏浚，淮河乃天然河，欲以人力泄此巨大之水量，其勞費與利益斷難相抵。至運河一衣帶水，不足當淮水尾閭。欲知淮水去路，須觀三河垻開放之時，淮水由五河東下，經洪澤、高寶諸湖通過江垻口，由石洋溝、八港口以出三江營，已隱符導淮入江之議。列邦河流由湖之上口而入、湖之下口而出者，其例正多，正不必拘于河渠之形式也。

近數百年海勢東遷，近海之區畎畝日闢，需乎水者至殷。而自黄河南徙以來，裹運河河底變爲北高南下，今古異形。往古江潮可達射陽湖，今則淮水直趨瓜洲口，故淮揚灌溉之利惟淮水是賴。淮揚兩屬，一年之中約有三百餘日受水利，僅六十日防水害。謀水利則重在蓄，去水害則重在泄。蓄之時，則三河垻、歸江垻不可不閉；泄之時，則三江垻❶、歸江垻不可不開。前此規畫淮南水利者具有苦心，固有無可厚非者也。

今先言治淮之第一義曰：淮南與淮北之水必須分治。淮北既爲汶、泗、沂、沭通過之地，再加一淮水，恐淮北之水患愈亟，且灌河入海河道寬廣不敵三江營，兼泄淮、沂兩水非所能任。若舍灌河口而用套子口，假用之途更短，又不如仍用淮水故道爲直接了當矣。

其第二義曰：泄淮流盛漲之水。一年之中，淮水爲患者約有二月，所宜注意者惟在此時。現時以張福口引河爲淮水入運正道，而以三河垻口泄淮水盛漲，于淮南形勢未嘗不合。但今年運河水志漲至一丈七尺四寸，去堤面僅有六寸，雖加築子堰而淫雨逾月，統計雨量有五六尺之多，水勢既逐日加高，而堤爲雨浸，土質鬆浮，設有潰決，則下五州縣人民生命財産何以保存？決口之害較之開

❶ 此處原文爲“三江垻”，疑爲“三河垻”之誤。

壩慘痛十倍，曩年清水潭決口，上河數十里内之船隻皆爲水勢所吸，片板不存；下游不經引河，無所歸束，汪洋一片。高寶湖底高處同時現出，不啻傾全湖之水成倒灌之勢。未雨綢繆，非多籌排泄之路不足以消隱患。

其籌排泄之路若何？曰：是在求之于裏運河北段與裏運河南段而已。裏運河北段可以出海之道有二，在三閘以北宜利用淤黄河。前人謂雲梯關以下水道爲鐵板沙所阻，今經調查知其不確。淤黄河近海之處，因潮水出入，河道并未湮廢。海泊進口其航行時尚能折戧，河道寬廣可知。由八灘上溯而至小集子，尚可再行二三十里至漣水境，其地點距楊莊土壩約七十里，如開寬二十丈、深七尺之河槽爲滾水之計，所費約在三十萬元以内，此一道也。其次，則利用射陽河。但射陽河與運河連貫之處宜加選擇，説者謂可由烏沙河，經魚濱河、蝦鬚河以達射陽河，但西段諸河并非寬深，與民産有無障礙不敢臆度，此假定之第二道也。二道之中宜先浚淤黄河。

至運河南段排泄之路，原有歸江十壩。除沙河壩泄水不暢外，其餘九壩口門約共寬三百丈，以應三河壩口一百二十丈之來源，原無不足。然遇淮水盛漲，運河流域雨量暴注，高寶湖水勢抬高，中運河同時并漲，由三閘建瓴而下，雖歸江壩亦宣泄不及，似宜特别注意或提早開放時間，或增加流量速度，苟引河深通，當有成效可睹。至裏運河中段由車邏壩引河通至南澄子河水道與靳文襄公計畫相同，曾經喬氏抗議未可輕言。緣車邏壩引河有堤之處僅長十餘里，下游如用爲水道，須築堤建閘，勞費甚巨，而入海之斗龍港又不及射河口遠甚，故列不入計畫之内。

統論淮南北全域，淮北害急，淮南害緩，淮北之來水急而短，淮南之來水緩而長。以災患論，則淮北重于淮南，以財賦論，則淮南重于淮北，謀淮北在去水害，謀淮南并須兼存水利，兩者相較，無可軒輊，如興工作實宜統籌兼顧。

關係全域之利害者尚有二端。其一，閘壩之啓閉須明定章程，以兼旬壅遏之水欲于一日排泄之，以不加愛惜之水欲于一日保存之，其勢必有所不能。即以泄水一端而論，一日能泄一寸之水，如早開十日即能泄一尺之水，謀之于預，則可消患于無形。此後，中、裏兩運河水利事宜，其事權必須歸一，如前清上游水利歸漕督專管，下游水利由江督派堤工局協同管理，下河水利又屬之于鹽運使，實多障礙，此種紊亂制度不可沿用于今日。

其二，則原有湖蕩不准開墾。凡湖蕩能容一里之水者，可以灌數十里之田，今圖新增一里之田，反使舊有數十里之田無水灌溉，豈非大錯？如涸此一里之田，再有所勞費以爲涸田之助，將來所得田價能償此勞費尚不可知，而原有數十里之田已受其影響，此有地方關係者所爲垂涕而道也。

兹事體大，愚昧之見未必得當，但心以謂危，不敢緘默。因會勘運河，得以道路所經，爲圖籍證實。謹草芻議，以爲討論、修正之資。其所議之界限，如軍事之屬于戰略者，其他工程計畫則有似戰術，爲本議所未及。不揣固陋，謹議。

【原文圖影】

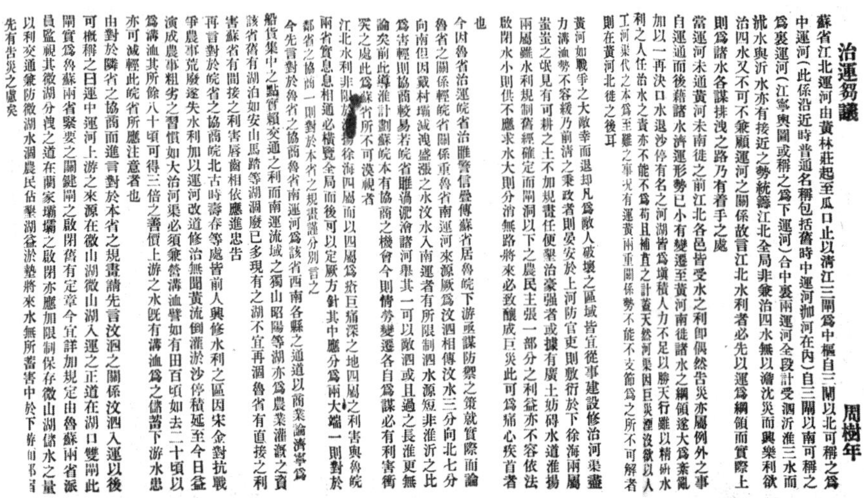

治運芻議　周樹年

蘇省江北運河由黃林莊起至瓜口止以清江三閘爲中樞自三閘以北可稱之爲中運河(此係沿近時普通名稱包括舊時中運河泇河在內)自三閘以南可稱之爲裏運河(江寧輿圖或稱之爲下運河)合中裏兩運河全段計受泗沂淮三水而洮水與沂水亦有接近之勢統籌江北全局非兼治四水無以濟沈災而興樂利欲治四水又不可不兼顧運河之關係故言江北水利者必先以運爲綱領而實際上則爲諸水各謀排洩之路乃有着手之處

當運河未通黃河未南徙之前江北各邑皆受水之利即偶然告災亦屬例外之事自運通而後藉諸水濟運形勢已小有變遷至黃河南徙諸水之綱領遂大爲紊亂加以一再決口水退沙停有名之河湖皆爲壤積人力不足以勝天行雖以精研水利之人任治水之責亦不能不爲苟且補苴之計蓋天然河渠因巨災湮沒欲以人工河渠代之本爲至難之事况有運黃兩重關係勢不能不支節爲之所不可解者則在黃河北徙之後耳

黃河如戰爭之大敵幸而退却凡爲敵人破壞之區域皆宜從事建設修治河渠盡力溝洫勢不容緩乃前淸之秉政者則晏安於上河防官吏則敷衍於下徐海兩屬蚩蚩之氓見有可耕之土不加規畫任便墾治豪强者或據有廣土妨碍水道淮揚兩屬雖水利規制舊經確定而閘洞以下之農民主張一部分之利益亦不容依法啟閉水小則供不應求水大則分消無路將來必致釀成巨災此可爲痛心疾首者也

今因魯省治運皖省治淮警信疊傳蘇省居魯皖下游亟謀防禦之策就實際而論魯省之關係輕皖省關係重魯省南運河來源厥爲汶泗相傳汶水三分向北七分向南但因戴村壩減洩盛漲之水汶水入南運者有所限制泗水源短非淮沂之比爲害輕則協商較易若皖省雖渦淝澮諸河舉其一可以敵泗或且過之長淮更無論矣前此導淮計劃蘇皖本有協商之機會今則情勢變遷各自爲謀必有利害衝突之處此爲蘇省所不可漠視者

江北水利非[illegible]徐海四屬而以四屬爲疮巨痛深之地四屬之利害與魯皖兩省實息息相通必橫覽全局而後可以定厥方針其中應分爲兩大端一則對於鄰省之協商一則對於本省之規畫謹分別言之

今先言對於魯省之協商魯省南運河爲該省西南各縣之通道以商業論濟寧爲船貨集中之點實賴交通之利而南運流域之獨山昭陽等湖亦爲農業灌溉之資該省舊有湖泊如安山馬踏等湖涸廢已多現有之湖不宜再涸魯省有直接之利害蘇省有間接之利害脣齒相依應進忠告

再言對於皖省之協商皖北古時壽春等處皆前人興修水利之區因宋金對抗戰爭農事荒廢遂失水利加以運河改道修治無聞黃流倒灌淤沙停積延至今日益演成農事粗劣之習慣如大治河渠必須兼營溝洫譬如有田百頃如去二十頃以爲溝洫其所餘八十頃可得三倍之善價上游之水既有溝洫爲之儲蓄下游水患亦可減輕此皖省所應注意者也

由對於隣省之協商而進言對於本省之規畫請先言汶泗之關係汶泗入運以後可概稱之曰運中運河上游之來源在微山湖微山湖入運之正道在湖口雙閘此閘實爲魯蘇兩省緊要之關鍵閘之啟閉舊有定章今宜詳加規定由魯蘇兩省派員監視其微湖分洩之道在藺家壩壩之啟閉亦應加限制保存微山湖儲水之量以利交通兼防微湖水涸農民佔墾湖益淤墊將來水無所蓄害中於下[illegible]先有告災之虞矣

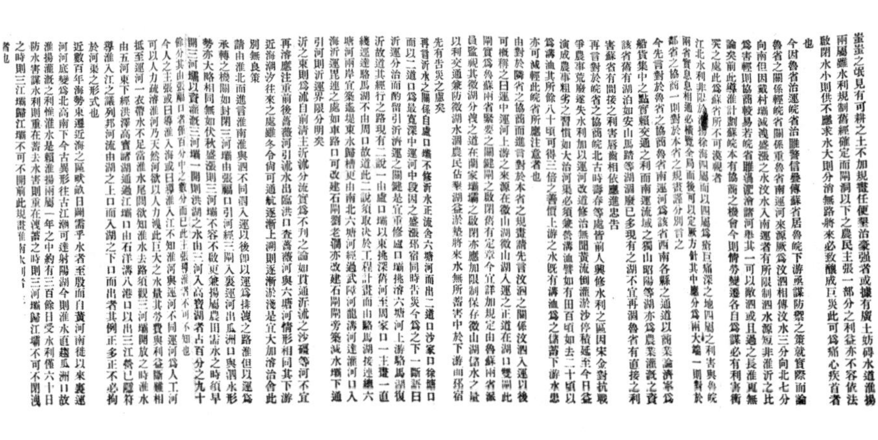

再言對於皖省之協商皖北古時壽春等處皆前人興修水利之區因宋金對抗戰
爭農事荒廢遂失水利加以運河改道修治無聞黃流倒灌淤沙停積延至今日益
演成農事粗劣之習慣如大治河渠必須兼營溝洫譬如有田百頃如去二十頃以
爲溝洫其所餘八十頃可得三倍之著價上游之水既有溝洫爲之儲蓄下游水患
亦可減輕此皖省所應注意者也
由對於隣省之協商而進言對於本省之規畫請先言汶泗之關係汶泗入運以後
可概稱之曰運中運河上游之來源在微山湖微山湖入運之正道在湖口雙閘此
閘實爲魯蘇兩省緊要之關鍵閘之啟閉舊有定章今宜詳加規定由魯蘇兩省派
員監視其微湖分洩之道在藺家壩壩之啟閉亦應加限制保存微山湖儲水之量
以利交通兼防微湖水涸農民佔墾湖益淤墊將來水無所蓄害中於下游而邳宿
先有告災之虞矣
再言沂水之關係自盧口壩不修沂水正流含六塘河而出二道口沙家口徐塘口
而以二道口爲最寬深中運河中段因之盛漲邳宿同時告災今爲之下一斷語曰
沂運分治而酌留引沂濟運之關鍵是宜重修盧口壩挑濬六塘河上游駱馬湖復
沂故道其經行之路現有二說一由盧口壩以東挑深舊河至周家口一主壟一直
綫逕達駱馬湖不由周口故道此二說須取決於工程計畫而由駱馬湖接連總六
塘河兩岸宜築遙堤束水歸槽更由南北六塘河經過武障河龍溝河達灌河口入
海沂運毘連之處如車路口可改建石閘劉老澗亦改建石閘閘旁築減水壩下通
引河則沂運界限分明矣
沂之東則爲沭自前清主沂沭分流實爲不刊之論如貫通沂沭之沙礓等河不宜
再濬應注重前後薔薇河引沭水出臨洪口查薔薇河與六塘河情形相同其下游
近海潮汐往來之處雖多今尚可通航逐漸上溯則逐漸淤淺是宜大加濬治舍此
別無良策
請由淮北而進言淮南淮與泗不同泗入運以後即以運爲排洩之路淮但以運爲
承轉之機關如封閉三河壩由張福口引河經三閘入裏運河出瓜洲口與泗水形
勢亦大略相同無如伏秋盛漲則三河壩不容不啟更兼揚屬農田需水之時須早
開三河壩以資灌漑三河壩一開則洪湖之水由三河入高寶湖者占百分之九十
餘分其由張福口者僅百分中之數分而已此主張導淮者不可不知也
今人之主張或曰導淮入海或曰導淮入江不知淮河與運河不同運河爲人工河
可以人力疏濬淮河乃天然河欲以人力洩此巨大之水量其勞費與利益斷難相
抵至運河一衣帶水不足當淮水尾閭欲知淮水去路須觀三河壩開放之時淮水
由五河東下經洪澤高寶諸湖通過江壩口由石洋溝八港口以出三江營已隱符
導淮入江之議列邦河流由湖之上口而入湖之下口而出者其例正多正不必拘
於河渠之形式也
近數百年海勢東遷近海之區畎畝日闢需乎水者至殷而自黃河南徙以來裏運
河河底變爲北高南下今古異形往古江潮可達射陽湖今則淮水直趨瓜洲口故
淮揚灌漑之利惟淮水是賴淮揚兩屬一年之中約有三百餘日受水利僅六十日
防水害謀水利則重在蓄去水害則重在洩蓄之時則三河壩歸江壩不可不閉洩
之時則三江壩歸江壩不可不開前此規畫淮南水利者具有苦心固有未可厚非
者也
今先言治淮之第一義曰淮南與淮北之水必須分治淮北既爲汶泗沂沭通過之
地再加一淮水恐淮北之水患愈亟且灌河入海河道寬廣不敵三江營兼洩淮沂
兩水非所能任若含灌河口而用套子口假用之途更短又不如仍用淮水故道爲
直接了當矣
其第二義曰洩淮流盛漲之水一年之中淮水爲患者約有二月所宜注意者惟在
此時現時以張福口引河爲淮水入運正道而以三河壩口洩淮水盛漲於淮南形
勢未嘗不合但今年運河水誌漲至一丈七尺四寸去隄面僅有六寸雖加桀子堰
而霪雨逾月統計雨量有五六尺之多水勢既逐日加高而隄爲雨浸土質鬆浮設
有潰決則下五州縣人民生命財產何以保存決口之害較之開壩慘痛十倍曩年
清水潭決口上河數十里內之船隻皆爲水勢所吸片板不存下游不經引河無所
歸東汪洋一片高寶湖底高處同時現出不曾傾全湖之水成倒灌之勢未雨綢繆
非多籌排洩之路不足以消隱患
其籌排洩之路若何曰是在求之於裏運河北段與裏運河南段而已裏運河北段
可以出海之道有二在三閘以北宜利用淤黃河前人謂雲梯關以下水道爲鐵板
沙所阻今經調查知其不確淤黃河近海之處因潮水出入河道並未淤廢海泊進
口其航行時倘能折截河道寬廣可

沂故道其經行之路現有二說一由盧口壩以東挑深舊河至周家口一主壟一直
綫逕達駱馬湖不由周口故道此二說須取決於工程計畫而由駱馬湖接連總六
塘河兩岸宜築遙堤束水歸槽更由南北六塘河經過武障河龍溝河達灌河口入
海沂運毘連之處如車路口可改建石閘劉老澗亦改建石閘閘旁築減水壩下通
引河則沂運界限分明矣
沂之東則爲沭自前清主沂沭分流實爲不刊之論如貫通沂沭之沙礓等河不宜
再濬應注重前後薔薇河引沭水出臨洪口查薔薇河與六塘河情形相同其下游
近海潮汐往來之處雖多今尚可通航逐漸上溯則逐漸淤淺是宜大加濬治舍此
別無良策
請由淮北而進言淮南淮與泗不同泗入運以後即以運爲排洩之路淮但以運爲
承轉之機關如封閉三河壩由張福口引河經三閘入裏運河出瓜洲口與泗水形
勢亦大略相同無如伏秋盛漲則三河壩不容不啟更兼揚屬農田需水之時須早
開三河壩以資灌漑三河壩一開則洪湖之水由三河入高寶湖者占百分之九十
餘分其由張福口者僅百分中之數分而已此主張導淮者不可不知也
今人之主張或曰導淮入海或曰導淮入江不知淮河與運河不同運河爲人工河
可以人力疏濬淮河乃天然河欲以人力洩此巨大之水量其勞費與利益斷難相
抵至運河一衣帶水不足當淮水尾閭欲知淮水去路須觀三河壩開放之時淮水
由五河東下經洪澤高寶諸湖通過江壩口由石洋溝八港口以出三江營已隱符
導淮入江之議列邦河流由湖之上口而入湖之下口而出者其例正多正不必拘
於河渠之形式也
近數百年海勢東遷近海之區畎畝日闢需乎水者至殷而自黃河南徙以來裏運
河河底變爲北高南下今古異形往古江潮可達射陽湖今則淮水直趨瓜洲口故
淮揚灌漑之利惟淮水是賴淮揚兩屬一年之中約有三百餘日受水利僅六十日
防水害謀水利則重在蓄去水害則重在洩蓄之時則三河壩歸江壩不可不閉洩
之時則三江壩歸江壩不可不開前此規畫淮南水利者具有苦心固有未可厚非
者也
今先言治淮之第一義曰淮南與淮北之水必須分治淮北既爲汶泗沂沭通過之
地再加一淮水恐淮北之水患愈亟且灌河入海河道寬廣不敵三江營兼洩淮沂
兩水非所能任若含灌河口而用套子口假用之途更短又不如仍用淮水故道爲
直接了當矣
其第二義曰洩淮流盛漲之水一年之中淮水爲患者約有二月所宜注意者惟在
此時現時以張福口引河爲淮水入運正道而以三河壩口洩淮水盛漲於淮南形
勢未嘗不合但今年運河水誌漲至一丈七尺四寸去隄面僅有六寸雖加桀子堰
而霪雨逾月統計雨量有五六尺之多水勢既逐日加高而隄爲雨浸土質鬆浮設
有潰決則下五州縣人民生命財產何以保存決口之害較之開壩慘痛十倍曩年
清水潭決口上河數十里內之船隻皆爲水勢所吸片板不存下游不經引河無所
歸東汪洋一片高寶湖底高處同時現出不曾傾全湖之水成倒灌之勢未雨綢繆
非多籌排洩之路不足以消隱患
其籌排洩之路若何曰是在求之於裏運河北段與裏運河南段而已裏運河北段
可以出海之道有二在三閘以北宜利用淤黃河前人謂雲梯關以下水道爲鐵板
沙所阻今經調查知其不確淤黃河近海之處因潮水出入河道並未淤廢海泊進
口其航行時倘能折截河道寬廣可知由八灘上溯而至小集子尚可再行二三十
里至漣水境其地點距楊莊土壩約七十里如開寬二十丈深七尺之河槽爲滾水
之計所費約在三十萬元以內此一道也其次則利用射陽河但射陽河與運河連
貫之處宜加選擇說者謂可由烏沙河經魚濱河蝦鬚河以達射陽河但西段諸河
並非寬深與民産有無障碍不敢臆度此假定之第二道也二道之中宜先濬淤黃
河
至運河南段排洩之路原有歸江十壩除沙河壩洩水不暢外其餘九壩口門約共
寬三百丈以應三河壩口一百二十丈之來源原無不足然遇淮水盛漲運河流域
雨量暴注高寶湖水勢抬高中運河同時並漲由三閘建瓴而下雖歸江壩亦宜洩
不及似宜特別注意或提早開放時間或增加流量速度苟引河深通當有成效可
覩至裏運河中段由車邏壩引河通至南澄子河水道與新文襄計畫相同曾經翁
氏抗議未可輕言緣車邏壩引河有隄之處僅長十餘里下游如用爲水道須築堤
建閘勞費甚巨而入海之闞龍港又不及射河口遠甚故列不入計畫之內
統論淮南北全局淮北害急淮南害緩淮北之來水急而短淮南之來水緩而長
巢患論則淮北重於淮南以財賦論則淮南重於淮北謀淮北在去水害謀淮南

今人之主張或曰導淮入海或曰導淮入江不知淮河與運河不同運河爲人工河
可以人力疏濬淮河乃天然河欲以人力洩此巨大之水量其勞費與利益斷難相
抵至運河一衣帶水不足當淮水尾閭欲知淮水去路須觀三河壩開放之時淮水
由五河東下經洪澤高寶諸湖通過江壩口由石洋溝八港口以出三江營已隱符
導淮入江之議列邦河流由湖之上口而入湖之下口而出者其例正多正不必拘
於河渠之形式也
近數百年海勢東遷近海之區畎畝日闢需乎水者至殷而自黃河南徙以來裏運
河河底變爲北高南下今古異形往古江潮可達射陽湖今則淮水直趨瓜洲口故
淮揚灌漑之利惟淮水是賴淮揚兩屬一年之中約有三百餘日受水利僅六十日
防水害謀水利則重在蓄去水害則重在洩蓄之時則三河壩歸江壩不可不閉洩
之時則三江壩歸江壩不可不開前此規畫淮南水利者具有苦心固有未可厚非
者也
今先言治淮之第一義曰淮南與淮北之水必須分治淮北既爲汶泗沂沭通過之
地再加一淮水恐淮北之水患愈亟且灌河入海河道寬廣不敵三江營兼洩淮沂
兩水非所能任若含灌河口而用套子口假用之途更短又不如仍用淮水故道爲
直接了當矣
其第二義曰洩淮流盛漲之水一年之中淮水爲患者約有二月所宜注意者惟在
此時現時以張福口引河爲淮水入運正道而以三河壩口洩淮水盛漲於淮南形
勢未嘗不合但今年運河水誌漲至一丈七尺四寸去隄面僅有六寸雖加桀子堰
而霪雨逾月統計雨量有五六尺之多水勢既逐日加高而隄爲雨浸土質鬆浮設
有潰決則下五州縣人民生命財產何以保存決口之害較之開壩慘痛十倍曩年
清水潭決口上河數十里內之船隻皆爲水勢所吸片板不存下游不經引河無所
歸東汪洋一片高寶湖底高處同時現出不曾傾全湖之水成倒灌之勢未雨綢繆
非多籌排洩之路不足以消隱患
其籌排洩之路若何曰是在求之於裏運河北段與裏運河南段而已裏運河北段
可以出海之道有二在三閘以北宜利用淤黃河前人謂雲梯關以下水道爲鐵板
沙所阻今經調查知其不確淤黃河近海之處因潮水出入河道並未淤廢海泊進
口其航行時倘能折截河道寬廣可知由八灘上溯而至小集子尚可再行二三十
里至漣水境其地點距楊莊土壩約七十里如開寬二十丈深七尺之河槽爲滾水
之計所費約在三十萬元以內此一道也其次則利用射陽河但射陽河與運河連
貫之處宜加選擇說者謂可由烏沙河經魚濱河蝦鬚河以達射陽河但西段諸河
並非寬深與民産有無障碍不敢臆度此假定之第二道也二道之中宜先濬淤黃
河
至運河南段排洩之路原有歸江十壩除沙河壩洩水不暢外其餘九壩口門約共
寬三百丈以應三河壩口一百二十丈之來源原無不足然遇淮水盛漲運河流域
雨量暴注高寶湖水勢抬高中運河同時並漲由三閘建瓴而下雖歸江壩亦宜洩
不及似宜特別注意或提早開放時間或增加流量速度苟引河深通當有成效可
覩至裏運河中段由車邏壩引河通至南澄子河水道與新文襄計畫相同曾經翁
氏抗議未可輕言緣車邏壩引河有隄之處僅長十餘里下游如用爲水道須築堤
建閘勞費甚巨而入海之闞龍港又不及射河口遠甚故列不入計畫之內
統論淮南北全局淮北害急淮南害緩淮北之來水急而短淮南之來水緩而
巢患論則淮北重於淮南以財賦論則淮南重於淮北謀淮北在去水害謀淮
須兼存水利兩者相較無可軒輊如興工作實宜統籌兼顧
關係全局之利害者尚有二端其一閘壩之啟閉須明定章程以兼旬車邏之
於一日排洩之以不加愛惜之水欲於一日保存之其勢必有所不能即以洩
端而論一日能洩一寸之水如早開十日即能洩一尺之水謀之於先則可消
無形此後中裏兩運河水利事宜其事權必須歸一如前清上游水利歸漕督
下游水利由江督派隄工局協同管理下河水利又屬之於鹽運使實多障礙
紊亂制度不可沿用於今日
其二則原有湖蕩不准開墾凡湖蕩能容一里之水者可以灌數十里之田今
增一里之田反使舊有數十里之田無水灌漑豈非大錯如涸此一里之田再
勞費以爲涸田之助將來所得田價能償此勞費倘不可知而原有數十里之
受其影響此有地方關係者所爲垂涕而道也
茲事體大愚昧之見未必得當但心以謂危不敢緘默因會勘運河得以道路
爲圖籍證實謹草芻議以爲討論修正之資其所議之界限如軍事之屬於戰
其他工程計畫則有似戰術爲本義所

防水害謀水利則重在蓄去水害則重在洩蓄之時則三河壩歸江壩不可不閉洩之時則三江壩歸江壩不可不開前此規畫淮南水利者具有苦心固有未可厚非者也

今先言治淮之第一義曰淮南與淮北之水必須分治淮北既爲汶泗沂沭通過之地再加一淮水恐淮北之水患愈亟且灌河入海河道寬廣不敵三江營兼洩淮沂兩水非所能任若舍灌河口而用套子口假用之途更短又不如仍用淮水故道爲直捷了當矣

其第二義曰洩淮流盛漲之水一年之中淮水爲患者約有二月所宜注意者惟在此時現時以張福口引河爲淮水入運正道而以三河壩口洩淮水盛漲於淮南形勢未嘗不合但今年運河水誌漲至一丈七尺四寸去隄面僅有六寸雖加築子堰而淫雨逾月統計雨量有五六尺之多水勢既逐日加高而隄爲雨浸土質鬆浮設有潰決則下五州縣人民生命財產何以保存決口之害較之開壩慘痛十倍曩年清水潭決口上河數十里內之船隻皆爲水勢所吸片板不存下游不經引河無所歸束汪洋一片高寶湖底高處同時現出不啻傾全湖之水成倒灌之勢未雨綢繆非多籌排洩之路不足以消隱患

其籌排洩之路若何曰是在求之於裏運河北段與裏運河南段而已裏運河北段可以出海之道有二在三閘以北宜利用淤黃河前人謂雲梯關以下水道爲鐵板沙所阻今經調查知其不確淤黃河近海之處因潮水出入河道並未湮廢海泊進口其航行時尚能折截河道寬廣可知由八灘上溯而至小集子尚可再行二三十里至漣水境其地點距楊莊土壩約七十里如開寬二十丈深七尺之河槽爲滾水之計所費約在二十萬元以內此一道也其次則利用射陽河但射陽河與運河連貫之處宜加選擇說者謂可由烏沙河經魚濱河蝦鬚河以達射陽河但西段諸河並非寬深與民產有無障礙不敢臆度此假定之第二道也二道之中宜先濬淤黃河

至運河南段排洩之路原有歸江十壩除沙河壩洩水不暢外其餘九壩口門約共寬三百丈以應三河壩口一百二十丈之來源原無不足然遇淮水盛漲運河流域雨量暴注高寶湖水勢抬高中運河同時並漲由三閘建瓴而下雖歸江壩亦宣洩不及似宜特別注意或提早開放時間或增加流量速度苟引河深通當有成效可覩至裏運河中段由車邏壩引河通至南澄子河水道與蘅文襄計畫相同曾經喬氏抗議未可輕言緣車邏壩引河有隄之處僅長十餘里下游如用爲水道須築堤建閘勞費甚巨而入海之關龍港又不及射河口遠甚故列不入計畫之內

統論淮南北全局淮北害急淮南害緩淮北之來水急而短淮南之來水緩而長以災患論則淮北重於淮南以財賦論則淮南重於淮北謀淮北在去水害謀淮南並須兼存水利兩者相較無可軒輊如興工作實宜統籌兼顧

關係全局之利害者尚有二端其一閘壩之啟閉須明定章程以兼旬壅遏之水欲於一日排洩之以不加愛惜之水欲於一日保存之其勢必有所不能即以洩水一端而論一日能洩一寸之水如早開十日即能洩一尺之水謀之於預則可消患於無形此後中裏兩運河水利事宜其事權必須歸一如前清上游水利歸漕督專管下游水利由江督派隄工局協同管理下河水利又屬之於鹽運使實多障礙此種紊亂制度不可沿用於今日

其二則原有湖蕩不准開墾凡湖蕩能容一里之水者可以灌數十里之田今圖新增一里之田反使舊有數十里之田無水灌溉豈非大錯如涸此一里之田再有所勞費以爲涸田之助將來所得田價能償此勞費尚不可知而原有數十里之田已受其影響此有地方關係者所爲垂涕而道也

茲事體大愚昧之見未必得當但心以謂危不敢緘默因會勘運河得以道路所經爲圖籍證實謹草芻議以爲討論修正之資其所議之界限如軍事之屬於戰略者其他工程計畫則有似戰術爲本議所未及不揣固陋謹議

微山湖實不能爲水櫃之平議

【簡介】

微山湖像一個水盤，容量有限。江蘇方面認爲山東大治湖河，將微山湖作爲歸納來水的尾閭，如果實施，沛縣有成爲澤國的風險，又聽説南京會議(第二次蘇魯會議)表決:“蘇魯湖河皆保存現有面積，俟兩省會同勘運，酌平河底，再議施工”。乘此機會，于是沛縣、銅山縣農會協議會提出以下訴求:一是上游湖河保持原面積，不得任意開挑;二是湖口雙閘立定啓閉標准，山東和江蘇兩省派人共同管理。

【正文】

微湖一水盤也。形橢圓，襟銅帶沛，長百餘里，寬折中約廿五里。十數年前，水深丈一尺，今通常只一二尺，或二三尺，至深至四尺，止有標志可據。淤久幾平，容水量極少。本年十月十四號，實地測勘，湖口壩西十里内，水至深處僅二尺餘，此其鐵證也。據土人言該湖歷史，每十年淤墊三尺有奇，近七八年淤且至六七尺。目今形勢，入湖十里，水不盈尺。每遇伏秋盛漲，上游接昭陽湖，并山左❶老旺、蜀山、坡里、南陽諸湖一帶，汪洋迤邐，灌輸而下。此外，嘉、魚、豐、碭❷數縣之無數河流亦直接、間接匯歸該湖。以有限平淤之湖，受無量數之水，濱湖良田動遭波及。迭議疏通下游藺家垻之舊河形以從事宣泄，迄未果。去歲陡聞山東大治湖河，除沂水由邳東入運外，幾欲舉汶水、泗水并老旺、蜀山、坡里、南陽諸湖，浚深牛頭河與諸湖連接處，盡以微湖爲歸納之尾閭，其效果克將東省久入沈之田，涸出六七百萬畝。噫，是以鄰爲壑之政策也。此策果行，其不至使我沛西境城子廟起至銅東境由邳入運之龔家渡止，延袤數百里之土地、人民盡成澤國、共付波臣不止。而或爲解者曰:微湖邊際築一堤，用作水櫃，使收束東水，不至泛濫，不亦可乎?然爲上游計，則得試問西南面，沓至之水將何所歸?其增一小微湖耶?抑湖之外，更有附屬成水者耶?近聞官紳會勘畢，寧垣會議表決:“蘇魯湖河皆保存現有面積，俟兩省會同勘運，酌平河底，再議施工。”乘此事件，爰召集兩縣濱湖會員開一協議會，公決數端，敢爲一訴:

一上游湖河，均仍其舊，如汶河、泗河、牛頭河及蜀山、南旺諸湖連接處，不

---

❶ 山左:山東舊時别稱，“山”係太行山。蓋古人坐北朝南，以太行南向，左側即爲山東。

❷ 即嘉祥、魚台、豐、碭山數縣。

得任意開挑，以堅執保存現有面積之原議。

一微湖爲蘇魯湖河關鍵，利害綦切，兩省會勘運河時，須通知銅沛兩縣推員隨同履勘。

一湖口雙閘立定啓閉標准，蘇魯派員會同管理。至修運河以利交通，理本正當，然必配平河底，雙方協議下游先施工，上游始克着手，此又治河順序，無待言者。

總之，微湖現狀成一平盤，決不能蓄水以害田，亦不能放水以涸田。至商量標志尺寸，籌蓄水多寡，看似事實，實理論上問題。以上游千數百里湖河，高屋建瓴、無量無情之水，中國速成測量員無經驗之眼光，洶洶將我銅沛百數十方里、八九十萬人之生命財産輕于一試，事前誰保其險害？至誰執其咎？設蹈不測，濱湖民俗獷悍，至必出于鋌而走險之一途。高明君子諒不河漢斯言。

江蘇沛銅山縣農會協議會謹擬

中華民國五年十一月十五號

【原文圖影】

微山湖實不能爲水櫃之平議

微湖一水盤也形橢圓襟銅帶沛長百餘里寬折中約廿五里十數年前水深丈一尺今通常只一二尺或二三尺至深至四尺止有標誌可據淤久幾平容水量極少本年十月十四號實地測勘湖口壩西十里內水至深處僅二尺餘此其鐵證也據土人言該湖歷史每十年淤墊三尺有奇近七八年淤且至六七尺目今形勢入湖十里水不盈尺每遇伏秋盛漲上游接昭陽湖并山左老旺蜀山坡里南陽諸湖一帶汪洋迤邐灌輸而下此外嘉魚豐碭數縣之無數河流亦直接間接匯歸該湖以有限平淤之湖受無量數之水潰湖良田動遭波及迭議疏通下游藺家壩之舊河形以從事宣洩迄未果去歲陡聞山東大治湖河除沂水由邳東入運外幾欲舉汶水泗水并老旺蜀山坡里南陽諸湖濬深牛頭河與諸湖連接處盡以微湖爲歸納之尾閭其効果克將東省久入沈之田涸出六七百萬畝噫是以鄰爲壑之政策也此策果行其不至使我沛西境城子廟起至銅東境由邳入運之龔家渡止延袤數百里之生地人民盡成澤國共付波臣不止而或爲解者曰微湖邊際築一堤用作水櫃使收束東水不至泛濫不亦可乎然爲上游計則得試問西南面沓至之水將何所歸其增一小微湖耶抑湖之外又有附屬成水者耶近聞官紳會勘畢寧垣會議表決蘇魯湖河皆保存現有面積俟兩省會同勘運配平河底再議施工乘此時間爰召集兩縣濱湖會員開一協議會公決數端敢爲一訴一上游湖河均仍其舊如汶河泗河牛頭河及蜀山南旺諸湖連接處不得任意開挑以堅執保存現有面積之原議一微湖爲蘇魯湖河關鍵利害綦切兩省會勘運河時須通知銅沛兩縣推員隨同履勘一湖口雙閘立定啟閉標準蘇魯派員會同管理至脩運河以利交通理本正當然必配平河底雙方協議下游先施工上游始克着手此又治河秩序無待言者總之微湖現狀成一平盤決不能蓄水以害田亦斷不能放水以涸田至商量標誌尺寸籌蓄水多寡看似事實實理論上問題以上游千數百里湖河高屋建瓴無量無情之水中國速成測量員無經驗之眼光洶洶將我銅沛百數十方里八九十萬人之生命財產輕於一試事前誰保其險害至誰執其咎設蹈不測濱湖民俗獷悍至必出於鋌而走險之一途高明君子諒不河漢斯言

江蘇沛銅山縣農會協議會謹擬

中華民國五年十一月十五號

長江水之細沙❶

【簡介】

本文簡述了長江水中細沙與流域及流速的關係，估算了每年細沙的總量。

【正文】

（一）細沙與流域及流速之關係

凡水中微細物質，其立體對徑不至百分之一英寸者，曰“細沙”。流水中所含細沙之成分賴：（一）❷流域之土質；（二）水流之速度。流域土質鬆散，土被水沖而散爲細沙者必多；土質堅結，土拒水力而卒被沖爲細沙者必少。然以同一之水流速度，其被沖爲細沙者之多寡，惟視土質之鬆堅；土質鬆、細沙多，土質堅、細沙少。而以相同之流域土質，其細沙之多寡，固亦視水流之速度，水流速、含沙必多。設更有以速水流，則水非惟能運其素含之細沙，且將沖蝕岸底，以至水沖力與土拒性相等而後止，此岸落底鍋之所由來也。水流緩，含沙必少，苟更有以滯水流，則其素含之細沙，將逐漸下沉，以迄細沙量與水運力❸相稱而後止，此沙灘、沙堤之所由成也。由此言之，河流細沙與流域土質及水流速度之關係，固彰彰矣。

（二）長江細沙之約量

長江所含細沙之來源最大者，爲宜昌以上之紅土。紅土面積約十萬方英里。在四川東部，紅土鬆散，易爲水沖，順水流下，抵蕪湖江水含沙，平均約爲流水重量之一萬分之五（參觀浚浦局之揚子灣報告書第六十八頁至六十九頁❹）。今假定細沙之比重爲一點四（SP－G：r.＝1.4,）及蕪湖流量每秒鐘爲一百萬立方呎（見揚子灣報告第六十五頁），則蕪湖江水含沙每秒鐘當爲三百五十立方呎。每年三百六十日，江水含沙約爲一萬一千兆立方呎（350×24×60×60×

---

❶　本文所據原稿爲手稿，未署名。查《全國報刊索引》，在1923年《河海季刊》第1卷第1期載有作者署名徐南騶的《長江水之細沙》，兩相比對，内容相當，本文仍以手稿爲底本校點，特此説明。徐南騶（生卒不詳）：又名徐乃仁，江蘇吴江人，美國康奈爾大學碩士，1932年任浙江大學土木工程學系副教授。參考范今朝、吴劍：《國立浙江大學初期的教師聘任制度及最早一批教授情況》，《浙江檔案》2018年第10期。

❷　原文如此標號。

❸　《河海季刊》稿此處無“力”字。

❹　若無特別説明，本文括號内内容均爲原注。

360＝10886400000 cu,ft)。此沙堆積,高可十英尺,面積可四十方英里,計重約四萬萬噸。每年細沙總量既若如其多矣❶。苟不設法而暢泄之,則長江航綫,將不久而淤塞矣。可不惜哉!

【原文圖影】

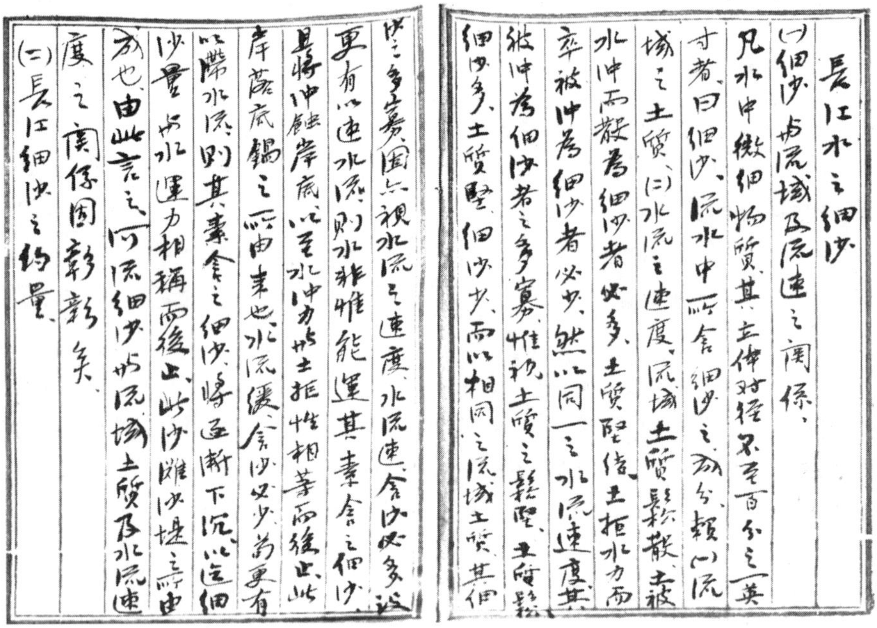
長江水之細沙

(一)細沙與流域及流速之關係,

凡水中微細物質,其直徑不至百分之一英寸者,曰細沙。流水中所含細沙之成分,類以流域之土質、(二)水流之速度。流域土質鬆散,土被水沖而散,為細沙者必多。土質堅結,土拒水力而卒被沖為細沙者必少。然以同一之水流速度,其被沖為細沙者之多寡,惟視土質之鬆堅。土質鬆細沙多,土質堅細沙少。而以相同之流域土質,其細沙之多寡,固亦視水流之速度。水流速,含沙必多,設更有以速水流,則水非惟能運其素含之細沙,且將沖蝕岸底以益水中,由於土拒性相等而後止。此岸落底錫之所由來也。水流緩,含沙必少,若更有以滯水流,則其素含之細沙,將逐漸下沉,以益細沙量與水運力相稱而後止。此沙灘沙堤之所由成也。由此言之,可流細沙與流域土質及水流速度之關係,固彰彰矣。

(二)長江細沙之約量。

---

❶ 《河海季刊》稿此處爲“既若是其多”。

長江所含細沙之來源最大者為宜昌以上之紅土，紅土面積約十萬方英里，在四川東部，紅土鬆散，易為水沖，順水流下，抵蕪湖，江水含沙平均約為流水重量之一萬分之五（參觀濬浦局之揚子灣報告書第六十八頁至六十九頁）今假定細沙之比重為一點四（Sp. gr.=1.4）及蕪湖流量每秒鐘為一百萬立方呎（見揚子灣報告第六十五頁）則蕪湖江水含沙，每秒鐘當為三百五十立方呎，每年三百六十日江水含沙約為一一.000.000.000立方呎（350×24×60×60×360=10886400000足矣）此沙堆積，高可十英尺，面積可四十方英里，計重約四萬萬噸，每年細沙總量既如其多矣，苟不設法而暢洩之，則長江航綫將不久而淤塞矣，可不懼哉。

鄂境大江形勢變遷述略[1]

【簡介】

全文略述長江各端形勢變遷。

【正文】

大江源出青海東部，合岷蜀經流，吞名川數十，所納山谷溪澗不可勝數。重崖疊巇，沙石并下，挾漲以部八千餘里，屈曲萬山之中，至湖北之宜昌始漸趨平陸，經枝江九十九洲盤行鬱怒，下江陵則兩岸皆平壤，江始騁其奔騰衝突之勢，横馳旁齧，無漫羈勒，而害乃獨中于荆州一郡，于是有萬城古堤以爲之障，其南岸則有虎渡口之分泄，經○公、石首、澧縣、安鄉以入洞庭，周八百里，恣其游泳以殺其怒，然後經巴陵而後下合于江。《禹貢》之文曰："岷山導江，東别爲沱，又東至于澧，過九江至于東陵"。按水自江出爲沱、澧，即今澧縣，九江即今洞庭；以九水所入得名東陵，即今巴陵。由是一言之神禹導江之績，固數千年獨蒙其利也。

自光緒初元，虎渡下游藕池口決，則洞庭北部年淤一年。一時饒于財者，漫從而經營懇闢。不三十年，彈丸南洲拓而爲廳矣。昔號八百里者，現存不及向者之半。君山昔稱神○，髣髴海上三山，今則冬春水涸，徒步可察其狹也，如彼其淺也。又如此大江，是至頓失一洄漩停瀦之區，而形勢一變。

巴陵以下至湖北武昌省城，數百里間，南北兩岸湖泊不下數十，而以大江南岸湖面爲尤，廣闊如湯遜、梁子、保安、黄塘諸湖各周百數十里，亦江水亦大吞吐之區也。比以鄂粤深築路，慮或漫溢，于是上自金口、下訖青山，沿江築堤，綿亘百里，江水點滴不得入湖，大江至是又失一洄漩停瀦之區，而形勢又一變。

武昌以下湖之著者，無如鄱陽，然未土其地其詳，不可得患。據聞鄱陽之淤淺亦日甚一日。是江自宜昌以下，節節得病，而水量如故，一遇大水之年，勢必處處爲害，下游更無可倖免。循是以往，恐東南將有大水患，其患不外，水自爲地以遂其纔下之性，此則導之事理，而決其勢者必至，特上起荆楚下訖○，會見于何處，爲不可知耳。

---

[1] 原文爲手稿，未署名。

【原文圖影】

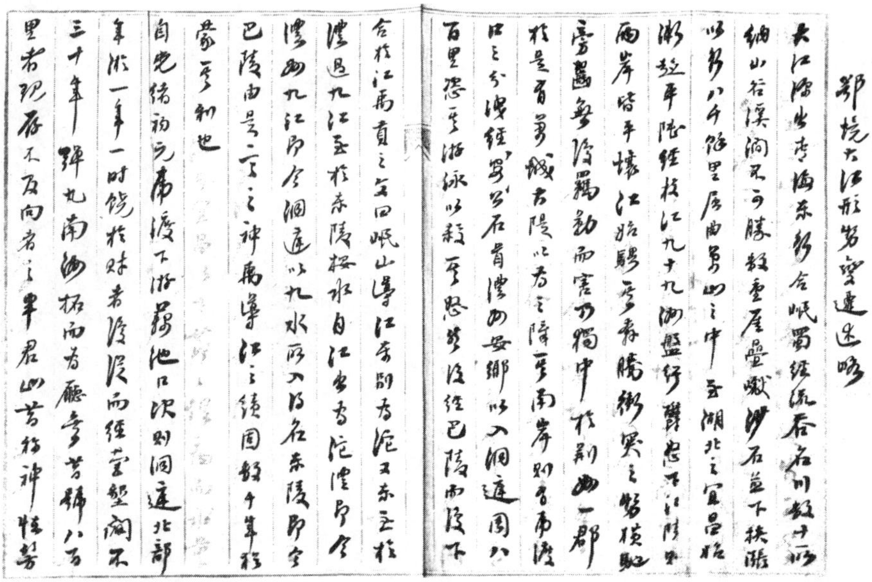

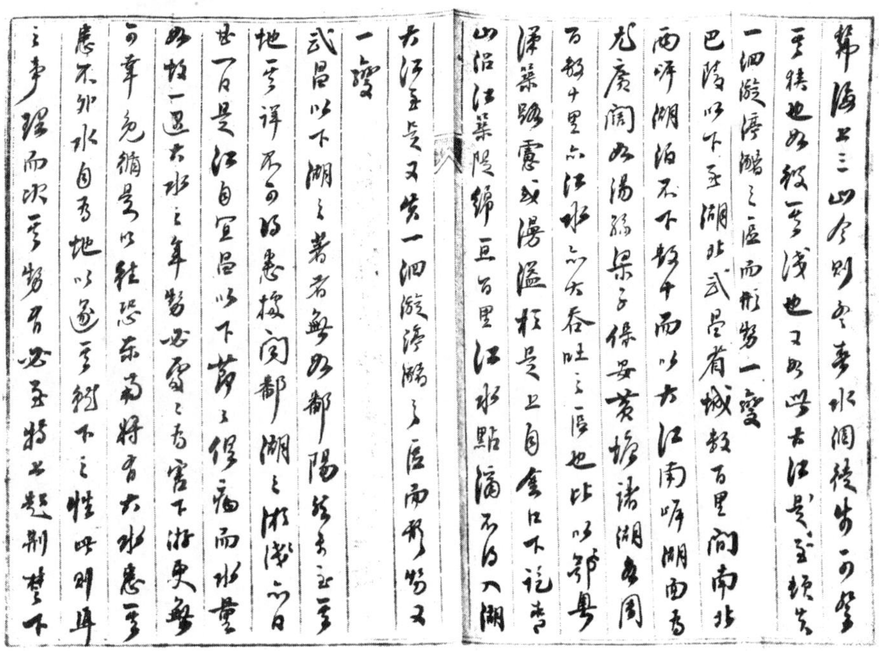

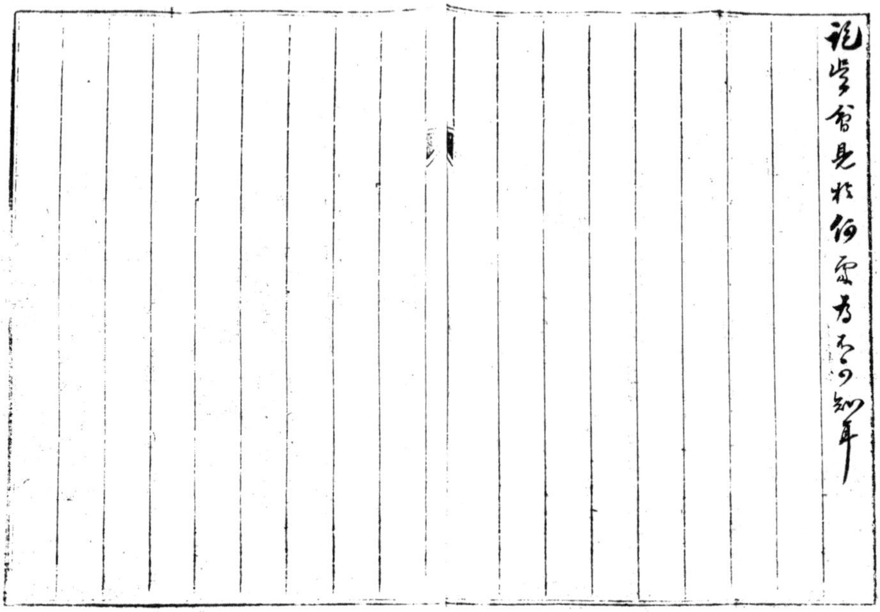

記学曾見於何處為示知耳

輯六　其他

江都公民許林生等請願書○修萬福橋工案[1]

【簡介】

萬福橋[2]，于清道光年間由鹽商包趙諸姓出資修建，是仙女鎮至揚州的必經之路。清咸豐年間，爲阻擋太平軍攻勢被損毁。清同治年間，曾國藩曾親自過問該橋的重建工程，有程恒生勒碑記録該橋重建的規模、樣式等（據此，可推測本文後面提到的"前運司程"指的便是程恒生），民國十二年（1923），該橋橋柱倒塌、影響交通，却缺乏經費，後由地方紳士、商人等勸募資金修復。抗日戰争時期，日寇曾制造了揚州萬福橋慘案。1959 年，爲整治淮河入江水道、控制水位，在萬福橋上游新建了萬福閘橋，1960 年老橋被拆除。

【正文】

爲請願事。

竊鄙邑江都縣東門外建有萬福橋一座，長二百餘丈、寬二丈餘尺，規模宏敞、形勢蜿蜒，爲江北諸橋之冠。其橋下河身爲運河泄水歸江之壁虎、鳳凰、新河三壩之水合匯，激溜萬分。橋之下游金、周、代各村莊均以此橋爲之保障。其地面南通揚儀（揚州、儀征），東達通泰（通州、泰州），北接清淮（清江、淮城），每

---

[1] 原文字迹漫漶、缺損較多，但勉能略知大概事由，雖爲修橋事，却涉及調撥河工鹽釐抽成等内容，故仍整理在册。

[2] 本段内容輯自《還記得老萬福橋吗？道光二十六年鹽商出資修建》，《揚州晚報》2015 年 11 月 7 日；王浩、王葆青：《閲盡滄桑話萬福：萬福橋歷史綜述》，《江蘇水利》2006 年第 12 期。

日行人日以萬計，便利交通莫此爲甚。清咸之際毁于兵燹，行旅改爲就渡，每遇狂風、水勢湍急，渡頻傾覆，溺斃者不可勝數。观前運司程❶所勒碑記，可知其覆舟之慘。紅羊劫❷後，歷年建修之費悉由運署籌撥，仙鎮❸木釐❹亦略資補助，故得保存至今。光復以來，鹽務、慈善提釐照舊抽收，惟不知用途何屬。至木釐則寥寥無幾，遂致橋身日漸朽損，無款興修。民國六年十二月間西○橋面忽傾卸數丈，權鋪木板以便行走。近年兩旁欄杆多傾入河中，○牌樓及涼亭兩座均摇摇欲倒，其餘橋之面積、裂縫甚多，長此因循，勢全覆而後已。公民❺距橋匪遠、目擊心傷，因即會同該橋董阮開元具呈❻署，請其始終維持。詎批以地方工程須在地方籌款，運署無款可撥等語。此情形，欲修則巧婦難爲；不修則生命可慮，康莊之途變爲荆棘。○○❼及此慘怛莫名。因思河工抽提鹽釐二成。敝邑全境每年地丁❽共有八萬六○○❾兩，附收工程經費每兩四角八分四厘，以三年計之，人民捐輸不下十萬。外若此款項下提取三分之一以爲修橋之用，繼以河工二成之鹽釐及鹽務慈善抽釐酌撥補助經○○○○○○興工，以本邑之財政辦本邑之公益，酌理情均無不合用。特陳請貴會長○○○○員先生列入建議，俯念敝邑橋工○要萬不容緩，務懇議決。一面咨請運憲于慈善鹽釐酌撥若干，一面咨○河工局長馬于河工鹽釐抽提二成酌撥若干，畝捐每兩四角八分四厘提三分之一，合并撥款修理，俾萬福橋得以保存，金、周、代各村得免沖刷，行人得免危險，以維公益而重生命，實爲德便。謹此。

江都縣民：高甸丞、馬錦文、貢立功、金正隆、劉國○、張朝○、鄒洪鑾、阮開元、董應龍、許林生、張朝梁、孫兆廖、許○門、劉國全、胡啓鏞、金正瀛、馬父錦、徐錫純、陳開、尤有珠、吴同開、董開江、薛世模、陳元松、朱天寶、任壽祥、陳筱峰、單瑞熙、張儀賢、李瓊根、陸德明、朱元富、薛世良、陳國明、尤天才、金元章

---

❶ 前運司程：見本文前注。

❷ 紅羊劫：代指國難。古人讖緯之説，認爲丙午、丁未是國家容易發生灾難的年份，天干“丙”“丁”在五行學説中屬火，赤色，地支“未”屬羊，故稱“紅羊”，有“丙午丁未之厄”的説法。

❸ 即仙女鎮。

❹ 木釐：清代向木商征收的税。

❺ 此處“公民”二字字體變小、靠右而書，當爲許林生自稱。

❻ 此處疑缺字，結合上下文，猜測此處缺“運”字。

❼ 此處漫漶，似缺數字。

❽ 地丁：地租和人口税的合稱。

❾ 此處仍是缺字。

【原文圖影】

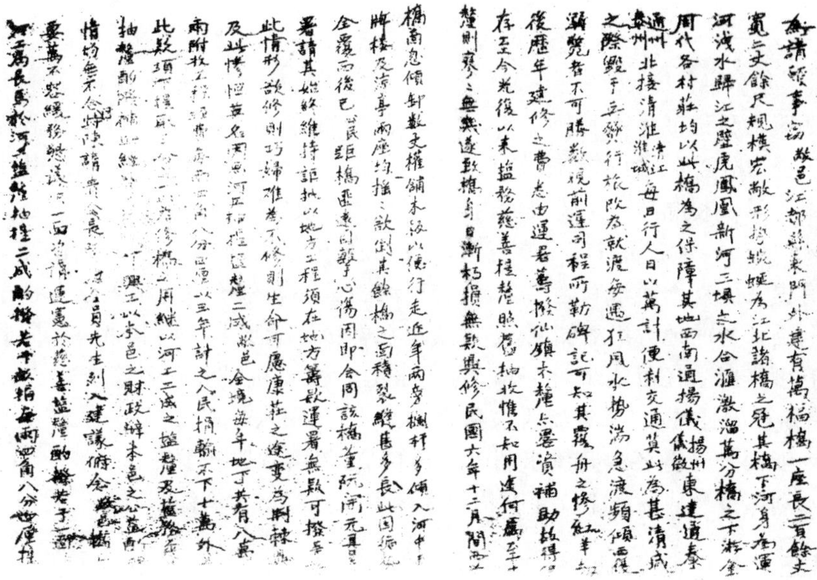

江都公民許林生等謹[illegible]懇修萬福橋[illegible]
為請願事。竊敝邑江都縣東門外建有萬福橋一座，長二百餘丈，寬二丈餘尺，規模宏敞，形狀蜿蜒，為江北諸橋之冠。其橋下河身為運河減水歸江之壁虎、鳳凰、新河三壩之水合匯，激湍萬分。橋之下游，全周代各村莊均以此橋為之保障。其地西南通揚（揚州）儀（儀徵），東達通（通州）泰（泰州），北接清淮（清江淮城），每日行人日以萬計，便利交通，莫此為甚。清咸[illegible]之際，毀于兵燹，行旅改為就渡，每遇狂風，水勢湍急，渡頻傾覆，溺斃者不可勝數，觀前運司程所勒碑記，可知其覆舟之慘。紅羊[illegible]後，歷年建修之費，悉由運署[illegible]撥仙鎮木釐，亦[illegible]資補助，故得保存。至今光復以來，鹽務慈善樁釐照舊抽收，惟不知用途何處，至[illegible]釐則寥寥無幾，遂致橋身日漸朽損，無款興修。民國六年十二月間[illegible]橋面忽傾卸數丈，權鋪木板以便行走，近年兩旁欄杆多傾入河中[illegible]牌樓及涼亭兩座均搖搖欲倒，其餘橋之面積裂縫甚多，長此因循[illegible]全覆而後已。公民距橋甚近，目擊心傷，因即會同該橋董阮渭元[illegible]署請其始終維持，詎料以地方工程須在地方籌款，運署無款可撥[illegible]此情形，欲修則巧婦難為，不修則生命可慮，康莊之途變為荊棘[illegible]及此，[illegible]無名。因思河工[illegible]鹽釐二成，敝邑全境每年地丁共有八萬[illegible]兩，附收[illegible]以五年計之，人民捐輸不下十萬外[illegible]此款須[illegible]修橋之用，繼以河工二成之鹽釐及慈[illegible]抽釐酌[illegible]興工，以本邑之財政，辦本邑之公益[illegible]情均無不念[illegible]請[illegible]員先生列入建議，俯念[illegible]要，萬不容緩，務懇[illegible]於慈善鹽釐酌撥若干，[illegible]五萬長[illegible]於河工鹽釐抽撥二成，酌撥若干，[illegible]每兩四角八分，也應撥

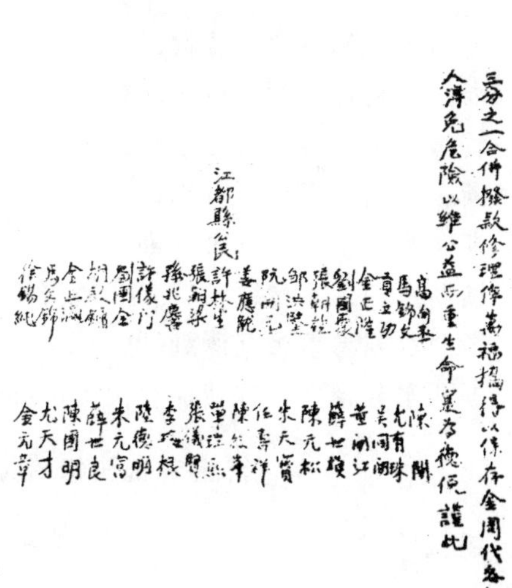

三分之一，合併撥款修理，俾萬福橋得以保存，全周代各村得免沖刷，行人得免危險，以維公益而重生命，是為德便，謹此

江都縣公民
[illegible]　馬錦文　貢立功　金正隆　劉國慶　張朝[illegible]　鄒洪[illegible]　阮[illegible]　姜應龍　許林生　張[illegible]　孫兆慶　許儀門　劉國全　胡[illegible]　金上淵　馬文錦　徐錫純
陳開　尤有珠　吳同朋　黃淵江　薛世[illegible]　陳元松　朱天寶　任壽祥　陳紀華　單[illegible]　張儀[illegible]　李[illegible]根　陸德明　朱元[illegible]　薛世良　陳國明　尤天才　金元章

二

浙西水利議事會要覽[1]

【簡介】

浙西水利議事會[2]:民國二年(1913),吴興議員潘澄鑑在第一届浙江省議會常會上提出《疏浚浙西水利議案》,議案包括組織、經費、工程三大内容,其中工程列舉各屬水利應該應急疏浚的内容,審查會上改"疏浚"爲"修浚"後通過。民國五年(1916),第二届省議會常會上,省長吕公望提出《修浚浙西水利修正案》,但没有提及設立浙西水利議事會,當時德清議員許炳堃等人力争設立有别于官治水利委員會的地方組織機關,方才議決在省城設立浙西水利議事會。同時商定水利事務所主任由議事會公舉,同時議定了區域和經費來源等事宜。11月11日,浙江省長公布《修浚浙西水利修正案》。民國六年(1917)秋,浙江省長齊耀珊令浙西十五縣各選熟悉水利士紳爲會員,復由省署加委充任。9月21日,浙西水利議事會成立。下文主要内容爲浙西水利議事會有關條令。

【正文】

浙西水利議事會要覽目録

浙西水利議事會會員名藉[3]

省議會議決修浚浙西水利修正案

浙西水利議事會暫行細則

浙西水利議事會辦事細則

浙西水利議事會經常費、臨時費預算案

浙西水利議事會互選細則

浙西水利議事會經費保存及支付細則

省議會議決修浚浙西水利修正案[4]

組織

---

[1] 原件爲油印本,兩顆鐵口鉚訂,目録所列部分内容疑未訂入,文字爲竪排,無標點。

[2] 本段文字輯自陸啓:《浙西水利議事會之歷史》,《浙西水利議事會年刊》(民國期刊,年代、期數待考)。

[3] 油印本中没有此部分内容。

[4] 1919年《浙西水利議事會年刊》第二期刊有鉛印本《修浚浙西水利修正案(省議會原案)》一文,本文據油印本整理,特此説明。

一、在省城組織浙西水利議事會,籌劃修浚浙西水利事宜。浙西水利議事會受省長之監督。

浙西水利議事會由省長令行浙西各縣知事,轉咨各縣議會各舉人(被選者不限于縣議員,但縣議會議員當選時不得兼充)❶組織之,但于潛、昌化、新登、富陽、臨安五縣水利,歸入錢江流域辦理,不在此内。

二、議事會設正、副會長各一人,由會員用投票法互選之。議事會正、副會長及會員爲無給職,但在開會期間得酌給津貼,由該會議決,呈由省長核准。

三、水利工程所在地設水利事務所,執行修浚水利事宜,其組織由議事會定之,但須呈由省長核准。

四、事務所設主任一員,由浙西水利議事會公舉相當人員,呈由省長委任。

經費

(一)地丁附捐:浙西各縣,除于潛、昌化、新登、富陽、臨安五縣外,每地丁銀一兩、帶征浙西水利經費銀元五分,分上、下兩忙繳納。

(二)貨物附加捐:就浙西各統捐局❷(于潛、昌化、新登、富陽、臨安五縣及閘口統捐局不在其内)所征貨物,每正捐銀元一元、帶征浙西水利經費銀元六分,隨正捐帶收。

(三)絲絹:杭嘉湖舊府屬,除于潛、昌化、富陽、新登、臨安五縣外,運絲經絲每包加抽大洋一元,由省長令行統捐局帶征。

(四)繭捐:杭嘉湖舊府屬,除于潛、昌化、富陽、新登、臨安五縣外,乾繭每百斤加抽大洋五角,由省長令行繭捐委員帶征❸。

以上四項捐款,按月由財政廳俟數撥解議事會存貯,銀行不得移作别用,支取時議事會長須得會員四人以上之連署簽字。

工程

(一)❹工程之緩急、先後由議事會議決,呈由省長核定。其局部之施工計劃,由事務所主任擬具理由書,提出議事會議決,呈由省長核定。

---

❶ 括號内内容爲原注。

❷ 統捐局:民國初年,浙江將清末釐金改爲統捐,于1912年在財政司下設11個統捐局,對貨物征收統捐作爲地方收入。1913年成立浙江國税廳籌備處接收浙江財政司所屬各統捐局,旋一律改名爲征收局(分局),統捐地方收入轉歸中央收入。資料來源陳嬰虹:《民國前期浙江省議會立法研究》,博士學位論文,華東政法大學,2015年。

❸ 1919年鉛印版中此處爲"收"字。

❹ 油印稿及鉛印稿,此處均只有序號"(一)",而不見後序。

浙西水利議事會暫行細則❶

第一章　總綱

第一條　本條例依民國二年二月，省議會議決公布《修浚浙西水利案》及五年十一月、六年四月公布之《修浚浙西水利各修正案》訂定之。

第二章　組織

第二條　本會依六年四月公布修正案之所定，暫由十五縣遴選，呈奉省長委任之各會員組織之。

第三條　本會應設正、副會長各一人，主持會務。由會員投票互選，仍呈報省長備案。前項互選規則另定之。

第四條　本會設文牘一員、技術一員、會計兼庶務一員、書記二員，開會時添速記一員，承正、副會長之指揮、分任各職務，由會長遴充，仍呈報省長備案。其技術一員，以熟諳水利工程之員充之，專備會員考究工程之用。

第五條　本會議決呈准興修之水利工程，另就工程所在地設事務所，其組織另定之。

第三章　會期

第六條　本會分常會、臨時會二種。

（一）本會于每年春、秋兩季，各開常會一次，由會長定期召集，仍呈報省長備案。其每次會期至多不得逾三十日。

（二）本會遇有關于十五縣水利特別發生、應議緊要事件，呈經省長核准，得開臨時會。其會期之長短，由省長按應議事件之情形，酌定之；但不得逾❷常會日期之半數。

第七條　本會非開會時，除正、副會長常川駐會外，其他會員應分三組，按月輪流駐會。其分組方法，以抽籤定之。甲組、乙組各四人，丙組五人，應開單呈報省長備案。

第四章　職權

第八條　議決官廳交議之水利事件。

第九條　議決會員建議之水利事件。

第十條　議決人民或團體請願之水利事件。前項請願之水利事件，須得會員之介紹，并經會員四人以上之審查同意，再行列入議案。

第十一條　議決下列三種水利工程興工之先後緩急：

---

❶　1919 年《江蘇水利協會雜志》載有《中外僉載：浙西水利議事會暫行細則》鉛印稿，本文仍據油印稿整理。

❷　1919 年鉛印版中此處爲“過”字。

（一）各縣公共之水利工程；

（二）兩縣以上公共之水利工程；

（三）一縣最要之水利工程。

第十二條　議決關于保全、興復十五縣水利之一切章程、規則。

第十三條　議決關于水利工程及一切支款之預決算。

第十四條　本會議決事件，須呈由省長核定批准，方能有效。如省長認爲未可時，得發交復議，并派員覆查。

第十五條　凡會員調查所得情形，有與水利委員會前經測量原案不同者，得呈請省長令行水利委員會，或原查測量員蒞會陳述經過情形。

第十六條　會員爲議決議案之預備，有必須分任調查時，得協同本會技術員實地調查。

第十七條　本會得請主管官廳及水利委員會，將關于十五縣水利之文件發交查閲，須送還者并得擇要録副存會。

第五章　會議

第十八條　會議時，正會長爲主席；有事故時，由副會長代之。

第十九條　會議時，會員席次以抽籤定之。

第二十條　不論常會、臨時會，非有會員五分之四❶列席，不得開議；但會員缺席須確係因病，或有不得已事故，先期呈請給假。

第二十一條　逐日開會時間及開議、散會、延會、中止、休息由主席宣告之。

第二十二條　付議事件及其順序，當載明于議事日程，由會長定之，并隨同議案先期分配于各會員。

第二十三條　會員對于列入議事日程議案，有認爲尚須研究或應提前時，得請變更議事日程。

第二十四條　開議時，會員如有意見，須起立發言。如二人以上同時起立，由會長依其席次定發言之先後，不得攙越。

第二十五條　各會員對于會議事件有所發議，務須持平，不得争執。遇有異議時，會員得用起立或投票解決之，可否同數取決于會長。

第二十六條　全案之議決，除會員須五分之四❷列席外，非有出席會員三分之二以上之可決，不能議決。其關于一縣或連帶數縣者，并須❸得各該縣會員之同意。

---

❶　1919年鉛印稿上此處爲“三分之二”，估計初定“五分之四”，條件略爲嚴苛，可操作性弱，故改之。

❷　1919年鉛印稿上此處亦改爲“三分之二”。

❸　1919年鉛印稿無“須”字。

第二十七條　另備議事録，記載開會之時日、議題、出席會員姓名及討論結果，由會長簽名蓋章存會，省長得隨時派員調取查核。

第六章　會員之請假及辭職

第二十八條　會員有不得已事故，或因病不能到會時，須備具請假書，載明事由、日期，送由會長許可，月終彙報省長查核假期内，并按日扣給津貼、公費。前條會員請假繼續至三天以上者，隨時呈報省長備案。

第二十九條　會員辭職及因事故出缺時，由會呈請省長照案繼續選任，但會員之辭職須呈經省長之許可。

第七章　經費

第三十條　浙西水利經費之保存、支付細則另定之。

第三十一條　本會之經常、臨時各費，照預算案之定額。

第三十二條　會員除開會期内，得給津貼外，其正、副會長及駐會輪值之會員，每日酌給公費。

第三十三條　會員因開會往來之川資，按在途日期之多寡酌定之。

第三十四條　文牘、技術、會計兼庶務、書記、速記各員，按月支給薪水。其月額由會擬具數目，呈請省長核定。

第三十五條　本會收支款項之決算册須備二份，議決後以一份連同收據，呈送省長核銷。

第三十六條　每年水利經費之收入、支出于年終總結一次由會分款列表，呈請省長公布。

第八章　附則

第三十七條　本條例有未盡事宜，得于常會或臨時會時提議修改，但議決修改各條仍須呈經省長核准。

第三十八條　本條❶自呈奉省長核准之日施行。

浙西水利議事會辦事處暫行細則❷

第一章　通則

第一條　本細則凡本處辦事人員皆適用之。

第二條　本處辦事人員均受會長之監理，但副會長有襄助之職❸。

---

❶ 相較 1919 年鉛印稿，油印稿此處缺一“例”字。

❷ 1919 年《江蘇水利協會雜志》亦載有《中外僉載：浙西水利議事會辦事處暫行細則》鉛印稿，本文據油印稿整理。

❸ 1919 年鉛印稿此處爲“責”字。

第三條 本處辦事人員各分職守,其有特別事件發生時❶,須聽會長之指揮,共同辦理。

第四條 本處休假之日如左❷:

(一)星期;

(二)國慶日及紀念日;

此外,如有特別事故請假者,須得會長之許可。

第二章 職掌

第五條 本辦事處分爲三科,其職員如左:

(一)文牘;

(二)技術;

(三)會計兼庶務。

第六條 文牘科設文牘員一人,掌左列事務:

(一)關于一切文件起草及各種紀録之事項;

(二)關于編製議事日程及應議事件分配事項;

(三)關于保管檔案事項;

(四)關于保管圖書、記録事項;

(五)關于收發文件事項。

第七條 文牘科得設書記二人,輔助文牘員辦理一切事件,并專司繕寫事宜。會場記録事務設速記一人專任之。

第八條 技術科設技術員一人,掌左列事務:

(一)關于調查測量事項;

(二)關于工程覆估事項;

(三)關于工程製圖事項。

第九條 會計兼庶務科設會計兼庶務員一人,掌左列事務:

(一)關于議事會經費、收支事項;

(二)關于編造常年預算、決算及每月收支表册事項;

(三)關于保管議事會各種器具事項;

(四)關于印刷文件及投票紙分配事項;

(五)關于工役僱用進退事項。

---

❶ 1919年鉛印稿此處無"時"字。

❷ 原文豎寫,無標點。

第三章　附則

第十條　本則未盡事宜,得由會長提出于大會增删修改之。

浙西水利議事會預算書

科目	年計	説明
第一款　經常費	七.四九六元	
第一項　公費	五.九五六	
第一目　津貼	三七〇〇	
第一節　正副會長津貼	八四〇	正、副會長常會期間,月各支六十元,以兩月計算,計二百四十元;非常會期間各支三十元,以十個月計算,計六百元,合計如上數
第二節　會員津貼	二.八六〇	會員十三人,常會期間月各支六十元,以兩個月計算,計一千五百六十元,將分三組輪值駐會,每員每日各支一元,以會員十三人各一百天計算,計一千三百元,合計如上數
第二目　薪金	一.九六八	
第一節　職員薪金	一.九六八	文牘一員,月支四十元;技術一員,月支四十元;會計兼庶務一員,月支三十六元;書記二員,月各支二十四元,以十二個月計算,合計如上數
第三目　工食	二八八	
第一節　公役工食	二八八	門役一名,公役三名,每名月各支六元,以十二個月計算,合計如上數
第二項　辦公費	八〇〇	
第一目　文具	二〇〇	月支二十元,以十個月計算,合計如上數
第一節　紙張筆墨及印刷物	二〇〇	
第二目　郵電	一五〇	
第一節　郵費、電話	一五〇	月支十五元,以十個月計算,合計如上數
第三目　購置	一五〇	
第一節　書籍報❶	一五〇	公報、日報、圖書、測繪器具等月支十五元❷

❶ 此處因原文裝訂折疊,有數字看不見。

❷ 後估計有數字折疊,無法辨認。

续表

科目	年計	説明
第四目　消耗	三〇〇	
第一節　茶水、煤炭、電燈	三〇〇	月支三十元,以十個月計算,如上數
第三項　雜費	七四〇	
第一目　房租	五四〇	月支四十五元,以十二個月計算,合計如上數
第二目　預備費	二〇〇	
第二款　臨時費	四九二	
第一項　俸給	五二	
第一目　薪金	四〇	
第一節　速記薪金	四〇	速記一員,月支三十❶元,以兩個月計算,合計如上數
第一目　工食	一二	
第一節　公役工食	一二	公役一名,月支六元,以兩個月計算,合計如上數
第二項　辦公費	二一六元	
第一目　文具	六〇	
第一節　紙張筆墨、印刷物	六〇	月支三十元,以兩個月計算,合計如上數
第二目　郵電	四〇	
第一節　郵費、電話	四〇	月支二十元,以兩個月計算,合計如上數
第三目　購置	四〇	
第一節　書籍、報〇❷器具	四〇	月支二十元,以兩個月計算,合計如上數
第四目　消耗	七六	

❶ 原稿此處爲"三十元",合計數兩個月又成"四十元",應有錯誤。

❷ 此字漫漶難辨。

续表

科目	年計	説明
第一節　茶水、煤炭、電燈	七六	月支三十八元,以兩個月計算,合計如上數
第三項　雜費	二二四	除杭縣會員不計外,共計十四人,以每人每日給川資洋二元計,海寧一天、餘杭二天、嘉興一天、嘉善一天
第一目　常會川資	二二四	平湖二天、崇德二天、海鹽二天、桐鄉二天、吴興二天、長興一天、德清一天、武康二天、安吉三天、孝❶

浙西水利議事會互選細則

第一條　本細則依公布《修濬浙西水利修正案》第二條爲本會選舉正、副會長之規定。

第二條　本會正、副會長由會員互選,以一年爲任期,再被選者得連任。

第三條　選舉正、副會長于會員三分之二以上出席時行之。

第四條　選舉正、副會長分次投票,以無記名單記法行之。

第五條　選舉正、副會長票數以出席會員過半數者當選。設無過半數時,應以得票額最多數者加倍開列,重行投票,仍以過半數者當選。

第六條　投票時,開票、檢票均由文牘員掌之,并將被選者之票數當衆報告。

第七條　本則未盡事宜,經大會議決修改之。

浙西水利經費保存、支付細則

第一條　本細則依公布《修濬浙西水利修正案》經費章第四條末項訂定之。

第二條　浙西水利經費照案由財政廳按月撥交議事會存儲于銀行,不得移作别用。

前項所指之銀行,以國家或地方銀行當之。

第三條　議事會對于是項經費之保存、收支應有左列❷各種簿册之設置。

(一)收款聯單簿

用三聯式,首聯爲收據,中聯爲報單,末聯爲存根。收到財政廳撥款後,即

---

❶ 原稿此處折疊莫辨。

❷ 原稿爲豎排油印稿,無標點。

截付首一聯，以中一聯呈報省署，末一聯存會。

（二）支款聯單簿

用兩聯式，首聯備送銀行爲支款憑證，末聯爲存根存會備查。向銀行支款時，照填用途及數目于兩聯，其送銀行一聯須照案經正、副會長及會員四人以上之連署簽字，并依本省現行金庫支款法送由省長蓋章。

（三）浙西水利經費出納總簿

（四）本會經費收支總簿

第四條　存儲銀行之經費應按月結算，將收存及支付各數造具四柱清册❶，呈報省長查核。

第五條　存儲銀行之經費，其息金應先與銀行訂明辦法，專案呈報，按照銀行章程，一月或三月、半年向銀行一結，并將收入息金數按月呈報省長備案。

第六條　存儲銀行之經費，省長得隨時調取銀行存摺查閱，或派員持赴銀行查對。

第七條　本會甲月支出經費應于乙月十五日以前造具支出計算書，呈送省長核銷。

第八條　議事會各項計算書册之呈送須連同付款單據。

第九條　議事會審查本會支出各項經費之預決算書册應于常會或臨時會行之。

第十條　本細則如有未盡事宜，得由常會或臨時會提議修改。

第十一條　本細則呈奉省長核准後發生效力。

---

❶　四柱清册：舊時以“舊管（期初餘額）、新收（本期增加額）、開除（本期減少額）、實在（期末餘額）”四要素進行會計結算，由此形成的會計報告清單。

【原文圖影】

浙西水利議事會要覽目録
浙西水利議事会会員名籍
省議会議決脩濬浙西水利修正案
浙西水利議事会暫行細則
浙西水利議事会辦事細則
浙西水利議事会任常費臨時費徵募案
浙西水利議事会互選細則
浙西水利議事会經費保存支付細則

省議会議決修濬浙西水利修正案

組織

一 在省城組織浙西水利議事会籌劃修濬浙西水利事宜
浙西水利議事会受 省長之監督
浙西水利議事会由 省長令行浙西各縣知事轉令各縣議会各舉人（被選舉者不限于縣議員但縣議会議員當選時不得兼充）組織之但於潛昌化新登富陽臨安五縣水利與錢江流域辦理不在此内

二 議事会設正副会長各一人由會員用投票法互選之議事会正副会長及会員為無俸職但在開会期間得酌給津貼由該会議決呈由 省長核准

三 水利工程所在地設水利事務所執行修濬水利事宜其組織由議事会定之但須呈由 省長核准

四 事務所設主任一員由浙西水利議事会公舉相當人員呈由 省長委任

經費

（一）地丁附捐 浙西各縣除於潛昌化新登富陽臨安五縣外每地丁銀一兩帶征浙西水利經費銀元壹角上下兩忙徵納

（二）貨物附加捐 就浙西各統捐局（於潛昌化新登富陽臨安五縣及閘口統捐局不在其内）所征貨物每正捐銀元一元帶征浙西水利經費銀元六分隨正捐帶收

（三）絲捐 杭嘉湖舊府屬除於潛昌化富陽新登臨安五縣外運絲經每包加抽大洋一元由省長令行統捐局帶征

（四）繭捐 杭嘉湖舊府屬除於潛昌化富陽新登臨安五縣外乾繭每百斤加抽大洋五角由省長令行繭捐委員帶征

以上四項捐款按月由財政廳將總數撥歸議事会存貯銀行不得挪移作別用支取時議事会正副会長及會員四人以上之連署簽字

工程

（一）工程之緩急先後由議事会議決呈由省長核定

其向部之施工計劃由事務所主任擬具理由書提出議事会議決呈由省長核定

浙西水利議事會暫行細則

第一章　總綱

第一條　本條例依民國二年十二月省議會議決公布修濬浙西水利案及五年十一月六年四月布之修濬浙西水利各修正案訂定之

第二章　組織

第二條　本會依六年四月公布修正案之所定額由十五縣遴選呈奉　省長委任之各會員組織之

第三條　本会設正副会長各一人主持会務由会員投票互選仍呈報　省長備案
前項互選規則另定之

第四條　本会設文牍一員技術一員会計兼庶務一員書記二員開会時添速記一員承正副会長之指揮分任各職務由会長遴充仍呈報　省長備案其技術一員以熟諳水利工程之員充之專備会員攷究工程之用

第五條　本会議決呈准興修之水利工程另設工程所主地設事務所其組織另定之

第三章　会期

第六條　本会分常会臨時会二種
(一)本会于每年春秋兩季各開常會一次由会長酌定召集仍呈報　省長備案其每次会期至多
(二)本会遇有関於十五縣水利特别發生重要事件呈經　省長核准得開臨時会其会期之長短由　省長按照議事件之情形酌定之但不得逾常会日期之半数

第七條　本会非開会時除正副会長常川駐会外其他会員應分三組按月輪流駐会其分組方法以抽籤定之甲組乙組各四人丙組五人並開單呈報　省長備案

第四章　職權

第八條　議決省縣交議之水利事件

第九條　議決会員建議之水利事件

第十條　議決人民或團體請願之水利事件前項
請願之水利事件須得會員之介紹並經會員四
人以上之審查同意再行列入議案
第十一條　議決下列三種水利工程興工之先後緩急
(一)各縣公共之水利工程
(二)兩縣以上公共之水利工程
(三)一縣最要之水利工程
第十二條　議決關于保全共復十五縣水利之一切章程
規則
第十三條　議決關于水利工程及一切支款之預決算
第十四條　本會議決事件須呈由　省長核定批准
方能有效如　省長認為未可時得發交復議並
派員覆查
第十五條　凡會員調查所得情形有與水利委員會前
經測量事業不同者得呈請　省長令行水利委
員會或原查測量員莅會陳述經過情形
第十六條　會員為議決議案之預備有必須分往調查
時得協同本會技術員實地調查
第十七條　本會得請主管官廳及水利委員會將關於
五縣水利之文件發交查閱須送還者并得摘要
錄副本會

第五章　會議

第十八條　會議時正會長為主席有事故時由副會長代之
第十九條　會議時會員席次以抽籤定之
第二十條　不論常會臨時會非有會員五分之四列席不
得開議但會員缺席須確係因病或有不得已事
故先期呈請給假
第二十一條　每日開會時間及開議散會延會中止休息
由主席宣告之
第二十二條　付議事件及其順序當載明于議事日程由會
長定之並隨同議案先期分配于各會員
第二十三條　會員對于列入議事日程議案有認為尚須研
究或應提前時得請變更議事日程
第二十四條　開議時會員如有意見須起立發言如二人以上同
時起立由會長依其席次定發言之先後不得攙越
第二十五條　各會員對于會議事件有所發議務須持平
不得爭執如有異議時會長得用起立或投票解
決之可否同數取決于會長
第二十六條　全案之議決除會員須五分之四列席外非
有出席會員三分之二以上之同意不能議決其關于
一縣或連帶數縣者並須得該各縣會員之同意
第二十七條　另備議事錄記載開議之時日議長出席會
員姓名及討論結果由會長簽名蓋章存會
省長得隨時派員調取查核

第六章 會員之請假及辭職

第二十八條 会員有不得已事故或因病不能到会時須備具請假書載明事由日期送由会長許可 月終彙報 省長查核但期内並按日扣給津貼 會員前条会員請假継續三天以上者随時呈報

省長備案

第二十九條 会員辭職及因事故出缺時由会呈請 省長照案继续選任但会員之辭職須呈經 省長之許可

第七章 經費

第三十條 浙西水利經費之保存支付細則另定之

第三十一條 本会經常臨時各費照預算案之定款

第三十二條 会員除開会期内得給津貼外其正副会長乃駐会編值之会員每日酌給公費

第三十三條 会員因開会往来之川資按照道途日期之多寡酌定之

第三十四條 文牘技術会計並庶務書記速記各員按月支給薪水其月數由会將員數目呈請 省長核定

第三十五條 本会收支款項之決算册預備下次會議決後連同收據呈送 省長核銷

第三十六條 每年水利經費之收支及出于年終總決一次由会分類列表呈請 省長公布

第八章 附則

第三十七條 本條例有未盡事宜得于常會或臨时会时提議修改但議决修改条例須呈經 省長核准

第三十八条 本條自呈奉 省長核准之日施行

浙西水利議事會辦事處辦事細則

第一章 通則

第一條 本細則凡本處辦事人員皆適用之

第二條 本處辦事人員均受會長之監理但副會長有襄助之職

第三條 本處辦事人員各分職守其有特別事件臨時須稟會長之指揮共同辦理

第四條 本處休假之日如左

（一）星期

（二）國慶日及紀念日

此外如有特別事故須假者須得會長之準

第二章 職掌

第五條 本办事處分為三科 其職員如左

(一)文牍

(二)技術

(三)會計兼庶務

第六條 文牍科設文牍員一人掌左列事務

(一)關於一切文件起草及各種紀錄之事項

(二)關於編製議事日程及在議事件分配事項

(三)關於保管檔案事項

(四)關於保管圖書記錄事項

(五)關於收發文件事項

第七條 文牍科得設書記二人輔助文牍員办理一切事件並專司謄寫事宜會場記錄事務設速記一人專任之

第八條 技術科設技術員一人掌左列事務

(一)關於調查測勘事項

(二)關於工程預算估計事項

(三)關於工程製圖事項

第九條 會計兼庶務科設會計兼庶務員一人掌左列事務

(一)關於議事會經費收支事項

(二)關於編造本年預算決算及每月收支表冊事項

(三)關於保管議事會各種器具事項

(四)關於印刷文件及投票紙分配事項

(五)關於工役僱用進退事項

第三章 附則

第十條 本則未盡事宜得由會長提出於大會增刪修改之

浙西水利議事会預算書

科目	年計	說明
第一款 經常費	七四九六元	
第一項 公費	五九五六	
第一目 津貼	三七〇〇	
第一節 正副会長津貼	八四〇	正副会長常会[illegible]月各支六十元以[illegible]計算計[illegible]四十元非常会期間[illegible]三十元以[illegible]計算計[illegible]六百[illegible]合計如上數
第二節 会員津貼	二八六〇	会員十三人常会期間月各支[illegible]十元以兩月計算計一千五百六十元[illegible]会每員[illegible]各支一元以会[illegible]計算計一千[illegible]百元合計如上數
第二目 薪金	一九六八	

科目	金額	備考
第一節 職員薪金	一九六八	[illegible]一員月支[illegible]元 技術一員月支四十元 [illegible] 事務一員月支三十六元 書記二員月支[illegible]元以十二个月計算合計如上數
第二目 工食	二八八	
第一節 役工食	二八八	門役一名公役三名每名月支六元以十二个月計算合計如上數
第二項 辦公費	八〇〇	
第一目 文具	二〇〇	
第一節 紙張筆墨及印刷物	二〇〇	月支二十元以十个月計算合計如上數
第二目 郵電	一五〇	
第一節 郵費電話	一五〇	月支十五元以十个月計算合計如上數
第三目 購置	一五〇	
第一節 書籍報	一五〇	公報[illegible]報[illegible]十數
第四目 消耗	三〇〇	
第一節 柴米煤炭電燈	三〇〇	月支三十元以十个月計算如上數
第三項 雜費	七四〇	
第一目 房租	五四〇	月支四十五元以十二个月計算合計如上數
第二目 預備費	二〇〇	
第二款 臨時費	四九二	
第一項 俸給	五二	
第一目 薪金	四〇	
第一節 速記薪金	四〇	速記一員月支二十元以兩个月計算合計如上數
第二目 工食	一二	
第一節 公役工食	一二	公役一名月支六元以兩个月計算合計如上數

科目	金額	備考
第二項 辦公費	二一六	
第一目 文具	六〇	
第一節 紙張筆墨及印刷物	六〇	月支三十元以兩个月計算合計如上數
第二目 郵電	四〇	
第一節 郵費電話	四〇	月支二十元以兩个月計算合計如上數
第三目 購置	四〇	
第一節 書籍報紙雜具	四〇	月支二十元以兩个月計算合計如上數
第四目 消耗	七六	
第一節 柴米煤炭電燈	七六	月支三十八元以兩个月計算合計如上數
第三項 雜費	三四	
第一目 常會川資	三四	[illegible]

浙西水利議事會互選細則

第一條　本細則依公布修濬浙西水利修正章第二條為本會選舉正副會長之規定

第二條　本會正副會長由會員互選以一年為任期再被選者得連任

第三條　選舉正副會長須會員三分之二以上出席時行之

第四條　選舉正副會長分次投票以無記名單記法行之

第五條　選舉正副會長票數以出席會員過半數者為當選無過半數時應以得票較多

數者加倍開列重行投票仍以過半數者當選
第六條 投票時開票檢票均由文牘員掌之並
將被選者之票數當衆報告
第七條 本則未盡事宜任大會議決修改之

浙西水利經費保存支付細則
第一條 本細則依公布修濬浙西水利修正章程
第四条末項訂定之
第二條 浙西水利經費照章由財政廳按月撥交該
會存儲於銀行不得移作別用
前項所指之銀行以國家或地方銀行當之
第三條 議事會對於是項經費之保存收支應有左列
各種簿冊之設置
(一) 收款聯單簿
用三聯式首聯為收據中聯為報單末聯為存
根收到財政廳撥款後即截付首一聯以中一
聯呈報省署末一聯本會
(二) 支款聯單簿
用兩聯式首聯備送銀行為支款憑証末聯為
存根本會備查向銀行支款時照填用途及數
目於兩聯並送銀行一聯鈐蓋經正副會長及會
員四人以上之連署簽字並依本省現行金庫支款遵
由省長畫章
(三) 浙西水利經費出納總簿
(四) 本會經費收支總簿
第四條 存儲銀行之經費應按月結算將收存及支付各
數造具四柱清冊呈報省長查核
第五條 存儲銀行之經費其息金應先與銀行訂明
利法專案呈報按照銀行章程一月或三月半年向
銀行一結並將收入息金數按月呈報省長備案
第六條 存儲銀行之經費省長得隨時調取銀行存
摺查閱或派員持赴銀行查對
第七條 本會每月支出經費並于下月十五日以前造
具支出計算書呈送省長核銷
第八條 議事會各項計算書冊之呈送須連同付款單據
第九條 議事會審查本會支出各項經費之預決算
書冊並于常會或臨時會行之
第十條 本細則如有未盡事宜得由常會或臨時

全提議修改

第十一條　本個別業務　須長期積極培養生動力

跋

2013年年末，我在整理單位所藏文書檔案時，偶見一批民國史料，因給史料分篇命名登記所需，對内容進行了略讀，發現這批史料的年代非常接近，大約都是民國初年的東西，于是起了仔細"讀一讀"的念頭，可算是本書的緣起。

怎知一入此門深似海，對于一個非文獻、非歷史專業的人而言，由此開启了我長達七年的寫書之路。不是因爲這些文稿有多難，而是因爲我要補的功課太多。

一要學認字。民國時期的文人字都很漂亮，閱讀那些用正楷謄寫的文書，面對工工整整、清清爽爽的字面時，常常令人有賞心悦目的感覺。但是書法因人而異，有些私人書信或文書草稿，書寫者用了行書、草書，筆畫寫得龍飛鳳舞，還有個别異體字再加上草書我就不免要抓耳撓腮了。這里有件有趣的事，有些手稿看多了，大致猜得到作者的身份，加之後來對這些人物生平的瞭解，發現"字如其人"是有一定道理的。

二要學斷句。民初文風沿清制，這點在公文、尺牘上體現得最爲明顯。公文在行文上依然等級森嚴，起首套語、輾轉聲敘，累幅未盡。有時一篇冗長的公文，真正有意義的内容可能只有十幾個字罷了。當時新式標點尚未普及，"等因""等由""准此""切切"等語着實讓剛接觸民國公文的我吃足了苦頭。一百年前的人，在尺牘上很講禮數，喜歡引用典故、不吝贊譽之詞，但讀起來難免語句艱澀，與文意實無關係，我和他們不在同一語境中，看不懂對話内容，就像我有時看不懂網絡新興詞彙一樣。

三要學歷史。水利關係社會生活的方方面面，要理解個中内容，需要補充大量歷史知識。比如，要理清水利經費來源，就要掌握當時税制方面的知識，清末民初實行認税制，由同業共同推舉一人或數人經理該業認税事宜，被推舉者叫"認商"，若不知此典故，當文句中出現此二字時，便會不知所云，對斷句都會有影響。

以上三學，是補課内容之一部分，爲免祥林嫂之嫌，其他不再贅述。

關于這本書，就研究範圍而言，其最顯著者，莫若一個“争”字，争者有三：太湖、長江、運河。太湖之争在太湖水利工程局與江浙水利聯合會，前者言浚泖，後者言浚茆，背後隱有地方勢力之角逐。長江之争在華洋，外人以治江進而謀控制，張謇、王清穆等起而倡立機構，整治河道，維護長江治權。運河之争在蘇魯兩省之博弈，山東擬大治南運湖河，江蘇恐被上游泄水危及，與山東會，而有兩次蘇魯運河會議。民初水事之紛亂，可窺一斑。

研究水利史者恐怕會問，既然説的是民初水事，爲何不載黄河之事，主要原因是我手頭的資料里没有黄河的内容，只能留待以後補充。水滿則溢、月滿則虧，留此遺憾權當作推動我繼續勤奮補缺之動力吧。

最後，我要感謝單位領導和同事爲我提供的幫助和支持，感謝浙江大學出版社王晴老師爲本書的出版付出的心血和汗水。本書的寫作過程，正好與我孩子的出生和成長同步，感謝家人的分擔和支持。還要感謝教我認字、幫我核實内容的前輩和朋友們。

宋　堅

2020 年 9 月